W0083105

Externes Rechnungswesen in Übungen

von
Univ.-Prof. Dr. Hartmut Bieg
Univ.-Prof. Dr. Heinz Kußmaul
Univ.-Prof. Dr. Gerd Waschbusch

Oldenbourg Verlag München

Bibliografische Information der Deutschen Nationalbibliothek

Die Deutsche Nationalbibliothek verzeichnet diese Publikation in der Deutschen
Nationalbibliografie; detaillierte bibliografische Daten sind im Internet über
http://dnb.d-nb.de abrufbar.

© 2012 Oldenbourg Wissenschaftsverlag GmbH
Rosenheimer Straße 145, D-81671 München
Telefon: (089) 45051-0
www.oldenbourg-verlag.de

Lektorat: Thomas Ammon
Herstellung: Constanze Müller
Titelbild: thinkstockphotos.de
Einbandgestaltung: hauser lacour
Gesamtherstellung: Beltz Bad Langensalza GmbH, Bad Langensalza

Dieses Papier ist alterungsbeständig nach DIN/ISO 9706.

ISBN   978-3-486-70245-3

Vorwort

Das hier vorgelegte Übungsbuch wendet sich an Leser, die sich in Form von Übungsaufgaben umfassend und praxisnah mit den Fragen des Externen Rechnungswesens von Unternehmen auseinandersetzen wollen. Inhaltlich orientiert sich dieses Übungsbuch an der 6. Auflage des ebenfalls im Oldenbourg Verlag erschienenen Lehrbuches „Externes Rechnungswesen" von *Hartmut Bieg, Heinz Kußmaul* und *Gerd Waschbusch*. Es ermöglicht den Lesern, das dort ausführlich behandelte Fachgebiet des Externen Rechnungswesens insbesondere anhand rechnerisch zu lösender Aufgaben zu vertiefen.

Adressaten dieses Übungsbuches sind Lehrende und Studierende an Universitäten, Fachhochschulen, Dualen Hochschulen, Berufsakademien, Verwaltungs- und Wirtschaftsakademien und ähnlichen Einrichtungen. Darüber hinaus ist es aber auch für den Rat suchenden Praktiker gedacht. In insgesamt sieben Hauptkapiteln werden vor allem die folgenden Themengebiete behandelt:

- die Grundlagen der Bilanzlehre,
- der handelsrechtliche Jahresabschluss,
- die Jahresabschlusspolitik,
- die Jahresabschlussanalyse,
- der Konzern und der Konzernabschluss,
- die Rechnungslegung nach IFRS.

Viele haben dazu beigetragen, dass dieses Übungsbuch entstehen konnte. Seine Grundkonzeption orientiert sich an der Lehrmethodik der WHL Wissenschaftliche Hochschule Lahr als universitäre Fernhochschule. Die in einem Fernstudium in hohem Maße erforderliche selbstständige Auseinandersetzung mit Lehrinhalten bedarf der didaktischen Unterstützung. So werden Lehrbücher durch Begleithefte ergänzt, die die Aufgabe haben, die wissenschaftlichen Texte der Lehrbücher zu strukturieren und zu kommentieren. Darüber hinaus dienen sie auch dazu, den Studierenden durch Übungsaufgaben die Gelegenheit zu geben, den Lehrstoff zu reflektieren und auf diese Weise den Lernfortschritt selbst zu kontrollieren. Wesentliche Passagen dieses Übungsbuches gehen zurück auf Begleithefte, die die von *Gerd Waschbusch* im Rahmen seiner früheren Lehrtätigkeit an der WHL eingesetzten Lehrbücher zur Bilanzierung von Unternehmen ergänzt haben. Die inhaltliche Konzeption des Übungsbuches war zudem Gegenstand von Vorlesungen und Übungen im Fach „Externes Rechnungswesen" an der Universität des Saarlandes. Aus dem Kreise unserer Mitarbeiterinnen und Mitarbeiter danken wir *Herrn Dr. Sebastian Gräbe, Herrn Dipl.-Kfm. Joachim Hauser, Frau Dipl.-Hdl. Julia Müller* und *Frau Dr. Nadine Staub* für die kritische Durchsicht des Manuskripts und die damit verbundenen zahlreichen Hinweise und Verbesserungsvorschläge. *Frau Catherine Schroeder* danken wir für die besondere Sorgfalt und Mühe bei der Erstellung und Gestaltung des Manuskripts. *Frau Doris Schneider* danken wir für die organisatorische Begleitung der Erstellung des Buches. Für das Lesen der Korrekturen und die tatkräftige Unterstützung bei der Entwicklung von Übungsaufgaben danken wir unseren ehemaligen studentischen Mitarbeitern *Frau cand. rer. oec. Kristina Eichhorst, Herrn Dipl.-Kfm. Marlon Hauser* sowie *Herrn Jonathan Loewens, M.Sc.*

Dem Lektor des Verlags, *Herrn Dipl.-Kfm. Thomas Ammon*, danken wir für die stets angenehme und vertrauensvolle Zusammenarbeit.

Selbstverständlich gehen alle in diesem Übungsbuch enthaltenen Fehler ausschließlich zu Lasten der Autoren. Den Lesern sind wir für Anregungen sowie für jeden Verbesserungshinweis dankbar. Richten Sie diese bitte an:

h.bieg@mx.uni-saarland.de,

kussmaul@bli.uni-saarland.de und/oder

gerd.waschbusch@bank.uni-saarland.de.

Saarbrücken, im März 2012

Hartmut Bieg
Heinz Kußmaul
Gerd Waschbusch

Inhaltsübersicht

Inhaltsverzeichnis

Verzeichnis der Abbildungen

Verzeichnis der Abkürzungen

A

Abb. .... Abbildung
Abs. .... Absatz
abzgl. .... abzüglich
AG .... Aktiengesellschaft
AK .... Anschaffungskosten
AktG .... Aktiengesetz
allg. .... allgemeine
AO .... Abgabenordnung
Art. .... Artikel
Aufl. .... Auflage

B

Bd. .... Band
best. .... bestimmte
BFH .... Bundesfinanzhof
BilMoG .... Bilanzrechtsmoderni-
                          sierungsgesetz
BMF .... Bundesministerium
                          der Finanzen
BStBl. .... Bundessteuerblatt
BV .... Beherrschungsvertrag
bzgl. .... bezüglich
bzw. .... beziehungsweise

C

ca. .... circa
Corp. .... Corporation

D

d. h. .... das heißt

E

EGHGB .... Einführungsgesetz
                          zum Handelsgesetz-
                          buch
EGuV .... Einzel-Gewinn- und
                          Verlustrechnung
EStDV .... Einkommensteuer-
                          Durchführungsver-
                          ordnung
EStG .... Einkommensteuer-
                          gesetz
EStR .... Einkommensteuer-
                          Richtlinien
etc. .... et cetera
EU .... Europäische Union
EUR .... Euro
EWR .... Europäischer Wirt-
                          schaftsraum

F

FE .... Fertigerzeugnisse
ff. .... fortfolgende
Fifo .... First in – first out

G

ggf. .... gegebenenfalls

GJ .... Geschäftsjahr

GKV .... Gesamtkostenverfahren

GmbH................... Gesellschaft mit beschränkter Haftung

GmbHG................ Gesetz betreffend die Gesellschaft mit beschränkter Haftung

GoB .... Grundsätze ordnungsmäßiger Buchführung

GuV...................... Gewinn- und Verlustrechnung

GWG.................... geringwertige Wirtschaftsgüter

H

HGB .... Handelsgesetzbuch

Hifo .... Highest in – first out

HK........................ Herstellungskosten

hrsg...................... herausgegeben

I

IAS .... International Accounting Standard(s)

IASB .... International Accounting Standards Board

i. Br. .... im Breisgau

IFRIC .... International Financial Reporting Interpretations Committee

IFRS .... International Financial Reporting Standard(s)

inkl. .... inklusive

i. S. d. .... im Sinne der/des

i. V. m. .... in Verbindung mit

J

JF .... Jahresfehlbetrag

JÜ......................... Jahresüberschuss

K

KapCoRiLiG........ Kapitalgesellschaften- und Co-Richtlinie-Gesetz

KB......................... Konzernbilanz

Kfz .... Kraftfahrzeug

kg .... Kilogramm

KG .... Kommanditgesellschaft

KGaA................... Kommanditgesellschaft auf Aktien

KGuV................... Konzern-Gewinn- und Verlustrechnung

L

Lifo .... Last in – first out

Lkw...................... Lastkraftwagen

Lofo .... Lowest in – first out

Ltd........................ Limited

LuL .... Lieferungen und Leistungen

M

ME .... Mengeneinheit(en)

Mio....................... Millionen

MU....................... Mutterunternehmen

MW_{EK} .... Marktwert des Eigenkapitals

m. w. N. .... mit weiteren Nach-
                         weisen
MwSt .... Mehrwertsteuer

N

NAFTA................. North American Free
                         Trade Agreement
Nr.......................... Nummer
NWP .... Niederstwertprinzip

O

OCI...................... other comprehensive
                         income
OHG .... Offene Handelsgesell-
                         schaft

P

p. a. .... pro anno
Pkw...................... Personenkraftwagen
Pos. .... Position
PublG.................... Publizitätsgesetz

R

RAP .... Rechnungsabgren-
                         zungsposten
RHB...................... Roh-, Hilfs- und Be-
                         triebsstoffe
Rn. .... Randnummer
Rz. .... Randziffer

S

S........................... Seite
SA......................... Société Anonyme
SAV...................... Sachanlagevermögen
SGuV.................... Summen-Gewinn-
                         und Verlustrechnung

sog. .... sogenannte(n)

T

t .... Tonne(n)
T .... Tausend
TM .... Trademark
TÜV .... Technischer Über-
                         wachungs-Verein

U

u. a......................... und andere/unter
                         anderem
u. Ä........................ und Ähnliches
UKV....................... Umsatzkostenverfah-
                         ren
UmwG.................... Umwandlungsgesetz
US .... United States
USD .... US-Dollar
US-GAAP .... United States-
                         Generally Accepted
                         Accounting Principles

V

vgl. .... vergleiche
VKB .... vorläufige Konzern-
                         bilanz
VKGuV .... vorläufige Konzern-
                         Gewinn- und Verlust-
                         rechnung
VU.......................... verbundene Unter-
                         nehmen

W

WpHG .... Wertpapierhandels-
                         gesetz

WpÜG .... Wertpapiererwerbs-
                             und Übernahmegesetz
WR .... Wahlrecht

Z

z. B. .... zum Beispiel

Verzeichnis der Symbole

§	Paragraph
§§	Paragraphen
%	Prozent
&	und

1 Grundlagen der Bilanzlehre[1]

1.1 Die Dokumentationsaufgabe von Buchführung und Jahresabschluss

Aufgabe 1.1: Überblick über den Aufbau des Dritten Buches des HGB

Um sich besser mit dem Handelsgesetzbuch (HGB) vertraut zu machen, nehmen Sie bitte das HGB zur Hand und suchen Sie das Dritte Buch heraus! Verschaffen Sie sich durch das Erstellen einer systematischen Übersicht einen Überblick über den Aufbau des Dritten Buches des HGB! Welche Inhalte in welchen Paragraphen umfassen die einzelnen Abschnitte, Unterabschnitte sowie Titel des Dritten Buches des HGB?

Zweck dieser Kontrollfrage ist es, Sie Schritt für Schritt auch an Gesetzestexte heranzuführen und Ihnen so einen ersten Eindruck von den Gesetzen zur Rechnungslegung in Deutschland zu verschaffen.

Lösung (siehe nächste Seite)

---

[1] Wesentliche Ausführungen dieses Kapitels gehen zurück auf COENENBERG, ADOLF G.; SCHULTZE, WOLFGANG; BIBERACHER, JOHANNES (Grundlagen 1999); WASCHBUSCH, GERD (Grundlagen 2004); WASCHBUSCH, GERD (Grundlagen 2007).

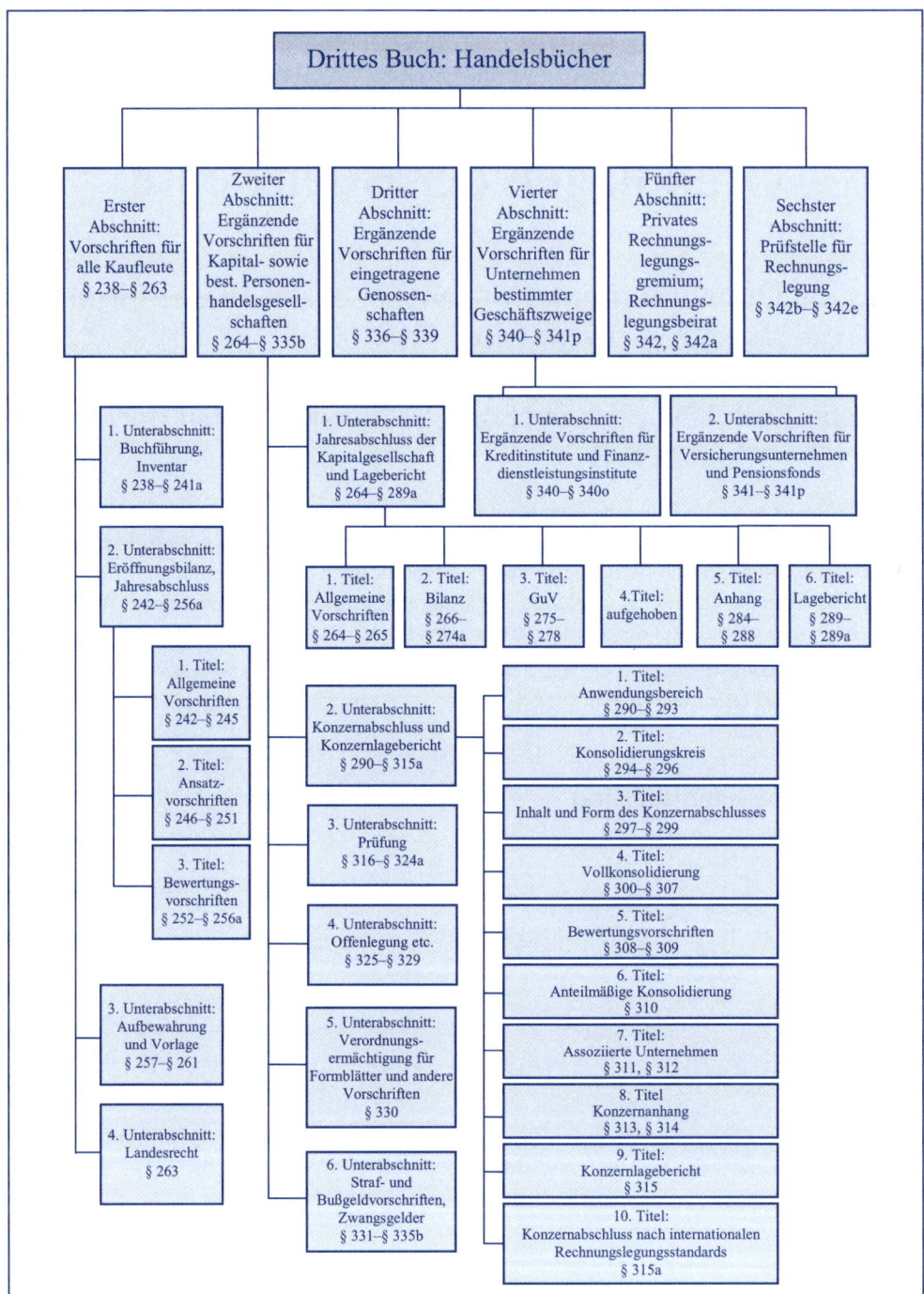

Abb. 1:   Überblick über den Aufbau des Dritten Buches des HGB

Aufgabe 1.2: Die Vorschriften des Handelsrechts für Einzelkaufleute und Personenhandelsgesellschaften

Welche Vorschriften des Handelsrechts müssen Einzelkaufleute und Personenhandelsgesellschaften beachten und welche dürfen sie beachten?

Lösung

Die Vorschriften des Ersten Abschnitts des Dritten Buches des Handelsgesetzbuches stellen Mindestvorschriften dar. Sie sind grundsätzlich von allen Kaufleuten, also auch von den Einzelkaufleuten und Personenhandelsgesellschaften zu beachten.[2] Allerdings ist es den Einzelkaufleuten und Personenhandelsgesellschaften freigestellt, die Rechnungslegung unter Beachtung der Grundsätze ordnungsmäßiger Buchführung (GoB) strikteren Anforderungen zu unterwerfen. Daher ist es nicht nur zulässig, sondern aus Gründen der Zweckerfüllung des handelsrechtlichen Jahresabschlusses auch zu begrüßen, wenn Einzelkaufleute und Personenhandelsgesellschaften ihren handelsrechtlichen Jahresabschluss zusätzlich gemäß den Vorschriften des Zweiten Abschnitts des Dritten Buches des Handelsgesetzbuches, also den ergänzenden Vorschriften für Kapitalgesellschaften, erstellen.

Die Freiheit, nur bei Bedarf die strikteren Rechnungslegungsvorschriften für Kapitalgesellschaften anzuwenden, besteht jedoch nicht für solche Personenhandelsgesellschaften, bei denen als Vollhafter nur juristische Personen und keine natürlichen Personen auftreten. Eine solche Personenhandelsgesellschaft (beispielsweise eine GmbH & Co. KG) ist gemäß § 264a Abs. 1 HGB zwingend gehalten, die strikteren ergänzenden Vorschriften für Kapitalgesellschaften anzuwenden.

Aufgabe 1.3: Die originäre steuerliche Buchführungspflicht

Das Steuerrecht sieht für gewerbliche Unternehmer sowie für Land- und Forstwirte in § 141 Abs. 1 AO (Abgabenordnung) bei Überschreiten bestimmter wertmäßiger Größenmerkmale (insbesondere Umsatz und Gewinn) in jedem Fall eine Buchführungspflicht (originäre steuerliche Buchführungspflicht) vor. Fassen Sie bitte anhand einer Tabelle die originäre steuerliche Buchführungspflicht gemäß § 141 Abs. 1 AO zusammen!

---

[2] Es ist jedoch darauf hinzuweisen, dass den Einzelkaufleuten seit der Verabschiedung des BilMoG nach § 241a Satz 1 HGB i. V. m. § 242 Abs. 4 Satz 1 HGB die Möglichkeit zur Befreiung von der handelsrechtlichen Buchführungs-, Inventar- und Abschlusspflicht eingeräumt wird, sofern sie an den Abschlussstichtagen von zwei aufeinander folgenden Geschäftsjahren nicht mehr als 500.000 EUR Umsatzerlöse und 50.000 EUR Jahresüberschuss erzielen. Im Fall der Neugründung kann ein Einzelkaufmann die Befreiung gemäß § 241a Satz 2 HGB i. V. m. § 242 Abs. 4 Satz 2 HGB bereits dann in Anspruch nehmen, wenn die Schwellenwerte am ersten Abschlussstichtag nach der Neugründung nicht überschritten werden.

Lösung

Die originäre steuerliche Buchführungspflicht ist folgendermaßen zusammenzufassen:

Originäre steuerliche Buchführungspflicht	
Kleingewerbetreibende[3], die eine Grenze des § 141 Abs. 1 AO überschreiten (Umsatz von mehr als 500.000 EUR oder Gewinn aus Gewerbebetrieb von mehr als 50.000 EUR)	Buchführungspflicht
Land- und Forstwirte, die eine Grenze des § 141 Abs. 1 AO überschreiten (Umsatz von mehr als 500.000 EUR oder Gewinn aus Land- und Forstwirtschaft von mehr als 50.000 EUR oder selbst bewirtschaftete land- und forstwirtschaftliche Flächen mit einem Wirtschaftswert von mehr als 25.000 EUR)	Buchführungspflicht

Abb. 2:   Die originäre steuerliche Buchführungspflicht[4]

Aufgabe 1.4:   Die derivative steuerliche Buchführungspflicht

Ist ein Kaufmann, der nach § 238 Abs. 1 Satz 1 HGB Bücher führen muss, von der steuerrechtlichen Buchführungspflicht befreit, wenn er die in § 141 Abs. 1 AO aufgeführten Grenzen nicht überschreitet?

Lösung

Grundsätzlich nein, denn nach § 140 AO hat jeder Kaufmann, der nach dem Handelsrecht verpflichtet ist, Bücher zu führen, dies auch für die Zwecke der Besteuerung zu tun (derivative steuerliche Buchführungspflicht). Dies gilt ohne Rücksicht auf die in § 141 Abs. 1 AO aufgeführten Größenmerkmale.

Ein Einzelkaufmann, der die Grenzen des § 141 Abs. 1 AO nicht überschreitet, dürfte allerdings in der Regel gemäß § 241a HGB i. V. m. § 242 Abs. 4 HGB von der Buchführungspflicht sowie der Pflicht zur Erstellung eines Inventars und eines Abschlusses ausgenommen sein. Anzumerken ist hierbei aber, dass die Vorschriften der §§ 241a, 242 Abs. 4 HGB und des § 141 Abs. 1 AO nicht vollständig deckungsgleich sind.[5] Dies kann unter Umständen zur Folge haben, dass ein Einzelkaufmann zwar handelsrechtlich die Befreiungsmöglichkeiten der §§ 241a, 242 Abs. 4 HGB aufgrund des Unterschreitens der dort genannten Schwellenwerte in Anspruch nehmen kann, steuerrechtlich jedoch wegen des Überschreitens der in

---

[3]   Der Begriff des Kleingewerbetreibenden umfasst Gewerbetreibende, die keinen nach Art oder Umfang in kaufmännischer Weise eingerichteten Geschäftsbetrieb im Sinne des § 1 Abs. 2 HGB benötigen und zusätzlich auf eine freiwillige Handelsregistereintragung nach § 2 HGB verzichtet haben.

[4]   Entnommen aus BIEG, HARTMUT; KUßMAUL, HEINZ; PETERSEN, KARL; WASCHBUSCH, GERD; ZWIRNER, CHRISTIAN (Bilanzrechtsmodernisierungsgesetz 2009), S. 19.

[5]   Vgl. dahingehend BIEG, HARTMUT; WASCHBUSCH, GERD (Buchführungspflichten 2011), S. 8 f., Rz. 23.

§ 141 Abs. 1 AO (originäre steuerliche Buchführungspflicht) postulierten Werte dennoch der Buchführungs- und Abschlusspflicht unterliegt.

Aufgabe 1.5: Die Grundsätze ordnungsmäßiger Buchführung: Die Aufgaben

Was ist unter den Grundsätzen ordnungsmäßiger Buchführung (GoB) zu verstehen?

Lösung

Die Grundsätze ordnungsmäßiger Buchführung (GoB) stellen Regeln bzw. Normen dar, nach denen die wirtschaftlichen Tatbestände eines Unternehmens in Buchführung und Jahresabschluss abgebildet werden. Bei ihnen handelt es sich nicht um zweckfreie, voneinander unabhängige Normen, sondern um Regeln, die aus den Zwecken der Buchführung und des Jahresabschlusses abzuleiten sind.

Aufgabe 1.6: Die Grundsätze ordnungsmäßiger Buchführung: Der Grundsatz der Klarheit und Übersichtlichkeit

Zu den Grundsätzen ordnungsmäßiger Buchführung (GoB) zählt unter anderem der Grundsatz der Klarheit und Übersichtlichkeit der Buchführung und des Jahresabschlusses. Charakterisieren Sie kurz diesen Grundsatz!

Lösung

Der Grundsatz der Klarheit und Übersichtlichkeit bezieht sich auf die Qualität der äußeren Gestaltung der Aufzeichnungen in der Buchführung sowie im Jahresabschluss. Er verlangt, die einzelnen Geschäftsvorfälle, Bilanzpositionen und Erfolgsbestandteile der Art nach eindeutig zu bezeichnen und so zu ordnen, dass die Bücher und Jahresabschlüsse verständlich sind und eine Person, die mit der Buchführung und dem Jahresabschluss vertraut ist, das Zahlenmaterial nachprüfen kann.

Aufgabe 1.7: Die Größeneinteilung für Kapitalgesellschaften und publizitätspflichtige Unternehmen

Die Workout KG produziert erfolgreich Sportartikel im südwestlichen Teil der Eifel, wo sie mit 6.000 Mitarbeitern einer der bedeutendsten Arbeitgeber ist. In den Geschäftsjahren 02 und 03 konnte sie ihren Umsatz – ausgehend von 123 Mio. EUR im Geschäftsjahr 01 – um 10 % pro Jahr steigern, die Bilanzsumme belief sich dagegen in den Geschäftsjahren 01 bis 03 konstant auf 60 Mio. EUR. Im Geschäftsjahr 04 senkte ein Rationalisierungsprogramm zwar die Mitarbeiterzahl auf 4.500, jedoch konnte dies durch eine Produktivitätssteigerung ausgeglichen werden. Die Bilanzsumme stieg dadurch auf 85 Mio. EUR. Auch der Umsatz konnte erneut um 10 % gesteigert werden. Im Geschäftsjahr 05 erlitt die Workout KG einen Rückschlag aufgrund neuer Trendsportarten. Dadurch mussten erneut 500 Mitarbeiter entlassen und bei gleich bleibender Bilanzsumme ein Umsatzrückgang auf 110 Mio. EUR verkraftet werden. Um neue Investitionen besser finanzieren zu können, wurde die KG im Geschäftsjahr 05 in eine AG umgewandelt und schließlich im Geschäftsjahr 06 an die Börse geführt.

a)   Erstellen Sie eine übersichtliche Abbildung, aus der die in § 267 HGB bzw. in § 1 PublG enthaltenen Größenkriterien für kleine, mittelgroße und große Kapitalgesellschaften bzw. für publizitätspflichtige Unternehmen hervorgehen!

b)   Erläutern Sie unter Zugrundelegung der in Teilaufgabe a) entwickelten Abbildung jeweils für die einzelnen Geschäftsjahre, welche handelsrechtlichen Vorschriften für die Workout KG bzw. AG gelten!

Lösung

Teilaufgabe a)

Die nachfolgende Abbildung gibt einen Überblick über die Größeneinteilung für Kapitalgesellschaften (nach HGB) sowie publizitätspflichtige Unternehmen (nach PublG) zum Zwecke der Anwendung besonderer Rechnungslegungsvorschriften.

Größen-kategorie*	Rechtliche Grundlage	Größenkriterien		
		Bilanzsumme in EUR	Umsatzerlöse in EUR	Durch-schnittliche Arbeit-nehmerzahl
Kleine Kapital-gesellschaft	§ 267 Abs. 1 HGB	≤ 4.840.000	≤ 9.680.000	≤ 50
Mittelgroße Kapitalgesell-schaft	§ 267 Abs. 2 HGB	> 4.840.000 ≤ 19.250.000	> 9.680.000 ≤ 38.500.000	> 50 ≤ 250
Große Kapital-gesellschaft	§ 267 Abs. 3 HGB	> 19.250.000	> 38.500.000	> 250
Publizitäts-pflichtige Unternehmen nach PublG**	§ 1 PublG	> 65.000.000	> 130.000.000	> 5.000

* Die Zugehörigkeit einer Kapitalgesellschaft zu einer der drei Klassen (kleine, mittelgroße oder große Kapitalgesellschaft) bestimmt sich danach, ob die Gesellschaft an zwei aufeinander folgenden Abschlussstichtagen jeweils mindestens zwei der drei angeführten Grenzwerte überschreitet bzw. nicht überschreitet (§ 267 Abs. 4 Satz 1 i. V. m. Abs. 1 bis Abs. 3 Satz 1 HGB). Eine kapitalmarktorientierte Kapitalgesellschaft i. S. d. § 264d HGB gilt stets als große Kapitalgesellschaft (§ 267 Abs. 3 Satz 2 HGB). Im Falle der Umwandlung oder Neugründung treten die vorgenannten Rechtsfolgen bereits dann ein, wenn die Voraussetzungen des § 267 Abs. 1 bis Abs. 3 Satz 1 HGB am ersten Abschlussstichtag nach der Umwandlung oder Neugründung vorliegen (§ 267 Abs. 4 Satz 2 HGB).

** Gemäß § 1 PublG fallen unter den Geltungsbereich des Publizitätsgesetzes alle Unternehmen (unabhängig von ihrer Rechtsform), die an drei aufeinander folgenden Abschlussstichtagen jeweils mindestens zwei der drei angeführten Größenkriterien überschreiten.

Abb. 3:   *Die Größeneinteilung für Kapitalgesellschaften und publizitätspflichtige Unternehmen zum Zwecke der Anwendung besonderer Rechnungslegungsvorschriften*

Teilaufgabe b)

Da die Workout KG in der Ausgangssituation keine Kapitalgesellschaft ist, gelten für sie zunächst nur die Vorschriften für alle Kaufleute, also die Vorschriften des Ersten Abschnitts des Dritten Buches des Handelsgesetzbuches (§§ 238–263 HGB). Darüber hinaus ist allerdings für die Workout KG in den einzelnen Geschäftsjahren die Anwendung des § 1 PublG zu prüfen.

Geschäftsjahr Größenkriterien	01	02	03	04	05
Bilanzsumme (in Mio. EUR)	60	60	60	85	85
Umsatzerlöse (in Mio. EUR)	123	135,3	148,83	163,713	110
Durchschnittliche Arbeitnehmerzahl	6.000	6.000	6.000	4.500	4.000

Im Geschäftsjahr 01 erfüllt die Workout KG nur das Größenkriterium der Arbeitnehmerzahl von über 5.000 gemäß § 1 PublG. Daher finden im Geschäftsjahr 01 lediglich die Vorschriften für alle Kaufleute (§§ 238–263 HGB) Anwendung.

Im Geschäftsjahr 02 überschreitet die Workout KG erstmals zwei Größenkriterien des § 1 PublG (Arbeitnehmerzahl 6.000 und Umsatzerlöse 135,3 Mio. EUR). Da eine Überschreitung dieser Größenkriterien jedoch an drei aufeinander folgenden Abschlussstichtagen gegeben sein muss, greift § 1 PublG nicht. Daher sind weiterhin grundsätzlich nur die Vorschriften der §§ 238–263 HGB verpflichtend anzuwenden.

Im Geschäftsjahr 03 werden erneut zwei Größenkriterien des § 1 PublG (Arbeitnehmerzahl 6.000 und Umsatzerlöse 148,83 Mio. EUR) überschritten. Bezüglich der Anwendung handelsrechtlicher Vorschriften gilt aber weiterhin das Gleiche wie für das Geschäftsjahr 02.

Im Geschäftsjahr 04 sinkt zwar die Arbeitnehmerzahl auf 4.500, dennoch werden erneut zwei Größenkriterien des § 1 PublG (Umsatzerlöse 163,713 Mio. EUR und Bilanzsumme 85 Mio. EUR) überschritten. Dadurch sind nun die Anforderungen des § 1 PublG erfüllt. An drei aufeinander folgenden Abschlussstichtagen werden jeweils mindestens zwei der drei relevanten Größenkriterien überschritten. Als Folge hiervon wird die Workout KG als publizitätspflichtiges Unternehmen im Sinne des PublG eingestuft und muss in ihrem handelsrechtlichen Jahresabschluss für das Geschäftsjahr 04 die Vorschriften für Kapitalgesellschaften (ohne die Möglichkeit größenabhängiger Erleichterungen des § 276 HGB) anwenden.

Im Geschäftsjahr 05 sorgt der Rückschlag dafür, dass die Workout KG die Bedingungen des § 1 PublG nicht mehr erfüllt (lediglich die Bilanzsumme überschreitet noch das relevante Größenkriterium des Publizitätsgesetzes). Da die Workout KG nun jedoch in eine AG umgewandelt wird und die Bedingungen für eine große Kapitalgesellschaft gemäß § 267 Abs. 3 HGB im Geschäftsjahr 05 erfüllt werden, gelten für sie erneut die Vorschriften für große Kapitalgesellschaften. Bereits das einmalige Überschreiten zweier Kriterien des § 267 Abs. 2 HGB am ersten Abschlussstichtag nach der Umwandlung führt zu dieser Klassifizierung (§ 267 Abs. 4 Satz 2 HGB).

Ab dem Geschäftsjahr 06 wird die Workout AG allein aufgrund ihrer Börsennotierung unabhängig von allen Größenkriterien als große Kapitalgesellschaft eingestuft, denn gemäß § 267 Abs. 3 Satz 2 HGB gilt eine kapitalmarktorientierte Kapitalgesellschaft i. S. d. § 264d HGB stets als eine große Kapitalgesellschaft.

Aufgabe 1.8:   Die Aufbewahrungspflichten und -fristen

Welchem Zweck dienen die aus der Buchführungspflicht abgeleiteten Aufbewahrungspflichten und -fristen?

Lösung

Die aus der Pflicht zur Buchführung abgeleiteten Aufbewahrungspflichten und -fristen dienen der Sicherung der Dokumentation und der Nachprüfbarkeit der Buchführung, da erst anhand der aufzubewahrenden Unterlagen die Buchführung unter anderem auf Richtigkeit und Vollständigkeit überprüft werden kann.

Aufgabe 1.9:   Die Dokumentation von Geschäftsvorfällen

Welche Bedeutung kommt der Dokumentation der Geschäftsvorfälle in Buchführung und Jahresabschlüssen zu?

Lösung

Die Dokumentation der Geschäftsvorfälle in Buchführung und Jahresabschlüssen erfüllt eine Beweis- und Sicherungsfunktion. Erst durch die Aufzeichnung aller Geschäftsvorfälle aufgrund der Buchführungspflicht des Kaufmanns, durch ihre Fixierung in regelmäßig zu erstellenden Jahresabschlüssen und durch die Beachtung der Aufbewahrungspflichten und -fristen für Handelsbücher, Inventare, Buchungsbelege etc. werden die Voraussetzungen dafür geschaffen, dass der handelsrechtliche Jahresabschluss seine anderen Aufgaben – nämlich die Rechenschaftslegung durch Erfolgsermittlung und Informationsvermittlung – erfüllen kann. Letztendlich dient die Dokumentation der Geschäftsvorfälle in Buchführung und Jahresabschlüssen der Wahrung der Rechtssicherheit im kaufmännischen Bereich.

1.2   Die Bilanztheorie und ihre Aufgaben

Aufgabe 1.10: Der Begriff der Bilanztheorie und deren Aufgaben

Definieren Sie den Begriff Bilanztheorie und nennen Sie die beiden grundlegenden Aufgaben einer Bilanztheorie!

Lösung

Unter einer Bilanztheorie versteht man die Auseinandersetzung mit dem Inhalt und der Aus-gestaltung des Jahresabschlusses als Instrument der finanziellen Rechnungslegung.

Die beiden grundlegenden Aufgaben einer Bilanztheorie bestehen zum einen in der Erklä-rung des Wesensgehalts der Bilanzen und der Ableitung von Empfehlungen für die Aus-gestaltung der Bilanzen im Hinblick auf bestimmte Rechnungsziele (formale Aufgabe der Bilanztheorie) sowie zum anderen – vor dem Hintergrund bestimmter Bilanzzwecke – in der Formulierung von Gliederungs-, Bilanzierungs- und Bewertungsregeln, die sicherstellen sollen, dass die mit der Bilanzierung verfolgten Rechnungsziele auch erreicht werden können (materielle Aufgabe der Bilanztheorie).

Aufgabe 1.11: Unterschiedliche Bilanzauffassungen

Die folgenden Autoren haben sich in theoretischen Beiträgen mit der Bilanzierung auseinan-dergesetzt:

- Walther Busse von Colbe,
- Eugen Schmalenbach,
- Karl Hax,
- Heinrich Nicklisch,
- Fritz Schmidt,
- Karl Käfer,
- Wilhelm Rieger,
- Adolf Moxter,
- Herman Veit Simon.

Bei den auf dieser Weise entstandenen Bilanzauffassungen unterscheidet man:

- Klassische Konzeptionen
    - Statische Bilanzauffassung
    - Dynamische Bilanzauffassung
    - Organische Bilanzauffassung

- Neuere Ansätze
    - Kapitalerhaltungsorientiert
    - Zukunftsorientiert
    - Anti-Bilanz-Konzeption

Ordnen Sie in einem Schaubild die Namen der vorstehend aufgeführten Autoren den von ihnen jeweils vertretenen Bilanzauffassungen zu!

Lösung

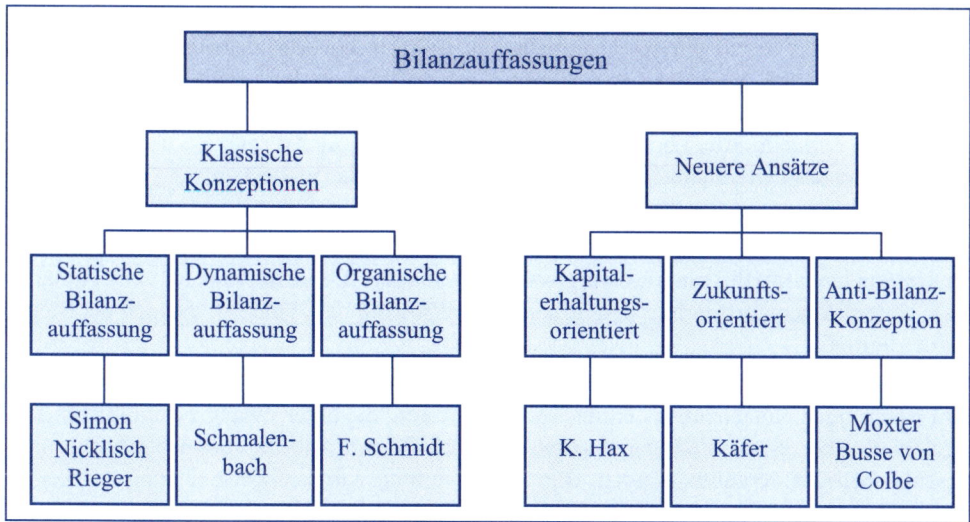

Abb. 4:   Überblick über unterschiedliche Bilanzauffassungen

1.3   Die formale Aufgabe der Bilanztheorie

Aufgabe 1.12: Die statische und die dynamische Bilanz-
auffassung: Hauptziele

Welche Hauptziele verfolgen die statische und die dynamische Bilanzauffassung?

Lösung

Während die statische Bilanzauffassung als Hauptziel des Jahresabschlusses die Darstellung des Vermögens und der Schulden eines Unternehmens zu einem bestimmten Zeitpunkt verfolgt, sieht die dynamische Bilanzauffassung den Hauptzweck des Jahresabschlusses in der Ermittlung eines vergleichbaren Periodenerfolgs zur Messung der Wirtschaftlichkeit.

Aufgabe 1.13: Die statische Bilanzauffassung: Annahmen von
Zerschlagungs- und Fortführungsstatikern

Welchen grundsätzlichen Überlegungen folgt ein Zerschlagungsstatiker gegenüber einem Fortführungsstatiker? Veranschaulichen Sie den wesentlichen Unterschied anhand des Warenbestands eines Handelsunternehmens!

Lösung

Die Zerschlagungsstatiker ermitteln das Vermögen eines Unternehmens unter der Fiktion seiner Zerschlagung als sogenanntes Gläubigerzugriffsvermögen. Hieraus leitet sich das Bestreben ab, das Vermögen des Unternehmens zu Marktpreisen (Zeitwerten) zu bewerten, da der Zerschlagungswert des Gesamtvermögens die Summe der jeweiligen am Markt erzielbaren Einzelveräußerungspreise der vorhandenen einzelveräußerungsfähigen Vermögensobjekte darstellt. Aus dem Zerschlagungswert des Gesamtvermögens ist im Falle der Zerschlagung des Unternehmens die Gesamtheit der Schulden zu decken.

Im Vergleich dazu gehen Fortführungsstatiker davon aus, dass für den Kaufmann nicht der Zerschlagungswert, sondern der Wert des Vermögens des Unternehmens unter der Annahme der Unternehmensfortführung („Going concern-Annahme") von Interesse ist. Die Annahme einer Unternehmensfortführung liegt grundsätzlich sowohl der Handels- als auch der Steuerbilanz zugrunde.

Unter der Annahme, dass sich der Wert des Warenbestands eines Handelsunternehmens aus dem zukünftigen Nutzenzufluss ergibt, verfügen Waren, die unter Zwang zu liquidieren sind, regelmäßig über einen niedrigeren (Zeit-)Wert als Waren, die im Rahmen des normalen Geschäftsbetriebs veräußert werden. Bei der Bewertung wird ein Zerschlagungsstatiker daher üblicherweise einen niedrigeren Wert ansetzen als ein Fortführungsstatiker.

Aufgabe 1.14: Die dynamische Bilanzauffassung

Nehmen Sie eine dynamische Interpretation des Bilanzinhalts nach Eugen Schmalenbach vor!

Lösung[6]

Die dynamische Bilanzauffassung, begründet von Eugen Schmalenbach, sieht den Hauptzweck der Bilanz in der Ermittlung eines vergleichbaren Periodenerfolgs zur Messung der Wirtschaftlichkeit eines Unternehmens. Die dynamische Bilanz ist eine Erfolgsbilanz. Der Kernsatz der dynamischen Bilanzauffassung lautet: „Wer den Gewinn richtig ermitteln will, muß das Vermögen falsch ermitteln."[7] Die dynamische Bilanzauffassung zeigt sich insbesondere in den handelsrechtlichen Vorschriften zum Vollständigkeitsgebot (§ 246 Abs. 1 HGB), zur Zulässigkeit von Rechnungsabgrenzungsposten überhaupt (§ 250 HGB), zur Zulässigkeit einer Rückstellung für bestimmte unterlassene Aufwendungen für Instandhaltung (§ 249 Abs. 1 Satz 2 Nr. 1 HGB) oder zur Bildung von latenten Steuern (§ 274 HGB).

Schmalenbach erkennt, dass der Gesamterfolg eines Unternehmens nur mit Hilfe einer Totalbilanz, die die gesamte Lebensdauer des Unternehmens umfasst und somit alle wirtschaftlichen Aktivitäten widerspiegelt, ermittelt werden kann. Da der Kaufmann allerdings zur

---

[6]   Vgl. hierzu ausführlich BIEG, HARTMUT; KUßMAUL, HEINZ; WASCHBUSCH, GERD (Rechnungswesen 2012), S. 16 ff.

[7]   MOXTER, ADOLF (Bilanzlehre 1984), S. 6.

Erstellung von Jahresabschlüssen verpflichtet ist, muss die Totalperiode in Teilperioden (Geschäftsjahre) aufgeteilt werden. Die Jahresbilanz soll hierbei alle in dem vergangenen Geschäftsjahr noch nicht abgeschlossenen Geschäften, d. h. solche Geschäftsvorfälle aufnehmen, die zwar zu Aus- bzw. Einzahlungen, aber noch nicht zu Aufwendungen bzw. Erträgen geführt haben. Schmalenbach bezeichnet die Bilanz deswegen auch als „Kräftespeicher" des Unternehmens.

1.4   Die materielle Aufgabe der Bilanztheorie

Aufgabe 1.15: Die Funktionen des Jahresabschlusses[8]

Welches sind die grundsätzlichen Aufgaben der externen Rechnungslegung?

Lösung

Mit der externen Rechnungslegung werden grundsätzlich die folgenden drei Aufgaben verfolgt:

- die Erfolgsermittlung,
- die Informationsvermittlung und
- die Dokumentation.

Ein einziger Abschluss ist nicht in der Lage, die Ansprüche aller an dem Unternehmen Interessierten hinsichtlich Periodenerfolgsermittlung und Informationsvermittlung gleichzeitig und in vollem Umfang zu befriedigen, da weder die Interessen an der Erfolgsermittlung (Zahlungsbemessungsinteressen) noch die Informationsinteressen aller am Abschluss interessierten Personen bzw. Personengruppen übereinstimmen. Zudem können sich Zahlungsbemessungs- und Informationsinteressen insoweit widersprechen, als sich bei Berücksichtigung von Zahlungsbemessungsinteressen im Jahresabschluss andere Zahlen als bei Berücksichtigung von Informationsinteressen ergeben können. So ist es bei der Ermittlung des ausschüttbaren und besteuerungsfähigen Gewinns durchaus berechtigt, Vermögensgegenstände nicht mit einem über den Anschaffungs- oder Herstellungskosten liegenden Wert anzusetzen, wodurch die Ausschüttung und Besteuerung erwarteter, aber noch nicht durch einen Umsatzakt realisierter Gewinne verhindert wird. Die Informationen über den Wert des Vermögens am Abschlussstichtag sind dann allerdings nicht zutreffend, so dass die Informationsinteressen der Jahresabschlussadressaten nicht befriedigt werden.

Deswegen stellen alle Rechnungslegungskonzeptionen zwangsläufig einen Kompromiss dar. Da eine Entscheidung für die Erfüllung bestimmter Ansprüche immer auch die Ablehnung der Komplementäransprüche erfordert, kommen in den Rechnungslegungsnormen die Präferenzen des Normengebers für bestimmte Interessen (und damit die Vernachlässigung anderer

---

[8]   Geringfügig modifiziert entnommen aus BIEG, HARTMUT; HOSSFELD, CHRISTOPHER; KUßMAUL, HEINZ; WASCHBUSCH, GERD (Rechnungslegung 2009), S. 7.

Interessen) und die Bevorzugung bestimmter Personen bzw. Personengruppen (und damit die Benachteiligung anderer) zum Ausdruck.

Die Lösung dieser Interessenkonflikte beschränkt sich dabei auf die Erfolgsermittlungs- und Informationsfunktion. Die Normengeber haben also zu entscheiden, wie sie die Interessen der verschiedenen Adressaten gewichten. Daraus folgt nicht nur eine Entscheidung, ob die Erfolgsermittlungsfunktion oder die Informationsfunktion stärker gewichtet werden soll. Es erfolgt auch eine Entscheidung, welchen Interessen und welchen Personen(-gruppen) innerhalb der beiden Funktionen mehr Bedeutung beigemessen werden soll. Dagegen kann die Dokumentationsaufgabe kein Gegenstand dieses Widerstreits sein; sie ist unabhängig von den sonstigen Zielsetzungen der Rechnungslegung und systemübergreifend zu erfüllen.

Aufgabe 1.16: Die Adressaten und die Funktionen des handelsrechtlichen Jahresabschlusses

Geben Sie anhand einer Übersicht einen Überblick über die Adressaten sowie die Funktionen des handelsrechtlichen Jahresabschlusses einer Kapitalgesellschaft!

Lösung

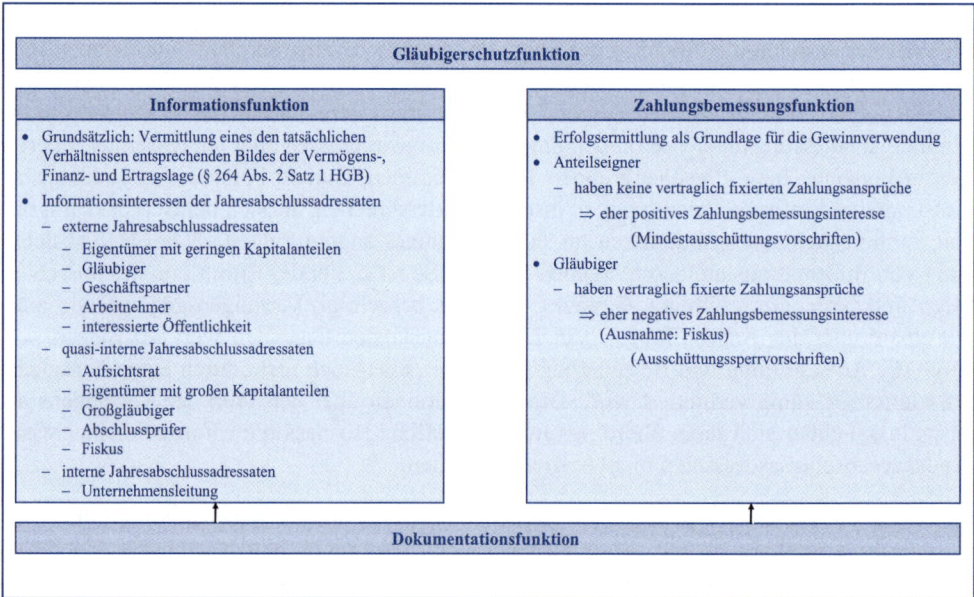

Abb. 5:   Die Adressaten sowie die Funktionen des handelsrechtlichen Jahresabschlusses einer Kapitalgesellschaft

Aufgabe 1.17: Die Adressaten des handelsrechtlichen Jahresabschlusses: Charakterisierung

Die Adressaten und Aufgaben der externen Rechnungslegung lassen sich grundsätzlich systemübergreifend feststellen, d. h., es gibt weder beim Umfang des Adressatenkreises noch bei den Aufgaben, die die externe Rechnungslegung grundsätzlich zu erfüllen hat, wesentliche Unterschiede zwischen den einzelnen Rechnungslegungssystemen. Kurz gesagt hat sich die Rechenschaftslegung durch Jahresabschlüsse immer an den Anforderungen zu orientieren, die die Adressaten an sie stellen. Wie lassen sich die Adressaten des handelsrechtlichen Jahresabschlusses allgemein charakterisieren?

Lösung

Die Adressaten des handelsrechtlichen Jahresabschlusses lassen sich allgemein wie folgt charakterisieren:

- Sie werden durch erfolgte oder unterlassene Aktionen der Unternehmensleitung hinsichtlich ihrer Zielerreichung positiv oder negativ beeinflusst.
- Sie haben deswegen – und weil sie durch geeignete eigene Maßnahmen das Ausmaß der Realisation ihrer Ziele beeinflussen möchten – ein besonderes Interesse am Geschehen des Unternehmens.
- Ihre Interessen werden allgemein als berechtigt anerkannt, was dazu führt, dass ihre Anforderungen an den handelsrechtlichen Jahresabschluss in den Grundsätzen ordnungsmäßiger Buchführung oder in den darüber hinaus kodifizierten Rechnungslegungsvorschriften berücksichtigt werden.

Aufgabe 1.18: Die Adressaten des handelsrechtlichen Jahresabschlusses: Die Zahlungsbemessungsinteressen[9]

Schildern Sie, welche Zahlungsbemessungsinteressen die einzelnen Gruppen der Jahresabschlussadressaten verfolgen und auf welchen Zielvorstellungen diese Interessen basieren! Beschränken Sie sich dabei auf Jahresabschlussadressaten mit einem positiven Zahlungsbemessungsinteresse!

Lösung

Jahresabschlussadressaten haben dann ein positives Zahlungsbemessungsinteresse, wenn sich ihre Zahlungsansprüche gegenüber dem Unternehmen an dessen ausgewiesenem Jahresgewinn orientieren. Zu den Jahresabschlussadressaten mit einem positiven Zahlungsbemessungsinteresse zählen die Eigenkapitalgeber, die normalerweise an einer möglichst hohen Ausschüttung oder wenigstens an einer gewissen Mindestausschüttung bei entsprechender

---

[9] Modifiziert entnommen aus KUßMAUL, HEINZ (Rechnungswesen 2000), S. 55 ff. und S. 209 ff.

Gewinnthesaurierung interessiert sind. Der Fiskus, der ebenfalls ein positives Zahlungs-bemessungsinteresse verfolgt, erlangt mit einem relativ höheren Gewinnausweis auch entsprechend höhere Ertragsteuerzahlungen in den betreffenden Jahren. Weitere Personengruppen, mit denen gewinnabhängige Zahlungen vereinbart sind, wie beispielsweise gewinnbeteiligte Arbeitnehmer (einschließlich des Managements), gewinnbeteiligte stille Gesellschafter oder Darlehensgeber mit (zumindest teilweisen) gewinnabhängigen Zinszahlungsansprüchen, haben gleichfalls ein Interesse an einem hohen Gewinnausweis und verfolgen damit ein positives Zahlungsbemessungsinteresse.

Aufgabe 1.19: Die Adressaten des handelsrechtlichen Jahres-abschlusses: Der Gläubigerschutz bei der Aktien-gesellschaft

Zwar haftet die Aktiengesellschaft – wie jede Kapitalgesellschaft – mit ihrem gesamten Vermögen für ihre Schulden, jedoch besteht für die Aktionäre insoweit eine Haftungsbeschränkung, als sie nach der vollständigen Erfüllung ihrer in der Satzung festgelegten Einlageverpflichtung zu keinen weiteren Vermögenseinlagen mehr verpflichtet sind. Da den Gläubigern der AG somit ausschließlich das Vermögen der AG haftet, müssen zur Erhaltung eines Mindesthaftungsvermögens der AG die an die Aktionäre als Dividenden ausgeschütteten Gewinnbeträge begrenzt werden. Welchen Bilanzadressaten dient diese Beschränkung und wie wird diesem Gedanken im Aktiengesetz und Handelsgesetzbuch Rechnung getragen?

Lösung

Die Beschränkung der ausschüttbaren Beträge dient in erster Linie dem Interesse der Gläubiger (Gläubigerschutz). Gläubiger verfügen über ein negatives Zahlungsbemessungsinteresse, wodurch die Erhaltung des Haftungsvermögens – welches bei einer Kapitalgesellschaft auf das Gesellschaftsvermögen beschränkt ist – gefördert werden soll. Diesem Gedanken tragen das Aktiengesetz und das Handelsgesetzbuch unter anderem durch folgende Regelungen und Ausschüttungssperrvorschriften Rechnung:[10]

- Verbot der Rückgewähr von Einlagen (§ 57 Abs. 1 Satz 1 AktG),
- Beschränkung der Ausschüttung auf den Bilanzgewinn (§ 57 Abs. 3 AktG),
- Definition von Höchstwerten für die Vermögensbewertung im Rahmen der Gewinnermittlung (§ 253 Abs. 1 Satz 1 HGB),
- Nichtigkeit des Jahresabschlusses wegen einer vorsätzlich unrichtigen oder verschleierten Darstellung der Vermögens- und Ertragslage durch Überbewertung (zu hoher Wertansatz von Aktiva bzw. zu niedriger Wertansatz von Passiva) oder Unterbewertung (zu niedriger Wertansatz von Aktiva bzw. zu hoher Wertansatz von Passiva) von Positionen im Vergleich zu dem nach §§ 253 bis 256 HGB zulässigen Betrag (§ 256 Abs. 5 AktG),

---

[10]   Vgl. auch COENENBERG, ADOLF G.; HALLER, AXEL; SCHULTZE, WOLFGANG (Jahresabschluss 2009), S. 19.

- Bildung von anderen Gewinnrücklagen durch den Vorstand und den Aufsichtsrat in Höhe von maximal 50 % des Jahresüberschusses (§ 58 Abs. 2 Satz 1 AktG; beachte aber auch § 58 Abs. 2 Satz 2 und Satz 3),

- Verpflichtung zur Bildung einer gesetzlichen Rücklage aus dem Jahresüberschuss (§ 150 Abs. 1 i. V. m. Abs. 2 AktG),

- Möglichkeit der Bildung anderer Gewinnrücklagen in Höhe des Eigenkapitalanteils von Wertaufholungen bei Vermögensgegenständen (§ 58 Abs. 2a AktG),

- Bildung einer Rücklage für Anteile an einem herrschenden oder mit Mehrheit beteiligten Unternehmen (§ 272 Abs. 4 HGB),

- Ausschüttungssperre für den Betrag der aktivierten selbst geschaffenen immateriellen Vermögensgegenstände des Anlagevermögens abzüglich der auf diese gebildeten passiven latenten Steuern (§ 268 Abs. 8 Satz 1 HGB),

- Ausschüttungssperre für den Betrag, um den die angesetzten aktiven latenten Steuern die passiven latenten Steuern übersteigen (§ 268 Abs. 8 Satz 2 HGB),

- Ausschüttungssperre für den aktivierten Unterschiedsbetrag aus der Vermögensverrechnung nach § 246 Abs. 2 Satz 2 HGB abzüglich der hierfür gebildeten passiven latenten Steuern (§ 268 Abs. 8 Satz 3 HGB).

Aufgabe 1.20: Die Adressaten des handelsrechtlichen Jahresabschlusses: Der Minderheiten-(Aktionärs-)Schutz

Bei Aktiengesellschaften ist im Rahmen der Regelung von Zahlungsbemessungsinteressen auch die Sicherung einer Mindestausschüttung zu gewährleisten. Die Minderheitsaktionäre sollen vor den Mehrheitsaktionären, die Aktionäre insgesamt vor den Verwaltungsorganen geschützt werden (Schutz vor „Aushungerung"). Welche Vorschriften des Aktiengesetzes und des Handelsgesetzbuches tragen diesem Gedanken des Minderheiten-(Aktionärs-)Schutzes Rechnung?

Lösung

Das Aktiengesetz und das Handelsgesetzbuch tragen dem Gedanken des Minderheiten-(Aktionärs-)Schutzes unter anderem durch folgende Vorschriften Rechnung:[11]

- Anspruch der Aktionäre auf den Bilanzgewinn (§ 58 Abs. 4 AktG),

- Recht zur Anfechtung des Bilanzgewinnverwendungsbeschlusses durch einen Aktionär, wenn Teile des seiner Verwendungskompetenz unterliegenden Bilanzgewinns vorgetragen oder thesauriert werden, obwohl eine solche Maßnahme nach vernünftiger kaufmännischer Beurteilung nicht notwendig ist, um die Lebens- und Widerstandsfähigkeit der Gesellschaft zu sichern, und dadurch unter die Aktionäre kein

---

[11] Vgl. auch COENENBERG, ADOLF G.; HALLER, AXEL; SCHULTZE, WOLFGANG (Jahresabschluss 2009), S. 19 f.

Gewinn in Höhe von mindestens 4 % des Grundkapitals (abzüglich noch nicht einge-
forderter Einlagen) verteilt werden kann (§ 254 Abs. 1 AktG),

- die Höchstwertvorschriften für Vermögensgegenstände gelten, von wenigen Ausnahmen abgesehen, auch als Mindestwertvorschriften (Fixwertprinzip; § 253 Abs. 1
  Satz 1 HGB),

- Begrenzung außerplanmäßiger Abschreibungen von Anlagevermögensgegenständen
  bei vorübergehender Wertminderung auf das Finanzanlagevermögen (§ 253 Abs. 3
  Satz 4 HGB),

- rechtsformübergreifendes Wertaufholungsgebot (§ 253 Abs. 5 Satz 1 HGB),

- Begrenzung der Möglichkeit zur Bildung von Rücklagen durch Vorstand und Aufsichtsrat (§ 58 Abs. 2 AktG).

Aufgabe 1.21: Die Kapitalerhaltungskonzeptionen[12]

Zeigen Sie für einen Warenbestand, dessen Anschaffungskosten sich am 01.01.01 auf
10.000 EUR beliefen und der zum 30.12.01 für 16.000 EUR verkauft wird, welcher Gewinn
bei der nominellen Kapitalerhaltung bzw. bei der absoluten/reproduktiven Substanzerhaltung
ausgewiesen werden würde, wenn für die Wiederbeschaffung des gleichen Warenbestands
12.000 EUR auszugeben wären! Welche Vor- und Nachteile sind mit der nominellen Kapitalerhaltung, die sowohl in der Handels- als auch in der Steuerbilanz zugrunde zu legen ist,
verbunden?

Lösung

Gewinn nach der nominellen Kapitalerhaltung:

Umsatzerlöse – Anschaffungskosten

=   16.000 EUR – 10.000 EUR

=   6.000 EUR

Gewinn nach der absoluten/reproduktiven Substanzerhaltung:

Umsatzerlöse – Wiederbeschaffungskosten gleichartiger Produkte

=   16.000 EUR – 12.000 EUR

=   4.000 EUR

In Handels- und Steuerbilanz ist unter Beachtung des Prinzips der nominellen Kapitalerhaltung ein Gewinn von 6.000 EUR auszuweisen, der in Form von Steuerzahlungen und Gewinnausschüttungen das Unternehmen verlassen kann. Nachteilig ist, dass in Zeiten steigen-
der Preise die Wiederbeschaffung der Menge des verkauften Warenbestands und somit der
Erhalt von Teilen der Unternehmenssubstanz nicht sichergestellt ist. Dagegen ist es von Vor-

---

[12]   Modifiziert entnommen aus KUßMAUL, HEINZ (Rechnungswesen 2000), S. 57 und S. 214.

teil, dass die Anschaffungskosten, die von den Umsatzerlösen zu subtrahieren sind, eindeutig festliegen, was bei den Wiederbeschaffungskosten gleichartiger Produkte nicht in jedem Fall gegeben ist.

Aufgabe 1.22: Die Kapitalerhaltungskonzeptionen

Die X-AG erwirbt zu Beginn des Jahres 01 10 Computer zum Preis von 3.000 EUR pro Stück, die sie ohne Nutzung weiterveräußern möchte. Der gesamte Posten wird am Ende des Jahres 01 für 3.500 EUR pro Stück verkauft. Die Wiederbeschaffungskosten für Rechner des gleichen Typs liegen zu diesem Zeitpunkt bei 3.200 EUR pro Stück. Da mittlerweile ein Nachfolgemodell mit höherer Leistungsfähigkeit auf dem Markt angeboten wird, ist damit zu rechnen, dass Computer des alten Typs nicht mehr nachgefragt werden. Der Beschaffungspreis für Computer des neuen Typs beträgt Ende 01 3.600 EUR. Während des Jahres 01 sollen sich die Lebenshaltungskosten um 3 % erhöht haben.

a)   Berechnen Sie den Gewinn/Verlust der X-AG nach

   (1)   der nominellen Kapitalerhaltung,

   (2)   der realen Kapitelerhaltung,

   (3)   der absoluten/reproduktiven Substanzerhaltung,

   (4)   der relativen/qualifizierten Substanzerhaltung!

   Welche Zielsetzung liegt der jeweiligen Unternehmenserhaltungskonzeption zugrunde? Erläutern Sie den Aussagegehalt der einzelnen Unternehmenserhaltungskonzeptionen!

b)   Was versteht man allgemein unter einem „Scheingewinn"? Berechnen Sie den jeweiligen „Scheingewinn" der nominellen Kapitalerhaltung im Vergleich zu den drei anderen Unternehmenserhaltungskonzeptionen!

Lösung

Teilaufgabe a)

Die Gewinndefinitionen der vier verschiedenen Unternehmenserhaltungskonzeptionen führen im Fall der X-AG zu den folgenden Ergebnissen:

Nominelle Kapitalerhaltung:

Das Eigenkapital gilt als erhalten, wenn das nominelle Geldkapital am Ende der Periode dem nominellen Geldkapital am Anfang der Periode entspricht.

Umsatzerlöse – Anschaffungskosten = Gewinn

35.000 EUR – 30.000 EUR = 5.000 EUR

Reale Kapitalerhaltung:

Das Eigenkapital gilt als erhalten, wenn die Kaufkraft des Eigenkapitals am Ende der Periode der Kaufkraft zu Beginn der Periode entspricht. Dabei orientiert man sich nicht an der

Preissteigerung der Computer, sondern an einer allgemeinen Preissteigerungsrate wie z. B. dem Großhandelspreisindex oder – wie hier – dem Lebenshaltungskostenindex.

Umsatzerlöse – Anschaffungskosten · (1 + Preissteigerungsquote) = Gewinn

35.000 EUR – (30.000 EUR · 1,03) = 4.100 EUR

Absolute/reproduktive Substanzerhaltung:

Die Substanz des Unternehmens gilt als erhalten, wenn am Ende der Periode die verbrauchten Güter in gleicher Menge und gleicher Qualität wiederbeschafft werden können.

Umsatzerlöse – Wiederbeschaffungskosten gleichartiger Produkte = Gewinn

35.000 EUR – 32.000 EUR = 3.000 EUR

Relative/qualifizierte Substanzerhaltung:

Die Substanz des Unternehmens gilt als erhalten, wenn es seine Stellung im Vergleich zu anderen Unternehmen am Ende einer Periode behauptet hat (Berücksichtigung des technischen Fortschritts und des volkswirtschaftlichen Wachstums).

Umsatzerlöse – Wiederbeschaffungskosten technisch verbesserter Produkte = Gewinn

35.000 EUR – 36.000 EUR = -1.000 EUR

Während man bei den ersten drei Unternehmenserhaltungskonzeptionen zu einem Gewinnausweis in unterschiedlicher Höhe gelangt, führt eine Gewinnermittlung nach den Maßstäben der relativen/qualifizierten Substanzerhaltung zu einem Verlustausweis in Höhe von 1.000 EUR.

Allen oben genannten Unternehmenserhaltungskonzeptionen ist gemeinsam, dass sie „Gewinn" als den Betrag bezeichnen, welcher einem Unternehmen durch Gewinnsteuerzahlungen und Gewinnausschüttungen höchstens entzogen werden kann, ohne dass es zu einer Schmälerung seiner Leistungskraft kommt. Meinungsverschiedenheiten zwischen den einzelnen Unternehmenserhaltungskonzeptionen treten allerdings dort auf, wo es zu bestimmen gilt, was „Leistungskraft" eigentlich ist.

Die Vertreter des Prinzips der nominellen Kapitalerhaltung behaupten, die Leistungskraft habe sich dann und in dem Maße erhöht, in dem sich das in Geldeinheiten ausgedrückte Kapital vermehrt habe. Die Verfechter des Prinzips der realen Kapitalerhaltung halten dem entgegen, dass sich die Leistungskraft erst dann erhöht habe, wenn sich das um Preissteigerungen bereinigte Kapital vermehrt habe. Die Anhänger des Prinzips der absoluten/reproduktiven bzw. der relativen/qualifizierten Substanzerhaltung dagegen sind der Ansicht, die Leistungskraft eines Unternehmens sei erst dann gewahrt, wenn es möglich sei, aus den Umsatzerlösen die gleiche Menge an identischen bzw. technisch verbesserten Waren wiederzubeschaffen. Erst wenn die Umsatzerlöse die Wiederbeschaffungskosten übersteigen, könne man von einer Steigerung der Leistungskraft und somit von einem Gewinn sprechen und die entsprechenden Beträge zur Steuerzahlung oder Gewinnausschüttung verwenden.

Teilaufgabe b)

Die Befürworter der realen Kapitalerhaltung, der absoluten/reproduktiven sowie der relativen/qualifizierten Substanzerhaltung lehnen die im deutschen Handels- und Steuerrecht allein anerkannte Gewinnermittlung nach dem Prinzip der nominellen Kapitalerhaltung ab. Ihrer Ansicht nach führt das Prinzip der nominellen Kapitalerhaltung wegen der Vernachlässigung des Ansteigens des im Einzelnen verwendeten Preisindexes bzw. der Wiederbeschaffungskosten gleichartiger oder technisch verbesserter Produkte und der alleinigen Betrachtung der historischen Anschaffungskosten der zu ersetzenden Vermögensgegenstände zu einem grundsätzlich höheren Gewinn als bei den anderen Unternehmenserhaltungskonzeptionen. Der Betrag, um den der „nominelle" Gewinn den jeweils nach einem der drei anderen Unternehmenserhaltungskonzeptionen ermittelten Gewinn übersteigt, wird als „Scheingewinn" bezeichnet. Seine Ausschüttung bzw. Besteuerung wird von den Befürwortern der anderen Unternehmenserhaltungskonzeptionen als nicht sachgerecht angesehen.

Scheingewinn der nominellen Kapitalerhaltung im Vergleich zur realen Kapitalerhaltung:

Nomineller Gewinn	5.000 EUR
– Realer Gewinn	4.100 EUR
= Scheingewinn	900 EUR

Scheingewinn der nominellen Kapitalerhaltung im Vergleich zur absoluten/reproduktiven Substanzerhaltung:

Nomineller Gewinn	5.000 EUR
– Gewinn i. S. d. absoluten/reproduktiven Substanzerhaltung	3.000 EUR
= Scheingewinn	2.000 EUR

Scheingewinn der nominellen Kapitalerhaltung im Vergleich zur relativen/qualifizierten Substanzerhaltung:

Nomineller Gewinn	5.000 EUR
+ Verlust i. S. d. relativen/qualifizierten Substanzerhaltung	1.000 EUR
= Scheingewinn	6.000 EUR

Aufgabe 1.23: Die Grundsätze der zeitlichen und sachlichen Abgrenzung: Geschäftsvorfälle

Wie sind die folgenden Geschäftsvorfälle von der X-AG in der Periode 01 bzw. zum Jahresende 01 zu buchen?

a) Am 01.11.01 hat die X-AG die Kfz-Versicherung in Höhe von 1.800 EUR für ein halbes Jahr durch Banküberweisung im Voraus entrichtet.

b)   Am 02.10.01 ging auf dem Bankkonto der X-AG eine Mietzahlung in Höhe von 24.000 EUR von der Y-AG für den Zeitraum vom 01.10.01 bis 30.09.02 ein.

c)   Zum 31.12.01 erzielt die X-AG Zinsforderungen in Höhe von 25.000 EUR aus einem an ein anderes Unternehmen vergebenen Kredit.

d)   Den Arbeitnehmern der X-AG werden die Vergütungen (insgesamt 120.000 EUR) für im Geschäftsjahr 01 geleistete Überstunden erst im kommenden Jahr bezahlt.

e)   Aufgrund einer 100 %igen Auslastung am Ende des Geschäftsjahres 01 verschiebt die X-AG notwendige Reparaturen an ihrem Anlagenpark mit geschätzten Kosten in Höhe von 850.000 EUR in den Februar des Folgejahres. Die Arbeiten werden noch vor Aufstellung der Bilanz im Februar vollständig abgeschlossen.

Variante:

Bereits am Jahresende des Geschäftsjahres 01 ist abzusehen, dass die 100 %ige Auslastung bis zum Ende des Monats April 02 anhalten wird. Die Instandhaltungsmaßnahme erscheint daher erst für den Monat Mai 02 möglich. Ändert sich dadurch etwas an der Lösung?

f)   Der Steuerberater schätzt die für das Jahr 01 anfallende Gewerbesteuer der X-AG auf 550.000 EUR. Die im Jahr 01 an den vier Vorauszahlungsterminen durch Banküberweisung geleisteten Vorauszahlungen betragen 480.000 EUR.

Lösung

Teilaufgabe a)

Buchungssatz am 01.11.01:

Versicherungsaufwendungen	1.800	an	Bank	1.800

Buchungssatz am 31.12.01:

Aktiver RAP	1.200	an	Versicherungsaufwendungen	1.200

Teilaufgabe b)

Buchungssatz am 02.10.01:

Bank	24.000	an	Mieterträge	24.000

Buchungssatz am 31.12.01:

Mieterträge	18.000	an	Passiver RAP	18.000

Teilaufgabe c)

Buchungssatz am 31.12.01:

Sonstige Vermögensgegenstände	25.000	an	Zinserträge	25.000

Teilaufgabe d)

Buchungssatz am 31.12.01:

Personalaufwendungen	120.000	an	Sonstige Verbindlichkeiten	120.000

Teilaufgabe e)

Buchungssatz am 31.12.01:

Reparaturaufwendungen	850.000	an	Sonstige Rückstellungen	850.000

Hier besteht eine Pflicht zur Bildung der Rückstellung, da die Instandhaltung innerhalb der ersten drei Monate des folgenden Geschäftsjahres stattfindet (vgl. § 249 Abs. 1 Satz 2 Nr. 1 HGB). Es handelt sich hier weder um eine antizipative noch um eine transitorische Rechnungsabgrenzung, sondern um eine Rückstellung, weil der Betrag nicht eindeutig feststeht.

Variante:

In diesem Fall ist eine Rückstellungsbildung verboten, da die Instandhaltungsmaßnahme planmäßig nicht in den ersten drei Monaten des Jahres 02 stattfindet (vgl. § 249 Abs. 2 Satz 1 HGB).

Teilaufgabe f)

Buchungssatz an den vier Vorauszahlungsterminen:

Steueraufwendungen	120.000	an	Bank	120.000

Buchungssatz am 31.12.01:

Steueraufwendungen	70.000	an	Rückstellungen für Steuern	70.000

Aufgabe 1.24: Die Grundsätze der zeitlichen und sachlichen Abgrenzung: Die antizipativen Rechnungsabgrenzungsposten

Was versteht man unter antizipativen Rechnungsabgrenzungsposten und wo sind diese auszuweisen?

Lösung

Die antizipativen Rechnungsabgrenzungsposten sind unter den sonstigen Vermögensgegenständen (sonstigen Verbindlichkeiten) auszuweisen. Sie sind dadurch charakterisiert, dass der Ertrag (Aufwand) vor, die korrespondierende Einzahlung (Auszahlung) jedoch erst nach dem Abschlussstichtag liegt. Beträge in größerem Umfang sind nach § 268 Abs. 4 Satz 2 und Abs. 5 Satz 3 HGB im Anhang zu erläutern.

Aufgabe 1.25: Die Grundsätze der zeitlichen und sachlichen Abgrenzung: Die transitorischen Rechnungs-abgrenzungsposten

Nennen Sie die drei wesentlichen Voraussetzungen für den Bilanzansatz transitorischer Rechnungsabgrenzungsposten!

Lösung

Voraussetzungen für die Bildung transitorischer Rechnungsabgrenzungsposten:

(1)   Auszahlung bzw. Einzahlung vor dem Abschlussstichtag,

(2)   Aufwand bzw. Ertrag nach dem Abschlussstichtag,

(3)   Zahlung für eine konkret bestimmte Zeit.

Aufgabe 1.26: Die Grundsätze der zeitlichen und sachlichen Abgrenzung: Die transitorischen Rechnungs-abgrenzungsposten

Die X-AG hat am 01.07.01 ein endfälliges Darlehen mit einer 10-jährigen Laufzeit in Höhe von 1.000.000 EUR (= Erfüllungsbetrag) bei der Kreditbank AG aufgenommen. Um eine Anpassung an das aktuelle Zinsniveau zu gewährleisten, wurde von der Kreditbank AG nur ein Betrag in Höhe von 940.000 EUR ausgezahlt.

a)   Wie ist dieser Sachverhalt im Jahr 01 buchungsmäßig handelsrechtlich zu berücksichtigen, wenn die X-AG an einem möglichst hohen Gewinnausweis in diesem Jahr interessiert ist?

b)   Zeigen Sie – unter Berücksichtigung der Vorgehensweise in Aufgabenteil a) – die handelsrechtlichen Buchungen zum 31.12.03! Wie wird das Disagio am 31.12.03 ausgewiesen?

Die laufenden Zinszahlungen sind in den beiden Teilaufgaben nicht zu berücksichtigen.

Lösung

Teilaufgabe a)

Die Darlehensaufnahme ist von der X-AG handelsrechtlich wie folgt zu berücksichtigen:

- Es liegt ein Disagio in Höhe von 60.000 EUR vor.

- Wegen der jahresabschlusspolitischen Zielsetzung wird das Disagio in der Periode seiner Einbehaltung nicht als Aufwand verrechnet, weil dies den Jahreserfolg in vollem Umfang mindern würde, sondern es wird vom Wahlrecht der Aktivierung des Disagios (nach § 250 Abs. 3 Satz 1 HGB) Gebrauch gemacht.[13]

- Gemäß § 250 Abs. 3 Satz 1 HGB ist das Disagio im Falle seiner Aktivierung in dem aktiven Rechnungsabgrenzungsposten (RAP) auszuweisen.
- Das Disagio ist nach § 250 Abs. 3 Satz 2 HGB durch planmäßige jährliche Abschreibungen zu tilgen, die auf die gesamte Laufzeit der Verbindlichkeit verteilt werden können. Es wird hier linear auf die Laufzeit von 10 Jahren verteilt.

Buchungssatz bei Darlehensaufnahme am 01.07.01:

Bank	940.000	an	Verbindlichkeiten gegen-	1.000.000
Aktiver RAP (Disagio)	60.000		über Kreditinstituten	

Buchungssatz am 31.12.01:

Zinsaufwendungen	3.000	an	Aktiver RAP (Disagio)	3.000

Da das Darlehen im Jahre 01 nur für sechs Monate in Anspruch genommen wird, ist nicht die ganze Jahresabschreibung von 60.000 EUR ÷ 10 Jahre = 6.000 EUR/Jahr, sondern nur eine halbe Jahresabschreibung vorzunehmen.

Teilaufgabe b)

Buchungssatz am 31.12.03:

Zinsaufwendungen	6.000	an	Aktiver RAP (Disagio)	6.000

Am 31.12.03 ist das Disagio von der X-AG handelsrechtlich wie folgt auszuweisen:

- Das Disagio ist jährlich in Höhe von 6.000 EUR aufzulösen.
  => Am 31.12.03 sind 2 ½ Jahre Laufzeit vergangen.
- Die Höhe des bilanziell noch ausgewiesenen Disagios beträgt 45.000 EUR.

Aufgabe 1.27: Die Grundsätze der zeitlichen und sachlichen Abgrenzung: Rückstellungen

Inwieweit stellen Rückstellungen eine Ausprägung des Prinzips der Periodenabgrenzung und des Vorsichtsprinzips dar? Nennen Sie zu beiden Prinzipien mögliche Beispiele von Rückstellungsarten!

Lösung

Rückstellungen als Ausprägung des Prinzips der Periodenabgrenzung (dynamische Auffassung):

---

[13] Entgegen dem Handelsrecht besteht aus steuerlicher Sicht für das Disagio gemäß § 5 Abs. 5 Satz 1 EStG stets ein Aktivierungsgebot.

- Rückstellungen dienen der periodenrichtigen Gewinnermittlung, da hier – wie bei den antizipativen Abgrenzungen – Aufwendungen berücksichtigt werden, ohne dass diese im Jahr ihrer Verrechnung zu Auszahlungen führen.

- Durch die Bildung von Rückstellungen werden Aufwendungen erfasst, die wirtschaftlich der laufenden Periode zuzurechnen sind, obwohl sie sich erst in der Zukunft konkretisieren.

- Ein Verzicht auf die Bildung von Rückstellungen hätte einen Anstieg der periodenfremden Aufwendungen in nachfolgenden Geschäftsjahren zur Folge; dies soll mit der Rückstellungsbildung verhindert werden.

- Der Grund für die Bildung beispielsweise einer Rückstellung für unterlassene Instandhaltung ist die korrekte Aufwandszurechnung und nicht die Berücksichtigung einer wahrscheinlich eintretenden Schuld.

Beispiele:

- Rückstellungen für unterlassene Instandhaltung,
- Rückstellungen für Abraumbeseitigung.

Rückstellungen als Ausprägung des Vorsichtsprinzips insbesondere zum Zweck des Schuldenausweises (statische Auffassung):

- Aufgrund des Gläubigerschutzes hat ein Kaufmann am Abschlussstichtag absehbare, aber noch nicht (auch rechtlich) entstandene Lasten bereits in der Bilanz zu berücksichtigen, obwohl die Höhe der Schuld und/oder der Zeitpunkt der Zahlung und/oder die Person des späteren Zahlungsempfängers noch nicht eindeutig feststehen.

Beispiele:

- Rückstellungen für ungewisse Verbindlichkeiten,
- Rückstellungen für drohende Verluste aus schwebenden Geschäften.

Aufgabe 1.28: Die Grundsätze der zeitlichen und sachlichen Abgrenzung: Rückstellungen

Wie müssen bzw. können folgende Ereignisse in der Bilanz der X-AG (Abschlussstichtag 30.09.01) berücksichtigt werden? Zeigen Sie die erforderlichen Berechnungen!

a) Eine durch einen Brand teilweise beschädigte Walzanlage kann aufgrund eines Auftrags erst im Oktober des folgenden Geschäftsjahres repariert werden. Der vorsichtig geschätzte Reparaturaufwand beläuft sich auf 15.000 EUR.

b) Am 31.08.01 wurde ein Vertrag mit der Y-AG über die Lieferung von 10 Aufzügen zu je 200.000 EUR für ein Bürogebäude geschlossen. Aufgrund eines von der X-AG erwarteten Tarifabschlusses wird mit erhöhten Lohnkosten gerechnet, so dass pro Aufzug ein (potenzieller) Verlust von 10.000 EUR zu berücksichtigen ist.

c) Die X-AG hat im Geschäftsjahr 01 nach einem von der Z-AG entwickelten neuen Gussverfahren produziert. Zwischenzeitlich hat die Z-AG, da keine Lizenz für das von ihr patentierte Verfahren erworben wurde, einen Prozess gegen die X-AG angestrengt. Die Rechtsabteilung der X-AG rechnet bei einer Prozessniederlage mit Gerichts- und Anwaltskosten in Höhe von 175.000 EUR.

Lösung

Teilaufgabe a)

Hinweis: Abschlussstichtag ist der 30.09.01.

Durchführung der Reparatur innerhalb der ersten 3 Monate des folgenden Geschäftsjahres:

Gemäß § 249 Abs. 1 Satz 2 Nr. 1 HGB ist eine Rückstellung für die im Geschäftsjahr unterlassene Instandhaltung zu bilden.

Buchungssatz:

Reparaturaufwendungen   15.000   an   Rückstellungen für Instandhaltung 15.000

Teilaufgabe b)

Der geschlossene Vertrag wurde noch von keinem der beiden Vertragspartner erfüllt. Als „schwebendes Geschäft" ist er buchhalterisch noch nicht zu erfassen. Da man allerdings aus Vorsichtsgründen den zu erwartenden Verlust bereits als Aufwand berücksichtigen muss, ist eine Rückstellung für drohende Verluste aus schwebenden Geschäften zu bilden (vgl. § 249 Abs. 1 Satz 1 HGB).[14]

Buchungssatz:

Sonstige betriebliche Aufwendungen	100.000	an	Rückstellungen für drohende Verluste aus schwebenden Geschäften	100.000

Teilaufgabe c)

Es handelt sich um eine Rückstellung für ungewisse Verbindlichkeiten (hier: für Prozesskosten) nach § 249 Abs. 1 Satz 1 HGB.

Buchungssatz:

Sonstige betriebliche Aufwendungen	175.000	an	Rückstellungen für ungewisse Verbindlichkeiten	175.000

---

[14] Aus steuerlicher Sicht besteht für Rückstellungen für drohende Verluste aus schwebenden Geschäften gemäß § 5 Abs. 4a Satz 1 EStG ein Passivierungsverbot.

Aufgabe 1.29: Die Grundsätze der zeitlichen und sachlichen Abgrenzung: Die Ertragsrealisation

a) Wie ist von der X-AG eine im Jahr 01 durch Banküberweisung erhaltene Anzahlung (500.000 EUR) für Warenlieferungen zu bilanzieren, die sich auf eine Lieferung im Jahr 02 bezieht? Die Umsatzsteuer ist bei der Ermittlung der Buchungssätze nicht zu berücksichtigen.

b) Ein Grundstück, das im Jahr 01 zu 1 Mio. EUR gekauft wurde, hat am 31.12.15 einen Verkehrswert von 2,5 Mio. EUR. Mit welchem Wert ist dieses Grundstück am 31.12.15 anzusetzen, wenn das Grundstück als potenzielles Erweiterungsgelände gehalten werden soll?

c) Diskutieren Sie anhand einer Warenlieferung auf Ziel die denkbaren Realisationszeitpunkte!

Lösung

Teilaufgabe a)

Im Jahr 01 ist die Anzahlung mit 500.000 EUR erfolgsneutral in der Verbindlichkeitsposition C.3. „Erhaltene Anzahlungen auf Bestellungen" zu passivieren. Die Gegenbuchung erfolgt auf dem Bankkonto, auf dem die Anzahlung eingegangen ist.

Buchungssatz:

Bank	500.000	an	Erhaltene Anzahlungen auf Bestellungen	500.000

Die Anzahlung kann erst im Jahr 02 als Ertrag (Umsatzerlöse) vereinnahmt werden.

Buchungssatz:

Erhaltene Anzahlungen auf Bestellungen	500.000	an	Umsatzerlöse	500.000

Teilaufgabe b)

Das Grundstück ist am 31.12.15 mit 1 Mio. EUR in der Bilanz anzusetzen. Es gilt das Anschaffungswertprinzip (§ 253 Abs. 1 Satz 1 HGB), wodurch dem Realisationsprinzip (§ 252 Abs. 1 Nr. 4 HGB: „ …; Gewinne sind nur zu berücksichtigen, wenn sie am Abschlussstichtag realisiert sind.") Genüge getan wird.

Teilaufgabe c)

Denkbare Zeitpunkte der Realisierung bei einer Warenlieferung auf Ziel:

- Abschluss des Kaufvertrags (rechtliches Entstehen der Ansprüche und Verpflichtungen; aber: die Aufwendungen sind noch weitgehend unbekannt; die Ausschüttungs-

und Besteuerungsfähigkeit des erwarteten Gewinns wird daher als noch nicht gegeben angesehen);

- Zeitpunkt der Leistungsbewirkung:
  - Auslieferung der Ware ab Werk (Gefahrenübergang bei Abnahme);
  - Ablieferung der Ware im Betrieb des Kunden (Gefahrenübergang zum Zeitpunkt der Ablieferung);
- Zeitpunkt des Geldeingangs (Verfügung über den Liquiditätszufluss; somit sind Ausschüttungs- und Steuerzahlungen möglich).

Die Bestimmung des Zeitpunktes der Ertragsrealisation erweist sich als problematisch, da dieser Zeitpunkt gesetzlich nicht festgelegt ist. Es ist daher erforderlich, auf die Grundsätze ordnungsmäßiger Buchführung zurückzugreifen, die den Realisationszeitpunkt in Abhängigkeit vom zugrunde liegenden Rechtsgeschäft definieren.[15]

Beispiel:

- Bei einer Lieferung eines Vermögensgegenstandes orientiert sich – den Grundsätzen ordnungsmäßiger Buchführung folgend – der Realisationszeitpunkt üblicherweise am Zeitpunkt der ordnungsgemäß bewirkten Lieferung (Bewirkung der Hauptleistung). Eine Lieferung ist genau dann ordnungsgemäß bewirkt, wenn der Lieferant den zu liefernden Vermögensgegenstand vertragsgemäß abgeliefert hat und dadurch sein Anspruch auf Gegenleistung gegenüber dem Käufer entstanden ist.

- Bei einer Lieferungsstörung ist hingegen der Zeitpunkt des Gefahrenübergangs für die Ertragsrealisation entscheidend. Vorausgesetzt, der Lieferant hat das seinerseits Erforderliche getan, kann er bei unstreitigem Annahmeverzug mit der Gegenleistung rechnen und hat diese daher zu aktivieren.

- Ausnahme: Ist ein Rückgaberecht vereinbart, so erfolgt die Ertragsrealisation erst nach Ablauf der Rückgabefrist.

Aufgabe 1.30: Die Grundsätze der zeitlichen und sachlichen Abgrenzung: Das Imparitätsprinzip

Beschreiben Sie die Auswirkungen des Imparitätsprinzips auf die handelsrechtliche Bilanzierung und Bewertung!

Lösung

Das Imparitätsprinzip hat in zweifacher Weise Auswirkungen auf die Bilanzierung. Zum einen verlangt es die erfolgsmindernde Herabsetzung des Buchwertes von Vermögensgegenständen des Anlage- wie des Umlaufvermögens, wenn der beizulegende Wert dauerhaft unter dem Buchwert liegt (strenges Niederstwertprinzip). Daneben ist die erfolgsmindernde He-

---

[15] Vgl. hierzu ausführlich FÜLBIER, UWE; SELCHERT, FRIEDRICH WILHELM; KUSCHEL, PATRICK (Bewertungsgrundsätze 2011), Rn. 90 ff.

rabsetzung des Buchwerts bei Finanzanlagen bei voraussichtlich nicht dauernder Wertminderung möglich (gemildertes Niederstwertprinzip).

Zum anderen verlangt das Imparitätsprinzip, dass wahrscheinliche Verluste aus schwebenden Geschäften in der Periode, in der sie bekannt werden, durch die Bildung einer entsprechenden Rückstellung erfolgsmindernd zu erfassen sind (vgl. Aufgabe 1.28, Teilaufgabe b)).

Aufgabe 1.31: Die Grundsätze der zeitlichen und sachlichen Abgrenzung: Das Imparitätsprinzip[16]

Die X-GmbH hat im November 01 einen Kaufvertrag über den Bezug von 1.000 Barrel Rohöl abgeschlossen. Das Rohöl soll am 13.01.02 geliefert und bezahlt werden (insgesamt 25.000 EUR). Am 30.12.01 wird der bestürzte Geschäftsführer der X-GmbH von der Nachricht überrascht, dass sein geplanter Wiederverkaufspreis von 30.000 EUR wegen eines plötzlichen Preisverfalls unrealistisch geworden ist. Voraussichtlich können nur noch 22.000 EUR erzielt werden, teilt ihm sein Handlungsbevollmächtigter aus Rotterdam mit. Die Umsatzsteuer ist nicht zu berücksichtigen.

a)   Welchen Einfluss hat der Preisverfall von Rohöl auf den Jahresabschluss der X-GmbH zum 31.12.01? Erläutern Sie in diesem Zusammenhang das Imparitätsprinzip!

b)   Welche Änderungen ergeben sich im Jahresabschluss zum 31.12.01, wenn im Gegensatz zu Teilaufgabe a) das Rohöl bereits am 13.12.01 geliefert und bezahlt wird (insgesamt 25.000 EUR)? Wie wirkt das Imparitätsprinzip hier?

c)   Wie wäre zu verfahren, wenn das am 13.12.01 gelieferte Rohöl im Jahr 01 noch nicht bezahlt worden wäre?

Lösung

Teilaufgabe a)

Der Kaufvertrag über 1.000 Barrel Rohöl ist als schwebendes Geschäft nicht in der Bilanz zu erfassen, d. h., die erwartete Rohöllieferung ist nicht aktivierungsfähig. Eine in der Bilanz auszuweisende Verbindlichkeit aus diesem Vertrag besteht zum Jahresende gleichfalls nicht. Nach dem Imparitätsprinzip (vgl. § 252 Abs. 1 Nr. 4 HGB) sind indessen alle vorhersehbaren Risiken und Verluste, die bis zum Abschlussstichtag entstanden sind, zu berücksichtigen. Über das Imparitätsprinzip soll demzufolge sichergestellt werden, dass künftige „Verluste" (genauer: künftige negative Erfolgsbeiträge), die erst in künftigen Perioden voraussichtlich zu negativen Erfolgsbeiträgen führen werden, zum Zwecke der Kapitalerhaltung bereits der laufenden Periode zugeordnet werden, wodurch bereits deren Erfolg entsprechend vermindert wird.

In dem vorliegenden Sachverhalt droht der X-GmbH ein negativer Erfolgsbeitrag in Höhe von (22.000 EUR [Absatzpreis] – 25.000 EUR [Beschaffungspreis] =) 3.000 EUR aus einem

---

16   Geringfügig modifiziert entnommen aus BAETGE, JÖRG; KIRSCH, HANS-JÜRGEN; THIELE, STEFAN (Übungsbuch Bilanzen 2010), S. 24 f.

schwebenden Geschäft. Aufgrund des Imparitätsprinzips ist dieser Betrag bereits im Jahresabschluss für das Jahr 01 erfolgswirksam zu erfassen. In der Bilanz der X-GmbH ist daher eine Rückstellung für drohende Verluste aus schwebenden Geschäften zu bilden (vgl. § 249 Abs. 1 Satz 1 HGB). Der bei der Rückstellungsbildung verrechnete Aufwand vermindert den Erfolg des Jahres 01. Die sogenannten Drohverlustrückstellungen (Kurzform für: Rückstellungen für drohende Verluste aus schwebenden Geschäften) ergeben sich dabei aus dem Imparitätsprinzip, das in § 252 Abs. 1 Nr. 4 HGB kodifiziert ist. Steuerlich besteht dagegen für Drohverlustrückstellungen gemäß § 5 Abs. 4a Satz 1 EStG ein Passivierungsverbot.

Teilaufgabe b)

Der Kaufvertrag über 1.000 Barrel Rohöl ist erfüllt, d. h., ein schwebendes Geschäft besteht nicht mehr. Das Rohöl ist im Warenbestandskonto als Zugang mit 25.000 EUR zu buchen. Der Geldabfluss hat bereits stattgefunden; er ist in der Buchhaltung und damit in der Bilanz berücksichtigt.

Das Imparitätsprinzip wird durch die Niederstwertvorschriften des § 253 Abs. 3 HGB für das Anlagevermögen und des § 253 Abs. 4 HGB für das Umlaufvermögen konkretisiert und ergänzt. Da in dem vorliegenden Sachverhalt das Rohöl eine im Umlaufvermögen aktivierungspflichtige Ware darstellt, ist das sogenannte strenge Niederstwertprinzip (vgl. § 253 Abs. 4 HGB) maßgebend. Danach sind Abschreibungen auf das Rohöl vorzunehmen, wenn der aktuelle Stichtagswert niedriger ist als der Wert der Anschaffungs- bzw. Herstellungskosten. Um den aktuellen Stichtagswert zu bestimmen, können gemäß § 253 Abs. 4 HGB drei Wertgrößen herangezogen werden:

(1)   der Börsenpreis,

(2)   der Marktpreis oder

(3)   der beizulegende Wert (wenn kein Börsen- oder Marktpreis festgestellt werden kann).

In dem vorliegenden Sachverhalt können Marktpreise (hier: Preis am Absatzmarkt) herangezogen werden. In der Bilanz zum 31.12.01 ist somit der niedrigere der beiden folgenden Werte anzusetzen:

- die Anschaffungskosten des Rohöls (25.000 EUR),

- der erwartete Veräußerungserlös (22.000 EUR) abzüglich noch zu erwartender Aufwendungen.

Das Rohöl ist also nach dem strengen Niederstwertprinzip mit dem erwarteten Veräußerungserlos von 22.000 EUR zu bewerten (noch zu erwartende Aufwendungen liegen laut Sachverhalt nicht vor).[17] D. h., sowohl bei der Lieferung im nächsten Jahr – siehe Teilaufgabe a) – als auch bei der Lieferung im laufenden Jahr – siehe Teilaufgabe b) – muss die X-GmbH jeweils einen negativen Erfolgsbeitrag in Höhe von 3.000 EUR im Jahresabschluss zum 31.12.01 erfassen. Bei Teilaufgabe a) (schwebendes Geschäft) wird eine Drohverlustrückstellung gebucht, bei Teilaufgabe b) (Aktivierung des Rohöls) entsteht der Aufwand durch die Abschreibung des Rohölbestands um 3.000 EUR.

---

[17]   Steuerlich darf dagegen gemäß § 6 Abs. 1 Nr. 2 Satz 2 EStG eine Abschreibung auf den niedrigeren Teilwert erst bei einer voraussichtlich dauernden Wertminderung vorgenommen werden.

Teilaufgabe c)

Die am 31.12.01 noch bestehende Verbindlichkeit aus Lieferungen und Leistungen wird in Höhe von 25.000 EUR in der Bilanz zum 31.12.01 ausgewiesen. Der Ausweis des Rohölbestands in dieser Bilanz und die erfolgsmindernde Berücksichtigung des drohenden Verlusts in Höhe von 3.000 EUR entsprechen vollständig der in Teilaufgabe b) dargestellten Lösung.

Aufgabe 1.32: Die Informationsfunktion des Jahresabschlusses: Die Rechnungslegung als Realisierung von Informationsverteilungen

Nehmen Sie Stellung zu der Aussage, dass Rechnungslegung als Realisierung von bestimmten Informationsverteilungen immer Ergebnis einer bestimmten, zum Teil durch Gesetz festgeschriebenen Machtkonstellation ist!

Lösung

Sobald Personen oder Personengruppen mit sich widersprechenden Informations- und Zahlungsbemessungsinteressen als Adressaten eines Jahresabschlusses anerkannt werden und/oder sobald sich die Informations- und die Zahlungsbemessungsaufgabe eines Jahresabschlusses widersprechen, ist es unmöglich, alle Ansprüche der Adressaten eines Jahresabschlusses mit einem einzigen Jahresabschluss befriedigen zu können. Konsequenterweise sind für die Erfüllung unterschiedlicher Jahresabschlusszwecke eigentlich unterschiedlich ausgestaltete Jahresabschlüsse notwendig. Wird allerdings nur ein Jahresabschluss erstellt, so stellt eine Entscheidung für die Berücksichtigung bestimmter Informations- und Zahlungsbemessungsansprüche immer auch die Ablehnung der Komplementäransprüche dar.

Die Entscheidung für eine ganz bestimmte Ausgestaltung des Jahresabschlusses ist damit nicht nur gleichbedeutend mit der Entscheidung über die Vorrangigkeit von (positiven bzw. negativen) Zahlungsbemessungsinteressen, sie ist auch gleichbedeutend mit der Entscheidung über die Vorrangigkeit von (positiven bzw. negativen) Informationsbedürfnissen. Folgerichtig wird der handelsrechtliche Jahresabschluss auch als ein vom Gesetzgeber diktierter Kompromiss zum Ausgleich der divergierenden Ziele insbesondere von Anteilseignern, Unternehmensleitung und Gläubigern bezeichnet.

Die Rechnungslegungsgepflogenheiten der Grundsätze ordnungsmäßiger Buchführung bzw. die kodifizierten Rechnungslegungsvorschriften haben also eine ganz bestimmte Informationsverteilung zur Folge. Da aber die jeweils erhaltenen Informationen ihren Empfängern als Entscheidungsgrundlage dienen, hat eine Änderung der Regeln der Rechnungslegung und die damit zusammenhängende Umverteilung von Informationen Konsequenzen. Durch Mehr- oder Minderinformationen erlangt jeder Informationsempfänger eine bessere oder schlechtere Entscheidungsgrundlage, was ihm Entscheidungen ermöglicht, die – verglichen mit dem unveränderten Informationsstand – nicht nur zu seinem eigenen Vorteil oder Nachteil sind, sondern die auch zum Nachteil oder Vorteil der Komplementärgruppe gereichen können.

Rechnungslegung als Realisierung von bestimmten Informationsverteilungen ist von daher immer Ergebnis einer bestimmten, zum Teil durch Gesetz festgeschriebenen Machtkonstellation. Wie jede Informationsverteilung hat also auch der Jahresabschluss einen Machtverteilungseffekt. Eine Änderung der Informationsverteilung ist damit immer einerseits Ausdruck veränderter Machtverhältnisse, andererseits führt sie ihrerseits zu einer Veränderung der Machtstrukturen zwischen den Beteiligten eines Unternehmens, weil sie die Entscheidungsgrundlagen und damit die Möglichkeiten, Vorteile – auch oder gerade auf Kosten anderer – zu erreichen, verändert.

Aufgabe 1.33: Die Informationsfunktion des Jahresabschlusses: Der Grundsatz des „true and fair view"

Was besagt der in § 264 Abs. 2 Satz 1 HGB geregelte Grundsatz des „*true and fair view*" und welche Auswirkungen hat dieser Grundsatz auf die Bilanzierungspraxis?

Lösung

Die Formulierung des Grundsatzes des „*true and fair view*" wird vom deutschen Gesetzgeber nicht verwendet. Der in der internationalen Rechnungslegung gebräuchliche Begriff entspricht jedoch dem in § 264 Abs. 2 Satz 1 HGB geregelten Grundsatz, wonach der handelsrechtliche Jahresabschluss einer Kapitalgesellschaft unter Beachtung der Grundsätze ordnungsmäßiger Buchführung ein den tatsächlichen Verhältnissen entsprechendes Bild der Vermögens-, Finanz- und Ertragslage der Kapitalgesellschaft zu vermitteln hat. Diese Vorschrift steht als Generalnorm quasi über sämtlichen Regelungen zur Bilanzierung von Kapitalgesellschaften und gilt als Definition der Informationsfunktion des handelsrechtlichen Jahresabschlusses. Sie wird in der Praxis immer dann herangezogen, wenn Zweifel bei der Auslegung einzelner Rechnungslegungsvorschriften entstehen oder Lücken in den Regelungen des Handelsgesetzbuches zu schließen sind.

Allerdings muss auf die im Rahmen der internationalen Rechnungslegung nicht verwendete Formulierung „unter Beachtung der Grundsätze ordnungsmäßiger Buchführung" hingewiesen werden, die dazu führt, dass auf eine zutreffendere Information über den Wert von Vermögensgegenständen und Schulden zu verzichten ist, wenn die zutreffendere Information gegen die Prinzipien der Zahlungsbemessungsfunktion des Jahresabschlusses nach HGB verstoßen würde. Somit ist nicht der für die Information der Jahresabschlussleser über die Vermögenslage wichtige höhere Tageswert eines Vermögensgegenstands auszuweisen, sondern die niedrigeren Anschaffungs- oder Herstellungskosten. Verfolgt man also – wie nach HGB – mit einem Jahresabschluss gleichzeitig die Aufgaben der Erfolgsermittlung wie der Informationsvermittlung und verhindert man im Rahmen der Erfolgsermittlung durch das Realisationsprinzip des § 252 Abs. 1 Nr. 4 HGB und das damit zusammenhängende Anschaffungswertprinzip des § 253 Abs. 1 Satz 1 HGB den Ausweis erwarteter, aber noch nicht realisierter Gewinne, so ist damit zwangsläufig die schlechtere (genauer: die unzutreffende) Information über den Wert des Vermögens verbunden. In der internationalen Rechnungslegung muss diese mit der Zahlungsbemessungsfunktion zusammenhängende Einschränkung nicht gemacht werden, haben Jahresabschlüsse dort doch nur eine Informationsfunktion.

1.5   Bilanzarten

Aufgabe 1.34: Systematisierung der Bilanzarten

Nennen Sie sechs verschiedene Kriterien, nach denen sich die einzelnen Bilanzarten systematisieren lassen! Zeigen Sie für jedes von Ihnen genannte Kriterium die daraus resultierende weitere Unterteilung der Bilanzen!

Lösung

Im Folgenden werden zehn Systematisierungskriterien genannt, von denen Sie sechs hätten kennen müssen.

Die einzelnen Bilanzarten lassen sich unter anderem nach den folgenden Kriterien systematisieren:

- nach der Häufigkeit der Bilanzaufstellung in regelmäßig erstellte Bilanzen sowie in einmalig bzw. unregelmäßig erstellte Bilanzen,
- nach den Grundlagen der Bilanzaufstellung in gesetzlich vorgeschriebene, vertraglich vereinbarte und freiwillig erstellte Bilanzen,
- nach dem Adressatenkreis in interne und externe Bilanzen,
- nach dem Abrechnungskreis in Einzelbilanzen und zusammengefasste Bilanzen, wobei man bei Letzteren Gemeinschafts- und Konzernbilanzen unterscheidet,
- nach der Länge des Abrechnungszeitraums in Totalbilanzen und Periodenbilanzen,
- nach der zeitlichen Dimension der Bilanzwerte in die zeitpunktbezogenen Beständebilanzen und die zeitraumbezogenen Bewegungsbilanzen,
- nach der Zukunfts- bzw. Vergangenheitsorientierung in Plan-Bilanzen und Ist-Bilanzen,
- nach dem Informationsschwerpunkt in Erfolgsbilanzen, Vermögensbilanzen und Liquiditätsbilanzen,
- nach der Detailliertheit der Bilanzgliederung in Bruttobilanzen und Nettobilanzen,
- nach dem Branchenbezug in z. B. Industrie-, Bank- und Versicherungsbilanzen.

Aufgabe 1.35: Der Zweck interner Bilanzen

Zu welchem Zweck werden interne Bilanzen aufgestellt? Sind besondere Anforderungen an sie zu stellen?

Lösung

Interne Bilanzen werden zur Unterrichtung der Unternehmensleitung über das betriebliche Geschehen aufgestellt. Sie enthalten im Wesentlichen für Zwecke der Planung, Disposition und Kontrolle aufbereitete Informationen. Der Inhalt interner Bilanzen sollte daher so realistisch wie möglich sein. Außenstehenden wird der Zugang zu internen Bilanzen in der Regel verwehrt.

Aufgabe 1.36: Die Gemeinschaftsbilanz und die Konzernbilanz

Erläutern Sie den Unterschied zwischen einer Gemeinschaftsbilanz und einer Konzernbilanz!

Lösung

Eine Gemeinschaftsbilanz stellt lediglich die rein additive Verknüpfung mehrerer Einzelbilanzen sowohl rechtlich als auch wirtschaftlich selbstständiger Unternehmen dar. Eine gegenseitige Aufrechnung einzelner Bilanzpositionen (z. B. Forderungen und Verbindlichkeiten zwischen den in die Gemeinschaftsbilanz einbezogenen Unternehmen) findet nicht statt.

Demgegenüber erfolgt in einer Konzernbilanz eine Verrechnung gegenseitiger Ansprüche und Leistungen der einzelnen Konzernunternehmen. Von der Konsolidierung betroffen sind vor allem Beteiligungen und Eigenkapital (Kapitalkonsolidierung), Forderungen und Verbindlichkeiten (Forderungs- und Schuldenkonsolidierung) sowie Aufwendungen und Erträge (Zwischengewinn- und Erfolgskonsolidierung).

1.6   Bilanzziele

Aufgabe 1.37: Die Ziele der Handelsbilanz und der Steuerbilanz

Nennen Sie die Ziele von Handelsbilanz und Steuerbilanz!

Lösung

Ziele der Handelsbilanz:

- Beweis- und Sicherungsfunktion (abgeleitet aus der Dokumentationsfunktion),
- Zahlungsbemessungsfunktion,
- Informationsfunktion.

Ziele der Steuerbilanz:

- Beweis- und Sicherungsfunktion (abgeleitet aus der Dokumentationsfunktion),
- Steuerbemessungsfunktion.

1.7 Der Zusammenhang zwischen Handelsbilanz und Steuerbilanz

Aufgabe 1.38: Bilanzkategorien und Zusammenhang zwischen Handels- und Steuerbilanz

Der Kleingewerbetreibende Fleischhändler Willi Willmehr möchte seinen Gewerbebetrieb vergrößern, indem er sein Angebot erweitert. Die damit einhergehende Buchführungspflicht würde ihn dazu veranlassen, eine Handels- und Steuerbilanz zu erstellen. Da er sich im Bereich der Bilanzierung nicht so gut auskennt, möchte er die folgenden Fragen von Ihnen beantwortet haben.

a) Welche entsprechenden Bilanzkategorien können sowohl der Handels- als auch der Steuerbilanz zugeordnet werden?

b) Wie werden in der Steuerbilanz folgende den Ansatz von Wirtschaftsgütern betreffende Sachverhalte behandelt:

- Aktivierungswahlrecht für selbst erstellte immaterielle Vermögensgegenstände des Anlagevermögens in der Handelsbilanz,
- Passivierungsverbot in der Handelsbilanz,
- Passivierungswahlrecht in der Handelsbilanz?

Lösung

Teilaufgabe a)

Sowohl bei der Handels- als auch bei der Steuerbilanz handelt es sich um:

- ordentliche Bilanzen, die regelmäßig aufgestellt werden müssen,
- gesetzlich vorgeschriebene Bilanzen,[18]

---

[18] Hinzuweisen ist jedoch darauf, dass der Gesetzgeber das Aufstellen einer Steuerbilanz nicht zwingend vorschreibt. So erachtet er es gemäß § 60 Abs. 1 Satz 1 EStDV für ausreichend, wenn bei der Gewinnermittlung nach § 4 Abs. 1 EStG, § 5 EStG i. V. m. § 4 Abs. 1 EStG oder § 5a EStG der Steuererklärung eine Abschrift der Handelsbilanz beigelegt wird. Nur dann, wenn die Handelsbilanz Ansätze oder Beträge beinhaltet, die den steuerlichen Vorschriften entgegenlaufen, müssen gemäß § 60 Abs. 2 Satz 1 EStDV die Ansätze oder Beträge durch Zusätze oder Anmerkungen den geltenden steuerlichen Regelungen angepasst werden. Gleichwohl besitzt der Steuerpflichtige nach § 60 Abs. 2 Satz 2 EStDV auch die Möglichkeit, seiner Steuererklärung eine unter Einhaltung der steuerlichen Vorschriften erstellte Bilanz – gemeint ist die Steuerbilanz – beizulegen.

- externe Bilanzen, da zu dem Adressatenkreis Personen zählen, die außerhalb des Unternehmens stehen,

- Einzelbilanzen, da die einzelnen Unternehmen die Bilanzen aufstellen müssen,

- Periodenbilanzen (in diesem Fall um Jahresbilanzen),

- Ist-Bilanzen, da eine vergangenheitsorientierte Betrachtung erfolgt,

- Beständebilanzen, da die Bestände und nicht die Bewegungen in der Bilanz erfasst werden,

- Erfolgs- und Vermögensbilanzen, da sowohl das Vermögen und die Schulden an einem Stichtag gegenübergestellt werden als auch ein Gewinn ermittelt wird,

- Bruttobilanzen, da ein detaillierter Bilanzaufbau vorgeschrieben wird und bis auf kleine Ausnahmen ein Saldierungsverbot besteht.

Teilaufgabe b)

- In der Steuerbilanz sind die Ansatzregelungen grundsätzlich strenger (d. h. gewinn-erhöhend) auszulegen. Daraus ergibt sich, dass ein Aktivierungswahlrecht in der Handelsbilanz grundsätzlich zu einer Aktivierungspflicht in der Steuerbilanz führt, sofern keine steuerliche Regelung in Form einer zwingenden steuerlichen Vorschrift bzw. eines steuerlichen Wahlrechts entgegensteht. Im Falle von selbst geschaffenen immateriellen Vermögensgegenständen des Anlagevermögens besteht jedoch eine explizite steuerliche Vorschrift in Form eines steuerliches Aktivierungsverbots (§ 5 Abs. 2 EStG).

- Ein Verbot oder Gebot in der Handelsbilanz erfährt aufgrund des Maßgeblichkeits-grundsatzes die gleiche Behandlung in der Steuerbilanz (Ausnahme: explizit steuer-lich abweichende Regelungen). Damit gilt das handelsrechtliche Passivierungsverbot auch für die Steuerbilanz.

- Das Passivierungswahlrecht in der Handelsbilanz führt zu einem Passivierungsver-bot in der Steuerbilanz, sofern keine steuerliche Regelung in Form einer zwingenden steuerlichen Vorschrift bzw. eines steuerlichen Wahlrechts entgegensteht.

2 Der handelsrechtliche Jahres-abschluss[19]

2.1 Die Bilanzierungsfähigkeit – Bilanzierung dem Grunde nach

Aufgabe 2.1: Die Bilanzierungsfähigkeit von Vermögens-gegenständen: Aktivierungsgrundsätze

Geben Sie einen Überblick über die handelsrechtlichen Aktivierungsgrundsätze für materielle und immaterielle Vermögensgegenstände!

Lösung (siehe nächste Seite)

---

[19] Wesentliche Ausführungen dieses Kapitels gehen zurück auf COENENBERG, ADOLF G.; SCHULTZE, WOLFGANG; BIBERACHER, JOHANNES (Grundlagen 1999); COENENBERG, ADOLF G.; SCHULTZE, WOLFGANG; BIBERACHER, JOHANNES (Aktiva 1999); COENENBERG, ADOLF G.; SCHULTZE, WOLFGANG; BIBERACHER, JOHANNES (Passiva 1999); COENENBERG, ADOLF G.; SCHULTZE, WOLFGANG; BIBERACHER, JOHANNES (Erfolgsrechnung 1999); KAHLE, HOLGER (Jahresabschluss 2004); WASCHBUSCH, GERD (Jahresabschluss 2007).

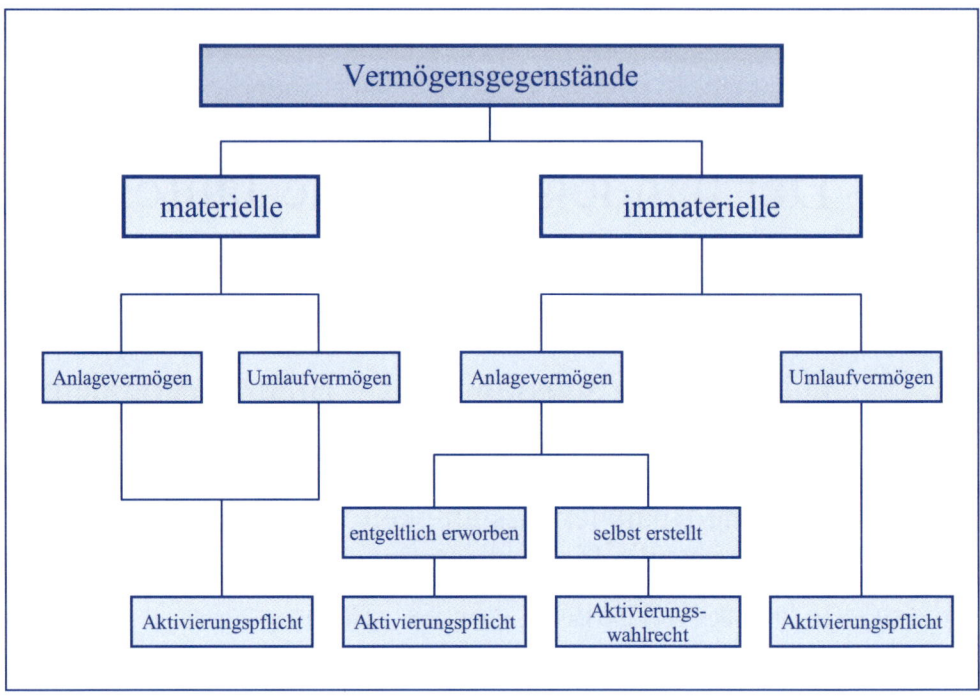

*Abb. 6:   Die handelsrechtlichen Aktivierungsgrundsätze für materielle und immaterielle
            Vermögensgegenstände*

Unabhängig von der Zuweisung zum Anlage- oder Umlaufvermögen besteht für materielle
Vermögensgegenstände die Pflicht zur Aktivierung. Bei immateriellen Vermögensgegenständen des Anlagevermögens erfolgt eine Unterteilung in entgeltlich erworbene und selbst erstellte Vermögensgegenstände. Während Erstere aktivierungspflichtig sind, besteht für Letzt-
genannte ein grundsätzliches Aktivierungswahlrecht (§ 248 Abs. 2 Satz 1 HGB), wobei zu
beachten ist, dass für selbst geschaffene Marken, Drucktitel, Verlagsrechte, Kundenlisten
oder vergleichbare immaterielle Vermögensgegenstände des Anlagevermögens ein explizites
Aktivierungsverbot (§ 248 Abs. 2 Satz 2 HGB) vorgesehen ist. Für immaterielle Vermögensgegenstände des Umlaufvermögens besteht dagegen aufgrund des Vollständigkeitsgebots
stets die Pflicht zur Aktivierung.

Nach § 247 Abs. 2 HGB sind beim Anlagevermögen nur diejenigen Gegenstände auszuweisen, die dazu bestimmt sind, dauernd dem Geschäftsbetrieb zu dienen. Zum Umlaufvermögen zählen im Umkehrschluss sämtliche Vermögensgegenstände, die am Abschlussstichtag
nicht dazu bestimmt sind, dauernd dem Geschäftsbetrieb zu dienen.

Aufgabe 2.2: Die Bilanzierungsfähigkeit von Vermögensgegenständen: Bilanzierungsfähige und bilanzierungspflichtige Tatbestände[20]

Nennen Sie die Tatbestandsmerkmale der Bilanzierungsfähigkeit von Vermögensgegenständen und treffen Sie eine Einschätzung für die folgenden Vorgänge! Gehen Sie dabei auch knapp auf die einschlägigen steuerrechtlichen Vorschriften ein! Soweit eine Bilanzierung in Betracht kommt: Unter welcher Position des handelsrechtlichen Gliederungsschemas erfolgt die Bilanzierung?

a) Die Forschungs- und Entwicklungsabteilung der X-AG konnte ein Patent für ein neuartiges Brotverpackungsverfahren anmelden. Die eindeutig zuordenbaren Entwicklungskosten betrugen 20.000 EUR, der Verkehrswert des Patents beläuft sich auf 30.000 EUR.

b) Von einer anderen Bäckerei konnten für 10.000 EUR die Rechte an einem speziellen Brotrezept erworben werden.

c) Die X-AG hat zur Vergrößerung ihrer Produktionskapazitäten eine Brotfabrik für 500.000 EUR gekauft. Die Übernahmebilanz des erworbenen Einzelunternehmens, in der das vorhandene Vermögen und die vorhandenen Schulden zu Tageswerten angesetzt wurden, wies ein Vermögen in Höhe von 700.000 EUR und Schulden in Höhe von 250.000 EUR auf.

d) Die X-AG möchte ihre Finanzanlagestrategie optimieren und erwirbt dazu 10 % des Grundkapitals der Y-AG gegen eine Zahlung von 1.000.000 Mio. EUR.

Lösung

Die Bilanzierungsfähigkeit von Vermögensgegenständen (Aktivierungsfähigkeit) richtet sich nach abstrakten und konkreten Merkmalen. Um die abstrakte Aktivierungsfähigkeit zu erfüllen, müssen die Merkmale eines Vermögensgegenstands vorliegen. Diese umfassen die selbstständige Verkehrsfähigkeit, das Vorhandensein eines Vorteils (im Sinne eines über den Abschlussstichtag hinausgehenden wirtschaftlichen Werts) und die selbstständige Bewertbarkeit. Für eine Aktivierung sind darüber hinaus die zusätzlichen (konkreten) Voraussetzungen zu erfüllen. Es muss dazu wirtschaftliches Eigentum vorliegen, der Vermögensgegenstand muss dem Betriebsvermögen zugehören und es darf kein Bilanzierungsverbot greifen. Soweit kein Bilanzierungswahlrecht besteht, führt das Erfüllen der abstrakten und konkreten Merkmale zu einer Bilanzierungspflicht. Ungeachtet dessen, kann auch das Gesetz ein konkretes Aktivierungsgebot bzw. -wahlrecht für Positionen vorschreiben, obwohl es diesen an einer abstrakten Aktivierungsfähigkeit fehlt.

---

[20] Modifiziert entnommen aus COENENBERG, ADOLF G.; HALLER, AXEL; SCHULTZE, WOLFGANG (Aufgaben 2009), S. 29 ff.

Teilaufgabe a)

Bei dem Patent handelt es sich um einen immateriellen Vermögensgegenstand (Handelsrecht) bzw. um ein immaterielles Wirtschaftsgut (Steuerrecht). Es ist davon auszugehen, dass ein Patent für ein neuartiges Brotverpackungsverfahren dazu geeignet ist, dem Geschäftsbetrieb dauernd zu dienen (Anlagevermögen). Das selbst erstellte und nicht entgeltlich erworbene Patent der X-AG kann handelsrechtlich aktiviert werden (§ 248 Abs. 2 Satz 1 HGB). Das Aktivierungsverbot des § 248 Abs. 2 Satz 2 HGB greift bei Patenten nicht.

Da die Entwicklungskosten (§ 255 Abs. 2a Satz 1 und Satz 2 HGB) Aufwendungen für Produkt- oder Verfahrensneu- bzw. -weiterentwicklungen darstellen und hier von den Forschungsaufwendungen (§ 255 Abs. 2a Satz 3 HGB) verlässlich unterschieden werden können (Aktivierungsvoraussetzung des § 255 Abs. 2a Satz 4 HGB), ist das Patent im Falle einer Aktivierung zu 20.000 EUR anzusetzen. Der höhere Verkehrswert darf aufgrund des § 253 Abs. 1 Satz 1 HGB (Anschaffungskostenprinzip) nicht als Wertansatz gewählt werden.

Das selbst geschaffene Patent ist auf der Aktivseite unter der Position A. I. 1. auszuweisen.

Steuerrechtlich ist eine Aktivierung nicht entgeltlich erworbener Patente verboten (§ 5 Abs. 2 EStG).

Teilaufgabe b)

Die Rechte an einem speziellen Brotrezept stellen ebenfalls einen immateriellen Vermögensgegenstand bzw. ein immaterielles Wirtschaftsgut dar, das dem Anlagevermögen zuzuordnen ist. Da die Rechte von einem Dritten entgeltlich erworben wurden, müssen sie handelsrechtlich (§ 246 Abs. 1 Satz 1 HGB) und steuerrechtlich (§ 5 Abs. 2 EStG) mit den Anschaffungskosten (10.000 EUR) aktiviert und unter der Position A. I. 2. ausgewiesen werden.

Teilaufgabe c)

Offenbar geht es hier um die handels- und steuerrechtliche Behandlung eines derivativen, also eines im Rahmen eines Unternehmenserwerbs bezahlten Geschäfts- oder Firmenwerts. Unter einem derivativen Geschäfts- oder Firmenwert versteht man allgemein den überschießenden Betrag des Kaufpreises über die Zeitwerte aller Aktivpositionen abzgl. der Zeitwerte aller Schulden. Nach § 246 Abs. 1 Satz 4 HGB gilt der derivative Geschäfts- oder Firmenwert qua Fiktion als zeitlich begrenzt nutzbarer Vermögensgegenstand. Folglich greifen die allgemeinen Regeln der Aktivierung von Vermögensgegenständen sowie die Abschreibungsregeln des § 253 Abs. 3 HGB. Steuerrechtlich besteht für den entgeltlich erworbenen Geschäfts- oder Firmenwert nach § 5 Abs. 2 EStG gleichfalls ein Aktivierungsgebot.

In dem vorliegenden Fall ist der Kaufpreis für die Brotfabrik um 50.000 EUR höher als deren Reinvermögen (= Zeitwerte der Vermögensgegenstände abzgl. der Zeitwerte der Schulden) bei reiner Nettosubstanzwertbetrachtung. Dieser Betrag wurde für einen (derivativen) Geschäfts- oder Firmenwert bezahlt.

Ein derivativer Geschäfts- oder Firmenwert ist grundsätzlich nur anzusetzen, sofern es sich bei der übernommenen Brotfabrik um ein Einzelunternehmen, einen Teilbetrieb oder eine Betriebsstätte handelt. Ein derivativer Geschäfts- oder Firmenwert ist nicht beim Erwerb von Anteilen an einer Personengesellschaft oder einer Kapitalgesellschaft zu aktivieren, da er in diesen Fällen bereits Bestandteil der Anschaffungskosten der Beteiligung ist; hier findet vielmehr § 255 Abs. 1 HGB Anwendung.

Der Ausweis erfolgt auf der Aktivseite unter A. I. 3.

Teilaufgabe d)

Es spricht nichts gegen das Vorliegen der abstrakten und konkreten Merkmale der Aktivierungsfähigkeit. Dem Vollständigkeitsprinzip des § 246 Abs. 1 Satz 1 HGB folgend, sind die Anteilsrechte sowohl handels- als auch steuerrechtlich zu aktivieren und auf der Aktivseite unter A. III. 5. auszuweisen. Werden sie jedoch von der Unternehmensleitung als Beteiligung angesehen, obwohl die in § 271 Abs. 1 Satz 3 HGB genannte Beteiligungsquote von mehr als 20 % nicht vorliegt, so erfolgt ein Ausweis auf der Aktivseite unter A. III. 3.

Aufgabe 2.3: Die Bilanzierungsfähigkeit von Vermögensgegenständen: Geschäfts- oder Firmenwert

Die X-AG erwirbt zum 31.12. eines Geschäftsjahres ein Unternehmen zum Preis von 5 Mio. EUR. Eine Bewertung der Vermögensgegenstände und Schulden zum Zeitpunkt der Übernahme ergibt folgende Zeitwerte:

Grundstücke und Gebäude	1,2 Mio. EUR
Maschinen	0,8 Mio. EUR
Betriebs- und Geschäftsausstattung	0,6 Mio. EUR
Vorratsvermögen	3,4 Mio. EUR
Forderungen	1,2 Mio. EUR
Verbindlichkeiten	2,8 Mio. EUR

a) Was versteht man unter einem Geschäfts- oder Firmenwert und welche Arten lassen sich unterscheiden? Welche Voraussetzungen müssen gegeben sein, damit ein Geschäfts- oder Firmenwert in der Handelsbilanz ansatzfähig ist? Welche Ansatzmöglichkeiten bestehen?

b) Erstellen Sie – ausgehend von der letzten Bilanz der X-AG vor dem Unternehmenserwerb – die neue Bilanz der X-AG, falls die Übernahme durch einen Kredit finanziert wird. Die Abschreibung des bilanzierten Geschäfts- oder Firmenwertes erfolgt erst ab der Folgeperiode.

Letzte Bilanz der X-AG vor dem Kauf (in TEUR)

Patente	2.000	Eigenkapital	6.000
Maschinen	3.000	Rückstellungen	3.000
Betriebs- und Geschäftsausstattung	1.000	Verbindlichkeiten	3.000
Vorratsvermögen	4.000		
Forderungen	2.000		
	12.000		12.000

Lösung

Teilaufgabe a)

Der Geschäfts- oder Firmenwert ist der Betrag, um den der Wert des Unternehmens den Wert der einzelnen Vermögensgegenstände abzüglich der Schulden (Bewertung jeweils zu Zeitwerten) übersteigt. Damit spiegelt er zum Teil nicht bilanzierungsfähige Werte wider.

Beispiele für nicht bilanzierungsfähige Werte:

- Image,
- Qualifikation der Mitarbeiter,
- Kundenlisten,
- Organisation,
- Vertriebskanäle,
- Qualität des Managements.

Unterscheidung der Geschäfts- oder Firmenwerte in:

- einen originären (im Rahmen der Geschäftsfähigkeit selbst geschaffenen) Geschäfts- oder Firmenwert:
  - Wert, der durch die Mehrung bilanzunwirksamer Werte im Rahmen der Geschäftstätigkeit entsteht.
  - Aktivierungsverbot, da die selbstständige Verwertbarkeit (Verkehrsfähigkeit) als entscheidendes Kriterium eines Vermögensgegenstands im handelsrechtlichen Sinne nicht gegeben ist.
    Auch dürfen explizit nach § 248 Abs. 2 Satz 2 HGB Bestandteile eines originären Geschäfts- oder Firmenwerts, wie beispielsweise selbst geschaffene Marken, Drucktitel, Verlagsrechte oder Kundenlisten, nicht in der Bilanz aktiviert werden.
- einen derivativen (im Rahmen eines Unternehmenserwerbs bezahlten) Geschäfts- oder Firmenwert:
  - Objektivierter Wert, der sich beim Kauf/Verkauf eines Unternehmens als Residualgröße ergibt (Bewertung durch den Markt); Unterschiedsbetrag, um den der Kaufpreis eines Unternehmens die Zeitwerte der einzelnen übernommenen Ver-

mögensgegenstände abzüglich der Zeitwerte der übernommenen Schulden übersteigt.

– Aktivierungspflicht gemäß § 246 Abs. 1 Satz 4 HGB, der expressis verbis den derivativen Geschäfts- oder Firmenwert als einen zeitlich begrenzt nutzbaren Vermögensgegenstand kodifiziert. Damit unterliegt der derivative Geschäfts- oder Firmenwert den allgemeinen Abschreibungsregeln des § 253 Abs. 3 HGB.

Teilaufgabe b)

Berechnung des Geschäfts- oder Firmenwerts:

Kaufpreis			5,0 Mio. EUR
Zeitwerte der Vermögensgegenstände			
Grundstücke und Gebäude	1,2 Mio. EUR		
Maschinen	0,8 Mio. EUR		
Betriebs- und Geschäftsausstattung	0,6 Mio. EUR		
Vorratsvermögen	3,4 Mio. EUR		
Forderungen	<u>1,2 Mio. EUR</u>	7,2 Mio. EUR	
Zeitwerte der Schulden		-2,8 Mio. EUR	<u>-4,4 Mio. EUR</u>
Unterschiedsbetrag = Geschäfts- oder Firmenwert			<u>0,6 Mio. EUR</u>

Buchungssätze:

Bank	5.000.000	an	Verbindlichkeiten	5.000.000

Geschäfts- oder Firmenwert	600.000	an	Bank	5.000.000
Grundstücke und Gebäude	1.200.000		Verbindlichkeiten	2.800.000
Maschinen	800.000			
Betriebs- und Geschäftsausstattung	600.000			
Vorratsvermögen	3.400.000			
Forderungen	1.200.000			

Bilanz der X-AG nach dem Kauf (in TEUR)

Patente	2.000	Eigenkapital	6.000
Geschäfts- oder Firmenwert	600	Rückstellungen	3.000
Grundstücke und Gebäude	1.200	Verbindlichkeiten	10.800
Maschinen	3.800		
Betriebs- und Geschäftsausstattung	1.600		
Vorratsvermögen	7.400		
Forderungen	3.200		
	19.800		19.800

Aufgabe 2.4: Die Bilanzierungsfähigkeit von Vermögensgegenständen: Geschäfts- oder Firmenwert[21]

Die X-AG erwirbt die angeschlagene Y-GmbH durch Erwerb der einzelnen Vermögensgegenstände und Schulden im Rahmen eines sogenannten „*asset deal*". Der Kaufpreis für die Y-GmbH liegt bei 5 Mio. EUR. Der Zeitwert aller zu aktivierenden Vermögensgegenstände der Y-GmbH liegt bei 8 Mio. EUR und der Zeitwert aller Schulden bei 3,8 Mio. EUR. Nach Abwägung sämtlicher Kriterien liegt die voraussichtliche betriebliche Nutzungsdauer eines entstehenden entgeltlich erworbenen Geschäfts- oder Firmenwerts bei zehn Jahren.

a)   Zeigen Sie überblicksartig die unterschiedliche Behandlung des entgeltlich erworbenen Geschäfts- oder Firmenwerts nach dem HGB und dem EStG!

b)   Wenden Sie die in Teilaufgabe a) dargestellten Sachverhalte auf die Aufgabensituation an!

c)   Wie sähe es aus, wenn die X-AG die Y-GmbH nicht im Rahmen eines „*asset deal*", sondern den GmbH-Anteil für 5 Mio. EUR erwerben würde?

---

[21] Modifiziert entnommen aus BIEG, HARTMUT; KUßMAUL, HEINZ; PETERSEN, KARL; WASCHBUSCH, GERD; ZWIRNER, CHRISTIAN (Bilanzrechtsmodernisierungsgesetz 2009), S. 43 f.

Lösung

Teilaufgabe a)

	HGB	EStG
Ansatz	Ansatzpflicht nach § 246 Abs. 1 Satz 4 HGB	Ansatzpflicht nach § 5 Abs. 2 EStG
Planmäßige Abschreibung	Abschreibung planmäßig über die voraussichtliche Nutzungsdauer (§ 253 Abs. 3 Satz 1 und Satz 2 HGB)	Abschreibung über einen Zeitraum von 15 Jahren (§ 7 Abs. 1 Satz 3 EStG)
Außerplanmäßige Abschreibung bei dauernder Wertminderung	Pflicht zur außerplanmäßigen Abschreibung bei voraussichtlich dauernder Wertminderung (§ 253 Abs. 3 Satz 3 HGB)	Wahlrecht zur Teilwertabschreibung (§ 6 Abs. 1 Nr. 1 Satz 2 EStG)[22]
Wertaufholung	Wertaufholungsverbot (§ 253 Abs. 5 Satz 2 HGB)	Wertaufholungsgebot (§ 6 Abs. 1 Nr. 1 Satz 4 EStG)[23]

Abb. 7: Die Behandlung des derivativen Geschäfts- oder Firmenwerts

Teilaufgabe b)

Gemäß § 246 Abs. 1 Satz 4 HGB gilt eine Aktivierungspflicht für den entgeltlich erworbenen Geschäfts- oder Firmenwert als Vermögensgegenstand in voller Höhe [Kaufpreis – (Zeitwert Vermögen – Zeitwert Schulden) = 5 Mio. EUR – (8 Mio. EUR – 3,8 Mio. EUR) = 0,8 Mio. EUR]. Gemäß § 253 Abs. 3 Satz 1 und Satz 2 HGB ist der entgeltlich erworbene Geschäfts- oder Firmenwert in den Folgeperioden planmäßig über seine individuelle betriebliche Nutzungsdauer abzuschreiben. Da die geschätzte individuelle betriebliche Nutzungsdauer bei zehn Jahren liegt und somit den Zeitraum von fünf Jahren übersteigt, ist die längere Nutzungsdauer gemäß § 285 Nr. 13 HGB im Anhang zu begründen.

Steuerlich besteht für den entgeltlich erworbenen Geschäfts- oder Firmenwert eine Aktivierungspflicht gemäß § 5 Abs. 2 EStG in Höhe von 0,8 Mio. EUR. Die Abschreibung erfolgt gemäß § 7 Abs. 1 Satz 3 EStG linear über einen Zeitraum von 15 Jahren.

---

[22] Im Schrifttum wird hingegen nachvollziehbar die Gegenansicht vertreten, dass das Wahlrecht zur Teilwertabschreibung aufgrund des Maßgeblichkeitsprinzips (§ 5 Abs. 1 Satz 1 Halbsatz 1 EStG) steuerlich zur Pflicht wird, da in der Handelsbilanz bei einer voraussichtlich dauernden Wertminderung stets die Pflicht zu einer außerplanmäßigen Abschreibung besteht. Vgl. hierzu BIEG, HARTMUT; KUßMAUL, HEINZ; WASCHBUSCH, GERD (Rechnungswesen 2012), S. 105 f.; KUßMAUL, HEINZ; GRÄBE, SEBASTIAN (Maßgeblichkeitsgrundsatz 2010), S. 114 f.; KUßMAUL, HEINZ; GRÄBE, SEBASTIAN (Hintergrund 2010), S. 267.

[23] Einige Stimmen des Schrifttums gehen dagegen – in Analogie zur handelsrechtlichen Regelung – von einem Wertaufholungsverbot aus. So z. B. SCHEFFLER, WOLFRAM (Steuerbilanz 2010), S. 249.

Teilaufgabe c)

Der erworbene GmbH-Anteil ist zu seinen Anschaffungskosten, also zu 5 Mio. EUR, in der Bilanz der X-AG als „Beteiligung" oder als „Anteil an einem verbundenen Unternehmen" im Finanzanlagevermögen zu aktivieren. Das Entstehen eines entgeltlich erworbenen Geschäfts- oder Firmenwerts ist in diesem Fall ausgeschlossen.

Aufgabe 2.5:   Die Bilanzierungsfähigkeit von Vermögensgegen- ständen: Immaterielle Vermögensgegenstände[24]

Nehmen Sie zu dem folgenden Sachverhalt Stellung! Begründen Sie hierbei Ihre Überlegungen!

Nach mehreren – überwiegend erfolglosen – Forschungsbemühungen in der Vergangenheit konnte die X-GmbH dieses Jahr ein Patent entwickeln, welches den Lackherstellungsprozess des Unternehmens maßgeblich beschleunigt. Mit 5,3 Mio. EUR fiel der größere Teil der Aufwendungen auf die von Forschung geprägten Vorjahre, wohingegen in diesem Jahr lediglich Aufwendungen in Höhe von 750.000 EUR verbucht wurden, die – entgegen der Vorjahre – eindeutig der Entwicklungsphase zugerechnet werden können. Der Marktwert des Patents (geschätzter Verkaufspreis) liegt dauerhaft bei ca. 500.000 EUR. Die wirtschaftliche Nutzungsdauer des Patents wird auf 5 Jahre geschätzt.

a)   Kann das Patent in der Handelsbilanz aktiviert werden? Mit welchem Betrag ist das Patent im Falle einer Aktivierung anzusetzen?

b)   Wie wäre der Fall zu beurteilen, wenn die X-GmbH lediglich einen auf die Entwicklung und den Verkauf von Patenten ausgerichteten Geschäftsbetrieb hätte?

Lösung

Teilaufgabe a)

Die Frage, ob das Patent als immaterieller Vermögensgegenstand aktiviert werden kann oder muss, richtet sich nach den abstrakten und konkreten Merkmalen der Aktivierungsfähigkeit. Annahmegemäß seien für das Patent die abstrakten Merkmale, also die selbstständige Verkehrsfähigkeit, das Vorhandensein eines Vorteils sowie die selbstständige Bewertbarkeit, erfüllt. Zudem kann davon ausgegangen werden, dass wirtschaftliches Eigentum vorliegt und das Patent dem Betriebsvermögen zugehört. Dem Vollständigkeitsprinzip des § 246 Abs. 1 Satz 1 HGB folgend, unterliegt das Patent damit einer Aktivierungspflicht, soweit kein Aktivierungsverbot oder Aktivierungswahlrecht einschlägig ist. Gemäß § 248 Abs. 2 Satz 2 HGB besteht ein Aktivierungsverbot nur für selbst geschaffene Marken, Drucktitel, Verlagsrechte, Kundenlisten oder vergleichbare immaterielle Vermögensgegenstände des Anlagevermögens. Das Patent unterliegt also keinem Aktivierungsverbot. Es besteht gemäß § 248 Abs. 2 Satz 1 HGB vielmehr ein Aktivierungswahlrecht. Die X-GmbH kann das Patent in der Handelsbilanz aktivieren.

---

[24]   Modifiziert entnommen aus MEYER, CLAUS (Bilanzierung 2011), S. 142 und S. 381.

Als Bewertungsmaßstab sind dem Patent – wie anderen selbst geschaffenen Vermögensgegenständen auch – die Herstellungskosten zugrunde zu legen (§ 255 Abs. 2 HGB). Allerdings dürfen bei selbst geschaffenen immateriellen Vermögensgegenständen des Anlagevermögens gemäß § 255 Abs. 2a HGB nur Herstellungskosten, die auf die Entwicklung entfallen, aktiviert werden, sofern die Entwicklung verlässlich von der Forschung unterschieden werden kann. Im vorliegenden Fall entfallen auf die Entwicklung eindeutig Aufwendungen in Höhe von 750.000 EUR. Insofern kann das Patent mit 750.000 EUR aktiviert werden.

Zu berücksichtigen ist jedoch auch der (Absatz-)Marktpreis des Patents in Höhe von 500.000 EUR. Dieser stellt einen niedrigeren beizulegenden Wert i. S. d. § 253 Abs. 3 Satz 3 HGB dar, auf den bei einer dauerhaften Wertminderung abzuschreiben ist. Da Letzteres zutrifft, ist unmittelbar nach der Aktivierung eine außerplanmäßige Abschreibung in Höhe von 250.000 EUR zu buchen.

Die planmäßige Abschreibung des immateriellen Anlagevermögensgegenstands erstreckt sich in diesem Fall auf die geschätzte wirtschaftliche Nutzungsdauer von 5 Jahren. Die Abschreibung erfolgt pro rata temporis, so dass hier die jährliche Abschreibung von 20 % von 500.000 EUR = 100.000 EUR im ersten Jahr anteilmäßig nur für die Zeit nach Aufnahme der Nutzung des Patents zu verrechnen ist.

Auch steuerrechtlich stellen Forschungs- und Entwicklungskosten Aufwendungen (genauer: abzugsfähige Betriebsausgaben) dar. Eine Aktivierung des Patents ist jedoch aufgrund des Aktivierungsverbots, welches sich als Umkehrschluss aus § 5 Abs. 2 EStG ergibt, nicht möglich.

Teilaufgabe b)

Aufgrund der unternehmerischen Zielsetzung der X-GmbH gehört ein solches Patent zu den Vermögensgegenständen des Umlaufvermögens. Für dieses gilt § 248 Abs. 2 Satz 1 HGB nicht. Maßgebend sind daher das Vollständigkeitsprinzip (§ 246 Abs. 1 Satz 1 HGB) und die Bestimmungen des § 253 Abs. 1 Satz 1und Abs. 4 HGB. Danach ist gemäß § 253 Abs. 1 Satz 1 HGB der Betrag der Herstellungskosten (ohne die Beschränkung des § 255 Abs. 2a HGB) bzw. der niedrigere Wert nach § 253 Abs. 4 HGB anzusetzen, im vorliegenden Fall also 500.000 EUR.

Nach Auffassung der Finanzverwaltung besteht bei einer dauerhaften Wertminderung steuerlich dagegen gemäß § 6 Abs. 1 Nr. 1 Satz 2 EStG ein Wahlrecht zur Teilwertabschreibung.[25] Dem Steuerpflichtigen steht es demnach frei, ob er das Patent mit 500.000 EUR oder mit 750.000 EUR ausweisen möchte.

---

[25] Kritisch der autonomen Ausübung dieses steuerlichen Wahlrechts gegenüberstehend z. B. KUßMAUL, HEINZ; GRÄBE, SEBASTIAN (Maßgeblichkeitsgrundsatz 2010), S. 114 f.; KUßMAUL, HEINZ; GRÄBE, SEBASTIAN (Hintergrund 2010), S. 267.

Aufgabe 2.6: Die Bilanzierungsfähigkeit von Vermögensgegen-ständen: Immaterielle Vermögensgegenstände

Die X-AG hatte im abgelaufenen Geschäftsjahr 01 verschiedene Patente erworben, die sie zur Produktion von Kaffeepulver nutzt. Die Patente A und B hatte sie am 01.03.01 bzw. 01.07.01 zu Anschaffungskosten von 900.000 EUR bzw. 1.000.000 EUR gekauft. Die Erfindung C hatte die X-AG selbst entwickelt und dafür am 01.10.01 ein Patent erhalten. Der Wert dieses Patents wird auf 400.000 EUR geschätzt, entsprechend den dafür angefallenen Entwicklungskosten. Die voraussichtliche Nutzungsdauer der drei Patente wird wie folgt geschätzt:

- Patent A: 3 Jahre,
- Patent B: 5 Jahre und
- Patent C: 4 Jahre.

Wie sind die Vorgänge von der X-AG im handelsrechtlichen Jahresabschluss des Geschäfts-jahres 01 zu erfassen? Zeigen Sie anhand von Buchungssätzen das Zustandekommen der Bilanzansätze! Für die Begründung sind die gesetzlichen Vorschriften anzuführen.

Lösung

Für die Patente A und B besteht eine Aktivierungspflicht gemäß § 246 Abs. 1 Satz 1 HGB, für das Patent C ist das Aktivierungswahlrecht des § 248 Abs. 2 Satz 1 HGB zu beachten. Da es sich um ein Patent handelt und nicht um einen selbst geschaffenen immateriellen Vermö-gensgegenstand i. S. d. § 248 Abs. 2 Satz 2 HGB, bezieht sich das dort kodifizierte Aktivie-rungsverbot nicht auf diesen Fall.

Buchungssätze:

A: Immaterieller Vermögensgegenstand   900.000   an   Bank   900.000

B: Immaterieller Vermögensgegenstand   1.000.000   an   Bank   1.000.000

C:

1. Alternative (Ausübung des Aktivierungswahlrechts)

Unter Anwendung des Gesamtkostenverfahrens (GKV):

Diverse Aufwendungen („Entwicklungskosten")	400.000	an	Bank	400.000
Immaterieller Vermögens-gegenstand	400.000	an	Andere aktivierte Eigen-leistungen (Ertrag)	400.000

Unter Anwendung des Umsatzkostenverfahrens (UKV):

Diverse Aufwendungen („Entwicklungskosten")	400.000	an	Bank	400.000
Immaterieller Vermögens-gegenstand	400.000	an	Diverse Aufwendungen („Entwicklungskosten")	400.000

Die Buchungen zeigen in beiden Fällen, dass die zunächst erfolgsmindernde Aufwandsverrechnung der Entwicklungskosten durch die erfolgserhöhende Aktivierung des immateriellen Vermögensgegenstands erfolgsrechnerisch „neutralisiert" wird.

2. Alternative (keine Aktivierung)

Diverse Aufwendungen   400.000   an   Bank   400.000
(„Entwicklungskosten")

Hier steht der Aufwandsverrechnung keine „neutralisierte" Buchung gegenüber.

Berechnung der Abschreibungen:

$$A: \frac{900.000\ \text{EUR}}{3 \cdot 12} \cdot 10 = 250.000\ \text{EUR}$$

$$B: \frac{1.000.000\ \text{EUR}}{5 \cdot 12} \cdot 6 = 100.000\ \text{EUR}$$

$$C: \frac{400.000\ \text{EUR}}{4 \cdot 12} \cdot 3 = 25.000\ \text{EUR}$$

Buchung der Abschreibungen:

Planmäßige Abschreibungen auf immaterielle Vermögensgegenstände	250.000	an	Immaterieller Vermögensgegenstand A	250.000
Planmäßige Abschreibungen auf immaterielle Vermögensgegenstände	100.000	an	Immaterieller Vermögensgegenstand B	100.000
Planmäßige Abschreibungen auf immaterielle Vermögensgegenstände	25.000	an	Immaterieller Vermögensgegenstand C	25.000

Macht die X-AG beim Patent C keinen Gebrauch von dem Aktivierungswahlrecht des § 248 Abs. 2 Satz 1 HGB, ist eine planmäßige Abschreibung nicht möglich. Es liegt schließlich kein Vermögensgegenstand vor, der abgeschrieben werden könnte. Dies ist auch nicht erforderlich, da in diesem Fall bereits die gesamten Entwicklungskosten als Aufwand in die Gewinn- und Verlustrechnung des Geschäftsjahres 01 eingehen.

Bilanzansätze am 31.12.01:

A: 650.000 EUR

B: 900.000 EUR

C: 375.000 EUR oder 0 EUR

Aufgabe 2.7:   Die Bilanzierungsfähigkeit von Schulden: Verbindlichkeiten

Die X-AG wird vertragsgemäß die Miete für Dezember 01, Januar 02 und Februar 02 in Höhe von jeweils 200.000 EUR erst im Februar 02 per Banküberweisung bezahlen. Wie ist dieser Sachverhalt bilanziell zu behandeln?

Lösung

Die Mieten für Januar und Februar betreffen das Geschäftsjahr 02 und sind dort als Aufwand zu buchen. Nur die Behandlung der noch zu zahlenden Miete für den Monat Dezember ist zum Abschlussstichtag 01 zu klären.

Bei der Dezembermiete handelt es sich um eine wirtschaftliche Vermögensbelastung, die greifbar ist (Verpflichtung gegenüber einem Dritten; Mindestwahrscheinlichkeit). Auch die Quantifizierbarkeit ist gegeben. Demnach liegt eine bilanzielle Schuld i. S. d. § 246 Abs. 1 Satz 1 HGB vor. Konkret handelt es sich um eine Verbindlichkeit, da Grund und Höhe der Verpflichtung gewiss sind.

Buchungssatz:

In 01:

Mietaufwendungen (Dezember)	200.000	an	Sonstige Verbindlichkeiten	200.000

In 02:

Sonstige Verbindlichkeiten	200.000	an	Bank	600.000
Mietaufwendungen (Januar)	200.000			
Mietaufwendungen (Februar)	200.000			

Aufgabe 2.8:   Die Bilanzierungsfähigkeit von Schulden: Rückstellungen

Am 02.04.01 verpflichtet sich die X-AG, den Eigentümern eines Grundstückes, auf dem sie aufgrund eines Pachtvertrages Kies abbaut, die entstehende Grube wieder aufzufüllen, zu planieren und mit Humus zu überdecken.

Bis zum Abschlussstichtag der Periode 01 wurde die Muttererde des gesamten Abbauareals abgetragen und es wurden 10 % des Kiesvorhabens ausgebeutet. Der gesamte gewonnene Kies wurde zu 100.000 EUR verkauft und geliefert. Mit dem Auffüllen der Grube wurde indessen noch nicht begonnen. Nach den Verhältnissen des Abschlussstichtages rechnet die X-AG mit 7.000 EUR für die Wiederauffüllung der Grube sowie 16.000 EUR für die Rekultivierung des Grundstücks. Das Auffüllmaterial soll später von Abladern angefahren werden, die für das Einfüllen des Materials an die X-AG Kippgebühren zu entrichten haben. Aus den Kippgebühren wird die X-AG voraussichtliche Gesamteinnahmen in Höhe von 10.000 EUR aus der Duldung des Abladens haben.

Wie sind die Sachverhalte „Wiederauffüllung und Rekultivierung" sowie „Kippgebühren" im Jahresabschluss der Periode 01 der X-AG zu erfassen? Begründen Sie Ihre Ausführungen!

Lösung

Zu den Kosten der Wiederauffüllung und Rekultivierung:

Zunächst ist über das Realisationsprinzip (§ 252 Abs. 1 Nr. 4 HGB) zu argumentieren. Dieser GoB verlangt die Zuordnung der künftigen Auszahlungen zu den sie verursachenden Umsatzerlösen oder gegebenenfalls zum noch auf Lager liegenden Kostenträger (hier: abgebauter Kies). Der erste der beiden genannten Fälle liegt hier vor. Es ist eine ratierliche Zuordnung vorzunehmen, d. h. nach Maßgabe der gesamten Abbaumenge. Im vorliegenden Sachverhalt sind 10 % des Kiesvorkommens abgebaut, also sind 10 % der künftigen Ausgaben für Wiederauffüllung (7.000 EUR) und Rekultivierung den Umsatzerlösen der Periode 01 (16.000 EUR) zuzuordnen (2.300 EUR).

Sodann ist zu prüfen, ob eine bilanzielle Schuld vorliegt. Dies ist hier der Fall. Die zukünftigen Kosten der Wiederauffüllung und Rekultivierung stellen eine wirtschaftliche Vermögensbelastung dar. Aufgrund des Pachtvertrags liegt eine Verpflichtung gegenüber Dritten vor; das Außenverpflichtungsprinzip ist also erfüllt. Mit der Inanspruchnahme muss ernsthaft gerechnet werden, denn der Grund ist gewiss (objektive Mindestwahrscheinlichkeit). Die Höhe der zukünftigen Kosten ist allerdings nur schätzbar; sie können daher nur in Form einer Rückstellung für ungewisse Verbindlichkeiten berücksichtigt werden.

Es bleibt zu klären, inwieweit die Verpflichtung bis zum Abschlussstichtag entstanden ist. Stellt man auf eine wirtschaftliche Betrachtungsweise i. S. d. GoB ab, so ist eine Zuordnung der Auszahlungen zu zukünftigen Erträgen nur für die noch nicht abgebaute Kiesmenge möglich. Den bereits abgebauten und veräußerten Kiesmengen sollten die zugehörigen Aufwendungen gegenübergestellt werden. Dazu zählen 10 % der Wiederauffüllungs- und Rekultivierungskosten, da ohne die Wiederauffüllungs- und Rekultivierungszusage kein Kiesabbau möglich gewesen wäre. Aus diesen Überlegungen resultiert eine Passivierungspflicht für 10 % der Kosten der Wiederauffüllung und Rekultivierung.

Im Ergebnis ist folglich eine Rückstellung für ungewisse Verbindlichkeiten zu passivieren (§ 249 Abs. 1 Satz 1 HGB). Bei wirtschaftlicher Betrachtungsweise kommt es zu einer vom Abbau innerhalb einer Periode abhängigen Ansammlung der Rückstellung (hier: 2.300 EUR in Periode 01).

Zu den Kippgebühren:

Eine Erfassung der Einzahlungen aus der Duldung des Abladens (Kippgebühren) in der Periode 01 ist nicht möglich, da die Leistung (die Duldung des Abladens) noch nicht erbracht wurde. Eine Berücksichtigung der Kippgebühren bei der Ermittlung der Höhe der Rückstellung kommt gleichfalls nicht in Betracht (Saldierungsverbot).

Aufgabe 2.9:   Die Bilanzierungsfähigkeit von Schulden: Rückstellungen

Um die eigene Wettbewerbsposition zu stärken, werden bei der X-AG guten Kunden gegenüber auch über die gesetzliche Gewährleistungspflicht hinausgehende Reparaturleistungen unentgeltlich erbracht. Für die bisher gelieferten Produkte wird die Summe der daraus resultierenden Aufwendungen auf 100.000 EUR geschätzt. Wie beurteilen Sie diesen Sachverhalt? Formulieren Sie, falls erforderlich, den Buchungssatz!

Lösung

Es liegt eine bilanzielle Schuld vor. Die zukünftigen Auszahlungen für die Reparaturleistungen stellen eine wirtschaftliche Vermögensbelastung dar. Letztere ist greifbar, da es sich um eine Außenverpflichtung handelt (faktischer Leistungszwang) und von einer Mindestwahrscheinlichkeit der Inanspruchnahme ausgegangen werden kann. Zudem erscheint die Verpflichtung hinreichend quantifizierbar. Konkret ist eine Kulanzrückstellung nach § 249 Abs. 1 Satz 2 Nr. 2 HGB zu passivieren.

Buchungssatz:

Sonstige betriebliche Aufwendungen	100.000	an	Rückstellungen	100.000

Aufgabe 2.10: Die Bilanzierungsfähigkeit von Schulden: Rückstellungen

Am 11. November 01 verpflichtet sich die X-AG in einem mit der Y-AG geschlossenen Kaufvertrag, eine Maschine zu einem Preis von 10.000 EUR zuzüglich Umsatzsteuer zu liefern. Liefertermin ist der 12. Januar 02. Die vertraglich vereinbarte Anzahlung in Höhe von 2.000 EUR geht pünktlich am 10. Dezember 01 auf dem Bankkonto der X-AG ein.

Da die X-AG einen Rückgang der Beschaffungspreise erwartet, plant sie, den Einkauf der Maschine erst im Januar 02 durchzuführen. Am Abschlussstichtag wäre die Beschaffung der Maschine zu einem Preis in Höhe von 9.000 EUR zuzüglich Umsatzsteuer möglich. Hinzu kämen Frachtkosten in Höhe von 500 EUR zuzüglich Umsatzsteuer sowie Zölle in Höhe von 1.500 EUR. Die X-AG rechnet damit, dass bei ihr im Jahr 02 noch anteilige allgemeine Verwaltungsaufwendungen von 800 EUR und anteilige Vertriebsaufwendungen in Höhe von 700 EUR anfallen werden.

Bei den folgenden Überlegungen ist auf die Darstellung der umsatzsteuerlichen Behandlung zu verzichten.

Zeigen Sie die bilanzielle Behandlung des Sachverhalts im handelsrechtlichen Jahresabschluss der X-AG für das Jahr 01 auf und erläutern Sie die einzelnen Schritte – auch durch die Darstellung von Buchungssätzen – jeweils knapp! Wie ist im Jahr 02 bei Erfüllung des Kaufvertrags durch die X-AG zu buchen, wenn die Maschine zu den am Abschlussstichtag bestehenden Konditionen von der X-AG am 3. Januar 02 gekauft wurde, am gleichen Tag an sie ausgeliefert und von ihr durch Banküberweisung bezahlt wurde? Unmittelbar nach der Lieferung der Maschine am 12. Januar 02 zahlt die Y-AG durch Überweisung auf das Bankkonto der X-AG. Die im Zuge der Vertragserfüllung bei der X-AG anfallenden allgemeinen Verwaltungsaufwendungen und die Vertriebsaufwendungen betragen – wie im Vorjahr geschätzt – 800 EUR bzw. 700 EUR. Sie sind als Sonstige Verbindlichkeiten zu buchen, die unmittelbar anschließend durch Banküberweisung beglichen werden.

Lösung

Am 11. November 01 erfolgt der Vertragsabschluss. Ab diesem Tag liegt ein schwebendes Geschäft (beiderseitig unerfülltes Verpflichtungsgeschäft) vor. Aufgrund des Realisationsprinzips (§ 252 Abs. 1 Nr. 4 HGB) bleiben gewinnversprechende und erfolgsrechnerisch ausgeglichene schwebende Geschäfte unberücksichtigt. Droht allerdings aus einem schwebenden Geschäft ein Verlust, so ist dieser erfolgsmindernd durch die Bildung einer Rückstellung für drohende Verluste aus schwebenden Geschäften (kurz: Drohverlustrückstellungen) zu berücksichtigen.

Am 10. Dezember 01 geht die Anzahlung bei der X-AG ein, die aufgrund des Vollständigkeitsgrundsatzes (§ 246 Abs. 1 Satz 1 HGB) bilanziell zu erfassen ist. Die erhaltene Anzahlung darf den Gewinn nicht erhöhen, weil der Liefertermin erst im kommenden Jahr liegt (Realisationsprinzip gemäß § 252 Abs. 1 Nr. 4 HGB).

Buchungssatz:

Bank 2.000 an Erhaltene Anzahlungen 2.000

Am 31. Dezember 01 ist der Verpflichtungsumfang mit dem Wert der Gegenleistung zu vergleichen, d. h., es ist zu prüfen, ob das schwebende Geschäft nicht einen Verlust erwarten lässt (Verpflichtungsüberschuss).

Anspruch aus dem Kaufvertrag mit der Y-AG					10.000 EUR
–	Verpflichtung:	Einkaufspreis	9.000 EUR		
		+ Frachtkosten	500 EUR		
		+ Zölle	1.500 EUR		
		+ allg. Verwaltungsaufwendungen	800 EUR		
		+ Vertriebsaufwendungen	700 EUR	–	12.500 EUR
=	Drohender Verlust:				2.500 EUR

Aus dem schwebenden Geschäft droht damit ein Verlust in Höhe von 2.500 EUR; dieser ist über eine Drohverlustrückstellung zu antizipieren (§ 249 Abs. 1 Satz 1 HGB); Ansatzkonsequenz des Imparitätsprinzips. Man spricht in diesem Zusammenhang von einer „verlustfreien Bewertung", weil der gesamte drohende Verlust der Periode 01 zugewiesen wird (vgl. auch Aufgabe 2.31 bis Aufgabe 2.33). Bestätigen sich die angenommenen Verpflichtungen in der Folgeperiode, so trägt diese keinen Verlust aus der Vertragserfüllung.

Buchungssatz:

Aufwendungen für drohende Verluste aus schwebenden Geschäften („Sonstige Aufwendungen")	2.500	an	Drohverlustrückstellungen	2.500

Die buchhalterische Behandlung des schwebenden Geschäfts führt somit im Jahr 01 zu einer Erfolgsminderung in Höhe von 2.500 EUR.

Die X-AG erhält und bezahlt die Maschine am 3. Januar 02. Bei der Maschine handelt es sich um einen Gegenstand des Umlaufvermögens; sie zählt, da sie an die Y-AG geliefert werden soll, zum im Vorratsvermögen auszuweisenden Warenbestand. Es erfolgt eine Aktivierung der Maschine in Höhe ihrer Anschaffungskosten (Anschaffungspreis + Anschaffungsnebenkosten [Fracht + Zölle]) in Höhe von 11.000 EUR. Anschließend erfolgt die Zahlung per Banküberweisung.

Buchungssatz:

Waren(bestand)	11.000	an	Verbindlichkeiten aus Lieferungen und Leistungen	11.000
Verbindlichkeiten aus Lieferungen und Leistungen	11.000	an	Bank	11.000

Am 12. Januar 02 kommt es zur Auslieferung der Maschine an die Y-AG und zur Zahlung durch die Y-AG.

Dies führt zu folgenden Buchungen:

Wareneinsatz (Aufwand)	11.000	an	Waren(bestand)	11.000
Forderungen aus Lieferungen und Leistungen	10.000	an	Umsatzerlöse (Erträge)	10.000
Erhaltene Anzahlungen	2.000	an	Forderungen aus Lieferungen und Leistungen	2.000
Bank	8.000	an	Forderungen aus Lieferungen und Leistungen	8.000

Die allgemeinen Verwaltungsaufwendungen und die Vertriebsaufwendungen sowie ihre Bezahlung führen zu folgenden Buchungen:

Allg. Verwaltungsaufwendungen	800	an	Sonstige Verbindlichkeiten	800
Vertriebsaufwendungen	700	an	Sonstige Verbindlichkeiten	700
Sonstige Verbindlichkeiten	1.500	an	Bank	1.500

Nun sind noch die Drohverlustrückstellungen aufzulösen:

Drohverlustrückstellungen	2.500	an	Erträge aus der Auflösung der Drohverlustrückstellungen	2.500

Überträgt man die Salden der Aufwands- und Ertragskonten in die GuV-Rechnung des Jahres 02, so ergibt sich folgendes Bild:

GuV 02

Wareneinsatz	11.000	Umsatzerlöse	10.000
Allg. Verwaltungsaufwendungen	800	Erträge aus der Auflösung der Drohverlustrückstellungen	2.500
Vertriebsaufwendungen	700		
	12.500		12.500

Da die Aufwendungen und Erträge des Jahres 02 gleich hoch sind, ist das nun vollkommen abgewickelte Geschäft im Jahr 02 erfolgsneutral. Diese Erfolgsneutralität ist darauf zurückzuführen, dass der erwartete Verlust im Vorjahr mit 2.500 EUR zutreffend ermittelt und vollkommen dem Jahr 01 angelastet wurde.

Da die gesamten Ein- und Auszahlungen, die aus der Abwicklung des Geschäfts entstanden sind, erst im Jahr 02 angefallen sind, zeigen sich die 2.500 EUR auch auf dem Kontokorrentkonto der X-AG mit der Bank als Minderung des Bankguthabens bzw. als Erhöhung der Verbindlichkeiten gegenüber der Bank.

Aufgabe 2.11: Die Bilanzierungsfähigkeit von Schulden: Rückstellungen

Eine Druckmaschine wird durch einen Bedienungsfehler im Dezember 01 reparaturbedürftig. Die Reparatur soll entweder am 15.02.02 oder am 15.06.02 durchgeführt werden; der für die Reparatur anfallende Betrag wird sich voraussichtlich auf 70.000 EUR belaufen. Wie behandeln Sie diesen Sachverhalt handels- und steuerbilanziell?

Lösung

Es handelt sich nicht um eine bilanzielle Schuld, da das Außenverpflichtungsprinzip nicht erfüllt ist. Es liegt eine reine Innenverpflichtung vor.

Wenn die Reparatur am 15.02.02 erfolgen soll, ist handelsrechtlich eine Aufwandsrückstellung i. S. d. § 249 Abs. 1 Satz 2 Nr. 1 HGB zu bilden (Passivierungspflicht). Im Falle einer für den 15.06.02 geplanten Reparatur liegt gemäß § 249 Abs. 2 Satz 1 HGB ein handelsrechtliches Passivierungsverbot vor. In Ermangelung steuerlicher Sondervorschriften ist in der Steuerbilanz wegen des Maßgeblichkeitsprinzips gleichermaßen zu verfahren.

Buchungssatz (falls die Reparatur am 15.02.02 erfolgen soll):

Reparaturaufwendungen   70.000   an   Sonstige Rückstellungen   70.000

Der Bilanzansatz erfolgt unter den „Sonstigen Rückstellungen" gemäß § 266 Abs. 3 B.3 HGB.

Aufgabe 2.12: Die Bilanzierungsfähigkeit von Schulden: Rückstellungen[26]

Wie können die folgenden Ereignisse in der Handels- bzw. Steuerbilanz der X-AG (Abschlussstichtag 30.09.02) erfasst werden?

a) Durch einen Teilschaden im Getriebe kann eine Baumaschine seit Juni 02 nur noch in einer Fahrstufe gefahren werden. Da die Maschine für anstehende Bauarbeiten dringend gebraucht wird, soll der Schaden erst im Dezember 02 (Winterpause) behoben werden. Die Kosten betragen ca. 20.000 EUR. Wie wäre der Vorfall zu behandeln, wenn die Reparatur erst im Frühjahr 03 erfolgen soll?

b) In 01 schloss die Z-AG mit der X-AG einen bis 31.12.03 befristeten Liefervertrag über monatlich 20 Fertiggaragen zum Preis von jeweils 9.000 EUR. Da die bei der X-AG bei der Herstellung insgesamt anfallenden Kosten infolge einer Rohstoffverteuerung seit Januar 02 10.000 EUR betragen, werden 10 % dieser Kosten nicht mehr durch den Verkaufspreis gedeckt.

c) Der in 02 angestrengte Prozess gegen die Z & Co. KG auf Schadensersatz wegen mangelhafter Lieferung wird im Jahr 03 wahrscheinlich verloren gehen. Dadurch wird die X-AG Gerichtskosten in Höhe von 10.000 EUR zu tragen haben.

Aus Vereinfachungsgründen ist auf die Darstellung einer gegebenenfalls vorzunehmenden Abzinsung im Rahmen der Rückstellungsbewertung zu verzichten.

Lösung

Teilaufgabe a)

Es handelt sich um vor dem 30.09.02, dem Abschlussstichtag, wirtschaftlich verursachte unterlassene Instandhaltungsmaßnahmen. Der Verschleiß muss dem abgelaufenen Geschäftsjahr zugerechnet werden, auch wenn die Reparatur erst im folgenden Geschäftsjahr erfolgt. Handelsbilanziell besteht gemäß § 249 Abs. 1 Satz 2 Nr. 1 HGB für den Fall, dass die Reparatur in den ersten drei Monaten des folgenden Geschäftsjahres nachgeholt werden soll, eine Passivierungspflicht für die Bildung einer Rückstellung (Innenverpflichtung!). Soll die Nachholung erst nach dieser Frist erfolgen, so besteht ein Rückstellungsverbot (§ 249 Abs. 2 Satz 1 HGB).

Steuerbilanziell ist eine Rückstellung für unterlassene Instandhaltung ebenfalls nur geboten, wenn die Instandhaltungsarbeiten innerhalb von drei Monaten nach dem Abschlussstichtag

---

[26] Modifiziert entnommen aus COENENBERG, ADOLF G.; HALLER, AXEL; SCHULTZE, WOLFGANG (Aufgaben 2009), S. 134 ff.

nachgeholt werden. Die handelsrechtliche Passivierungspflicht in der Handelsbilanz führt insofern für die Steuerbilanz ebenfalls zu einer Passivierungspflicht. Die Nachholung der Reparatur im Dezember fällt in die oben erwähnte Dreimonatsfrist (Abschlussstichtag ist der 30.09.02!), so dass in Handels- und Steuerbilanz eine Rückstellung in Höhe von 20.000 EUR gebildet werden muss.

Der Buchungssatz lautet:

| Sonstige betriebliche Aufwendungen | 20.000 | an | Sonstige Rückstellungen | 20.000 |

Der Bilanzansatz erfolgt unter den „Sonstigen Rückstellungen" gemäß § 266 Abs. 3 B.3 HGB.

Wird die Reparatur dagegen erst im Frühjahr 03 nachgeholt, besteht sowohl in der Handelsbilanz als auch in der Steuerbilanz ein Passivierungsverbot.

Teilaufgabe b)

Bei den zum Abschlussstichtag (30.09.02) noch ausstehenden Lieferungen handelt es sich um ein schwebendes Geschäft, da beide Vertragsparteien ihre Verpflichtungen noch nicht erfüllt haben. Folglich ist grundsätzlich zu vermuten, dass sich Ansprüche und Verpflichtungen aus dem Vertrag ausgleichen. Falls diese Ausgewogenheitsvermutung nicht widerlegt werden kann, handelt es sich um ein ausgeglichenes schwebendes Geschäft, das in der Bilanz ebenso keine Berücksichtigung findet wie ein schwebendes Geschäft, das am Abschlussstichtag einen Gewinn erwarten lässt.

Die X-AG ist zur einwandfreien Lieferung der noch ausstehenden Fertiggaragen bis zum 31.12.03 verpflichtet. Der Anspruch besteht in der Begleichung des Kaufpreises in Höhe von 9.000 EUR pro Fertiggarage. Seit Januar 02 betragen jedoch die bei der Herstellung einer Fertiggarage anfallenden Kosten 10.000 EUR. Somit entsteht für die X-AG ein Verpflichtungsüberschuss in Höhe von 1.000 EUR pro Fertiggarage. Die Bilanzierung des zukünftigen Verpflichtungsüberschusses (aus Sicht des 30.09.02) muss in der Handelsbilanz durch eine Rückstellung für drohende Verluste aus schwebenden Geschäften gemäß § 249 Abs. 1 Satz 1 HGB abgebildet werden. In der Steuerbilanz besteht ein Passivierungsverbot gemäß § 5 Abs. 4a Satz 1 EStG. Insofern wird das Maßgeblichkeitsprinzip durchbrochen. Der von der X-AG zurückzustellende Betrag für die Monate Oktober 02 bis Dezember 03 errechnet sich wie folgt:

15 Monate à 20 Fertiggaragen pro Monat = 300 noch zu liefernde Fertiggaragen

Bei 1.000 EUR Verlust pro Fertiggarage ergibt sich ein drohender Verlust von 300.000 EUR.

Somit lautet der Buchungssatz für die Handelsbilanz:

| Sonstige betriebliche Aufwendungen | 300.000 | an | Drohverlustrückstellungen | 300.000 |

In der Handelsbilanz erfolgt ein Bilanzansatz unter den „Sonstigen Rückstellungen" gemäß § 266 Abs. 3 B.3 HGB.

Teilaufgabe c)

Da der Prozess im Jahr 02 wirtschaftlich verursacht wurde und die Inanspruchnahme aus der Verpflichtung zum Abschlussstichtag hinreichend wahrscheinlich ist, sind die zukünftigen Aufwendungen in Form einer Rückstellungsbildung zu antizipieren. Somit ist in der Handelsbilanz eine Rückstellung für ungewisse Verbindlichkeiten (§ 249 Abs. 1 Satz 1 HGB) zu passivieren; das Passivierungsgebot gilt auch für die Steuerbilanz.

Der Buchungssatz lautet:

| Sonstige betriebliche Aufwendungen | 10.000 | an | Prozessrückstellungen | 10.000 |

Es erfolgt ein Bilanzansatz unter den „Sonstigen Rückstellungen" gemäß § 266 Abs. 3 B.3 HGB.

Aufgabe 2.13: Die Bilanzierungsfähigkeit von Rechnungsabgrenzungsposten

Für den Ausbau der Gemeindestraße L 0815, die damit auch von schweren Lkw befahren werden kann, leistete die X-AG einen Zuschuss in Höhe von 800.000 EUR; die Befahrbarkeit mit schweren Lkw wird auf 10 Jahre geschätzt. Die Auszahlung erfolgt in 01.

Wie ist die Auszahlung in 01 im Jahresabschluss der X-AG zu erfassen? Welche Auswirkungen ergeben sich auf den Jahresabschluss in 01?

Lösung

Die X-AG leistet den Zuschuss, weil sie sich aufgrund der Befahrbarkeit der Gemeindestraße mit schweren Lkw höhere Erträge verspricht. Ansonsten hätte sie den Zuschuss nicht geleistet. Nach dem Realisationsprinzip (§ 252 Abs. 1 Nr. 4 HGB) und dem Periodisierungsprinzip (§ 252 Abs. 1 Nr. 5 HGB) ist die Auszahlung für den Zuschuss grundsätzlich den zukünftigen Erträgen zuzuordnen. Das Realisationsprinzip wird aber begrenzt durch das Objektivierungsprinzip, d. h., es muss sich bei der Auszahlung um einen Vermögensgegenstand oder einen aktiven Rechnungsabgrenzungsposten handeln.

Die Frage ist also, ob die Auszahlung sofort als Aufwand zu verrechnen ist oder ob sie aktiviert werden kann oder gar zu aktivieren ist. Die Gemeindestraße steht nicht im wirtschaftlichen Eigentum der X-AG. Die verbesserte Nutzungsmöglichkeit für das Unternehmen stellt keinen aktivierungsfähigen Vermögensgegenstand dar, denn das Kriterium der abstrakten Einzelveräußerbarkeit liegt nicht vor, da die verbesserte Nutzung der Gemeindestraße allen zugänglich ist. Ein vernünftiger Kaufmann würde später keinen Preis dafür zahlen.

Auch die Aktivierung eines aktiven Rechnungsabgrenzungspostens kommt nicht in Betracht, weil das Kriterium der „bestimmten Zeit" nicht erfüllt ist. Denn mit dem Kriterium der „bestimmten Zeit" ist in der Regel eine kalendermäßig bestimmte Zeit gemeint; nach der Rechtsprechung des BFH ist es nicht ausreichend, wenn sich der Zeitraum nur im Schätzungsweg ermitteln lässt.

Im Ergebnis ist die Auszahlung für den Zuschuss sofort als Aufwand zu verrechnen.

Aufgabe 2.14: Die Bilanzierungsfähigkeit von Rechnungsabgrenzungsposten

Im Dezember 01 gehen auf dem Bankkonto der X-AG Mietzahlungen für Januar und Februar 02 in Höhe von insgesamt 120.000 EUR ein. Wie ist dieser Sachverhalt in 01 und 02 bilanziell zu behandeln?

Lösung

Nach dem Realisationsprinzip (§ 252 Abs. 1 Nr. 4 HGB) entsteht ein Gewinn erst im Zeitpunkt der Lieferung oder Leistung. Die X-AG erbringt ihre Leistung, die Überlassung der Mietsache, erst im kommenden Jahr. Daher dürfen die erhaltenen 120.000 EUR nicht den Erfolg der laufenden Periode erhöhen.

Es handelt sich um eine Einzahlung vor dem Abschlussstichtag, die Ertrag für eine bestimmte Zeit danach darstellt. Folglich ist ein passiver Rechnungsabgrenzungsposten gemäß § 250 Abs. 2 HGB anzusetzen.

Buchungssatz:

In 01:

Bank	120.000	an	Mieterträge	120.000
Mietertrage	120.000	an	Passiver RAP	120.000

In 02:

Passiver RAP	120.000	an	Mieterträge	120.000

Aufgabe 2.15: Die Bilanzierungsfähigkeit von Rechnungsabgrenzungsposten

Für die dauernde Duldung einer Ferngasleitung auf ihrem Betriebsgelände erhielt die X-GmbH eine einmalige Nutzungsentschädigung in Höhe von 500.000 EUR durch Banküberweisung. Wie beurteilen Sie diesen Sachverhalt unter bilanziellen Gesichtspunkten?

Lösung

Die Einzahlung ist entweder sofort Ertrag oder sie ist auf die Dauer der Leistung der X-GmbH (die Leistung besteht in einem Dulden) zu verteilen, also zeitanteilig ertragswirksam zu vereinnahmen. Nach dem Realisationsprinzip ist letztere Lösung vorzuziehen. Allerdings müsste hierfür eine Passivposition vorliegen. Da eine Schuld nicht gegeben ist, bleibt nur zu prüfen, ob ein passiver Rechnungsabgrenzungsposten gegeben ist. Dies ist im vorliegenden Sachverhalt trotz der fehlenden Konkretisierung des Kriteriums der „bestimmten Zeit" (§ 250 Abs. 2 HGB) der Fall. So führt das handelsrechtlich zu beachtende Vorsichtsprinzip nach herrschender Meinung dazu, dass der Ausweis eines passiven Rechnungsabgrenzungs-

postens im Zweifel eher geboten sein wird als die Bildung eines aktiven Rechnungsabgrenzungspostens.[27] Entgegen einer beim aktiven Rechnungsabgrenzungsposten geforderten
engen Auslegung muss das Merkmal der „bestimmten Zeit" bei der Beurteilung des Ansatzes
eines passiven Rechnungsabgrenzungspostens eine weite Auslegung erfahren.[28] Ein passiver
Rechnungsabgrenzungsposten ist demnach nicht nur dann auszuweisen, wenn der Zeitraum
nach dem Abschlussstichtag kalendermäßig bestimmt ist, sondern auch dann, wenn er be-
stimmbar ist.[29] Nach ständiger Rechtsprechung des BFH bedeutet dies für den konkreten
Fall, dass die Einmalvergütung, sofern sie die Gegenleistung für die zeitlich unbegrenzte
Nutzung eines Grundstücks bildet, als Kapitalwert einer ewigen Rente zu erfassen ist, die
rechnerisch wie eine auf eine bestimmte Zeit gezahlte Rente zu behandeln und damit passiv
abzugrenzen sowie in den Folgeperioden aufzulösen ist.[30]

Buchungssatz bei Eingang der Nutzungsentschädigung:

| Bank | 500.000 | an | Passiver RAP | 500.000 |

Unter der Annahme einer unendlichen Rente und einem Zinssatz von 10 % wird jährlich ein
Ertrag von 500.000 EUR · 10 % = 50.000 EUR realisiert.

Buchungssatz (jedes Jahr nach der einmal erfolgten Entschädigungszahlung):

| Passiver RAP | 50.000 | an | Sonstige betriebliche Erträge | 50.000 |

Aufgabe 2.16: Die konkreten Bilanzierungsverbote

Anlässlich der Gründung der X-AG sind Kosten für die Eintragung ins Handelsregister sowie für die Ausgabe der Aktien in Höhe von je 10.000 EUR angefallen. Wie sind diese Vorgänge bilanziell zu berücksichtigen?

Lösung

In beiden Fällen liegen keine Vermögensgegenstände vor, da es sich weder um Sachen bzw.
Rechte noch um abstrakt einzeln veräußerbare sonstige Werte handelt. Nach § 248 Abs. 1
Nr. 1 und Nr. 2 HGB darf ein Kaufmann Aufwendungen für die Gründung des Unternehmens
und für die Beschaffung des Eigenkapitals in der Bilanz nicht als Aktivposition ansetzen, da
durch sie weder Vermögensgegenstände noch Rechnungsabgrenzungsposten entstehen. Es
greift das Aktivierungsverbot des § 248 Abs. 1 HGB. Somit verbleibt nur die sofortige Aufwandsverrechnung.

---

[27]   Vgl. BERTRAM, KLAUS (Rechnungsabgrenzungsposten 2010), Rn. 10.

[28]   Vgl. hierzu ADLER, HANS; DÜRING, WALTHER; SCHMALTZ, KURT (§ 250 HGB 1998), Rn. 12.

[29]   Vgl. ELLROTT, HELMUT; KRÄMER, ANDREAS (Rechnungsabgrenzungsposten 2012), Rn. 24.

[30]   Vgl. BFH-Urteil vom 24.03.1982, IV R 96/78, BStBl. 1982 II, S. 643.

Buchungssatz:

Sonstige betriebliche Aufwendungen	20.000	an	Bank	20.000

Aufgabe 2.17: Die Bilanzierungsfähigkeit: Bilanzansatzentscheidungen

X und Y (Alleingesellschafter der XY-GmbH) haben die folgende Liste sämtlicher in ihrem Besitz befindlicher Vermögensgegenstände und ihrer Schulden (inkl. der entsprechenden Positionen der GmbH) zum Ende des Jahres 01 aufgestellt. Markieren Sie in dieser Tabelle durch die Angabe von ja oder nein, ob handelsrechtlich Bilanzierungsfähigkeit vorliegt oder nicht! Spezifizieren Sie Ihre Entscheidung, indem Sie einzelfallbezogen die folgenden Kriterien prüfen:

- Aktivierungspflicht,
- Aktivierungswahlrecht,
- Aktivierungsverbot,
- Passivierungspflicht,
- Passivierungswahlrecht,
- Passivierungsverbot!

Geben Sie zudem jeweils eine kurze Begründung für Ihre Entscheidung an!

31.12.01	Bilanzierungs-fähigkeit (ja/nein)	Handelsrechtliche Bilanzierungs-pflicht, -wahl-recht oder -verbot	Begründung
Patentrechte (entgeltlich erworben)			
Geschäfts- oder Firmenwert (entgeltlich erworben)			
Software (Anlagevermögen; selbst erstellt)			
Betriebsgrundstücke			
Nicht in die XY-GmbH einge-brachtes Erbgrundstück des X			
Maschinen (betrieblich genutzt)			
Betriebs- und Geschäftsaus-stattung			
Finanzanlagen (betrieblich)			
Vorräte an Waren			
Forderungen aus Lieferungen und Leistungen			
Forderungen aus ausgegliche-nen schwebenden Geschäften			
Kurzfristig in GmbH-Besitz gehaltene Wertpapiere			
Kurzfristig von X gehaltene Wertpapiere			
Betriebliches Bankkonto mit Guthaben			
Betriebliches Bankkonto mit Schulden			
Kassenbestand			
Verpflichtungsüberhang bei schwebenden Geschäften			

Lösung

31.12.01	Bilanzierungs-fähigkeit (ja/nein)	Handelsrechtliche Bilanzierungs-pflicht, -wahl-recht oder -verbot	Begründung
Patentrechte (entgeltlich erworben)	ja	Pflicht	Vermögens-gegenstand
Geschäfts- oder Firmenwert (entgeltlich erworben)	ja	Pflicht	Vermögens-gegenstand[31]
Software (Anlagevermögen; selbst erstellt)	ja	Wahlrecht	Vermögens-gegenstand und Wahlrecht gemäß § 248 Abs. 2 Satz 1 HGB
Betriebsgrundstücke	ja	Pflicht	Vermögens-gegenstand
Nicht in die XY-GmbH einge-brachtes Erbgrundstück des X	nein	Verbot	Nicht Teil des Betriebs-vermögens
Maschinen (betrieblich genutzt)	ja	Pflicht	Vermögens-gegenstand
Betriebs- und Geschäftsaus-stattung	ja	Pflicht	Vermögens-gegenstand
Finanzanlagen (betrieblich)	ja	Pflicht	Vermögens-gegenstand
Vorräte an Waren	ja	Pflicht	Vermögens-gegenstand
Forderungen aus Lieferungen und Leistungen	ja	Pflicht	Vermögens gegenstand
Forderungen aus ausgegliche-nen schwebenden Geschäften	nein	Verbot	Vorsichtsprinzip i. V. m. Realisations-prinzip

---

[31] Zur Rechtsnatur des derivativ erworbenen Geschäfts- oder Firmenwerts vgl. ausführlich BIEG, HARTMUT; KUßMAUL, HEINZ; WASCHBUSCH, GERD (Rechnungswesen 2012), S. 101 ff.

(Fortsetzung)			
31.12.01	Bilanzierungs-fähigkeit (ja/nein)	Handelsrechtliche Bilanzierungs-pflicht, -wahl-recht oder -verbot	Begründung
Kurzfristig in GmbH-Besitz gehaltene Wertpapiere	ja	Pflicht	Vermögens-gegenstand
Kurzfristig von X gehaltene Wertpapiere	nein	Verbot	Nicht Teil des Betriebs-vermögens
Betriebliches Bankkonto mit Guthaben	ja	Pflicht	Vermögens-gegenstand
Betriebliches Bankkonto mit Schulden	ja	Pflicht	Verbindlichkeit
Kassenbestand	ja	Pflicht	Vermögens-gegenstand
Verpflichtungsüberhang bei schwebenden Geschäften	ja	Pflicht	Rückstellung für drohende Verluste aus schwebenden Geschäften

2.2   Die Bilanzgliederung – Bilanzierung dem Ausweis nach

Aufgabe 2.18: Die Bilanzgliederung

Von welchen Kriterien hängt die Tiefe der Bilanzgliederung ab?

Lösung

Die Gliederungstiefe der Bilanz hängt zunächst von der Rechtsform des Kaufmanns ab. So unterliegen Kapitalgesellschaften einer detaillierteren Regelung (§ 266 HGB) als Einzelkauf-leute und Personenhandelsgesellschaften, deren Bilanzgliederung in § 247 Abs. 1 HGB gere-gelt wird.[32] Das zweite Kriterium für die Tiefe der Bilanzgliederung ist die Einstufung einer

---

[32]   Personenhandelsgesellschaften, die die Kriterien des § 264a HGB erfüllen, werden wie Kapitalgesellschaften behandelt.

Kapitalgesellschaft als große oder mittelgroße Kapitalgesellschaft (§ 267 Abs. 2 und Abs. 3 HGB i. V. m. § 266 Abs. 1 Satz 2 HGB) bzw. als kleine Kapitalgesellschaft (§ 267 Abs. 1 HGB i. V. m. § 266 Abs. 1 Satz 3 HGB). Für die nach dem Publizitätsgesetz rechnungslegungspflichtigen Unternehmen gelten die Bestimmungen des § 266 HGB sinngemäß (§ 5 Abs. 1 Satz 2 PublG).

Aufgabe 2.19: Der Anlagespiegel

Die X-AG verfügt am 31.12.05 über einen Bestand an technischen Anlagen und Maschinen mit Anschaffungs- und Herstellungskosten in Höhe von 2 Mio. EUR. Darin enthalten sind Anlagegüter im Wert von 100.000 EUR, die im Geschäftsjahr 05 angeschafft wurden. Die Jahresabschreibungen auf die am 31.12.05 noch vorhandenen technischen Anlagen und Maschinen betragen 90.000 EUR. Die kumulierten Abschreibungen bis zum Geschäftsjahr 04 (einschließlich) belaufen sich auf 500.000 EUR.

Verkauft wurde in 05 eine Maschine, die in der Periode 01 zu Anschaffungskosten von 200.000 EUR erworben wurde und zum Verkaufszeitpunkt noch einen Restbuchwert von 100.000 EUR hatte (ohne Berücksichtigung der Jahresabschreibung); der Verkaufserlös betrug 120.000 EUR, die Jahresabschreibung auf die ausgeschiedene Maschine beläuft sich auf 20.000 EUR.

In der Periode 04 wurde eine in 02 auf eine maschinelle Anlage vorgenommene außerplanmäßige Abschreibung in Höhe von 8.000 EUR durch eine Zuschreibung in gleicher Höhe rückgängig gemacht.

Erstellen Sie den Anlagespiegel für die Aktivposition „technische Anlagen und Maschinen" zum Abschlussstichtag 31.12.05 (Bestand dieser Aktivposition im Vorjahr 1.400.000 EUR)! Führen Sie zu den gesetzlich vorgeschriebenen Spalten des Anlagespiegels auch eine Spalte für die Jahresabschreibungen auf!

Lösung

Anlagespiegel für die Aktivposition „technische Anlagen und Maschinen" zum Abschluss-stichtag 31.12.05 (in TEUR):

Ur-sprüng-liche AK/ HK	Zu-gänge (zu AK/ HK)	Ab-gänge (zu AK/ HK)	Umbu-chungen (zu AK/ HK)	Zu-schrei-bungen (des GJ)	Ab-schrei-bungen (kumu-liert)	Ab-schrei-bungen (des GJ)	Rest-buchwert am 31.12.05	Rest-buch-wert am Ende des Vor-jahres
	+	–	+/–	+	–		=	
1.900	100	200	---	---	482	110	1.318	1.400

AK = Anschaffungskosten

HK = Herstellungskosten

GJ = Geschäftsjahr

- Die im Geschäftsjahr 05 angeschafften Anlagegüter (100.000 EUR) sind als Zugänge auszuweisen (ursprüngliche Anschaffungs-/Herstellungskosten = 2.000.000 EUR – 100.000 EUR = 1.900.000 EUR).

- Abgänge sind mit ihren historischen Anschaffungskosten (hier 200.000 EUR) aus-zuweisen; der Verkaufserlös von 120.000 EUR ist für die Wertansätze im Anlage-spiegel irrelevant.

- Die Spalte Zuschreibungen erfasst lediglich die Zuschreibungen des Geschäftsjahres, nicht die der Vorjahre (Absetzung der Zuschreibungen des Vorjahres in Höhe von 8.000 EUR von den kumulierten Abschreibungen des Geschäftsjahres 05).

- Spalte „kumulierte Abschreibungen" des Geschäftsjahres 05:

	500.000 EUR	kumulierte Abschreibungen bis einschließlich 04
+	90.000 EUR	Jahresabschreibungen auf die am 31.12.05 noch vorhande-nen technischen Anlagen und Maschinen
–	100.000 EUR	Bereinigung der kumulierten Abschreibungen um die Ab-schreibungen auf abgegangene technische Anlagen und Ma-schinen (da in den Abgängen erfasst)
–	8.000 EUR	Zuschreibungen des Vorjahres
=	482.000 EUR	

- Die Abschreibungen des Geschäftsjahres 05 enthalten die Abschreibungsbeträge der am 31.12.05 noch vorhandenen Anlagen (90.000 EUR) und diejenigen der im Ge-schäftsjahr 05 abgegangenen Vermögensgegenstände (20.000 EUR).

Aufgabe 2.20: Der Anlagespiegel[33]

Erstellen Sie nach den folgenden Angaben – jeweils getrennt für die Jahre 01, 02 und 03 – den nach § 268 Abs. 2 HGB vorgeschriebenen Anlagespiegel!

Die Aktivposition „technische Anlagen und Maschinen" der im Laufe des Jahres 01 gegründeten X-GmbH entwickelte sich in den Jahren 01 bis 03 wie folgt:

Vorgänge (in TEUR)	Jahr 01	Jahr 02	Jahr 03
Zugänge (zu Anschaffungskosten)	400	100	80
Abschreibungen auf das am Jahresende vorhandene Anlagevermögen	100	115	150
Zuschreibungen	---	15	---
Abgang einer Maschine im Jahr 02 Anschaffungskosten im Jahr 01 Abschreibungen: Jahr 01 Jahr 02 (bis zum Zeitpunkt des Abgangs) Verkaufspreis	60 10	 10 45	

Lösung

Aktivposition „technische Anlagen und Maschinen" (in TEUR)		Jahr 01	Jahr 02	Jahr 03
Anschaffungs-/Herstellungskosten		---	400	440
Zugänge des Geschäftsjahres	+	400	100	80
Abgänge des Geschäftsjahres	–	---	60	---
Umbuchungen des Geschäftsjahres	+/–	---	---	---
Zuschreibungen des Geschäftsjahres	+	---	15	---
Abschreibungen (kumuliert)	–	100	205	340
Stand am 31.12.	=	300	250	180
Stand 31.12. des Vorjahres		---	300	250
Abschreibungen des Geschäftsjahres		100	125	150

---

[33] Modifiziert entnommen aus MEYER, CLAUS (Bilanzierung 2011), S. 73 und S. 360.

Aufgabe 2.21: Der Anlagespiegel

Eine Aktiengesellschaft hat vor 5 Jahren 1.000 Aktien an der X-AG zum Preis von 60 EUR/Aktie erworben. Die Aktien sollen langfristig gehalten werden und sind deshalb im Anlagevermögen erfasst. Am Abschlussstichtag des Vorjahres hatten die Aktien lediglich einen Gesamtwert von 30.000 EUR (30 EUR/Aktie), weswegen eine Gesamtabschreibung bis zu diesem Zeitpunkt von 30.000 EUR vorgenommen wurde.

Innerhalb des Geschäftsjahres 06 wurde die Hälfte der Aktien zu einem Kurs von 38 EUR/Aktie verkauft. Da der Kurs am Ende des Geschäftsjahres 06 auf 40 EUR/Aktie angestiegen ist, wird auf die am Abschlussstichtag noch vorhandenen Aktien eine Zuschreibung von insgesamt 5.000 EUR vorgenommen.

Erstellen Sie den Anlagespiegel dieser Position für das Geschäftsjahr 06!

Lösung

Anlagespiegel für die Aktivposition „Finanzanlagevermögen" zum Abschlussstichtag 31.12.06 (in EUR):

Ursprüngliche AK/HK	Zugänge (zu AK/HK)	Abgänge (zu AK/HK)	Umbuchungen (zu AK/HK)	Zuschreibungen (des GJ)	Abschreibungen (kumuliert)	Abschreibungen (des GJ)	Restbuchwert am 31.12.06	Restbuchwert am Ende des Vorjahres
	+	–	+/–	+	–		=	
60.000	---	30.000	---	5.000	15.000	---	20.000	30.000

AK = Anschaffungskosten
HK = Herstellungskosten
GJ = Geschäftsjahr

2.3 Die Bewertung – Bilanzierung der Höhe nach

Aufgabe 2.22: Die Bewertung: Anschaffungskosten[34]

Die zum Vorsteuerabzug berechtigte X-AG beschafft im Dezember 01 eine neue Fräsmaschine. Im Zusammenhang mit dieser Anschaffung sind nachfolgend aufgeführte Sachverhalte zu berücksichtigen:

(1) Kaufpreis der Fräsmaschine inkl. 19 % MwSt in Höhe von 35.700 EUR;

(2) Vertragsabschluss mit dem Bauunternehmen Y, dass dieses in der Periode 02 ein Fundament für die Aufstellung der Fräsmaschine zum Preis von 2.380 EUR inkl. 19 % MwSt erstellt;

(3) Transportkosten und Versicherung des Spediteurs Z in Höhe von 357 EUR inkl. 19 % MwSt;

(4) Beschaffung eines Zusatzgerätes als Sonderausstattung der Fräsmaschine, mit dem besonders schmale Nuten gefräst werden können, zum Preis von 1.200 EUR zuzüglich MwSt;

(5) in der Kostenstellenrechnung werden kalkulatorische Kosten in Höhe von 200 EUR für die Mithilfe beim Entladen der Fräsmaschine ermittelt;

(6) Zahlung des Kaufpreises (35.700 EUR) drei Tage vor dem Abschlussstichtag der Periode 01 und zwar die Hälfte per Handelswechsel sowie die andere Hälfte in bar unter Abzug von 3 % Skonto auf diesen Betrag;

(7) der Lieferant stellt einen Diskont für den Handelswechsel (Sachverhalt 6) in Höhe von 357 EUR inkl. 19 % MwSt in Rechnung.

Ermitteln Sie, mit welchen Anschaffungskosten die Fräsmaschine im Jahresabschluss der Periode 01 zu aktivieren ist! Begründen Sie jeweils kurz die Berücksichtigung der einzelnen Sachverhalte!

Lösung

Die gezahlte Mehrwertsteuer ist nur dann Bestandteil der Anschaffungskosten, wenn der Bilanzierende nicht vorsteuerabzugsberechtigt ist. Im vorliegenden Fall sind also Nettobeträge zugrunde zu legen.

---

[34] Modifiziert entnommen aus MEYER, CLAUS (Bilanzierung 2011), S. 88 und S. 361.

Ermittlung der Anschaffungskosten in der Periode 01:

	Anschaffungspreis (Sachverhalt 1)	30.000 EUR
−	Anschaffungspreisminderungen:	
	Skonto (Sachverhalt 6)	450 EUR
=		29.550 EUR
+	Anschaffungsnebenkosten:	
	Zusatzgerät (Sachverhalt 4)	1.200 EUR
	Transport und Versicherung (Sachverhalt 3)	300 EUR
=	Anschaffungskosten	31.050 EUR

Als Anschaffungsnebenkosten dürfen nicht erfasst werden:

- die Kosten für das Fundament (Sachverhalt 2), da in der Periode 01 lediglich ein Vertragsabschluss vorliegt (die Kosten für das Fundament führen in der Periode 02 zu nachträglichen Anschaffungskosten),
- die kalkulatorischen Kosten (Sachverhalt 5), da diese keine aktivierungsfähigen Aufwendungen darstellen,
- die Finanzierungskosten (Sachverhalt 7).

Aufgabe 2.23: Die Bewertung: Anschaffungskosten

Die zum Vorsteuerabzug berechtigte X-AG erwirbt im Januar 01 eine neue Montagestraße zu einem Netto-Preis von 12.000.000 EUR. Der Lieferant gewährt einen Rabatt und stellt eine Rechnung über 13.566.000 EUR (inkl. 19 % MwSt) aus. In der bestehenden Halle sind außerdem Fundamentierungsarbeiten erforderlich, die von einem Fremdunternehmen für 500.000 EUR (zuzüglich 19 % MwSt) durchgeführt werden. Für die Transportleistungen berechnet ein Speditionsunternehmen insgesamt Kosten von 1.000.000 EUR (zuzüglich 19 % MwSt). Im ersten Monat nach der Inbetriebnahme (Probelauf) belaufen sich die Personalaufwendungen auf 250.000 EUR.

Mit welchem Wertansatz ist die Montagestraße am 31.12.01 in welcher Bilanzposition zu bilanzieren, wenn die Montagestraße an diesem Tag einen Marktpreis in Höhe von 11.000.000 EUR hat? Die Berechnung der planmäßigen Abschreibungen im Jahr 01 erfolgt unter Anwendung des geometrisch-degressiven Abschreibungsverfahrens (Abschreibungssatz 20 %).

Lösung

Ermittlung der Anschaffungskosten nach § 255 Abs. 1 HGB:

	Rechnungsbetrag (inkl. 19 % MwSt)		13.566.000 EUR
–	MwSt, die als Vorsteuer geltend gemacht wird		2.166.000 EUR
=	Nettorechnungsbetrag (nach Rabattabzug)		11.400.000 EUR
+	Anschaffungsnebenkosten:		
	Fundamentierungsarbeiten	500.000 EUR	
	Transportkosten	1.000.000 EUR	1.500.000 EUR
=	Anschaffungskosten		12.900.000 EUR

- Die Personalaufwendungen nach der Inbetriebnahme stellen laufende Betriebsaufwendungen dar. Sie dürfen nicht als Anschaffungsnebenkosten aktiviert werden, da die Montagestraße bei Inbetriebnahme bereits in einem betriebsbereiten Zustand ist. Hingegen könnten der Anschaffung einzeln zuordenbare Personalaufwendungen, die vor Erlangung der Betriebsbereitschaft anfallen, als Anschaffungsnebenkosten aktiviert werden.

- Die Höhe des Abschreibungsbetrages für das Jahr 01 (Abschreibung für das gesamte Jahr) beläuft sich gemäß dem geometrisch-degressiven Abschreibungsverfahren[35] (Abschreibungssatz 20 %) auf:
  12.900.000 EUR · 20 % = 2.580.000 EUR

- Die Montagestraße ist am 31.12.01 mit 12.900.000 EUR – 2.580.000 EUR = 10.320.000 EUR in der Aktivposition A.II.2: „technische Anlagen und Maschinen" auszuweisen (§ 253 Abs. 1 Satz 1 HGB).

- Es stellt sich zudem die Frage, ob eine außerplanmäßige Abschreibung vorzunehmen ist. Unter der Annahme, dass der Marktpreis in Höhe von 11.000.000 EUR am 31.12.01 den niedrigeren beizulegenden Wert i. S. d. § 253 Abs. 3 Satz 3 HGB darstellt, ist er mit dem Buchwert zu vergleichen. Da der Buchwert unter dem Marktpreis liegt, ist keine außerplanmäßige Abschreibung vorzunehmen.

---

[35] Hinzuweisen ist darauf, dass die geometrisch-degressive Abschreibung aus steuerlicher Sicht nicht mehr gestattet ist. Zwar wurde diese temporär durch das Gesetz zur Umsetzung steuerrechtlicher Regelungen des Maßnahmepakets „Beschäftigungssicherung durch Wachstumsstärkung" vom 21.12.2008 wieder eingeführt, sie galt jedoch nur für solche beweglichen Wirtschaftsgüter des Anlagevermögens, die nach dem 31.12.2008 und vor dem 01.01.2011 angeschafft oder hergestellt wurden. Für diese beträgt der Abschreibungssatz gemäß § 7 Abs. 2 EStG höchstens das 2,5-fache des linearen Abschreibungssatzes, jedoch maximal 25 %. Vgl. BStBl. 2009 I, S. 133.

Aufgabe 2.24: Die Bewertung: Anschaffungskosten

Im Rahmen der Anschaffung einer Entsorgungsanlage am 01.04.01 stellte der Buchhalter der zum Vorsteuerabzug berechtigten X-AG folgende Sachverhalte fest:

(1) Kaufpreis (inkl. 19 % MwSt):   595.000 EUR

    hierin sind enthalten:

    – Servicekosten in Höhe von 7.140 EUR für die ersten 12 Monate
      (nach Inbetriebnahme)
    – Kosten für Probeläufe einschließlich der dabei verbrauchten
      Materialien in Höhe von 4.760 EUR

(2) Die Y-GmbH stellte für den Transport in Rechnung (inkl. 19 % MwSt):   5.950 EUR

(3) Das Transportrisiko wurde durch die X-AG selbst getragen.
    Kalkulatorisch wurden hierfür veranschlagt: 8.330 EUR

(4) Für die Begutachtung mehrerer Anlagen stellte ein Sachverständiger
    in Rechnung (inkl. 19 % MwSt):   3.570 EUR

(5) Für die einmalige Sicherheitsüberprüfung und Abnahme der Anlage
    berechnete der TÜV (inkl. 19 % MwSt):   9.520 EUR

(6) Die X-AG überwies den in Rechnung gestellten Kaufpreis am 15.04.01
    vereinbarungsgemäß unter Abzug von 10 % Rabatt auf den Netto-Kaufpreis.

Ermitteln Sie die Anschaffungskosten für die Entsorgungsanlage!

Lösung

	Gesamt-Kaufpreis	595.000 EUR
–	Vorsteuer	95.000 EUR
=	Netto-Kaufpreis	500.000 EUR
–	Rabatt (10 % auf den Netto-Kaufpreis)	50.000 EUR
=	Netto-Kaufpreis (unter Abzug des Rabatts)	450.000 EUR
–	Servicekosten (ohne MwSt)	6.000 EUR
+	Transport (ohne MwSt)	5.000 EUR
+	TÜV	8.000 EUR
=	Anschaffungskosten	457.000 EUR

- Die Servicekosten nach der Herstellung des betriebsbereiten Zustands (Sachverhalt 1) stellen, obwohl sie im Kaufpreis enthalten, keine Anschaffungsnebenkosten dar. Sie sind daher vom Rechnungsbetrag abzuziehen.

- Die kalkulatorischen Kosten für das Transportrisiko (Sachverhalt 3) stellen keine aktivierungsfähigen Aufwendungen dar.

- Nicht einzeln zurechenbare Aufwendungen dürfen nicht als Anschaffungsnebenkosten erfasst werden. Im vorliegenden Fall sind dies die Aufwendungen für die Begutachtung mehrerer Anlagen durch einen Sachverständigen (Sachverhalt 4).

Aufgabe 2.25: Die Bewertung: Anschaffungskosten

Der zum Vorsteuerabzug berechtigte Betreiber eines Windparks zur Gewinnung von Energie erwirbt ein neues Windrad. Die einzelnen Bestandteile werden von unterschiedlichen Herstellern bezogen und vor Ort durch ein externes Spezialunternehmen montiert. Aus der Abteilung „Kostenrechnung" werden folgende Informationen weitergeleitet, die bei der Kostenkalkulation eines Windrades relevant sind:

- 3 Stück Rotorblätter mit Spezialbeschichtung   297.500 EUR
- 1 Gondel (beinhaltet Getriebe und Generator)   476.000 EUR
- 1 Turm mit Bodenbefestigung   416.500 EUR
- Elektroausstattung inkl. Verkabelung   59.500 EUR

In diesen Beträgen sind 19 % Umsatzsteuer enthalten.

Darüber hinaus werden dem Betreiber von einem externen Monteur der Anlage folgende Positionen in Rechnung gestellt.

- Personalkosten für 500 Stunden (Satz 100 EUR/Stunde)   50.000 EUR
- Weitere Materialkosten   15.000 EUR
- Netzanbindung   4.000 EUR
- Umsatzsteuer auf den Rechnungsbetrag für die Montage   13.110 EUR

Für den Transport der Rotorblätter und des Turmes zum gewünschten Standort mittels Schwerlasttransports berechnet ein externer Spediteur 60.000 EUR zuzüglich 19 % Umsatzsteuer.

Der Betreiber des Windparks plant mit Betriebskosten von 190.400 EUR pro Jahr. Dem stehen erwartungsgemäß Einnahmen in Höhe von 333.200 EUR pro Jahr gegenüber.

Der Betreiber des Windparks profitiert von der staatlichen Förderung erneuerbarer Energiequellen. Der Staat subventioniert die Anschaffung des neuen Windrads einmalig mit einem Investitionszuschuss in Höhe von 50.000 EUR.

Ermitteln Sie die Höhe der handelsrechtlichen Anschaffungskosten für das Windrad, wenn sich der Betreiber des Windparks für eine erfolgsneutrale Verrechnung des Investitionszuschusses entscheidet!

Lösung

Ermittlung der Anschaffungskosten:

	Anschaffungspreis (Rotorblätter) ohne Umsatzsteuer	250.000 EUR
+	Anschaffungspreis (Gondel) ohne Umsatzsteuer	400.000 EUR
+	Anschaffungspreis (Turm) ohne Umsatzsteuer	350.000 EUR
+	Anschaffungspreis (Elektroausstattung) ohne Umsatzsteuer	50.000 EUR
+	Montage (Anschaffungsnebenkosten, ohne Umsatzsteuer)	69.000 EUR
+	Transport (ohne Umsatzsteuer)	60.000 EUR
−	Anschaffungspreisminderungen (Investitionszuschuss)	50.000 EUR
=	Anschaffungskosten	1.129.000 EUR

Plankosten/Planeinnahmen dürfen nicht berücksichtigt werden.

Da eine erfolgsneutrale Verbuchung des Investitionszuschusses gefordert ist, muss der entstandene Ertrag durch eine Minderung (50.000 EUR) der Anschaffungskosten neutralisiert werden.

Aufgabe 2.26: Die Bewertung: Herstellungskosten

Stellen Sie überblicksartig die Ermittlung der handels- und steuerrechtlichen Herstellungskosten dar!

Lösung (siehe nächste Seite)

Kostenarten	HGB	EStR
Materialeinzelkosten	Aktivierungspflicht	Aktivierungspflicht
Fertigungseinzelkosten	Aktivierungspflicht	Aktivierungspflicht
Sondereinzelkosten der Fertigung	Aktivierungspflicht	Aktivierungspflicht
Materialgemeinkosten	Aktivierungspflicht	Aktivierungspflicht
Fertigungsgemeinkosten	Aktivierungspflicht	Aktivierungspflicht
Werteverzehr des Anlage-vermögens, soweit durch die Fertigung veranlasst	Aktivierungspflicht	Aktivierungspflicht
Wertuntergrenze Handelsrecht und Steuerrecht		
Aufwendungen für soziale Einrichtungen des Betriebes	Aktivierungswahlrecht	Aktivierungswahlrecht
Aufwendungen für freiwillige soziale Leistungen	Aktivierungswahlrecht	Aktivierungswahlrecht
Aufwendungen für die betriebliche Altersversorgung	Aktivierungswahlrecht	Aktivierungswahlrecht
Sachlich und zeitlich zurechenbare Fremdkapitalzinsen	Aktivierungswahlrecht	Aktivierungswahlrecht
Kosten der allgemeinen Verwaltung	Aktivierungswahlrecht	Aktivierungswahlrecht
Wertobergrenze Handelsrecht und Steuerrecht	Gesamte Einzel- und Gemeinkosten, außer Forschungs- und Vertriebskosten	

Abb. 8:   *Die Herstellungskosten nach Handelsrecht und Steuerrecht*[36]

---

[36] Modifiziert entnommen aus BIEG, HARTMUT; KUßMAUL, HEINZ; PETERSEN, KARL; WASCHBUSCH, GERD; ZWIRNER, CHRISTIAN (Bilanzrechtsmodernisierungsgesetz 2009), S. 107. Umstritten ist im Schrifttum gegenwärtig, ob und gegebenenfalls welche bestehenden Aktivierungswahlrechte einheitlich in Handels- und Steuerbilanz ausgeübt werden müssen.

Aufgabe 2.27: Die Bewertung: Herstellungskosten

Zur Erweiterung ihrer Produktionskapazität hat die X-GmbH im Jahr 01 eine Sägemaschine hergestellt, für die folgende Kosten anfielen:

Kosten der allgemeinen Verwaltung	10.000 EUR
Kalkulatorischer Unternehmerlohn	1.000 EUR
Aufwendungen für soziale Einrichtungen	4.000 EUR
Fertigungsgemeinkosten	45.000 EUR
Aufwendungen für betriebliche Altersversorgung	7.000 EUR
Kosten einer Werbekampagne	1.500 EUR
Aufwendungen für freiwillige Sozialleistungen	6.000 EUR
Sondereinzelkosten der Fertigung	50.000 EUR
Zurechenbare Fremdkapitalzinsen	3.000 EUR
Fertigungseinzelkosten	200.000 EUR
Materialgemeinkosten	35.000 EUR
Forschungs- und Entwicklungskosten für die Grundlagenforschung	15.550 EUR
Werteverzehr des Anlagevermögens (durch die Fertigung veranlasst)	20.000 EUR
Materialeinzelkosten	150.000 EUR

Ermitteln Sie die handelsrechtlichen und die steuerrechtlichen Wertunter- und Wertobergrenzen der Herstellungskosten der selbst erstellten Sägemaschine! Etwaig anfallende Umsatzsteuer ist nicht zu berücksichtigen!

Lösung

	Materialeinzelkosten	150.000 EUR
+	Fertigungseinzelkosten	200.000 EUR
+	Sondereinzelkosten der Fertigung	50.000 EUR
+	Materialgemeinkosten	35.000 EUR
+	Fertigungsgemeinkosten	45.000 EUR
+	Werteverzehr des Anlagevermögens	20.000 EUR
=	Handels- und steuerrechtliche Wertuntergrenze	500.000 EUR
+	Kosten der allgemeinen Verwaltung	10.000 EUR
+	Aufwendungen für betriebliche Altersvorsorge	7.000 EUR
+	Aufwendungen für freiwillige Sozialleistungen	6.000 EUR
+	Aufwendungen für soziale Einrichtungen	4.000 EUR
+	Zurechenbare Fremdkapitalzinsen	3.000 EUR
=	Handels- und steuerrechtliche Wertobergrenze	530.000 EUR

Nicht berücksichtigungsfähig sind der kalkulatorische Unternehmerlohn, die Kosten einer Werbekampagne sowie die Forschungs- und Entwicklungskosten für die Grundlagenforschung.

Aufgabe 2.28: Die Bewertung: Herstellungskosten[37]

a) Was ist bei der Ermittlung der in der Bilanz anzusetzenden Herstellungskosten zu beachten, wenn vom Datenmaterial der Kostenrechnung ausgegangen wird?

b) Ermitteln Sie aus den folgenden Angaben für einen produzierten Kühlschrank die handels- und steuerrechtlichen Wertunter- sowie -obergrenzen und erläutern Sie für den Fall, dass unten aufgeführte Kosten keine Berücksichtigung finden, woran die Einbeziehung in die Herstellungskosten scheitert! Etwaig anfallende Umsatzsteuer ist nicht zu berücksichtigen!

(1)	Angemessene anteilige Abschreibungen auf die Produktionsmaschine, die auf den Zeitraum der Herstellung entfallen	3,50 EUR
(2)	Reine Akkordlöhne	1,50 EUR
(3)	Fertigungsgemeinkosten	42,30 EUR
(4)	Stückbezogene Lizenzgebühr für die Fertigung	3,70 EUR
(5)	Anteilige Personalkosten der Vertriebsabteilung	11,20 EUR
(6)	Aufwendungen für soziale Einrichtungen	2,50 EUR

---

[37] Modifiziert entnommen aus KUßMAUL, HEINZ (Rechnungswesen 2000), S. 58 f. und S. 217 ff.

(7)	Forschungs- und Entwicklungskosten für die Grundlagenforschung	12,60 EUR
(8)	Aufwendungen für freiwillige Sozialleistungen	7,80 EUR
(9)	Kosten für Rohstoffe und Einbauteile	78,90 EUR
(10)	Aufwendungen für die betriebliche Altersversorgung	5,90 EUR
(11)	Kosten der Außenverpackung	0,30 EUR
(12)	Anteiliger kalkulatorischer Unternehmerlohn	6,50 EUR
(13)	Materialgemeinkosten	2,90 EUR
(14)	Anteilige Kosten für das Fertigwaren- und Vertriebslager	4,10 EUR
(15)	Kosten der allgemeinen Verwaltung	23,80 EUR

Lösung

Teilaufgabe a)

Theoretische Ermittlung der Herstellungskosten:

Bei der Ermittlung der bilanziellen Herstellungskosten wird in der Praxis häufig auf das Zahlenmaterial der Kostenrechnung zurückgegriffen. Diese Ausgangsdaten müssen jedoch korrigiert werden, weil § 255 Abs. 2 Satz 1 HGB als Herstellungskosten nur diejenigen Aufwendungen definiert, die für die Herstellung eines Vermögensgegenstandes (bzw. für seine Erweiterung oder eine über seinen ursprünglichen Zustand hinausgehende wesentliche Verbesserung) anfallen. Es sind aufgrund dieser Abgrenzung der bilanziellen Herstellungskosten sämtliche Kosten der Kostenrechnung, die keinen Aufwand darstellen (sogenannte nicht aufwandsgleiche Kosten), bei der Ableitung der Herstellungskosten zu eliminieren. Dies hat zur Folge, dass kalkulatorische Eigenkapitalzinsen oder der kalkulatorische Unternehmerlohn nicht zu berücksichtigen sind, da ihnen keine Aufwendungen gegenüberstehen. Bei kalkulatorischen Abschreibungen ist nicht der in der Kostenrechnung angesetzte Betrag maßgeblich, sondern nur derjenige Betrag, dem Aufwandscharakter zukommt, der also in der GuV-Rechnung berücksichtigt wird.

Weiterhin ist zu beachten, dass nur Aufwendungen einbezogen werden können, die im Zeitraum des Herstellungsprozesses angefallen sind. Damit sind Vertriebskosten, die in der Kostenrechnung bei der Ermittlung der Selbstkosten Berücksichtigung finden, im Rahmen der Ermittlung der bilanziellen Herstellungskosten auszugrenzen, da sie außerhalb des Herstellungsprozesses, zeitlich gesehen nämlich nach Beendigung des Herstellungsprozesses, anfallen.

Teilaufgabe b)

Kosten für Rohstoffe und Einbauteile (Materialeinzelkosten)	(9)	78,90 EUR
Reine Akkordlöhne (Fertigungseinzelkosten)	(2)	1,50 EUR
Stückbezogene Lizenzgebühr für die Fertigung (Sondereinzelkosten der Fertigung)	(4)	3,70 EUR
Materialgemeinkosten	(13)	2,90 EUR
Fertigungsgemeinkosten	(3)	42,30 EUR
Angemessene anteilige Abschreibungen auf die Produktionsmaschine, die auf den Zeitraum der Herstellung entfallen (Werteverzehr des Anlagevermögens)	(1)	3,50 EUR
Handels- und steuerrechtliche Wertuntergrenze		132,80 EUR
Kosten der allgemeinen Verwaltung	(15)	23,80 EUR
Aufwendungen für soziale Einrichtungen	(6)	2,50 EUR
Aufwendungen für freiwillige Sozialleistungen	(8)	7,80 EUR
Aufwendungen für die betriebliche Altersversorgung	(10)	5,90 EUR
Handels- und steuerrechtliche Wertobergrenze		172,80 EUR

Nicht berücksichtigte Kosten:

Anteilige Personalkosten der Vertriebsabteilung	(5)	11,20 EUR
Diese Kostenkomponente stellt Vertriebskosten dar, die nicht in die Herstellungskosten einbezogen werden dürfen, weil sie außerhalb des Herstellungsprozesses angefallen sind.		
Forschungs- und Entwicklungskosten für die Grundlagenforschung	(7)	12,60 EUR
Für diese Kosten besteht ein Einbeziehungsverbot, weil keine unmittelbare Beziehung zur Herstellung gegeben ist.		
Kosten der Außenverpackung	(11)	0,30 EUR
Kosten der Außenverpackung zählen grundsätzlich zu den Vertriebskosten, weshalb sie bei der Ermittlung der Herstellungskosten nicht berücksichtigt werden dürfen. Kosten der Innenverpackung, die notwendig sind, um das hergestellte Erzeugnis verkaufsfähig zu machen, wie beispielsweise eine Zahnpastatube, müssen dagegen als Bestandteil der Materialkosten aktiviert werden.		

Anteiliger kalkulatorischer Unternehmerlohn	(12)	6,50 EUR
Der kalkulatorische Unternehmerlohn stellt Kosten dar, denen keine Aufwendungen gegenüberstehen. Da als bilanzielle Herstellungskosten nur aufwandsgleiche Kosten aktiviert werden können, darf der kalkulatorische Unternehmerlohn nicht in die Herstellungskosten einbezogen werden.		
Anteilige Kosten für das Fertigwaren- und Vertriebslager	(14)	4,10 EUR
Die Lagerung der Fertigfabrikate fällt grundsätzlich in den Vertriebsbereich und liegt damit außerhalb des Herstellungsprozesses. Aus diesem Grund ist eine Einbeziehung in die Herstellungskosten normalerweise nicht möglich.		
Eine Ausnahme bilden jedoch die Fälle, in denen die Lagerung einen Bestandteil des Produktionsprozesses bildet (z. B. bei der Lagerung für die Gärung alkoholischer Getränke); hier stellen die anteiligen Lagerkosten Herstellungskosten dar.		
Lagerkosten, die vor oder während des Produktionsprozesses anfallen, zählen zu den Fertigungs- bzw. Materialgemeinkosten.		

Aufgabe 2.29: Die Bewertung: Herstellungskosten

Die X-AG hat in ihrer Handelsbilanz zum 31.12.01 unter anderem Fertigerzeugnisse zu berücksichtigen. Ermitteln Sie die Herstellungskosten der Fertigerzeugnisse und zeigen Sie dabei den Bewertungsspielraum auf!

Die X-AG produzierte Sonnencreme und Schattenmorellen. Am Abschlussstichtag sind nur noch 1.000 Tuben Sonnencreme auf Lager. Für die Herstellung der beiden Erzeugnisse sind folgende aufwandsgleiche Kosten (in EUR) angefallen:

Kostenstelle　　　　　　　Erzeugnisgemeinkosten	Material	Fertigung	Verwaltung	Vertrieb
Abschreibungen	4.000	7.000	5.000	3.000
Gehälter	2.000	12.000	8.000	3.000
Sonstige Stellenkosten	1.000	2.000	1.000	1.000
Endstellenkosten	7.000	21.000	14.000	7.000

Die direkt zurechenbaren Erzeugniseinzelkosten betrugen 70.000 EUR für das Material und 42.000 EUR für den Bereich Fertigung.

Für eine Tube Sonnencreme waren (aufwandsgleiche) Materialeinzelkosten in Höhe von 5 EUR und (ebenfalls aufwandsgleiche) Fertigungseinzelkosten in Höhe von 8 EUR aufzuwenden. Als Bezugsbasis für die Kalkulation der Material- und Fertigungsgemeinkosten dienen die Material- und Fertigungseinzelkosten. Die Kalkulation der Verwaltungs- und Vertriebsgemeinkosten erfolgt auf Basis der Herstellkosten des Produktionsbereichs.

Lösung

Zuschlagssätze:

Materialgemeinkosten:	7.000 EUR $\div$ 70.000 EUR	= 10 %
Fertigungsgemeinkosten:	21.000 EUR $\div$ 42.000 EUR	= 50 %
Verwaltungsgemeinkosten:	14.000 EUR $\div$ 140.000 EUR*	= 10 %

*	70.000 EUR	(Materialeinzelkosten)
+	7.000 EUR	(Materialgemeinkosten)
+	42.000 EUR	(Fertigungseinzelkosten)
+	21.000 EUR	(Fertigungsgemeinkosten)
=	140.000 EUR	(Herstellungskosten)

Kosten (in EUR/Tube)	Unter-grenze	Sonnen-creme	Ober-grenze	Ansatz-pflicht/-wahlrecht
Materialeinzelkosten		5,00		Pflicht
Fertigungseinzelkosten		8,00		Pflicht
Zwischensumme		13,00		
Materialgemeinkosten (= 10 % der Materialeinzelkosten)		0,50		Pflicht
Fertigungsgemeinkosten (= 50 % der Fertigungseinzelkosten)		4,00		Pflicht
Herstellungskosten des Produktionsbereichs		17,50		
Verwaltungsgemeinkosten (= 10 % der Herstellkosten des Produktionsbereichs)	0,00		1,75	Wahlrecht
Herstellungskosten	17,50		19,25	

Aufgabe 2.30: Die Bewertung: Herstellungskosten

Bei der X-AG, einem Hersteller von Mikrowellengeräten, befinden sich am 31.12.01 noch 100 Stück von in dieser Periode produzierten Mikrowellengeräten auf Lager. Mit welchem handelsrechtlichen Wert müssen diese Mikrowellengeräte mindestens in die Bilanz aufgenommen werden, wenn für ein Gerät die unten angeführten Daten von der Betriebsbuchhaltung zur Verfügung gestellt werden?

Kann die X-AG, die an einem möglichst hohen Gewinnausweis im Jahr 01 interessiert ist, auch einen anderen Wert für die Mikrowellengeräte ansetzen und wenn ja, welchen?

Fertigungsmaterial:	
Bezogene Teile	100 EUR
Roh- und Hilfsstoffe	200 EUR
Materialgemeinkosten (beispielsweise Klebstoff)	50 EUR
Fertigungslöhne (Akkordlohn)	300 EUR
Fertigungsgemeinkosten	100 EUR
Sondereinzelkosten der Fertigung (Lizenzgebühr)	25 EUR
Anteilige Abschreibungen:	
in der Fertigung	100 EUR
in der Verwaltung	10 EUR
Verwaltungskosten (inkl. der Abschreibungen in der Verwaltung)	80 EUR
Vertriebskosten	110 EUR

Was geschieht buchhalterisch mit den nicht aktivierungsfähigen Kosten?

Lösung

Ermittlung der Herstellungskosten nach § 255 Abs. 2 HGB:

	Materialeinzelkosten (bezogene Teile; Roh- und Hilfsstoffe)	300 EUR
+	Fertigungseinzelkosten (Akkordlöhne)	300 EUR
+	Sondereinzelkosten der Fertigung (Lizenzgebühr)	25 EUR
+	Materialgemeinkosten	50 EUR
+	Fertigungsgemeinkosten	100 EUR
+	Anteilige Abschreibungen (in der Fertigung)	100 EUR
=	Handels- und steuerrechtliche Wertuntergrenze	875 EUR
+	Verwaltungskosten	80 EUR
=	Handels- und steuerrechtliche Wertobergrenze	955 EUR

- Bei der Ermittlung der Herstellungskosten unterliegen die Vertriebskosten ebenso wie mögliche Gewinnaufschläge einem Aktivierungsverbot.
  - Die 100 im Bestand befindlichen Mikrowellengeräte sind handelsrechtlich mit mindestens 100 Stück · 875 EUR/Stück = 87.500 EUR in der Bilanz anzusetzen.
  - Da die X-AG laut Aufgabenstellung an einem möglichst hohen Gewinnausweis im Jahr 01 interessiert ist, kann sie die 100 Mikrowellengeräte auch zu einem anderen Wert ansetzen, der die handels- und steuerrechtliche Wertobergrenze in Höhe von 100 Stück · 955 EUR/Stück = 95.500 EUR allerdings nicht überschreiten darf.

- Die nicht aktivierten Kosten werden – wie die aktivierten Kosten – buchhalterisch in der Gewinn- und Verlustrechnung als Aufwand der Herstellungsperiode erfasst. Im Falle der aktivierten Kosten steht diesem Aufwand aber aufgrund einer entsprechenden Erhöhung des Bestands an fertigen Erzeugnissen ein gleich hoher Ertrag gegenüber, wodurch Erfolgsunwirksamkeit gegeben ist. Da die nicht aktivierten Kosten nicht zu einem derartigen Ertrag führen, wirken sie sich in voller Höhe erfolgsmindernd aus.

Aufgabe 2.31: Die Bewertung: Verlustfreie Bewertung[38]

a) Was versteht man unter dem „Verfahren der verlustfreien Bewertung"?

b) Bei der X-AG befindet sich am Abschlussstichtag nicht marktfähiges unfertiges Spielzeug auf Lager, dessen bisherige Herstellungskosten sich auf 60 EUR pro Stück belaufen. Für die fertigen Erzeugnisse, in welche die unfertigen Erzeugnisse eingehen sollen, ist voraussichtlich ein Verkaufserlös von 94 EUR pro Stück zu erzielen. Bis zur Fertigstellung des Spielzeugs werden noch Produktionskosten von 22 EUR pro Stück, anteilige Verwaltungskosten von 8 EUR pro Stück und bis zur Verkaufsreife noch Verpackungs- und Vertriebskosten von zusammen 10 EUR pro Stück anfallen.

ba) Mit welchem Wert ist das unfertige Spielzeug in der Handelsbilanz anzusetzen?

bb) Wie lautet der Bilanzansatz, wenn die X-AG ihren Kunden je nach Abnahmemenge einen Rabatt von 2 %, 5 % oder 10 % auf den Verkaufspreis von 94 EUR pro Stück einräumt?

Lösung

Teilaufgabe a)

Eine „verlustfreie Bewertung" kommt für alle Gegenstände des Umlaufvermögens in Betracht, für deren Bewertung die Verhältnisse am Absatzmarkt maßgeblich sind. Zeichnet sich bei diesen zum Verkauf bestimmten Gegenständen am Abschlussstichtag bereits ab, dass der spätere Verkauf dieser Gegenstände zu einem Verlust führen wird, so wird der zu erwartende Verlust bereits der Periode durch Aufwandsverrechnung zugeordnet, an deren Ende sich der Verlust abzeichnet. Dies entspricht der Forderung des § 252 Abs. 1 Nr. 4 HGB, wonach „alle

---

[38] Modifiziert entnommen aus HILKE, WOLFGANG (Bilanzpolitik 2002), S. 314 ff.

vorhersehbaren Risiken und Verluste, die bis zum Abschlussstichtag entstanden sind, zu berücksichtigen" sind.

Bei unfertigen Erzeugnissen bedeutet dies, dass vom Börsen- oder Marktpreis bzw. vom vorsichtig geschätzten zukünftigen Verkaufspreis des fertigen Erzeugnisses alle nach dem Abschlussstichtag bis zum endgültigen Absatz erwartungsgemäß noch anfallenden Aufwendungen (wie z. B. Erlösschmälerungen, Verpackungskosten, Ausgangsfrachten, allgemeine Vertriebs- und Verwaltungskosten) abgezogen werden, um den sogenannten „verlustfreien Wert" zu erhalten. Liegt dieser „verlustfreie Wert" unter den bis zum Abschlussstichtag angefallenen Herstellungskosten, so sind diese auf den „verlustfreien Wert" abzuwerten, wodurch der beim späteren Verkauf erwartete Verlust durch entsprechende Aufwandsverrechnung bereits dem abgelaufenen Geschäftsjahr zuzurechnen, also zu antizipieren ist. Wird – was äußerst unwahrscheinlich ist – der erwartete Verlust zutreffend ermittelt, d. h. bestätigen sich sowohl der unterstellte zukünftige Verkaufspreis als auch die unterstellten nach dem Abschlussstichtag noch anfallenden Aufwendungen, so wird tatsächlich der gesamte nach dem Abschlussstichtag realisierte Verlust als erwarteter Verlust dem abgelaufenen Geschäftsjahr angelastet. In der Verkaufsperiode ergibt sich dann keine Erfolgsbeeinflussung mehr. Deswegen spricht man von „verlustfreier Bewertung". Aufgrund der Verminderung des erwarteten zukünftigen Verkaufspreises um die erwarteten noch anfallenden Aufwendungen spricht man auch von „retrograder Bewertung".

Teilaufgabe b)

Teilaufgabe ba)

Da das unfertige Spielzeug nicht marktfähig ist, lässt sich ein Börsen- oder Marktpreis nicht ermitteln. Deshalb ist der den Gegenständen am Abschlussstichtag beizulegende Wert (§ 253 Abs. 4 Satz 2 HGB) zu errechnen und mit den bisher schon angefallenen Herstellungskosten zu vergleichen.

Der „beizulegende Wert" für das unfertige Spielzeug ist vom Absatzmarkt her nach dem Prinzip der verlustfreien Bewertung wie folgt zu berechnen:

	Voraussichtlicher Verkaufspreis	94,00 EUR/Stück
–	Noch anfallende Produktionskosten	22,00 EUR/Stück
–	Noch anfallende Verwaltungskosten	8,00 EUR/Stück
–	Noch anfallende Verpackungs- und Vertriebskosten	10,00 EUR/Stück
=	Am Abschlussstichtag beizulegender Wert	54,00 EUR/Stück

Da dieser beizulegende Wert mit 54 EUR/Stück niedriger ist als die bisher schon angefallenen Herstellungskosten in Höhe von 60 EUR/Stück, muss das unfertige Spielzeug mit diesem „verlustfreien Wert" von 54 EUR/Stück in der Handelsbilanz angesetzt werden.

Da bisher Herstellungskosten von 60 EUR/Stück angefallen sind und damit gerechnet wird, dass bis zur Verkaufsreife noch weitere Kosten von 40 EUR/Stück (22 EUR/Stück Produktionskosten, 8 EUR/Stück Verwaltungskosten, 10 EUR/Stück Verpackungs- und Vertriebskosten) anfallen werden, betragen die gesamten Kosten voraussichtlich 100 EUR/Stück. Der

Verkaufspreis beträgt aber voraussichtlich nur 94 EUR/Stück; somit wird ein Verlust von 6 EUR/Stück erwartet. Wird das unfertige Erzeugnis nicht mit seinen bisherigen Herstellungskosten von 60 EUR/Stück, sondern mit 54 EUR/Stück angesetzt, was eine erfolgsmindernde Abschreibung von 6 EUR/Stück erfordert, so wird der erwartete Verlust in vollem Umfang der ersten, gerade abgeschlossenen Periode zugewiesen. Der sich daraus ergebende Bilanzansatz der unfertigen Erzeugnisse in Höhe von 54 EUR/Stück wird in der nächsten Periode zusammen mit den noch anfallenden Kosten (40 EUR/Stück) den Betrag von 94 EUR/Stück ergeben. Da dieser Betrag dem voraussichtlichen Verkaufserlös entspricht, fällt in der nächsten Periode, wenn die unterstellten Beträge zutreffen, kein Verlust mehr an. Deswegen spricht man von „verlustfreier Bewertung".

Teilaufgabe bb)

In dieser Situation ist der voraussichtliche Verkaufspreis zunächst noch um die Erlösschmälerung aus der Rabatt-Gewährung (aus Vorsichtsgründen wird der höchste Rabattsatz zugrunde gelegt) zu kürzen.

Voraussichtlicher Verkaufspreis	94,00 EUR/Stück
– Alle noch anfallenden Kosten	40,00 EUR/Stück
– 10 % Rabatt	9,40 EUR/Stück
= Am Abschlussstichtag beizulegender Wert	44,60 EUR/Stück

Dieser beizulegende Wert in Höhe von 44,60 EUR/Stück muss nach § 253 Abs. 4 Satz 2 HGB angesetzt werden, da er niedriger ist als die bisher schon angefallenen Herstellungskosten in Höhe von 60 EUR/Stück. Es wird ein Verlust von 15,40 EUR/Stück antizipiert.

Aufgabe 2.32: Die Bewertung: Verlustfreie Bewertung[39]

Ein Möbelhersteller hat am Abschlussstichtag unter anderem noch 50 Wohnzimmertische auf Lager, für die folgende Informationen vorliegen:

Aktivierte Herstellungskosten	800 EUR/Stück
Geschätzter Einzelveräußerungspreis am Stichtag	1.000 EUR/Stück
Kalkulierte Erlösschmälerungen	3 %
Verpackungskosten und Ausgangsfrachten	70 EUR/Stück
Noch anfallende allgemeine Vertriebskosten	50 EUR/Stück
Noch anfallende anteilige Verwaltungskosten	150 EUR/Stück
Noch anfallende Lagerkosten	20 EUR/Stück

---

[39] Modifiziert entnommen aus DUSEMOND, MICHAEL; KESSLER, HARALD (Rechnungslegung 2001), S. 45 f.

Wie hoch ist der beizulegende Wert der Wohnzimmertische nach dem Prinzip der verlustfreien Bewertung? Welche Abschreibung ergibt sich?

Lösung

Im Rahmen der verlustfreien Bewertung sind die Vermögensgegenstände am Abschlussstichtag so weit abzuwerten, dass in der Periode der Veräußerung kein Verlust mehr entstehen wird, falls die Annahmen hinsichtlich des Verkaufserlöses und der noch anfallenden Aufwendungen zutreffend waren.

Die Ermittlung erfolgt nach folgendem Schema:

	Vorsichtig geschätzter Verkaufserlös	1.000 EUR/Stück
–	Noch anfallende Herstellungskosten	---
–	Erlösschmälerungen (Rabatte, Boni, Skonti)	30 EUR/Stück
–	Noch anfallende Lagerkosten	20 EUR/Stück
–	Verpackungs- und Frachtkosten	70 EUR/Stück
–	Noch anfallende Verwaltungskosten	150 EUR/Stück
–	Noch anfallende allgemeine Vertriebskosten	50 EUR/Stück
–	Kapitaldienstkosten	---
=	Aktueller beizulegender Wert	680 EUR/Stück

Ermittlung des Abschreibungsbedarfs bei den Wohnzimmertischen:

	Buchwert vor der Abschreibung	(50 Stück · 800 EUR/Stück =) 40.000 EUR
–	Niedrigerer beizulegender Wert	(50 Stück · 680 EUR/Stück =) 34.000 EUR
=	Abschreibungsbedarf	6.000 EUR

Aufgabe 2.33: Die Bewertung: Verlustfreie Bewertung[40]

Auf dem Lager der X-GmbH befinden sich unfertige Erzeugnisse, die folgende Kosten pro Stück bereits verursacht haben bzw. im folgenden Geschäftsjahr noch verursachen werden:

Kostenkategorie:	Bis zum Abschlussstichtag angefallene Kosten	Nach dem Abschlussstichtag noch anfallende Kosten bis zur Fertigstellung
Materialeinzelkosten	75 EUR	13 EUR
Fertigungseinzelkosten	3 EUR	12 EUR
Materialgemeinkosten	141 EUR	28 EUR
Fertigungsgemeinkosten	238 EUR	187 EUR
Werteverzehr des Anlage-vermögens, soweit durch die Fertigung veranlasst	12 EUR	12 EUR
Verwaltungsgemeinkosten	53 EUR	45 EUR
Verpackungs- und Fracht-kosten	0 EUR	11 EUR
Sonstige Vertriebsgemein-kosten	56 EUR	33 EUR

a) Zu welchem Wert kann die handelsrechtliche Bewertung zum Abschlussstichtag maximal erfolgen, wenn davon ausgegangen wird, dass die noch fertigzustellenden Fabrikate im folgenden Geschäftsjahr gewinnbringend abgesetzt werden können?

b) Welcher Wertansatz ist für den Fall zu wählen, dass für den Absatz der Fertigfabrikate im folgenden Geschäftsjahr ein (vorsichtig geschätzter) Verkaufserlös in Höhe von 800 EUR (netto) und Erlösschmälerungen von 5 % (Rabatt) zugrunde gelegt werden?

Lösung

Teilaufgabe a)

Die handelsrechtliche Wertobergrenze ergibt sich durch die Addition der aktivierungsfähigen Kostenbestandteile, die bis zum Abschlussstichtag pro Stück angefallen sind. Nicht berücksichtigt werden dürfen die sonstigen Vertriebsgemeinkosten, für die ein Aktivierungsverbot besteht, da sie außerhalb des Herstellungsprozesses angefallen sind.

---

[40] Modifiziert entnommen aus KUßMAUL, HEINZ (Rechnungswesen 2000), S. 60 f. und S. 220 f.

	Materialeinzelkosten	75 EUR
+	Fertigungseinzelkosten	3 EUR
+	Materialgemeinkosten	141 EUR
+	Fertigungsgemeinkosten	238 EUR
+	Werteverzehr des Anlagevermögens, soweit durch die Fertigung veranlasst	12 EUR
+	Verwaltungsgemeinkosten	53 EUR
=	Handelsrechtliche Wertobergrenze pro Stück	522 EUR

Die sonstigen Vertriebsgemeinkosten in Höhe von 56 EUR/Stück stellen laufenden Aufwand des Geschäftsjahres dar.

Teilaufgabe b)

Der beizulegende Wert ist in diesem Fall mittels der verlustfreien (retrograden) Bewertung zu berechnen. Bei dieser „Rückwärtsrechnung" sind alle noch anfallenden Kosten (auch die Vertriebskosten!) vom vorsichtig geschätzten Verkaufserlös abzuziehen. Durch den Ansatz dieses Wertes, der im Umlaufvermögen dann erfolgen muss, wenn er niedriger ist als die Herstellungskosten (strenges Niederstwertprinzip), wird bewirkt, dass bei einer späteren Veräußerung kein Verlust entsteht; dies gilt allerdings nur unter der Voraussetzung, dass die Annahmen hinsichtlich des Verkaufserlöses und der noch anfallenden Aufwendungen sich als zutreffend erweisen. Der drohende Verlust wird durch die retrograde Wertermittlung vielmehr im abgelaufenen Geschäftsjahr wirksam.

	Vorsichtig geschätzter Verkaufserlös	800 EUR
–	Erlösschmälerung (5 % Rabatt)	40 EUR
–	Noch anfallende Materialeinzelkosten	13 EUR
–	Noch anfallende Fertigungseinzelkosten	12 EUR
–	Noch anfallende Materialgemeinkosten	28 EUR
–	Noch anfallende Fertigungsgemeinkosten	187 EUR
–	Noch anfallender Werteverzehr des Anlagevermögens, soweit durch die Fertigung veranlasst	12 EUR
–	Noch anfallende Verwaltungsgemeinkosten	45 EUR
–	Noch anfallende Verpackungs- und Frachtkosten	11 EUR
–	Noch anfallende sonstige Vertriebsgemeinkosten	33 EUR
=	Beizulegender Wert pro Stück	419 EUR

Nach dem strengen Niederstwertprinzip sind handelsrechtlich die unfertigen Erzeugnisse daher mit dem niedrigeren am Abschlussstichtag beizulegenden Wert von 419 EUR/Stück anzusetzen. Dies erfordert eine Abschreibung von 103 EUR/Stück.

Aufgabe 2.34: Die Bewertung: Bewertungsvereinfachungs-verfahren und Verbrauchsfolgeverfahren[41]

a) Die Handels-AG verbucht in einem Geschäftsjahr die auf der nächsten Seite dargestellten Lagerbewegungen. Ermitteln Sie den wertmäßigen Endbestand und den Rohgewinn (Umsatzerlöse – Wareneinsatz) zum 31.12. des Geschäftsjahres! Bedienen Sie sich dazu der folgenden Verfahren:[42]

- First in-first out-Verfahren (Fifo-Verfahren),
- Highest in-first out-Verfahren (Hifo-Verfahren),
- Lowest in-first out-Verfahren (Lofo-Verfahren),
- Last in-first out-Verfahren (Lifo-Verfahren),
  - periodisches Verfahren,
  - permanentes Verfahren,
- Gewogenes Durchschnittsverfahren,
- Gleitendes Durchschnittsverfahren!

---

[41] Stark modifiziert entnommen aus COENENBERG, ADOLF G.; HALLER, AXEL; SCHULTZE, WOLFGANG (Jahresabschluss 2009), S. 213 ff.

[42] Hinzuweisen ist darauf, dass das Hifo- und das Lofo-Verfahren handels- und steuerrechtlich nicht gestattet sind. Zusätzlich ist steuerlich die Anwendung des Fifo-Verfahrens untersagt.

Datum	Vorgang	Wareneinkauf			Warenausgang		
		Mengen-einheiten [kg]	Beschaffungs-kosten pro kg [€/kg]	Anschaffungs-kosten [€]	Mengen-einheiten [kg]	Verkaufspreis pro kg [€/kg]	Umsatzerlöse [€]
(1)	(2)	(3)	(4)	(5) = (3) · (4)	(6)	(7)	(8) = (6) · (7)
01.01.	Anfangs-bestand	150	40	6.000			
19.01.	Zugang	250	42	10.500			
01.02.	Abgang				100	55	5.500
05.07.	Zugang	200	38	7.600			
25.07.	Abgang				400	52	20.800
12.09.	Zugang	150	43	6.450			
22.11.	Abgang				50	56	2.800
		750		30.550	550		29.100

Die Anschaffungskosten am 31.12. betragen 42,50 €/kg.

Mengenmäßiger Schlussbestand am 31.12.:

Anfangsbestand + Zugänge (3):   750 kg

./. Abgänge (6):   550 kg

= Schlussbestand   **200 kg**

b) Stellen Sie zudem Überlegungen an, ob der den Vorräten am Abschlussstichtag beizulegende Wert ebenfalls berücksichtigt werden muss! Welche Auswirkungen hätte ein Tageswert am 31.12. in Höhe von 41,60 €/kg auf Ihre Lösung von Teilaufgabe a).

Lösung (siehe nächste Seite)

Teilaufgabe a)

Bewertungsverfahren	Wert des Schlussbestands				Periodenerfolg (Rohgewinn)		
	Mengeneinheiten	Anschaffungskosten pro kg	Anschaffungskosten	Wert des Schlussbestands	Umsatzerlöse (unabhängig von der Bewertung des Schlussbestands)	Wareneinsatz (gesamte Anschaffungskosten (30.550 € − (4))	Rohgewinn
	[kg]	[€/kg]	[€]	[€]	[€]	[€]	[€]
	(1)	(2)	(3)	(4)	(5)	(6)	(7) = (5) − (6)
Fifo (First in - first out)	150 50	43 38	6.450 1.900	8.350 (entspricht 41,75 €/kg)	29.100	22.200	6.900
Lifo (Last in - first out) (Periodisch)	150 50	40 42	6.000 2.100	8.100 (entspricht 40,50 €/kg)		22.450	6.650
Hifo (Highest in - first out)	200	38	7.600	7.600 (entspricht 38,00 €/kg)		22.950	6.150
Lofo (Lowest in - first out)	150 50	43 42	6.450 2.100	8.550 (entspricht 42,75 €/kg)		22.000	7.100

Bewertungs-verfahren	Wert des Schlussbestands							Periodenerfolg (Rohgewinn)		
	Zugang		Verbrauch		Bestand		Wert des Schluss-bestands	Umsatzerlöse (unabhängig von der Bewertung des Schluss-bestands)	Wareneinsatz (gesamte Anschaffungskosten (30.550 € – 4))	Rohgewinn
	[kg]	[€/kg]	[kg]	[€/kg]	[kg]	[€/kg]	[€]	[€]	[€]	[€]
	(1 a)	(1 b)	(2 a)	(2 b)	(3 a)	(3 b)	(4)	(5)	(6)	(7) = (5) – (6)
Lifo (Last in - first out) (Permanent)	150	40			–	–			Anschaffungs-kosten 30.550	
	250	42	100	42	150	40				
Zwischenbestand 1					150	42				
	200	38	200	38					–	
			150	42						
			50	40						
Zwischenbestand 2					100	40			Wert des Schlussbestands 8.300	
	150	43	50	43	100	40		29.100	Wareneinsatz gesamt 22.250 =	
					100	43				
Schlussbestand							8.300 (entspricht 41,50 €/kg)			6.850

Bewertungsverfahren	Wert des Schlussbestands							Periodenerfolg (Rohgewinn)		
	Zugang		Verbrauch		Wert des Schlussbestands		Wert des Schlussbestands pro kg	Umsatzerlöse (unabhängig von der Bewertung des Schlussbestands)	Wareneinsatz (gesamte Anschaffungskosten (30.550 € – 4))	Rohgewinn
	[kg]	[€/kg]	[kg]	[€/kg]	[kg]	[€]	[€/kg]	[€]	[€]	[€]
	(1 a)	(1 b)	(2 a)	(2 b)	(3 a)	(3 b)	(4)	(5)	(6)	(7) = (5) – (6)
Gewogenes Durchschnittsverfahren	150	40	–	–	–	–	–		Anschaffungskosten 30.550	
	250	42	100	40,73	750	30.550	40,73			
	200	38	400	40,73	–	–	–		Wert des Schlussbestands 8.146	
	150	43	50	40,73	550	22.401,50	40,73	29.100	= Wareneinsatz gesamt 22.404	6.696
Schlussbestand	–	–	–	–	200	8.146	40,73			

Bewertungs-verfahren	Zugang [kg] (1 a)	Zugang [€/kg] (1 b)	Anschaffungs-kosten [€] (1 c)	Verbrauch [kg] (2 a)	Verbrauch [€/kg] (2 b)	Verbrauch [€] (2 c)	Durchschnittspreis-ermittlung [€] (3 a)	[kg] (3 b)	[€/kg] (3 c)	Wert des Schluss-bestands [€] (4)	Umsatzerlöse (unabhängig von der Bewertung des Schluss-bestands) [€] (5)	Wareneinsatz (gesamte Anschaffungskosten (30.550 € – 4)) [€] (6)	Rohgewinn [€] (7) = (5) – (6)
Gleitendes Durchschnitts-verfahren	150	40	6.000	–	–	–	–	–	–				
	250	42	10.500	–	–	–	16.500	400	41,25				
	–	–	–	100	41,25	4.125	–	–	–				
Zwischenbestand 1 (3 a – 2 c)							12.375	300	–				
	200	38	7.600	–	–	–	19.975	500	39,95				
	–	–	–	400	39,95	15.980	–	–	–				
Zwischenbestand 2 (3 a – 2 c)							3.995	100	–			Anschaffungskosten 30.550	
	150	43	6.450	–	–	–	10.445	250	41,78			–	
	–	–	–	50	41,78	2.089	–	–	–			Wert des Schlussbestands 8.356	
Schlussbestand (3 a – 2 c)							8.356	200	41,78	8.356	29.100	= Wareneinsatz gesamt 22.194	6.906

Teilaufgabe b)

Das Vorratsvermögen zählt zum Umlaufvermögen, auf das die Bewertungsvorschriften des § 253 Abs. 4 HGB anzuwenden sind. Somit ist das strenge Niederstwertprinzip zu beachten, wonach die Anschaffungs- oder Herstellungskosten mit dem sich am Abschlussstichtag ergebenden Börsen- oder Marktpreis bzw. beizulegenden Wert zu vergleichen sind. Liegt ein solcher Vergleichswert unter den Anschaffungs- oder Herstellungskosten, so ist – erfolgsmindernd – auf den niedrigeren Vergleichswert abzuschreiben.

Bei der Bewertung gleichartiger Vorräte stellen die nach den verschiedenen Bewertungsverfahren ermittelten Schlussbestandswerte jeweils die (fiktiven) Anschaffungskosten (wie in diesem Fall) oder Herstellungskosten dar. Sie sind gegebenenfalls auf den niedrigeren Börsen- oder Marktpreis bzw. beizulegenden Zeitwert abzuschreiben, wobei im nächsten Geschäftsjahr unter Umständen noch anfallende Erlösschmälerungen sowie weitere noch anfallende Aufwendungen zu berücksichtigen sind (vgl. dazu die Aufgaben 2.31 – 2.33 zur verlustfreien Bewertung).

Bei dem hier angegebenen Tageswert von 41,60 EUR/kg kann der sich beim Fifo- und Lofo-Verfahren sowie bei dem gleitenden Durchschnittsverfahren ergebende Wert des Schlussbestands nicht angesetzt werden; vielmehr ist bei diesen Verfahren der Schlussbestand jeweils mit 8.320 EUR anzusetzen. Der Rohgewinn würde dann jeweils 6.870 EUR betragen.

Aufgabe 2.35: Die Bewertung: Multiple Choice

a) Welche der folgenden Aussagen ist richtig?

   (1) Das Prinzip erfolgsneutraler Herstellung verlangt im Gegensatz zum Vorsichtsprinzip die Aktivierung von Unterbeschäftigungskosten.

   (2) Bei der Ermittlung der bilanziellen Herstellungskosten können auch außerplanmäßige Abschreibungen berücksichtigt werden.

   (3) Bei steigenden Preisen führt das Lifo-Verfahren im Vergleich zum Fifo-Verfahren zu höheren Bestandswerten.

   (4) Forderungen in Fremdwährung sind stets zum Tageskurs zu bewerten.

   (5) Fremdkapitalzinsen gelten nie als fiktive Herstellungskosten.

b) Welche der folgenden Aussagen ist falsch?

   (1) Das allgemeine Unternehmerrisiko kann nicht über die Bildung einer Rückstellung berücksichtigt werden.

   (2) Aufwandsrückstellungen führen zu einer Erweiterung des Innenfinanzierungsspielraums der Unternehmen.

   (3) Vertriebs- und Forschungskosten sind nicht Bestandteil der Herstellungskosten.

   (4) Bei der Bilanzierung von Rückstellungen für drohende Verluste aus schwebenden Absatzgeschäften ist der Wert der Lieferungs- oder Leistungsverpflichtung stets zu Teilkosten zu bewerten.

c)   Welche der folgenden Aussagen ist richtig?

(1)   Bei der Ermittlung der bilanziellen Anschaffungskosten können in Ausnahmefällen auch kalkulatorische Kostenelemente berücksichtigt werden.

(2)   Die Bewertung zu Anschaffungs- bzw. Herstellungskosten hat den Zweck, die eingetretene Gewinnerhöhung in der Bilanz auszuweisen.

(3)   Nach dem Gesetzeswortlaut gehören zu den Herstellungskosten auch angemessene Teile der Materialgemeinkosten, der Fertigungsgemeinkosten und des Werteverzehrs des Anlagevermögens, soweit dieser durch die Fertigung veranlasst ist.

(4)   Anschaffungspreisminderungen zählen nicht zu den Anschaffungskosten, weil sich ansonsten in ihrer Höhe im Widerspruch zum Imparitätsprinzip ein zugangsbedingter Verlust ergäbe.

Lösung

Teilaufgabe a)

Aussage (1) ist richtig.

Teilaufgabe b)

Aussage (4) ist falsch.

Teilaufgabe c)

Aussage (3) ist richtig.

2.4   Die Bewertungsvorschriften des Handelsrechts für einzelne Bilanzgruppen

Aufgabe 2.36: Die Bewertung des Anlagevermögens und des Umlaufvermögens

Zeigen Sie überblicksartig die handelsrechtlichen Abschreibungs- und Zuschreibungsregeln sowohl für das Anlage- als auch für das Umlaufvermögen!

Lösung (siehe nächste Seite)

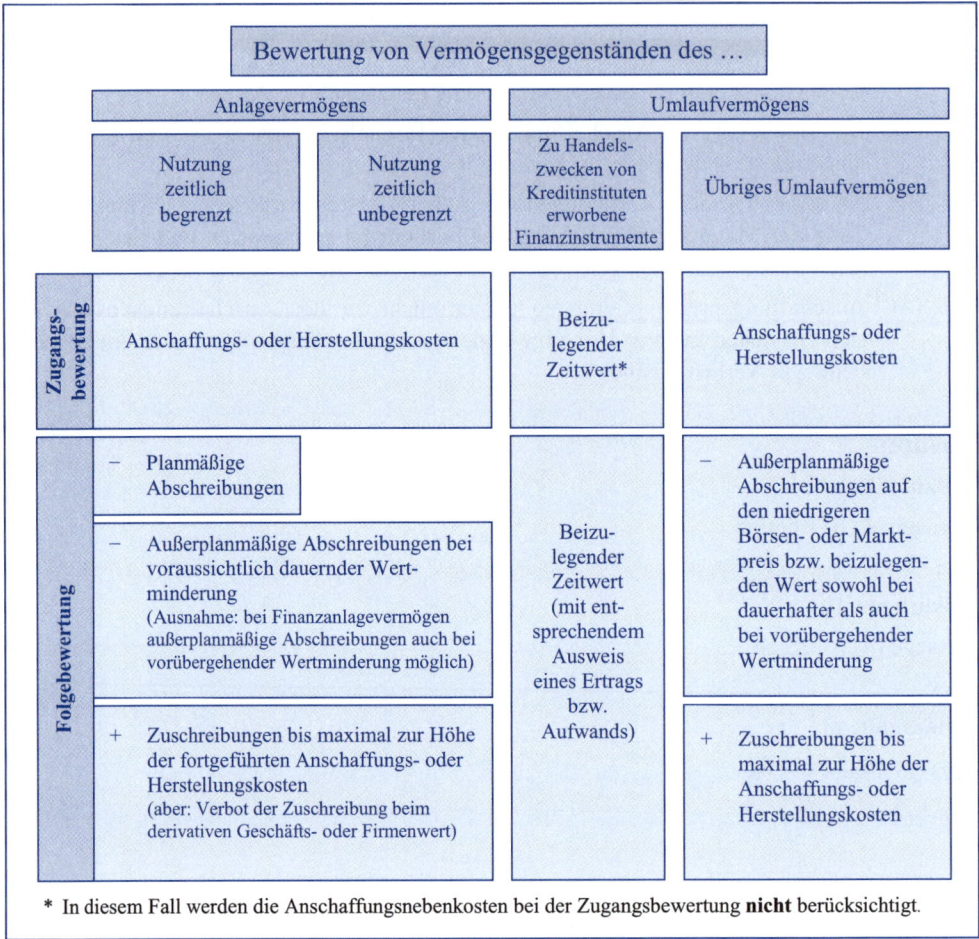

Abb. 9: *Die handelsrechtliche Bewertung des Anlagevermögens und des Umlaufvermögens[43]*

Aufgabe 2.37: Die Bewertung des Anlagevermögens und des Umlaufvermögens

Unter den Wertpapieren einer AG befinden sich Aktien der X-AG (Anschaffungskosten 100.000 EUR). Der aus dem Börsenpreis am Abschlussstichtag abzuleitende Wert beträgt 95.000 EUR, zum Zeitpunkt der Bilanzaufstellung (2 Monate nach dem Abschlussstichtag) beträgt dieser 110.000 EUR.

---

a) Erläutern Sie die Wertansatzmöglichkeiten im handelsrechtlichen Jahresabschluss unter Angabe der gesetzlichen Bestimmungen, sofern die Aktien zum

– Anlagevermögen

– Umlaufvermögen

gehören! Führen Sie die notwendigen Buchungen durch!

b) Wie ist der vorstehende Sachverhalt zu beurteilen, falls bei Anschaffungskosten von 100.000 EUR der Buchwert der Aktien 90.000 EUR beträgt?

Lösung

Teilaufgabe a)

Anschaffungskosten der Aktien:	100.000 EUR
Wert der Aktien am Abschlussstichtag:	95.000 EUR
Wert der Aktien bei Bilanzaufstellung:	110.000 EUR

Zugehörigkeit der Aktien zum Anlagevermögen:

Es handelt sich am Abschlussstichtag um eine nicht dauerhafte Wertminderung der Aktien; dies zeigt der Börsenkurs zwei Monate nach dem Abschlussstichtag. Da die Aktien zum Anlagevermögen gehören (Finanzanlagevermögen), besteht ein Abschreibungswahlrecht (gemildertes Niederstwertprinzip; § 253 Abs. 3 Satz 4 HGB). Die nach dem Abschlussstichtag eingetretene Kurssteigerung der Aktien ist nicht zu berücksichtigen.

Buchungssatz bei einer Inanspruchnahme des Abschreibungswahlrechts:

Abschreibungen 5.000 an Wertpapiere des Anlagevermögens 5.000

In diesem Fall erfolgt ein Ansatz der Aktien in Höhe von 95.000 EUR.

Bei einer Nichtinanspruchnahme des Abschreibungswahlrechts werden die Aktien weiterhin zu den Anschaffungskosten (100.000 EUR) angesetzt.

Zugehörigkeit der Aktien zum Umlaufvermögen:

Gehören die Aktien hingegen zum Umlaufvermögen, so besteht generell eine Abschreibungspflicht (strenges Niederstwertprinzip; § 253 Abs. 4 HGB).

Buchungssatz:

Abschreibungen 5.000 an Wertpapiere des Umlaufvermögens 5.000

In diesem Fall erfolgt zwingend ein Ansatz der Aktien in Höhe von 95.000 EUR.

Teilaufgabe b)

Anschaffungskosten der Aktien: 100.000 EUR

Buchwert der Aktien: 90.000 EUR

Wert der Aktien am Abschlussstichtag: 95.000 EUR

Wert der Aktien bei Bilanzaufstellung: 110.000 EUR

Der unter den Anschaffungskosten liegende Buchwert der Aktien ist die Folge einer früher vorgenommenen Abschreibung. Sowohl für Nichtkapitalgesellschaften als auch für Kapitalgesellschaften besteht generell ein Wertaufholungsgebot (§ 253 Abs. 5 Satz 1 HGB). Die hier nicht gegebene Ausnahme bildet die Pflicht zur Beibehaltung eines niedrigeren Wertansatzes für einen entgeltlich erworbenen Geschäfts- oder Firmenwert (§ 253 Abs. 5 Satz 2 HGB). Im vorliegenden Fall ist der Grund der vorangegangenen Abschreibung auf 90.000 EUR durch den Anstieg des Börsenkurses auf 95.000 EUR weggefallen. Somit muss nach § 253 Abs. 5 Satz 1 HGB eine erfolgserhöhende Zuschreibung um 5.000 EUR vorgenommen werden. Das auch für den Zuschreibungsfall bestehende Verbot, einen Ansatz über den Anschaffungskosten zu wählen, hat in diesem Fall keine Bedeutung, da die Anschaffungskosten mit 100.000 EUR über dem Kurswert am Abschlussstichtag liegen.

Buchungssatz:

Wertpapiere des Anlagevermögens   5.000   an   Sonstige betriebliche   5.000
bzw. des Umlaufvermögens   Erträge

In dem vorliegenden Fall erfolgt unabhängig davon, ob die Aktien dem Anlage- oder dem Umlaufvermögen zugeordnet wurden, ein Ansatz in Höhe von 95.000 EUR.

Aufgabe 2.38: Die Bewertung des Anlagevermögens und des Umlaufvermögens

Die X & Y OHG, ein Industrieunternehmen, erwirbt am 02.01.01 an der Börse Aktien der Z-AG zu 40 EUR/Stück. Die Börsenkurse dieser Aktie an den darauffolgenden Abschlussstichtagen sind in folgender Tabelle aufgeführt:

30.12.01	30.12.02	30.12.03
50 EUR/Stück	30 EUR/Stück	45 EUR/Stück

Mit welchem Wert erscheint die Aktie der Z-AG in der Handelsbilanz der Jahre 01 bis 03, wenn sie

a)   dem Umlaufvermögen bzw.

b)   dem Anlagevermögen

zugeordnet wird?

Lösung

Teilaufgabe a)

Wertpapiere des Umlaufvermögens:

- Beachtung des strengen Niederstwertprinzips, also zwingender Ansatz zu dem unter den Anschaffungskosten liegenden Tageswert (somit entsprechende Aufwandsverrechnung und damit Beachtung des Imparitätsprinzips) oder zwingender Ansatz zu den Anschaffungskosten bei einem über den Anschaffungskosten liegenden Tageswert (da in diesem Fall die Wertsteigerung nicht berücksichtigt werden darf, wird das Realisationsprinzip beachtet).

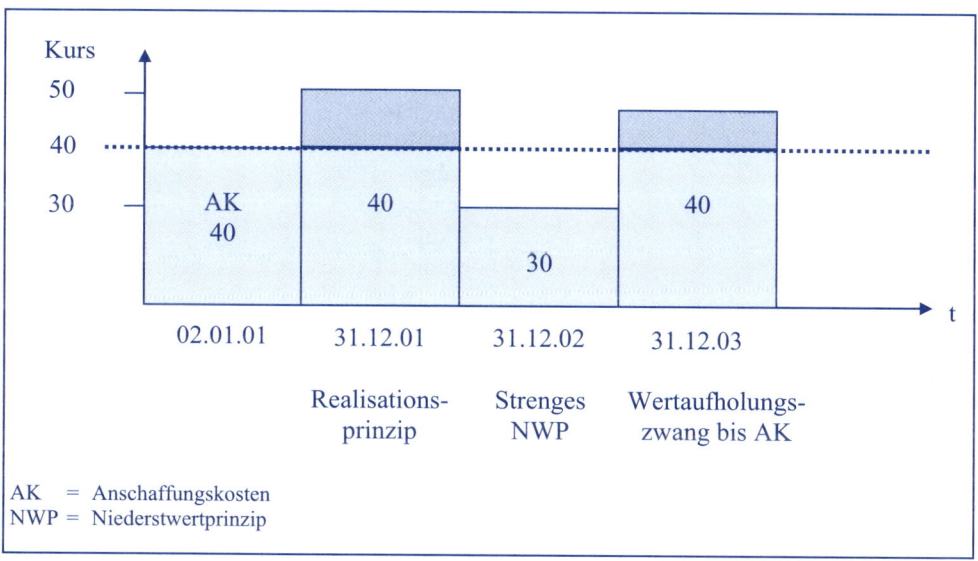

Teilaufgabe b)

Bei den Wertpapieren des (Finanz-)Anlagevermögens sind zwei Fälle möglich:

- Bei einer voraussichtlich dauernden Wertminderung muss eine außerplanmäßige Abschreibung auf dem niedrigeren Tageswert vorgenommen werden (§ 253 Abs. 4 Satz 3 HGB).

- Bei einer voraussichtlich nur vorübergehenden Wertminderung kann der Ansatz eines niedrigeren beizulegenden Werts am Abschlussstichtag gewählt werden; es kann aber auch weiterhin der Wertansatz zu Anschaffungskosten beibehalten werden (§ 253 Abs. 4 Satz 4 HGB; gemildertes Niederstwertprinzip).

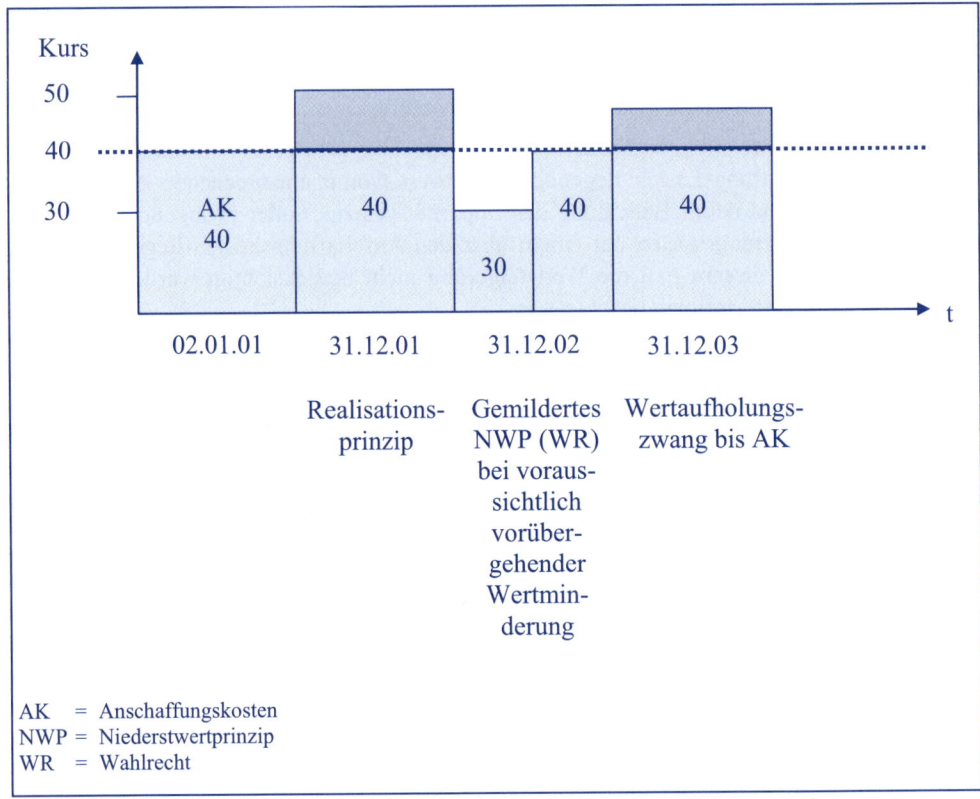

Aufgabe 2.39: Die Bewertung des Anlagevermögens

Die X-AG hat am 01.03.01 ein Grundstück zur betrieblichen Nutzung zu einem Preis von 7 Mio. EUR über einen Makler, dessen Provision sich auf 90.000 EUR belief, erworben. Außerdem sind die Grunderwerbsteuer in Höhe von 3,5 % des Kaufpreises sowie Gebühren für den Notar und die Grundbucheintragung von insgesamt 20.000 EUR angefallen. Die jährliche Grundsteuer beträgt 10.000 EUR.

a)   Zu welchem Wert ist das Grundstück in der Handelsbilanz zum 31.12.01 anzusetzen?

b)   Ändert sich der Wertansatz aus Teilaufgabe a), falls sich aufgrund einer im November des Jahres 01 bekannt gewordenen Verschiebung einer wichtigen Infrastrukturmaßnahme eine vorübergehende Wertminderung des Grundstücks ergibt und der Marktpreis auf 4,5 Mio. EUR sinkt?

Lösung

Teilaufgabe a)

Ermittlung der Anschaffungskosten, die für den Wertansatz in der Bilanz relevant sind (§ 255 Abs. 1 HGB):

	Anschaffungspreis	7.000.000 EUR
+	Grunderwerbsteuer (3,5 % des Kaufpreises)	245.000 EUR
+	Gebühren für den Notar und die Grundbucheintragung	20.000 EUR
+	Maklergebühr	90.000 EUR
=	Anschaffungskosten	7.355.000 EUR

Die Grundsteuer betrifft nicht die Anschaffung, sondern das „Halten" des Grundstückes; sie zählt deswegen nicht zu den Anschaffungskosten.

Der Bilanzansatz am 31.12.01 liegt bei 7.355.000 EUR.

Teilaufgabe b)

- Es handelt sich um eine voraussichtlich nur vorübergehende Wertminderung eines Anlagevermögensgegenstands.

- Unabhängig von der Rechtsform sind gemäß § 253 Abs. 3 Satz 1 HGB außerplanmäßige Abschreibungen wegen voraussichtlich nur vorübergehenden Wertminderungen nur im Finanzanlagevermögen zulässig. Da hier eine lediglich vorübergehende Wertminderung im Sachanlagevermögen vorliegt, darf keine außerplanmäßige Abschreibung vorgenommen werden.

- Der Wertansatz des Grundstückes in der Handelsbilanz per 31.12.01 bleibt somit unverändert bei 7.355.000 EUR.

Aufgabe 2.40: Die Bewertung des Anlagevermögens

In der Bilanz der X-AG ist eine Produktionsmaschine aktiviert. Die fortgeführten Anschaffungskosten, d. h. die um vorgenommene Abschreibungen verminderten Anschaffungskosten belaufen sich auf 10.000.000 EUR, der Tageswert am Abschlussstichtag beträgt 9.500.000 EUR. Beurteilen Sie die handelsrechtliche Bilanzierung der Produktionsmaschine!

Lösung

Die Produktionsmaschine zählt zum Sachanlagevermögen der X-AG. Sofern die Wertminderung von Dauer ist, muss außerplanmäßig abgeschrieben werden (§ 253 Abs. 3 Satz 3 HGB).

Bei einer lediglich vorübergehenden Wertminderung darf eine außerplanmäßige Abschreibung nicht erfolgen (siehe dazu § 253 Abs. 3 Satz 4 HGB).

Aufgabe 2.41: Die Bewertung des Anlagevermögens: planmäßige Abschreibungsverfahren

Der Unternehmer Willi kauft eine neue Verpackungsmaschine, um die Lagermöglichkeiten seiner verderblichen Produkte zu verbessern. Die Maschine wurde zu 100.000 EUR angeschafft und hat einen voraussichtlichen Restwert am Ende der Nutzungsdauer von 0 EUR. Ihre Nutzungsdauer wird auf 10 Jahre geschätzt. Willi bittet Sie, ihm die nachfolgenden Abschreibungsverfahren unter Angabe der jeweiligen Abschreibungsbeträge und Restbuchwerte ersichtlich zu machen:

a)   Lineare Abschreibung,

b)   Geometrisch-degressive Abschreibung mit einem Abschreibungsprozentsatz von 25 %,

c)   Leistungsabschreibung (nur für die ersten drei Jahre) bei einer voraussichtlichen Gesamtleistung von 200.000 Maschinenstunden und folgenden Jahresleistungen:

Jahr	Jahresleistung
01	30.000 Maschinenstunden
02	20.000 Maschinenstunden
03	10.000 Maschinenstunden

Lösung

Teilaufgabe a)

Lineare Abschreibung: gleiche Abschreibungsbeträge in jedem Jahr der Nutzungsdauer

$$\text{Abschreibung p.a.} = \frac{\text{Anschaffungskosten}}{\text{Nutzungsdauer}}$$

100.000 EUR ÷ 10 Jahre = 10.000 EUR/Jahr.

Der jährliche Abschreibungsbetrag bei linearer Abschreibung beträgt 10.000 EUR/Jahr. Der Buchwert der Maschine reduziert sich folglich jedes Jahr um 10.000 EUR/Jahr bis schließlich am Ende der geschätzten Nutzungsdauer von 10 Jahren ein Wert von 0 EUR erreicht ist.

Teilaufgabe b)

Während handelsrechtlich die geometrisch-degressive Abschreibung erlaubt ist, ist sie steuerrechtlich nur für bewegliche Wirtschaftsgüter des Anlagevermögens zulässig, die nach dem 31. Dezember 2008 und vor dem 01. Januar 2011 angeschafft bzw. hergestellt wurden. Der Abschreibungshöchstsatz ist zudem steuerrechtlich auf 25 % bzw. auf das 2,5-fache des entsprechenden linearen Abschreibungsprozentsatzes begrenzt. Handelsbilanziell kann dagegen auch ein höherer Abschreibungssatz (z. B. 30 %) zur Anwendung gelangen.

Eine degressive Abschreibung – wie im vorliegenden Fall mit 25 % – führt zu fallenden Abschreibungsbeträgen während der Nutzungsdauer. Die Ausgangsbasis für die Berechnung der einzelnen Abschreibungsbeträge bildet der Restbuchwert des jeweils vorangegangenen Jahres. Im letzten Jahr wird der Buchwert zu Beginn des Jahres vollständig abgeschrieben:

Jahr	Buchwert zu Beginn des Jahres [in EUR]	Abschreibungsbetrag [in EUR]	Restbuchwert am Ende des Jahres [in EUR]
01	100.000,00	25.000,00	75.000,00
02	75.000,00	18.750,00	56.250,00
03	56.250,00	14.062,50	42.187,50
04	42.187,50	10.546,88	31.640,63
05	31.640,63	7.910,16	23.730,47
06	23.730,47	5.932,62	17.797,85
07	17.797,85	4.449,46	13.348,39
08	13.348,39	3.337,10	10.011,29
09	10.011,29	2.502,82	7.508,47
10	7.508,47	7.508,47	0,00

Teilaufgabe c)

Leistungsabschreibung:

$$\text{Abschreibung p.a.} = \frac{\text{Periodenleistung}}{\text{Gesamtleistung}} \cdot \text{Anschaffungskosten}$$

Im Jahr 01:

(30.000 MaStd. ÷ 200.000 MaStd.) · 100.000 EUR   =   15.000 EUR

Im Jahr 02:

(20.000 MaStd. ÷ 200.000 MaStd.) · 100.000 EUR   =   10.000 EUR

Im Jahr 03:

(10.000 MaStd. ÷ 200.000 MaStd.) · 100.000 EUR   =   5.000 EUR

Auch folgende Überlegungen sind zutreffend:

Gesamtabschreibungsbetrag (= Anschaffungskosten): 100.000 EUR

Abschreibungsbetrag für eine MaStd. bei geschätzten 200.000 MaStd. Gesamtleistung: 100.000 EUR ÷ 200.000 MaStd. = 0,50 EUR/MaStd.

Abschreibungsbetrag eines Geschäftsjahres:

Tatsächlich geleistete MaStd. · Abschreibungsbetrag pro MaStd.

Im Jahr 01: 30.000 MaStd. · 0,5 EUR/MaStd.   =   15.000 EUR

Im Jahr 02: 20.000 MaStd. · 0,5 EUR/MaStd.   =   10.000 EUR

Im Jahr 03: 10.000 MaStd. · 0,5 EUR/MaStd.   =   5.000 EUR

Aufgabe 2.42: Die Bewertung des Umlaufvermögens[44]

a) Im Laufe des Jahres 01 hat die X-GmbH 200 Aktien erworben, deren Anschaffungskosten sich auf insgesamt 13.700 EUR beliefen. Die Aktien wurden dem Umlaufvermögen zugeordnet. Zum Abschlussstichtag beträgt der Börsenkurs 65 EUR pro Stück. Für An- und Verkauf stellt die Depot führende Hausbank Maklergebühren in Höhe von 0,08 % und Provisionen in Höhe von 0,5 % des Gesamtkauf- bzw. -verkaufswertes sowie einen Fixbetrag von 4 EUR für fremde Spesen in Rechnung. Mit welchem Wertansatz sind die Aktien in der Handelsbilanz (31.12.01) anzusetzen? Begründen Sie Ihr Ergebnis!

b) Für die von der X-GmbH im Laufe des Jahres 01 erworbenen Handelswaren mit Anschaffungskosten in Höhe von 32.500 EUR liegen zum Abschlussstichtag folgende Daten vor: Bei einer Veräußerung könnten zum Abschlussstichtag 34.000 EUR (netto) erzielt werden, wobei stückzahlabhängige Verkaufsspesen von insgesamt 1.000 EUR anfielen. Für die Wiederbeschaffung, die Transportkosten in Höhe von 2.000 EUR (netto) verursachen würde, wäre am Abschlussstichtag ein Preis von 34.510 EUR (inkl. 19 % Umsatzsteuer) zu bezahlen. Mit welchem Wertansatz sind die Handelswaren in der Handelsbilanz (31.12.01) anzusetzen? Begründen Sie Ihr Ergebnis!

Lösung

Teilaufgabe a)

Die Zuordnung der Wertpapiere zum Umlaufvermögen lässt auf eine bestehende Veräußerungsabsicht schließen. Folglich ist eine verwertungsorientierte Wertermittlung durchzuführen, die sich am Absatzmarkt orientiert und den Nettoveräußerungserlös zum Abschlussstichtag ermittelt. Dieser stellt den aus dem Börsenpreis abgeleiteten Wert dar. Man berechnet ihn wie folgt:

Niedrigerer Tageswert der Aktien – Maklergebühren und Provisionen – fremde Spesen

$= (65 \text{ EUR/Aktie} \cdot 200 \text{ Aktien}) \cdot (1 - 0,0008 - 0,005) - 4 \text{ EUR} = 12.920,60 \text{ EUR}$

---

[44] Modifiziert entnommen aus KUßMAUL, HEINZ (Rechnungswesen 2000), S. 60 und S. 220.

oder:

	Tageswert des Aktienbestands: 65 EUR/Aktie · 200 Aktien	13.000,00 EUR
–	0,08 % Maklergebühren von 13.000 EUR	10,40 EUR
–	0,5 % Provisionen von 13.000 EUR	65,00 EUR
–	Fremde Spesen	4,00 EUR
=	Nettoveräußerungserlös	12.920,60 EUR

Auf diesen Wert sind die Aktien abzuschreiben. Für den Bilanzansatz ist das strenge Niederstwertprinzip zu beachten, das im Umlaufvermögen gilt und das besagt, dass von zwei möglichen Werten der niedrigere angesetzt werden muss.

Teilaufgabe b)

Bei der Wertfeststellung von Handelswaren hat eine Orientierung sowohl am Absatz- als auch am Beschaffungsmarkt zu erfolgen. Für den Bilanzansatz ist das strenge Niederstwertprinzip zu beachten, das im Umlaufvermögen gilt und das besagt, dass von zwei möglichen Werten der niedrigere angesetzt werden muss.

Die beschaffungsmarktorientierte Bewertung liefert im vorliegenden Fall einen Wert von (34.510 EUR ÷ 1,19) + 2.000 EUR = 31.000 EUR. Es ist zu beachten, dass die Umsatzsteuer, die in Form der Vorsteuer vom Finanzamt zurückerlangt werden kann, aus dem Bruttobetrag herauszurechnen ist, wenn das Unternehmen zum Vorsteuerabzug berechtigt ist, und dass die Transportkosten als Anschaffungsnebenkosten in die Wertermittlung einbezogen werden.

Die absatzmarktorientierte Bewertung führt zu einem Wert von 34.000 EUR – 1.000 EUR = 33.000 EUR. Die Verkaufsspesen sind hier als noch aufzuwendende Ausgaben vom Veräußerungserlös abzuziehen.

Von beiden Werten, die vom Absatz- bzw. Beschaffungsmarkt abgeleitet wurden, ist der niedrigere Wert heranzuziehen. Dieser ist anzusetzen, wenn er unter den Anschaffungskosten des Warenbestands liegt. Ein Ansatz von 33.000 EUR (absatzmarktorientierte Bewertung) darf keinesfalls erfolgen, da die Anschaffungskosten die Obergrenze der Bewertung darstellen. Der Warenbestand ist nach § 253 Abs. 4 HGB auf den vom Beschaffungsmarkt abgeleiteten niedrigeren Wert von 31.000 EUR abzuschreiben.

Aufgabe 2.43: Die Bewertung des Umlaufvermögens

Die Möbelfabrik X hält am Abschlussstichtag einen Zwischenlagerbestand an noch nicht fertig gestellten Schränken, deren Herstellungskosten bis dahin 450 EUR je Stück betragen. Aufgrund der günstigen Entwicklung des Holzpreises sind die Wiederherstellungskosten am Abschlussstichtag um 70 EUR je Schrank unter die tatsächlichen Herstellungskosten gesunken. Andererseits beträgt der Verkaufspreis am Abschlussstichtag 720 EUR (ohne MwSt) je Schrank, wobei allerdings die folgenden künftig noch anfallenden Kosten zu berücksichtigen sind:

Fertigungskosten: 180 EUR,

Verwaltungskosten: 35 EUR,

Vertriebskosten: 70 EUR.

Ermitteln Sie den Tageswert der Schränke zum Abschlussstichtag! Mit welchem Wert sind die Schränke in der Bilanz zu erfassen? Begründen Sie das Ergebnis auf der Grundlage der GoB!

Lösung

Die unfertigen Schränke stellen unfertige Erzeugnisse dar, die im Umlaufvermögen auszuweisen sind. Es besteht eine Ansatzpflicht (§ 246 Abs. 1 Satz 1 HGB).

Die Bewertung hat grundsätzlich zu den Anschaffungs- oder Herstellungskosten zu erfolgen (§ 253 Abs. 1 Satz 1 HGB). Die bisher angefallenen Herstellungskosten betragen 450 EUR je Schrank. Es ist aber zu fragen, ob der Tageswert der unfertigen Schränke am Abschlussstichtag unter den Herstellungskosten liegt, denn in diesem Fall greift das strenge Niederstwertprinzip (§ 253 Abs. 4 HGB).

Ermittlung des Tageswertes:

	Verkaufspreis	720 EUR/Stück
−	Künftig noch anfallende Kosten	285 EUR/Stück
=	Tageswert (beizulegender Wert)	435 EUR/Stück

Damit sind die unfertigen Schränke zwingend zu 435 EUR je Stück zu bewerten. Eine außerplanmäßige Abschreibung von 15 EUR/Stück führt zu diesem Wertansatz.

Die aufgrund der günstigen Entwicklung des Holzpreises um 70 EUR/Stück gefallenen Wiederherstellungskosten sind nicht gesondert zu berücksichtigen; sie könnten jedoch der Grund für den niedrigen Verkaufspreis sein.

Aufgabe 2.44: Die Bewertung des Umlaufvermögens

Die X-AG hat eine Exportforderung aus einer Warenlieferung am 01.12.01. Der vereinbarte Preis für die gelieferten Waren beträgt 100.000 USD. Der Wechselkurs (Devisenkassamittelkurs) am 01.12.01 beträgt 1,25 USD/EUR; am 31.12.01 beläuft er sich auf

- 1,35 USD/EUR bzw.
- 1,11 USD/EUR.

Wie ist die Exportforderung jeweils handelsrechtlich zu bilanzieren?

Lösung

Die Exportforderung gehört zum Umlaufvermögen. Damit gilt das strenge Niederstwertprinzip (§ 253 Abs. 4 HGB). Die am 01.12.01 mit dem Devisenkassamittelkurs bewertete Exportforderung wurde mit 80.000 EUR (= 100.000 USD ÷ 1,25 USD/EUR) eingebucht. Bei einem Wechselkurs am Abschlussstichtag von 1,35 USD/EUR ist sie außerplanmäßig um 5.925,93 EUR auf 74.074,07 EUR abzuschreiben (§ 256a Satz 1 HGB).

Bei einem Devisenkassamittelkurs von 1,11 USD/EUR am Abschlussstichtag hat die Export-forderung dagegen einen Wert von 90.090,09 EUR. Es gilt in diesem Fall das Anschaffungs-wertprinzip, d. h., die Exportforderung darf nicht um 10.090,09 EUR zugeschrieben werden. Sollte allerdings die Exportforderung am 31.12.01 eine Restlaufzeit von nicht mehr als einem Jahr aufweisen, was nicht unwahrscheinlich ist, so schreibt § 256a Satz 2 HGB die Nichtanwendung des Anschaffungswertprinzips (§ 253 Abs. 1 Satz 1 HGB) und die Nichtbe-achtung des Realisationsprinzips (§ 252 Abs. 1 Nr. 4 Halbsatz 2 HGB) vor, so dass eine er-folgserhöhende Zuschreibung von 10.090,09 EUR und damit ein Bilanzausweis von 90.090,09 EUR vorzunehmen ist. Damit sieht der Gesetzgeber in diesem Fall den durch § 252 Abs. 1 Nr. 4 Halbsatz 2 HGB grundsätzlich untersagten Ausweis eines unrealisierten Gewinns vor.

Aufgabe 2.45: Die Bewertung des Umlaufvermögens

Die X-AG schließt im November 01 einen Vertrag über den Kauf von Rohstoffen ab. Die Rohstoffe werden im

a)   Dezember 01 bzw.

b)   Januar 02

geliefert.

Die Anschaffungskosten (Netto-Kaufpreis) betragen 10.000.000 EUR; der Tageswert am Abschlussstichtag des Jahres 01 beläuft sich auf 9.500.000 EUR.

Wie sind die Rohstoffe jeweils zu bilanzieren?

Lösung

Teilaufgabe a)

Werden die Rohstoffe im Dezember 01 geliefert, so sind sie zum 31.12.01 im Umlaufvermö-gen zu bilanzieren. Damit gilt das strenge Niederstwertprinzip (§ 253 Abs. 4 HGB), so dass die Rohstoffe auf den Tageswert in Höhe von 9.500.000 EUR außerplanmäßig abzuschreiben sind.

Teilaufgabe b)

Bei Lieferung im Januar 02 liegt am 31.12.01 ein schwebendes Geschäft vor, das grundsätz-lich bilanziell nicht berücksichtigt wird. Allerdings droht in diesem Fall ein Verlust aus dem Vertrag; der Verpflichtungsumfang übersteigt den Wert der Gegenleistung. Es ist daher auf-wandswirksam eine Drohverlustrückstellung in Höhe von 500.000 EUR zu bilden (§ 249 Abs. 1 Satz 1 HGB).

Aufgabe 2.46: Die Bewertung: Eigenkapital

Was versteht man unter dem gezeichneten Kapital?

Lösung

Das gezeichnete Kapital ist in § 272 Abs. 1 Satz 1 HGB gesetzlich definiert als das Kapital, auf das die Haftung der Gesellschafter für die Verbindlichkeiten der Kapitalgesellschaft gegenüber den Gläubigern beschränkt ist. Es umfasst nichts anderes als das im Handelsregister eingetragene Nominalkapital einer Kapitalgesellschaft und repräsentiert somit in der Bilanz einer Aktiengesellschaft bzw. einer KGaA das „Grundkapital" und in der Bilanz einer GmbH das „Stammkapital". Die Höhe des gezeichneten Kapitals einer Aktiengesellschaft ist die Summe der Nennwerte aller im Umlauf befindlichen Aktien, wobei der Nennbetrag oder rechnerische Wert eigener Anteile offen abzusetzen ist.

Aufgabe 2.47: Die Bewertung: Eigenkapital

Aus welchen Bestandteilen setzen sich das nominelle, das rechnerische, das effektive sowie das jahresabschlussanalytische Eigenkapital eines Unternehmens zusammen?

Lösung

Es lassen sich verschiedene Eigenkapitalbegriffe unterscheiden:

Nominalkapital	Gezeichnetes Kapital*			
Rechnerisches Eigenkapital	Gezeichnetes Kapital*	+ Offene Rücklagen**	+ Gewinn** − Verlust**	
Effektives Eigenkapital	Gezeichnetes Kapital*	+ Offene Rücklagen**	+ Gewinn** − Verlust**	+ Stille Reserven

*   Festes Eigenkapitalkonto

**   Variable Eigenkapitalkonten

Jahresabschlussanalytisches Eigenkapital = Rechnerisches Eigenkapital +/– Korrekturen

	Gezeichnetes Kapital	= NOMINALKAPITAL
–	Nicht eingeforderte Einlagen	
+	Kapitalrücklage	
+	Gewinnrücklagen	
	(unter Einbeziehung der Positionen:	
	+ Jahresüberschuss	
	– Jahresfehlbetrag	
	+ Gewinnvortrag	
	– Verlustvortrag)	= RECHNERISCHES EIGENKAPITAL
–	Korrekturposten zur Aktivseite (aktivische Steuerabgrenzung, aktivisches Disagio, aktivierte selbst erstellte immaterielle Vermögensgegenstände des Anlagevermögens, aktivierter Geschäfts- oder Firmenwert)	
–	Bilanzverlust (Bilanzgewinn wird nicht hinzugerechnet)	
=	JAHRESABSCHLUSSANALYTISCHES EIGENKAPITAL	

Abb. 10: Die Ermittlung des jahresabschlussanalytischen Eigenkapitals nach HGB[45]

Aufgabe 2.48: Die Bewertung: Eigenkapital

Warum gibt es im HGB – wie auch in den IFRS – keine Bewertungsvorschriften für das Eigenkapital?

Lösung

Das Eigenkapital ist im HGB – wie in den IFRS – definiert als die Differenz zwischen dem Vermögen und den Schulden zu einem bestimmten Zeitpunkt. Aufgrund dieser Definition ergibt sich notwendigerweise die Betragsgleichheit von Aktiva und Passiva.

Die Bewertung des Vermögens und der Schulden entsprechend den jeweiligen Bewertungsvorschriften wirkt sich nicht nur im Bilanzansatz aus, sondern führt zu Aufwendungen und Erträgen und über den Erfolg zu einer Veränderung der Höhe des Eigenkapitals. Die erfolgsbedingte Eigenkapitalveränderung entspricht exakt den erfolgsbedingten Veränderungen der Vermögensgegenstände und Schulden, somit also auch der erfolgsbedingten Veränderung des sich aus Vermögen und Schulden ergebenden Saldos.

Würde man das Eigenkapital eigenständig bewerten, würde sich die Betragsgleichheit der Aktiva und Passiva nicht mehr notwendigerweise, sondern nur durch Zufall ergeben.

---

[45] Modifiziert entnommen aus BIEG, HARTMUT; KUßMAUL, HEINZ; WASCHBUSCH, GERD (Rechnungswesen 2012), S. 344.

Aufgabe 2.49: Die Bewertung: Fremdkapital

Wie unterscheiden sich die Verbindlichkeiten von den Rückstellungen?

Lösung

Verbindlichkeiten sind Verpflichtungen eines Unternehmens, die am Abschlussstichtag ihrer Höhe und ihrer Fälligkeit nach feststehen und bei denen der jeweilige Gläubiger bekannt ist. Demnach werden als Verbindlichkeiten Leistungen erfasst, zu denen das Unternehmen mit juristischen Mitteln gezwungen werden kann, deren Wert eindeutig feststellbar ist und die zum Abschlusszeitpunkt eine wirtschaftliche Belastung für das Unternehmen darstellen. Im Unterschied dazu übernehmen die Rückstellungen die Aufgabe, Verpflichtungen zu erfassen, die in Bezug auf ihr Bestehen, den Zeitpunkt ihrer Fälligkeit, den Gläubiger und/oder ihrer Höhe nach ungewiss sind, dennoch aber hinreichend sicher erwartet werden.

Aufgabe 2.50: Die Bewertung: Fremdkapital

Die X-AG hat eine Importverbindlichkeit aus einer Warenlieferung am 28.11.01. Der Kaufpreis beträgt 100.000 USD. Der Wechselkurs am 28.11.01 beläuft sich auf 1,15 USD/EUR; am 31.12.01 beläuft er sich auf

- 1,20 USD/EUR bzw.
- 1,02 USD/EUR.

Wie ist die Importverbindlichkeit jeweils handelsrechtlich zu bilanzieren?

Lösung

Die Importverbindlichkeit ist am 28.11.01 mit ihrem Erfüllungsbetrag, also mit 100.000 USD umgerechnet zum Devisenkassamittelkurs anzusetzen (§§ 253 Abs. 1 Satz 2, 256a Satz 1 HGB), also mit 86.956,52 EUR (= 100.000 USD ÷ 1,15 USD/EUR).

Bei einem Wechselkurs von 1,20 USD/EUR hat die Importverbindlichkeit am 31.12.01 einen Wert von 83.333,33 EUR; das Realisationsprinzip verbietet aber, die Importverbindlichkeit zu diesem niedrigeren Betrag anzusetzen, da es ansonsten zum Ausweis eines nicht realisierten Gewinns käme.

Sollte die Importverbindlichkeit am 31.12.01 eine Restlaufzeit von nicht mehr als einem Jahr aufweisen, schreibt § 256a Satz 2 HGB die Nichtanwendung des Anschaffungswertprinzips (§ 253 Abs. 1 Satz 1 HGB) und die Nichtbeachtung des Realisationsprinzips (§ 252 Abs. 1 Nr. 4 Halbsatz 2 HGB) vor; damit ist eine Reduzierung der Importverbindlichkeit auf 83.333,33 EUR und eine entsprechende Erfolgserhöhung um 3.623,19 EUR vorgeschrieben.

Bei einem Wechselkurs von 1,02 USD/EUR greift das aus dem Vorsichtsprinzip abgeleitete Höchstwertprinzip. Die Importverbindlichkeit ist zu 98.039,22 EUR zu bewerten. Damit ergibt sich eine Erfolgsminderung um 11.082,70 EUR.

Aufgabe 2.51: Die Bewertung: Fremdkapital

Nehmen Sie zu dem folgenden Sachverhalt handelsrechtlich Stellung! Begründen Sie hierbei Ihre Überlegungen!

In der Schraubenfabrik X-GmbH taucht zum 31.12.01 das Problem der Bildung bzw. Auflösung von Rückstellungen auf. Folgende Tatbestände, die Sie zu lösen haben, liegen vor:

a)   Am 31.10.01 wurde mit der Maschinenbau AG ein Vertrag über die Lieferung von Spezialschrauben zu 2 Mio. EUR geschlossen; die Lieferung wurde für den 15.02.02 vereinbart. Aufgrund eines von der X-GmbH erwarteten Tarifabschlusses wird mit erhöhten Lohnkosten gerechnet, so dass ein Verlust aus dem Vertrag mit der Maschinenbau AG in Höhe von 50.000 EUR entstehen würde.

b)   Der Steuersachbearbeiter der X-GmbH rechnet für das Geschäftsjahr 01 die folgenden voraussichtlich zu zahlenden Steuern aus, und zwar für

Gewerbeertragsteuer   7.500.000 EUR,
Körperschaftsteuer   15.000.000 EUR.

Als Abschlagszahlungen wurden im Geschäftsjahr 01 bereits geleistet:

Gewerbeertragsteuer   7.400.000 EUR,
Körperschaftsteuer   14.400.000 EUR.

c)   Die X-GmbH hat im Geschäftsjahr 00 nach einem von der Y-GmbH entwickelten neuen Verfahren produziert. Da eine Lizenz für das von der Y-GmbH patentierte Verfahren nicht erworben wurde, hat die Y-GmbH einen Prozess gegen die X-GmbH angestrengt. Da die Rechtsabteilung der X-GmbH am Ende des Geschäftsjahres 00 mit einer Prozessniederlage und deswegen zu tragenden Gerichts- und Anwaltskosten in Höhe von 175.000 EUR und einer Lizenzzahlung an die Y-GmbH in Höhe von 600.000 EUR im Geschäftsjahr 01 rechnet, wurde im Jahresabschluss 00 eine entsprechende Rückstellung gebildet. Am Ende des Geschäftsjahres 01 ist wider Erwarten der Prozess noch nicht beendet. Gleichwohl bahnt sich ein Vergleich zwischen den streitenden Parteien für Anfang 02 an; es wird nur noch mit einer Zahlung von insgesamt 390.000 EUR gerechnet.

Lösung

Teilaufgabe a)

Es ist eine Rückstellung für drohende Verluste aus schwebenden Geschäften in Höhe von 50.000 EUR zu bilden (§ 249 Abs. 1 Satz 1 HGB).

Teilaufgabe b)

Der noch zu zahlende Steuerbetrag bzw. der überzahlte Steuerbetrag ergibt sich wie folgt:

	Voraussichtliche Gewerbeertragsteuerschuld	7.500.000 EUR
–	Abschlagszahlungen	7.400.000 EUR
	Für 02 erwartete Abschlusszahlung	100.000 EUR
	Voraussichtliche Körperschaftsteuerschuld	15.000.000 EUR
–	Abschlagszahlungen	14.400.000 EUR
	Für 02 erwartete Abschlusszahlung	600.000 EUR

Für die erwartete Gewerbeertragsteuer- und Körperschaftsteuernachzahlung ist eine Rückstellung in Höhe von 100.000 EUR bzw. 600.000 EUR, also insgesamt in Höhe von 700.000 EUR, zu bilden. Diese Rückstellung muss nicht diskontiert werden, da ihre Restlaufzeit ≤ ein Jahr beträgt (§ 253 Abs. 2 Satz 1 HGB).

Teilaufgabe c)

Im Jahresabschluss 00 wurde erfolgsmindernd eine Rückstellung in Höhe von 775.000 EUR gebildet. Auf eine Diskontierung konnte verzichtet werden, da zum Bilanzstichtag (31.12.00) mit einer Restlaufzeit von einem Jahr und weniger gerechnet wurde.

Da zum Ende des Geschäftsjahres 01 nur noch mit einer Zahlung von 390.000 EUR gerechnet wird, ist die Rückstellung auf diesen Betrag zu kürzen, was zu einer Erhöhung des Jahreserfolgs 01 um 385.000 EUR führt. Auch an diesem Bilanzstichtag (31.12.01) ist auf eine Diskontierung zu verzichten, da laut Aufgabenstellung mit einem Vergleich zu Beginn des Geschäftsjahres 02 gerechnet wird und damit eine Restlaufzeit von einem Jahr und weniger vorliegt.

2.5   Die Gewinn- und Verlustrechnung

Aufgabe 2.52: Die Gewinn- und Verlustrechnung: Gliederung

Eine GuV-Rechnung in der Form der Staffelrechnung, wie sie in § 275 Abs. 2 und Abs. 3 HGB vorgesehen ist, erlaubt die Bildung von aussagefähigen Zwischensummen. Fügen Sie derartige Zwischensummen in die GuV-Gliederung des § 275 Abs. 2 und Abs. 3 HGB ein!

Lösung (siehe nächste Seite)

Hinweis: Die eingefügten Zwischensummen sind fett gedruckt.

Gliederung der Gewinn- und Verlustrechnung in verkürzter Form						
Gesamtkostenverfahren (§ 275 Abs. 2 HGB)			Umsatzkostenverfahren (§ 275 Abs. 3 HGB)			
Posten				Posten		
1.		Umsatzerlöse		Umsatzerlöse	1.	
2.	+/–	Erhöhung oder Verminderung des Bestands an fertigen und unfertigen Erzeugnissen				
3.	+	andere aktivierte Eigenleistungen				
	=	**Gesamtleistung**				
4.	+	sonstige betriebliche Erträge				
5.	–	Materialaufwand:		– Herstellungskosten der zur Erzielung der Umsatzerlöse erbrachten Leistungen	2.	
		a) Aufwendungen für Roh-, Hilfs- und Betriebsstoffe und für bezogene Waren				
		b) Aufwendungen für bezogene Leistungen				
6.	–	Personalaufwand:		= Bruttoergebnis vom Umsatz	3.	
		a) Löhne und Gehälter		– Vertriebskosten	4.	
		b) soziale Abgaben und Aufwendungen für Altersversorgung und für Unterstützung, davon für Altersversorgung				
7.	–	Abschreibungen:				
		a) auf immaterielle Vermögensgegenstände des Anlagevermögens und Sachanlagen				
		b) auf Vermögensgegenstände des Umlaufvermögens, soweit diese die in der Kapitalgesellschaft üblichen Abschreibungen überschreiten		– allgemeine Verwaltungskosten	5.	
				+ sonstige betriebliche Erträge	6.	
8.		– sonstige betriebliche Aufwendungen			7.	
A.	**=**	**Betriebsergebnis**			**A.**	
9.	+	Erträge aus Beteiligungen, davon aus verbundenen Unternehmen			8.	
10.	+	Erträge aus anderen Wertpapieren und Ausleihungen des Finanzanlagevermögens, davon aus verbundenen Unternehmen			9.	
11.	+	sonstige Zinsen und ähnliche Erträge, davon aus verbundenen Unternehmen			10.	
12.	–	Abschreibungen auf Finanzanlagen und auf Wertpapiere des Umlaufvermögens			11.	
13.	–	Zinsen und ähnliche Aufwendungen, davon an verbundene Unternehmen			12.	
B.	**=**	**Finanzergebnis**			**B.**	
14.	=	Ergebnis der gewöhnlichen Geschäftstätigkeit (A. + B.)			13.	
15.	+	außerordentliche Erträge			14.	
16.	–	außerordentliche Aufwendungen			15.	
17.	=	außerordentliches Ergebnis			16.	
18.	–	Steuern vom Einkommen und vom Ertrag			17.	
19	–	sonstige Steuern			18.	
C.	**=**	**Steuerergebnis**			**C.**	
20.	=	Jahresüberschuss/Jahresfehlbetrag (14. + 17. + C. bzw. 13. + 16. + C.)			19.	

Abb. 11:   Gliederung der Gewinn- und Verlustrechnung nach § 275 HGB[46]

---

[46] Modifiziert entnommen aus BIEG, HARTMUT; KUßMAUL, HEINZ; WASCHBUSCH, GERD (Rechnungswesen 2012), S. 206.

Aufgabe 2.53: Die Gewinn- und Verlustrechnung: Umsatzkostenverfahren[47]

Die X-GmbH stellt nur ein einziges Produkt her, das sich aber sehr gut verkaufen lässt.

Die Gewinn- und Verlustrechnung der X-GmbH nach dem Gesamtkostenverfahren hat – vereinfacht – folgendes Aussehen:

(1)	Umsatzerlöse		1.000.000 EUR
(2)	Bestandserhöhung der fertigen Erzeugnisse	+	100.000 EUR
(3)	Sonstige betriebliche Erträge	+	40.000 EUR
(4)	Materialaufwand	–	400.000 EUR
(5)	Personalaufwand	–	300.000 EUR
(6)	Abschreibungen auf Sachanlagen	–	100.000 EUR
(7)	Sonstige betriebliche Aufwendungen	–	150.000 EUR
(8)	Zinsen und ähnliche Aufwendungen	–	60.000 EUR
(9)	Ergebnis der gewöhnlichen Geschäftstätigkeit	=	130.000 EUR
(10)	Steuern vom Einkommen und vom Ertrag	–	70.000 EUR
(11)	Sonstige Steuern	–	30.000 EUR
(12)	Jahresüberschuss	=	30.000 EUR

Die Abteilung „Kostenrechnung" der X-GmbH ermittelt aufgrund der innerbetrieblichen Daten die folgende Verteilung der Aufwendungen (ohne kalkulatorische Kosten):

Kostenstellen Kostenarten	Herstellung (in %)	Vertrieb (in %)	Verwaltung (in %)
Materialaufwand	90	5	5
Personalaufwand	80	10	10
Abschreibungen auf Sachanlagen	70	20	10
Sonstige betriebliche Aufwendungen	10	80	10

---

[47] Modifiziert entnommen aus MEYER, CLAUS (Bilanzierung 2011), S. 159 f. und S. 385.

Zusatzangaben:

- Die X-GmbH ermittelte die Herstellungskosten für die fertigen Erzeugnisse nach § 255 Abs. 2 und Abs. 3 HGB auf der Basis der vollen Aufwendungen, aber ohne Verwaltungsgemeinkosten und ohne Zinsen.

- Die sonstigen Steuern werden aus Vereinfachungsgründen nicht aufgeteilt.

- Die Produktionsanlagen werden voll ausgelastet.

- Zu Beginn des Geschäftsjahres waren keine fertigen Erzeugnisse aus dem Vorjahr vorhanden; gleiches gilt für unfertige Erzeugnisse.

Erstellen Sie für die X-GmbH eine Gewinn- und Verlustrechnung nach dem Umsatzkostenverfahren!

Lösung

1. Schritt:

Die Zurechnung der Aufwendungen für die fertigen Erzeugnisse auf die Bereiche Herstellung, Vertrieb und Verwaltung ergibt folgende Zahlen:

Kostenstellen Kostenarten	Summe (TEUR)	Herstellung (TEUR)	Vertrieb (TEUR)	Verwaltung (TEUR)
Material- aufwand	400	360	20	20
Personal- aufwand	300	240	30	30
Abschreibun- gen auf Sach- anlagen	100	70	20	10
Sonstige betriebliche Aufwendungen	150	15	120	15
Summe	950	685	190	75

2. Schritt:

	Herstellungskosten der fertigen Erzeugnisse des Geschäftsjahres	685 TEUR
–	Bestandserhöhung der fertigen Erzeugnisse zu Herstellungskosten	100 TEUR
=	Herstellungskosten der zur Erzielung der Umsatzerlöse erbrachten Leistungen	585 TEUR

3. Schritt:

Gewinn- und Verlustrechnung nach dem Umsatzkostenverfahren:

(1)	Umsatzerlöse		1.000.000 EUR
(2)	Herstellungskosten der zur Erzielung der Umsatzerlöse erbrachten Leistungen	–	585.000 EUR
(3)	Bruttoergebnis vom Umsatz	=	415.000 EUR
(4)	Vertriebskosten	–	190.000 EUR
(5)	Allgemeine Verwaltungskosten	–	75.000 EUR
(6)	Sonstige betriebliche Erträge	+	40.000 EUR
(7)	Zinsen und ähnliche Aufwendungen	–	60.000 EUR
(8)	Ergebnis der gewöhnlichen Geschäftstätigkeit	=	130.000 EUR
(9)	Steuern vom Einkommen und vom Ertrag	–	70.000 EUR
(10)	Sonstige Steuern	–	30.000 EUR
(11)	Jahresüberschuss	=	30.000 EUR

Aufgabe 2.54: Die Gewinn- und Verlustrechnung: Umsatzkostenverfahren[48]

Die X-GmbH stellt als einziges Produkt Geschirrspülmaschinen her. In den Jahren 01 und 02 werden jeweils 500 Geschirrspülmaschinen produziert. Im Jahr 01 können 400 Stück, im Jahr 02 450 Stück zum Preis von 700 EUR je Stück verkauft werden. Dabei werden im Jahr 02 diejenigen Geschirrspülmaschinen, die im Vorjahr nicht verkauft wurden, zuerst abgesetzt. Angenommen, die Bestandsbewertung erfolgt im Jahr 01 zur handelsrechtlichen Wertuntergrenze, im Jahr 02 aufgrund einer begründeten Ausnahmesituation im Sinne des § 252 Abs. 2 HGB jedoch zur handelsrechtlichen Wertobergrenze.

Die Kostensituation stellt sich in beiden Jahren wie folgt dar:

- Im Herstellungsbereich fallen pro Geschirrspülmaschine an:

    Materialeinzelkosten: 50 EUR

    Materialgemeinkosten: 120 EUR

    Fertigungs(lohn)einzelkosten: 60 EUR

    Fertigungsgemeinkosten: 140 EUR

- Im Vertriebsbereich entstehen in jedem Jahr Vertriebskosten in Höhe von 20 EUR pro verkaufte Geschirrspülmaschine.

- Die im Verwaltungsbereich angefallenen 25.000 EUR pro Jahr können proportional auf die hergestellten Geschirrspülmaschinen verteilt werden.

---

[48]   Modifiziert entnommen aus HILKE, WOLFGANG (Bilanzpolitik 2002), S. 288 ff.

- In jedem Jahr werden 10.000 EUR für Fremdkapitalzinsen gezahlt, die ausschließlich durch die Herstellung der Geschirrspülmaschinen verursacht sind.

Schließlich fallen in jedem Jahr 15.000 EUR „Sonstige betriebliche Aufwendungen" an.

a) Mit welchem Betrag werden in den Jahren 01 und 02 die nicht verkauften Geschirrspülmaschinen in die Aktivposition „Fertige Erzeugnisse und Waren" eingestellt und wie lauten die zur Aktivierung erforderlichen Buchungssätze? Begründen Sie Ihre Ergebnisse!

b) Stellen Sie für beide Jahre die Gewinn- und Verlustrechnung nach dem Umsatzkostenverfahren auf! Ermitteln Sie das jeweilige „Ergebnis der gewöhnlichen Geschäftstätigkeit" für das Jahr 01 und das Jahr 02!

Lösung

Teilaufgabe a)

Als handelsrechtliche Wertuntergrenze für die Herstellungskosten ergibt sich im Jahr 01 ein Betrag pro Geschirrspülmaschine von:

	Materialeinzelkosten	50 EUR/Stück
+	Materialgemeinkosten	120 EUR/Stück
+	Fertigungs(lohn)einzelkosten	60 EUR/Stück
+	Fertigungsgemeinkosten	140 EUR/Stück
=		370 EUR/Stück

Da im Jahr 01 von den insgesamt produzierten Geschirrspülmaschinen 500 Stück – 400 Stück = 100 Stück auf Lager gehen, ist für diese nicht verkauften Geschirrspülmaschinen insgesamt ein Betrag von 370 EUR/Stück · 100 Stück = 37.000 EUR in die Aktivposition „Fertige Erzeugnisse und Waren" einzustellen.

Buchungssatz:

Fertigerzeugnisse   37.000   an   Diverse Aufwendungen   37.000

Auf diese Weise erfolgt eine Korrektur der als Herstellungskosten gebuchten Aufwendungen, soweit diese nicht den abgesetzten Leistungen zugerechnet werden können.

Im Jahr 02 sollen die nicht verkauften Geschirrspülmaschinen zur handelsrechtlichen Wertobergrenze der Herstellungskosten bewertet werden. Es errechnet sich ein Betrag pro Geschirrspülmaschine in Höhe von:

	Materialeinzelkosten	50 EUR/Stück
+	Materialgemeinkosten	120 EUR/Stück
+	Fertigungs(lohn)einzelkosten	60 EUR/Stück
+	Fertigungsgemeinkosten	140 EUR/Stück
+	Anteilige Verwaltungskosten (25.000 EUR/Jahr ÷ 500 Stück/Jahr)	50 EUR/Stück
+	Zurechenbare Fremdkapitalzinsen (10.000 EUR/Jahr ÷ 500 Stück/Jahr)	20 EUR/Stück
=		440 EUR/Stück

Am Ende des Jahres 02 sind insgesamt noch 150 Geschirrspülmaschinen vorhanden, denn es werden in beiden Jahren zusammen 1.000 Stück hergestellt, aber nur 850 Stück verkauft. Diese 150 Stück – bewertet zu 440 EUR/Stück – führen zu einem Bestandswert von 66.000 EUR. Unter der Annahme, dass die im Vorjahr aktivierten „Fertigen Erzeugnisse und Waren" bereits ausgebucht wurden, sind am Ende des Jahres 02 Aufwendungen in Höhe von 66.000 EUR durch Aktivierung der Lagerbestände zu korrigieren.

Buchungssatz:

Fertigerzeugnisse   66.000   an   Diverse Aufwendungen   66.000

Teilaufgabe b)

Im Jahr 01 werden Umsatzerlöse von 400 Stück · 700 EUR/Stück = 280.000 EUR erzielt; im Jahr 02 betragen die Umsatzerlöse 450 Stück · 700 EUR/Stück = 315.000 EUR.

Die „Herstellungskosten zur Erzielung der Umsatzerlöse" belaufen sich im Jahr 01 auf 148.000 EUR; sie errechnen sich aus den Kosten des Herstellungsbereiches in Höhe von 500 Stück · 370 EUR/Stück = 185.000 EUR, von denen der Betrag von 37.000 EUR für die 100 noch nicht verkauften Geschirrspülmaschinen abzuziehen ist.

Im Jahr 02 setzt sich die abgesetzte Menge von 450 Geschirrspülmaschinen aus zwei Teilen zusammen. Es werden zunächst die 100 im Jahr 01 bereits produzierten Geschirrspülmaschinen verkauft. Die Herstellung dieser Maschinen war im Jahr 01 im Ergebnis erfolgsneutral. Die Aufwendungen in Höhe von 37.000 EUR sind nun, dem Umsatzkostenprinzip folgend, dem Jahr 02 zuzurechnen. Hinzu kommen die Aufwendungen für die Herstellung weiterer 350 Geschirrspülmaschinen in Höhe von 440 EUR/Stück. Insgesamt betragen die Herstellungskosten zur Erzielung der Umsatzerlöse im Jahr 02: 37.000 EUR + (350 Stück · 440 EUR/Stück) = 191.000 EUR.

Als Vertriebskosten sind im Jahr 01 insgesamt 400 Stück · 20 EUR/Stück = 8.000 EUR, im Jahr 02 insgesamt 450 Stück · 20 EUR/Stück = 9.000 EUR zu berücksichtigen.

Schließlich sind im Jahr 01 noch die Verwaltungskosten (mit 25.000 EUR) und die Fremdkapitalzinsen als „Zinsen und ähnliche Aufwendungen" (mit 10.000 EUR) zu berücksichtigen. Im Jahr 02 hingegen sind die Verwaltungskosten und Fremdkapitalzinsen Teil der „Herstellungskosten zur Erzielung der Umsatzerlöse". Zur Erzielung des Umsatzes im Jahr 02 mussten 350 Geschirrspülmaschinen hergestellt werden. In den Herstellungskosten sind daher 17.500 EUR anteilige Verwaltungskosten (350 Stück · 50 EUR/Stück) und 7.000 EUR zurechenbare Fremdkapitalzinsen (350 Stück · 20 EUR/Stück) enthalten. Die übrigen anteiligen Verwaltungskosten und zurechenbaren Fremdkapitalzinsen wurden im Rahmen der Aktivierung der Lagerbestände korrigiert.

Demnach zeigt die GuV-Rechnung nach dem „Umsatzkostenverfahren" für die Jahre 01 und 02 folgendes Bild:

GuV-Rechnung		Jahr 01 (in EUR)	Jahr 02 (in EUR)
	Umsatzerlöse	280.000	315.000
–	Herstellungskosten zur Erzielung der Umsatzerlöse	148.000	191.000
=	Bruttoergebnis vom Umsatz	132.000	124.000
–	Vertriebskosten	8.000	9.000
–	Verwaltungskosten	25.000	- - -
–	Sonstige betriebliche Aufwendungen	15.000	15.000
–	Zinsen und ähnliche Aufwendungen	10.000	- - -
=	Ergebnis der gewöhnlichen Geschäftstätigkeit	74.000	100.000

Hieraus wird ersichtlich, dass das „Ergebnis der gewöhnlichen Geschäftstätigkeit" 74.000 EUR (Jahr 01) bzw. 100.000 EUR (Jahr 02) beträgt.

Aufgabe 2.55: Die Gewinn- und Verlustrechnung: Umsatzkostenverfahren und Gesamtkostenverfahren[49]

X ist Geschäftsführer der X-GmbH, die Autoradios produziert und vertreibt. Um sich einen Überblick über die Zahlen des Jahres 01 zu verschaffen, beauftragt X den Leiter des Rechnungswesens Y, eine Aufstellung über Produktions-, Absatz- und Lagermengen sowie Absatzpreise und Kosten für das Jahr 01 zu erstellen.

Nach kurzer Zeit legt ihm Y die gewünschte Aufstellung vor. Sie enthält folgende Werte:

Lagerbestand zu Beginn der Periode	0 Stück
Lagerbestand zum Ende der Periode (per Inventur)	2.000 Stück
Produktionsmenge	10.000 Stück
Absatzmenge	7.500 Stück
Absatzpreis (ohne Umsatzsteuer)	650 EUR/Stück
Fertigungseinzelkosten	2.000.000 EUR

---

[49] Modifiziert entnommen aus BAETGE, JÖRG; KIRSCH, HANS-JÜRGEN; THIELE, STEFAN (Übungsbuch Bilanzen 2010), S. 361 ff.

Fertigungsgemeinkosten		1.000.000 EUR
darunter:		
ausschließlich kalkulatorische Abschreibungen		
auf die gestiegenen Wiederbeschaffungskosten	200.000 EUR	
Materialeinzelkosten		1.000.000 EUR
Materialgemeinkosten		800.000 EUR
Verwaltungsgemeinkosten		500.000 EUR
Vertriebskosten		300.000 EUR
Kalkulatorischer Unternehmerlohn		150.000 EUR

a) Ermitteln Sie den Jahreserfolg anhand einer Gewinn- und Verlustrechnung nach dem Umsatzkostenverfahren und bewerten Sie die Lagerbestände zu Vollkosten (handelsrechtliche Wertobergrenze) gemäß den obigen Angaben!

b) Ermitteln Sie den Jahreserfolg anhand einer Gewinn- und Verlustrechnung nach dem Gesamtkostenverfahren und bewerten Sie die Lagerbestände zu Teilkosten (handelsrechtliche Wertuntergrenze) gemäß den obigen Angaben!

c) Erklären Sie kurz den Unterschied in der Höhe des Jahreserfolgs bei den Ergebnissen der Teilaufgaben a) und b)!

Lösung

Teilaufgabe a)

Gewinn- und Verlustrechnung nach dem Umsatzkostenverfahren auf Vollkostenbasis

1. Schritt:

Berechnung der Herstellungskosten/Stück des Abrechnungszeitraums 01 bei einer Produktionsmenge von 10.000 Stück (handelsrechtliche Wertobergrenze):

Materialeinzelkosten	1.000.000 EUR	100 EUR/Stück
Materialgemeinkosten	800.000 EUR	80 EUR/Stück
Fertigungseinzelkosten	2.000.000 EUR	200 EUR/Stück
Fertigungsgemeinkosten (ohne kalkulatorische Abschreibungen)	800.000 EUR	80 EUR/Stück
Verwaltungsgemeinkosten	500.000 EUR	50 EUR/Stück
Herstellungskosten des Abrechnungszeitraums (Vollkosten)	5.100.000 EUR	510 EUR/Stück

Die Vertriebskosten in Höhe von 300.000 EUR sowie der kalkulatorische Unternehmerlohn in Höhe von 150.000 EUR bleiben bei der Berechnung der Herstellungskosten des Abrechnungszeitraums zu Vollkosten unberücksichtigt.

2. Schritt:

Berechnung der Herstellungskosten des Umsatzes:

	Herstellungskosten des Abrechnungszeitraums	5.100.000 EUR
–	Bestandserhöhungen (2.000 Stück à 510 EUR)	1.020.000 EUR
=	Herstellungskosten des Umsatzes	4.080.000 EUR

darunter: Schwund 255.000 EUR (500 Stück à 510 EUR); bei einer Produktionsmenge von 10.000 Stück und einer Absatzmenge von 7.500 Stück müssten noch 2.500 Stück auf Lager liegen.

S	Fertige Erzeugnisse		H
Anfangsbestand	0 EUR	Endbestand (2.000 Stück à 510 EUR)	1.020.000 EUR
Zugang (10.000 Stück à 510 EUR)	5.100.000 EUR	Herstellungskosten des Umsatzes (8.000 Stück à 510 EUR)	4.080.000 EUR
	5.100.000 EUR		5.100.000 EUR

3. Schritt:

Erstellung der Gewinn- und Verlustrechnung nach dem Umsatzkostenverfahren auf Vollkostenbasis:

	Umsatzerlöse	4.875.000 EUR	(7.500 Stück à 650 EUR)
–	Herstellungskosten des Umsatzes	4.080.000 EUR	(8.000 Stück à 510 EUR) *
=	Bruttoergebnis vom Umsatz	795.000 EUR	
–	Vertriebskosten	300.000 EUR	
=	Jahresüberschuss	495.000 EUR	

* davon: 500 Stück · 510 EUR/Stück = 255.000 EUR Schwund

Exkurs:

Erstellung der Gewinn- und Verlustrechnung nach dem Gesamtkostenverfahren auf Vollkostenbasis:

	Umsatzerlöse	4.875.000 EUR	(7.500 Stück à 650 EUR)
+	Bestandserhöhung	1.020.000 EUR	(2.000 Stück à 510 EUR)
−	Materialeinzelkosten	1.000.000 EUR	
−	Materialgemeinkosten	800.000 EUR	
−	Fertigungseinzelkosten	2.000.000 EUR	
−	Fertigungsgemeinkosten	800.000 EUR	
−	Verwaltungsgemeinkosten	500.000 EUR	
−	Vertriebskosten	300.000 EUR	
=	Jahresüberschuss	495.000 EUR	

Teilaufgabe b)

Gewinn- und Verlustrechnung nach dem Gesamtkostenverfahren auf Teilkostenbasis

1. Schritt:

Berechnung der Herstellungskosten des Abrechnungszeitraums bei einer Produktionsmenge in 01 von 10.000 Stück (handelsrechtliche Wertuntergrenze):

Materialeinzelkosten	1.000.000 EUR	100 EUR/Stück
Materialgemeinkosten	800.000 EUR	80 EUR/Stück
Fertigungseinzelkosten	2.000.000 EUR	200 EUR/Stück
Fertigungsgemeinkosten (ohne kalkulatorische Abschreibungen)	800.000 EUR	80 EUR/Stück
Herstellungskosten des Abrechnungszeitraums (Teilkosten)	4.600.000 EUR	460 EUR/Stück

Da für die Verwaltungsgemeinkosten ein Aktivierungswahlrecht besteht, sind sie nicht Bestandteil der handelsrechtlichen Wertuntergrenze. Die Vertriebskosten in Höhe von 300.000 EUR sowie der kalkulatorische Unternehmerlohn in Höhe von 150.000 EUR bleiben bei der Berechnung der Herstellungskosten des Abrechnungszeitraums stets, also auch bei der Berechnung zu Teilkosten, unberücksichtigt.

2. Schritt:

Erstellung der Gewinn- und Verlustrechnung nach dem Gesamtkostenverfahren auf Teilkostenbasis:

	Umsatzerlöse	4.875.000 EUR	(7.500 Stück à 650 EUR)
+	Bestandserhöhung	920.000 EUR	(2.000 Stück à 460 EUR)
–	Materialeinzelkosten	1.000.000 EUR	
–	Materialgemeinkosten	800.000 EUR	
–	Fertigungseinzelkosten	2.000.000 EUR	
–	Fertigungsgemeinkosten	800.000 EUR	
–	Verwaltungsgemeinkosten	500.000 EUR	
–	Vertriebskosten	300.000 EUR	
=	Jahresüberschuss	395.000 EUR	

Exkurs:

Erstellung der Gewinn- und Verlustrechnung nach dem Umsatzkostenverfahren auf Teilkostenbasis:

	Herstellungskosten des Abrechnungszeitraums	4.600.000 EUR	(10.000 Stück à 460 EUR)
–	Bestandserhöhungen	920.000 EUR	(2.000 Stück à 460 EUR)
=	Herstellungskosten des Umsatzes	3.680.000 EUR	
	Umsatzerlöse	4.875.000 EUR	(7.500 Stück à 650 EUR)
–	Herstellungskosten des Umsatzes	3.680.000 EUR	
=	Bruttoergebnis vom Umsatz	1.195.000 EUR	
–	Allgemeine Verwaltungskosten	500.000 EUR	
–	Vertriebskosten	300.000 EUR	
=	Jahresüberschuss	395.000 EUR	

Teilaufgabe c)

Der Unterschied zwischen dem Jahreserfolg bei Bewertung zu Vollkosten und dem Jahreserfolg bei Bewertung zu Teilkosten beträgt 100.000 EUR (495.000 EUR im Vergleich zu 395.000 EUR). Grund dafür ist die ungleiche Bewertung der Lagerbestände. Werden die Lagerbestände zu Vollkosten bewertet, also mit 510 EUR/Stück, so kommt es beim Umsatzkostenverfahren zu einer Korrektur der Aufwendungen der Periode in Höhe von 2.000 Stück · 510 EUR/Stück = 1.020.000 EUR. Bei Anwendung des Gesamtkostenverfahrens wird ein Ertrag in dieser Höhe gebucht („Bestandserhöhungen"). Bei einer Bewertung zu Teilkosten sind die Verwaltungskosten in Höhe von 50 EUR/Stück nicht Bestandteil der Herstellungskosten i. S. d. § 255 Abs. 2 HGB. Die Korrektur der Aufwendungen (Umsatzkostenverfahren) bzw. die Buchung eines Ertrags (Gesamtkostenverfahren) fällt damit um 2.000 Stück · 50 EUR/Stück = 100.000 EUR geringer aus. Der Jahreserfolg sinkt um diesen Betrag.

Aufgabe 2.56: Die Gewinn- und Verlustrechnung: Geschäftsvorfälle

Am 10.10.01 schließt die X-AG mit ihrem Kunden, der Y-GmbH, einen Vertrag über den Verkauf von Erzeugnissen im Wert von 80.000 EUR. Im Kaufvertrag werden folgende Vereinbarungen getroffen, die auch so durchgeführt werden:

- Anzahlung der Y-GmbH über 30.000 EUR per Banküberweisung, zu leisten bis zum 20.10.01, und

- Restzahlung des Kaufpreises unmittelbar nach Erhalt der Ware. Die Lieferung der Ware erfolgt frei Haus.

Die Herstellung der Erzeugnisse (Herstellungskosten 60.000 EUR) ist am 31.12.01 abgeschlossen. Die Auslieferung erfolgt am 10.01.02. Am gleichen Tag geht die Restzahlung in Höhe von 50.000 EUR per Banküberweisung ein.

Zeigen Sie die Auswirkungen aus dem Abschluss des genannten Vertrags und der darauf basierenden Handlungen auf die Jahresabschlüsse 01 und 02 der

a)   X-AG

und der

b)   Y-GmbH!

Bilden Sie alle notwendigen Buchungssätze! Begründen Sie Ihre Ergebnisse! Umsatzsteuer ist bei der Ermittlung der Buchungssätze nicht zu berücksichtigen.

Lösung

Teilaufgabe a)

X-AG (Verkäufer)

Periode 01:

Der Vollständigkeitsgrundsatz (§ 246 Abs. 1 Satz 1 HGB) verlangt die Berücksichtigung der erhaltenen Anzahlung im Jahresabschluss der X-AG. Sie darf den Gewinn der Periode 01 aber nicht erhöhen, da nach dem Realisationsprinzip (§ 252 Abs. 1 Nr. 4 HGB) der Gewinn erst im Zeitpunkt der Lieferung oder Leistung entsteht; die X-AG liefert erst in der folgenden Periode. Am 31.12.01 liegt ein schwebendes Geschäft vor. Also ist zu buchen:

Bank   30.000   an   Erhaltene Anzahlungen   30.000

Die Herstellung der Erzeugnisse darf gleichfalls nicht zu einer Gewinnentstehung führen (Realisationsprinzip, § 252 Abs. 1 Nr. 4 HGB). Der Herstellungsvorgang wird aggregiert über folgende Buchungssätze abgebildet:

Diverse Aufwendungen   60.000   an   Diverse Bestandskonten   60.000

Gesamtkostenverfahren:

Fertigerzeugnisse	60.000	an	Erträge aus Bestandserhöhungen	60.000

Die Aktivierung der Fertigerzeugnisse führt hier zu einem Ertrag. Maßgeblich für die Korrektur der Erträge ist das Mengengerüst der produzierten Erzeugnisse und nicht das der tatsächlich umgesetzten Erzeugnisse.

Umsatzkostenverfahren:

Kostenträger	60.000	an	Diverse Aufwendungen	60.000
Fertigerzeugnisse	60.000	an	Kostenträger	60.000

Die erste Buchung ordnet die Aufwendungen den Kostenträgern zu. Mit der zweiten Buchung erfolgt eine Anpassung der Produktionsaufwendungen der Periode an das Mengengerüst der umgesetzten Erzeugnisse (Umsatzaufwand).

Insgesamt betrachtet sind die Vorgänge in der Periode 01 also erfolgsneutral abgebildet.

Periode 02:

Da am 10.01.02 die Lieferung erfolgt, ist nach dem Realisationsprinzip (§ 252 Abs. 1 Nr. 4 HGB) der Gewinn aus diesem Geschäft in der Periode 02 zu zeigen. Der Vollständigkeitsgrundsatz (§ 246 Abs. 1 Satz 1 HGB) verlangt die vollständige Abbildung der Vorgänge. Es ist zu buchen:

Forderungen aus Lieferungen und Leistungen	80.000	an	Umsatzerlöse	80.000
Erhaltene Anzahlungen	30.000	an	Forderungen aus	80.000
Bank	50.000		Lieferungen und Leistungen	

Da das Realisationsprinzip als Gewinnrealisationsprinzip verstanden wird, d. h. sich nicht nur auf die Erträge, sondern auch auf die Aufwendungen bezieht, ist am 10.01.02 auch die Zuordnung des Herstellungsaufwands zum Umsatzakt des 10.01.02 vorzunehmen.

Gesamtkostenverfahren:

Aufwand aus Bestandsminderungen	60.000	an	Fertigerzeugnisse	60.000

Umsatzkostenverfahren:

Herstellungskosten der zur Erzielung der Umsatzerlöse erbrachten Leistungen	60.000	an	Fertigerzeugnisse	60.000

Im Ergebnis liegt in der Periode 02 ein erfolgswirksamer Vorgang vor, der isoliert betrachtet zu einem positiven Beitrag zum Jahresergebnis in Höhe von 20.000 EUR führt.

Teilaufgabe b)

Y-GmbH (Käufer)

Periode 01:

Es liegt ein schwebendes Geschäft vor. Die Ansprüche bzw. Verpflichtungen aus solchen Geschäften bleiben grundsätzlich bilanziell unberücksichtigt. Nach § 246 Abs. 1 Satz 1 HGB ist zu buchen:

Geleistete Anzahlungen	30.000	an	Bank	30.000

Der Anzahlungsvorgang ist also erfolgsneutral (Aktivtausch).

Periode 02:

Bei der Y-GmbH liegt ein Anschaffungsgeschäft vor. Es gilt das aus dem Realisationsprinzip (§ 252 Abs. 1 Nr. 4 HGB) folgende Anschaffungswertprinzip (§ 253 Abs. 1 Satz 1 HGB). Der Vorgang ist also erfolgsneutral abzubilden. Es ist daher zu buchen:

Vermögensgegenstand	80.000	an	Verbindlichkeiten aus Lieferungen und Leistungen	80.000
Verbindlichkeiten aus Lieferungen und Leistungen	80.000	an	Bank Geleistete Anzahlungen	50.000 30.000

2.6   Der Inhalt von Anhang und Lagebericht

Aufgabe 2.57: Der Anhang: Aufgaben

Welche Aufgaben werden dem Anhang zugeordnet?

Lösung

Im Einzelnen dient der Anhang der Erfüllung der

- Interpretationsfunktion (z. B. Interpretation der Positionen von Bilanz und GuV-Rechnung durch die Angabe der Bilanzierungs- und Bewertungsmethoden sowie der Abweichungen von bisher angewendeten Methoden),
- Korrekturfunktion (z. B. betragsmäßige Darstellung der Abweichungen zum Vorjahresabschluss infolge der Änderung bisher angewendeter Bilanzierungs- und Bewertungsmethoden),
- Entlastungsfunktion (z. B. Ausweiswahlrechte zwischen Bilanz bzw. GuV-Rechnung und Anhang zur Verbesserung der Übersichtlichkeit von Bilanz und GuV-Rechnung),
- Ergänzungsfunktion (z. B. Informationen über nicht bilanzierungsfähige Sachverhalte wie u. a. Angaben über zusätzliche finanzielle Verpflichtungen).

Aufgabe 2.58: Der Anhang: Gliederung

Nehmen Sie exemplarisch eine Gliederung des Anhangs eines Unternehmens vor!

Lösung (siehe nächste Seite)

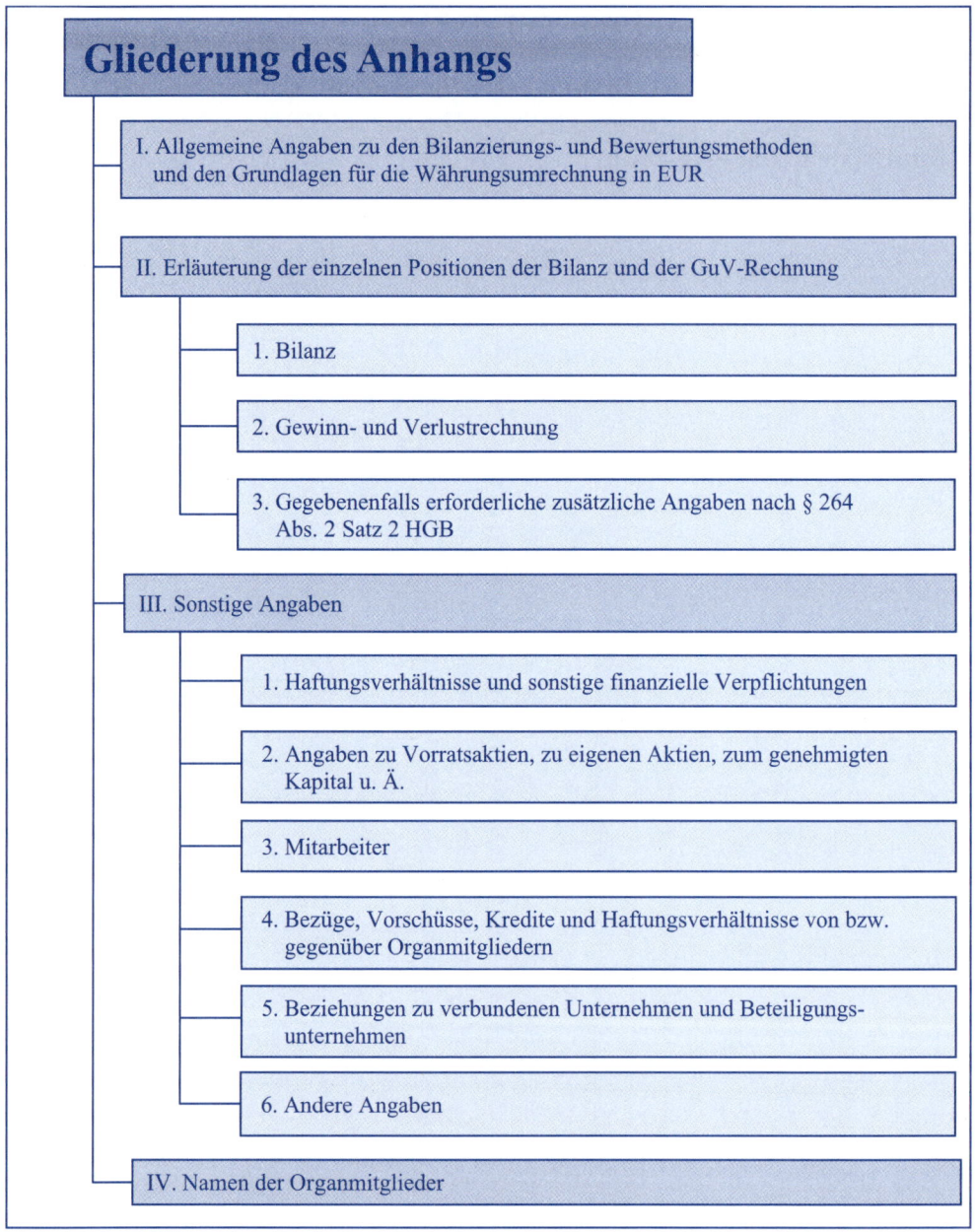

Abb. 12:   Möglicher Aufbau des Anhangs eines Unternehmens[50]

---

[50]   Modifiziert entnommen aus BIEG, HARTMUT; KUßMAUL, HEINZ; WASCHBUSCH, GERD (Rechnungswesen 2012),
        S. 219.

Aufgabe 2.59: Der Anhang: Inhalt[51]

Im Geschäftsbericht der X-AG für das Geschäftsjahr 03 findet sich im Anhang die folgende Angabe zu den angewandten Bilanzierungs- und Bewertungsmethoden: „Die Bilanzierungs- und Bewertungsmethoden erfuhren gegenüber den Vorjahren keine Veränderung. Bezüglich der Erörterung der angewandten Bilanzierungs- und Bewertungsmethoden wird auf den Geschäftsbericht des Geschäftsjahres 01 verwiesen."

Genügt diese Angabe im Geschäftsbericht für das Geschäftsjahr 03 den gesetzlichen Vorschriften?

Lösung

Ein derartiges Vorgehen im Geschäftsbericht für das Geschäftsjahr 03 genügt den gesetzlichen Vorschriften nicht. § 284 Abs. 2 Nr. 1 HGB schreibt vor, dass die auf die Positionen der Bilanz und der Gewinn- und Verlustrechnung angewandten Bilanzierungs- und Bewertungsmethoden anzugeben sind. Dies beinhaltet, dass die Bilanzierungs- und Bewertungsmethoden jährlich aufs Neue angegeben werden müssen. Ein Verweis auf die Darstellungen vorangegangener Geschäftsjahre ist unzureichend und daher nicht zulässig.

Aufgabe 2.60: Der Anhang: Inhalt

Darf über die gesetzlich vorgeschriebenen Angabepflichten im Anhang hinausgegangen werden?

Lösung

Neben den zwingend im Anhang vorgeschriebenen Angaben sind prinzipiell auch freiwillige Angaben möglich. Über die gesetzlichen Vorschriften hinausgehende Angaben sind weder in quantitativer noch in formeller Hinsicht bestimmten Restriktionen unterworfen. Eine Grenze ist allerdings zu beachten. Sollten die zusätzlichen Angaben eine Beeinträchtigung der Aussagefähigkeit des Anhangs darstellen, so haben diese freiwilligen Angaben zu unterbleiben. Ansonsten können jedoch zusätzliche Angaben von dem Unternehmen uneingeschränkt gemacht und auch zur Öffentlichkeitsarbeit genutzt werden.

Aufgabe 2.61: Der Lagebericht: Aufgabe

Erläutern Sie kurz die Aufgabe des Lageberichts!

---

[51] Modifiziert entnommen aus COENENBERG, ADOLF G.; HALLER, AXEL; SCHULTZE, WOLFGANG (Aufgaben 2009), S. 289.

Lösung

Gemäß § 289 Abs. 1 Satz 1 HGB sind im Lagebericht „der Geschäftsverlauf einschließlich des Geschäftsergebnisses und die Lage der Kapitalgesellschaft so darzustellen, dass ein den tatsächlichen Verhältnissen entsprechendes Bild vermittelt wird". Der Lagebericht stellt also ein ergänzendes Informationsinstrument dar. Er soll den durch Bilanz, Gewinn- und Verlustrechnung und Anhang vermittelten, aber gleichzeitig auch eingeschränkten Einblick in die wirtschaftliche Lage eines Unternehmens in sachlicher Hinsicht durch zusätzliche Angaben über das Unternehmen und seine Umwelt und in zeitlicher Hinsicht durch zukunftsorientierte Informationen ergänzen.

Aufgabe 2.62: Der Lagebericht: Inhalt

Können in den Lagebericht auch subjektive Angaben einfließen?

Lösung

Auch die im Lagebericht veröffentlichten Informationen unterliegen bestimmten Vorgaben und sollen den Aussagegehalt der Bilanz, der Gewinn- und Verlustrechnung und des Anhangs durch ergänzende Informationen erhöhen. Dazu ist es allerdings nötig, diese so objektiv wie möglich zu gestalten. Daher sind die Informationen zumindest so darzustellen, dass ein den tatsächlichen Verhältnissen entsprechendes Bild entsteht. Gerade aber bei den Informationen zu zukünftigen Tatbeständen (z. B. bedeutende Investitionsvorhaben, Entwicklungstendenzen des Marktwachstums etc.) müssen sicherlich auch subjektive Angaben einfließen. Dennoch sind derartige Angaben, die auf bestimmten Prämissen, Prognosen und Werturteilen beruhen, nicht nur gestattet, sondern verpflichtend, soweit sie den Adressaten helfen, sich ein realistisches Bild von dem Unternehmen zu machen.

Aufgabe 2.63: Der Lagebericht: Berichtsbereiche

Nennen Sie die einzelnen Berichtsbereiche des Lageberichts!

Lösung

Der Inhalt des Lageberichts kann durch folgende Berichtsbereiche gekennzeichnet werden:

(1)   Wirtschaftsbericht (§ 289 Abs. 1 und Abs. 3 HGB),

(2)   Prognosebericht (§ 289 Abs. 1 HGB),

(3)   Nachtragsbericht (§ 289 Abs. 2 Nr. 1 HGB),

(4)   Finanzrisikobericht (§ 289 Abs. 2 Nr. 2 HGB),

(5)   Forschungs- und Entwicklungsbericht (§ 289 Abs. 2 Nr. 3 HGB),

(6)   Zweigniederlassungsbericht (§ 289 Abs. 2 Nr. 4 HGB),

(7) Vergütungsbericht (nur für börsennotierte Aktiengesellschaften) (§ 289 Abs. 2 Nr. 5 HGB),

(8) Bericht über die Übernahmesituation (nur Aktiengesellschaften und Kommanditgesellschaften auf Aktien, die einen organisierten Markt i. S. d. § 2 Abs. 7 WpÜG durch von ihnen ausgegebene stimmberechtigte Aktien in Anspruch nehmen) (§ 289 Abs. 4 HGB),

(9) Bericht über das interne Kontroll- und das Risikomanagementsystem (nur Kapitalgesellschaften i. S. d. § 264d HGB) (§ 289 Abs. 5 HGB),

(10) Ergänzungsbericht (nur für Aktiengesellschaften) (§ 312 Abs. 3 AktG),

(11) Zusatzbericht mit freiwilligen Angaben.

Aufgabe 2.64: Der Lagebericht: Erstellungspflicht

Welche Unternehmen sind von der Verpflichtung, einen Lagebericht zu erstellen, befreit?

Lösung

Kleine Kapitalgesellschaften sind nach § 264 Abs. 1 Satz 4 HGB von der Pflicht zur Aufstellung eines Lageberichts befreit. Darüber hinaus sind auch die nach dem Publizitätsgesetz rechnungslegungspflichtigen Unternehmen von der Aufstellung eines Lageberichts befreit, sofern sie in der Rechtsform einer Personenhandelsgesellschaft oder des Einzelkaufmanns betrieben werden (Umkehrschluss aus § 5 Abs. 2 Satz 1 PublG).

3 Die Jahresabschlusspolitik[52]

3.1 Die Ziele der Jahresabschlusspolitik

Aufgabe 3.1: Grundstruktur eines (Gesamt-)Zielsystems eines Unternehmens

Entwickeln Sie die Grundstruktur eines hierarchisch aufgebauten (Gesamt-)Zielsystems eines Unternehmens unter besonderer Berücksichtigung der Einbeziehung der Ziele der Jahresabschlusspolitik!

Lösung (siehe nächste Seite)

---

[52] Wesentliche Ausführungen dieses Kapitels gehen zurück auf WASCHBUSCH, GERD (Jahresabschlusspolitik 2004); WASCHBUSCH, GERD (Jahresabschlusspolitik 2007).

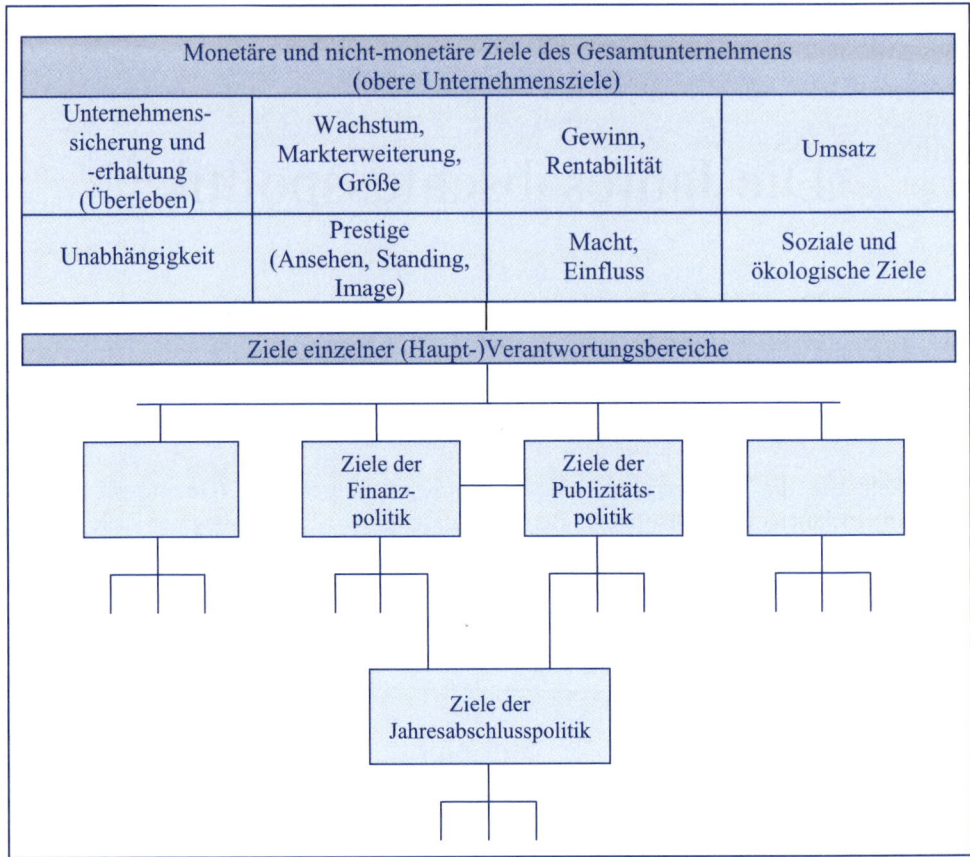

Abb. 13: Grundstruktur eines hierarchisch aufgebauten (Gesamt-)Zielsystems eines Unter-
nehmens unter besonderer Berücksichtigung der Einbeziehung der Ziele der Jah-
resabschlusspolitik[53]

Aufgabe 3.2:   Das Zielsystem der Jahresabschlusspolitik
eines Unternehmens

Entwickeln Sie ausgehend von der Grundstruktur eines hierarchisch aufgebauten (Gesamt-)
Zielsystems eines Unternehmens (siehe die Lösung zu Aufgabe 4.1) ein konkretes Zielsystem der Jahresabschlusspolitik eines Unternehmens!

---

[53]   Modifiziert entnommen aus WASCHBUSCH, GERD (Ziele 1993), S. 236.

Lösung

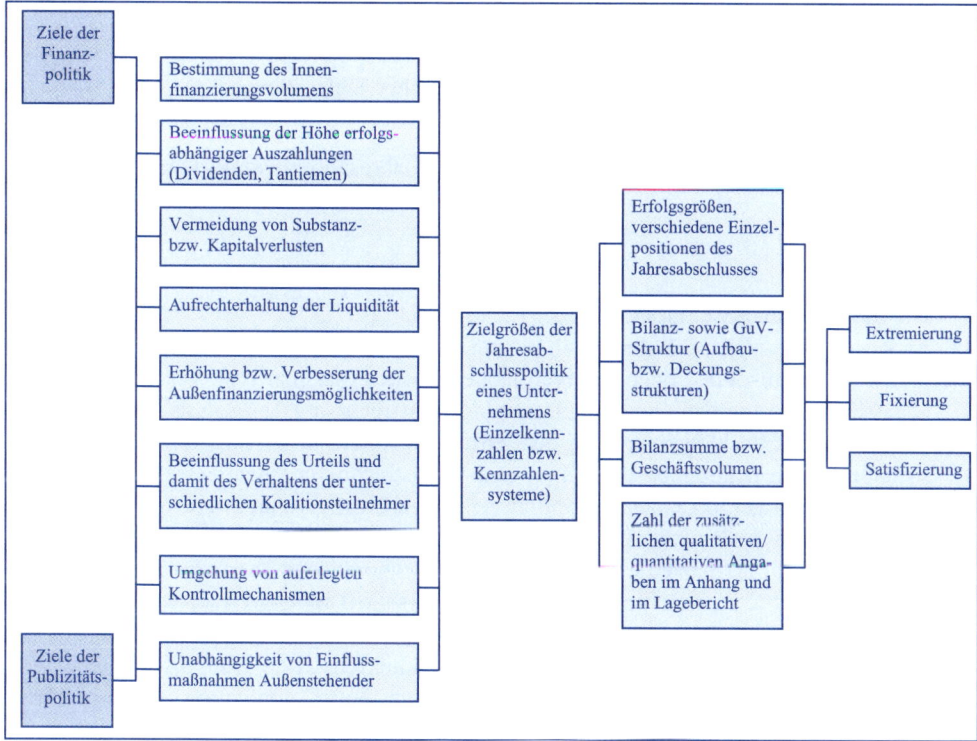

Abb. 14: Das Zielsystem der Jahresabschlusspolitik eines Unternehmens[54]

Aufgabe 3.3:   Inhalte, Ausmaß und zeitliche Erstreckung jahresabschlusspolitischer Zielgrößen

Die Integration jahresabschlusspolitischer Ziele in das (Gesamt-)Zielsystem eines Unternehmens (siehe die Lösungen zu den Aufgaben 3.1 und 3.2) zeigt, dass in den Entscheidungsbereich der Jahresabschlusspolitik nur solche Entscheidungen fallen, deren Beweggrund im Bedürfnis einer Gestaltung des Jahresabschlusses an sich zu suchen ist. Diese Gestaltung erfolgt allerdings nicht um ihrer selbst willen, sondern vielmehr ausschließlich zur Steigerung der Zielerfüllung übergeordneter Ziele. Die Ziele der Jahresabschlusspolitik stellen demzufolge Einwirkungsgrößen dar, mit deren Beeinflussung ein Beitrag zur Erreichung sachlich vorgelagerter finanz- sowie publizitätspolitischer Ziele geleistet werden soll. Um diesen Beitrag zu gewährleisten, sind die Ziele der Jahresabschlusspolitik operational auszu-

---

[54] Modifiziert entnommen aus WASCHBUSCH, GERD (Ziele 1993), S. 238.

gestalten, d. h. inhaltlich zu konkretisieren und hinsichtlich ihres Ausmaßes sowie ihrer zeitlichen Erstreckung zu spezifizieren. Erläutern Sie, was unter

(1) den Inhalten,

(2) dem Ausmaß sowie

(3) der zeitlichen Erstreckung jahresabschlusspolitischer Zielgrößen

zu verstehen ist!

Geben Sie Beispiele für operationale Zielgrößen der Jahresabschlusspolitik eines Unternehmens!

Lösung

(1) Die Inhalte jahresabschlusspolitischer Zielgrößen:
Im Konkreten äußert sich der Inhalt der maßgeblichen Zielgrößen der Jahresabschlusspolitik in der absoluten oder relativen Höhe der Erfolgszahlen bzw. verschiedener Einzelpositionen von Bilanz und Gewinn- und Verlustrechnung, im Betrag der Bilanzsumme bzw. des Geschäftsvolumens, den Strukturverhältnissen (Aufbau- wie Deckungsstrukturen) von Bilanz nebst Gewinn- und Verlustrechnung sowie der Zahl der zusätzlichen qualitativen, aber auch quantitativen Angaben im Anhang und im Lagebericht. Die Formulierung derartiger Zielvorgaben obliegt dem Entscheidungsträger der Jahresabschlusspolitik als jemandem, der jahresabschlusspolitische Zielvorstellungen zu artikulieren hat. Ihre Artikulation ist zudem als Vorschrift zu begreifen, welche Kriterien zur Bewertung von alternativen jahresabschlusspolitischen Lösungsmöglichkeiten heranzuziehen sind, d. h., anhand der inhaltlich konkretisierten Zielgrößen der Jahresabschlusspolitik erfolgen die Beurteilung, Auswahl und Kombination jahresabschlusspolitischer Instrumente.

(2) Das Ausmaß jahresabschlusspolitischer Zielgrößen:
Um eine möglichst rationale Entscheidung hinsichtlich der Auswahl realisierbarer jahresabschlusspolitischer Maßnahmen treffen zu können, muss der mit ihrem Einsatz jeweils erreichbare Beitrag zur Erfüllung jahresabschlusspolitischer Handlungsziele messbar sein. Es besteht daher die Notwendigkeit, das angestrebte Ausmaß der Erreichung jahresabschlusspolitischer Handlungsziele festzulegen. Es sind Aussagen hinsichtlich einer Dimensionierung des gewünschten Grades der Erreichung jahresabschlusspolitischer Zielvorgaben zu treffen. Für die Formulierung solcher Zielerreichungsgrade kommen prinzipiell folgende Möglichkeiten in Betracht: Zum einen ist es denkbar, dass für jahresabschlusspolitische Zielgrößen extreme Werte angestrebt werden sollen (Minimierung, Maximierung), zum anderen kann aber auch lediglich das Erreichen eines ganz bestimmten oder eines zufriedenstellenden Wertes verlangt werden (Fixierung oder Satisfizierung). Beispiele hierfür wären etwa „möglichst niedrige Beteiligungsposition" bzw. „möglichst hoher Jahresüberschuss" einerseits sowie „eine Eigenkapitalquote von 5 %", „Steigerung der Bilanzsumme um 5–10 %", „Ausweis einer Bilanzgewinnhöhe wie im Vorjahr" bzw. „8 % Dividendenausschüttung" andererseits.

(3) Die zeitliche Erstreckung jahresabschlusspolitischer Zielgrößen:
     Die zeitliche Erstreckung jahresabschlusspolitischer Handlungsziele richtet sich auf die
     Vorgabe der Zeitpunkte oder Zeiträume, auf die sich die Forderung nach ihrer Errei-
     chung bezieht. Determiniert wird die zeitliche Festlegung jahresabschlusspolitischer
     Zielgrößen durch die einzelnen Rechnungslegungsperioden. Damit wäre es letztendlich
     auch gelungen, Zielgrößen zu isolieren, die eindeutig auf den Zuständigkeitsbereich der
     Jahresabschlusspolitik zugeschnitten sind. Ihre Fixierung kann als Messvorschrift ver-
     standen werden, mit deren Hilfe die Entscheidungsträger der Jahresabschlusspolitik die
     Konsequenzen ihrer jahresabschlusspolitischen Instrumentalentscheidungen beurteilen
     können. Als Beispiele können angeführt werden: „Ausweis einer Eigenkapitalquote von
     x % im Jahr y", „Konstanz der Bilanzgewinne in den nächsten Jahren auf dem derzeit
     bestehenden Niveau".

Aufgabe 3.4:   Zielkonflikte und ihre Lösung im Rahmen der Jahresabschlusspolitik

Jahresabschlusspolitische Zielgrößen, die zueinander in einer indifferenten bzw. komplemen-
tären Beziehung stehen, bereiten dem Entscheidungsträger der Jahresabschlusspolitik keine
besonderen Probleme. Wie beurteilen Sie dagegen die Situation des Entscheidungsträgers der
Jahresabschlusspolitik bei Vorliegen jahresabschlusspolitischer Konfliktsituationen?

Lösung

Bei Vorliegen jahresabschlusspolitischer Konfliktsituationen ergibt sich das Erfordernis,
struktur- und ergebnisbezogene Absichten gegeneinander abwägen zu müssen. Der Rech-
nungslegende ist im Falle des Auftretens jahresabschlusspolitischer Interessenkollisionen
gehalten, Zielkonflikte auf der jahresabschlusspolitischen Gestaltungsebene durch die Vornahme einer Gewichtung bzw. die Entwicklung einer Rangfolge entsprechend der Vorzie-
henswürdigkeit der einzelnen, sich gegenseitig ausschließenden Zielgrößen zu lösen. Häufig
wird hierbei der bewussten Gestaltung der Erfolgsgrößen (wie etwa Jahresüberschuss oder
Bilanzgewinn) Vorrang vor einer Beeinflussung der Struktur von Bilanz sowie Gewinn- und
Verlustrechnung, aber auch anderer Einzelpositionen des Jahresabschlusses eingeräumt.

Da die isolierten jahresabschlusspolitischen Zielvorgaben nur die Rolle von Instrumental-
zielen ausüben, kann sich der Entscheidungsträger der Jahresabschlusspolitik Informationen
über ihre jeweilige Gewichtung bzw. Rangfolge allerdings allein durch einen Rückgriff auf
unmittelbar übergeordnete Unternehmensteilpolitiken beschaffen. Die im Einzelnen anzu-
strebende Ausweishöhe der jahresabschlusspolitischen Zielgrößen lässt sich demnach nur aus
der Beurteilung der Beiträge dieser Ziele zur Erfüllung der sachlich unmittelbar vorgelagerten finanz- und publizitätspolitischen Ziele ableiten.

Welchen Zielvorstellungen aus den übergeordneten Entscheidungsbereichen der Finanz-
sowie Publizitätspolitik und damit Zielgrößen der Jahresabschlusspolitik bei der Herbeifüh-
rung eines unternehmenspolitisch gewünschten Interessenausgleichs zwischen Jahresabschlussadressaten einerseits und Unternehmen andererseits schließlich Vorrang eingeräumt

wird, hängt jedoch vom Einzelfall ab und bildet somit eine empirische Frage, die sich nicht ohne Weiteres beantworten lässt. Eine allgemein gültige Prioritätenskala für jahresabschlusspolitische Zielgrößen lässt sich jedenfalls nicht aufstellen. Vielmehr ist davon auszugehen, dass die Zielgrößen der Jahresabschlusspolitik regelmäßig, d. h. Jahr für Jahr in Abhängigkeit von den übergeordneten Zielvorstellungen der Finanz- und Publizitätspolitik inhaltlich neu festgelegt werden. Die finanz- und publizitätspolitischen Zielvorstellungen dürften ihrerseits wiederum aufgrund der sich ständig verändernden wirtschaftlichen Lage des Unternehmens einem permanenten Wandel unterliegen.

3.2   Die Instrumente der Jahresabschlusspolitik

Aufgabe 3.5:   Die materiellen und die formellen Instrumente der Jahresabschlusspolitik

Wodurch unterscheiden sich die materiellen und die formellen Instrumente der Jahresabschlusspolitik?

Lösung

Entsprechend ihren unterschiedlichen Auswirkungen auf den Jahresabschluss unterscheidet man zwischen den materiellen und den formellen Instrumenten der Jahresabschlusspolitik. Während die materiellen Instrumente die vorstichtagsbezogenen Maßnahmen zur Gestaltung von Sachverhalten sowie die nachstichtagsbezogenen erfolgswirksamen Maßnahmen zur Darstellung von Sachverhalten umfassen, beziehen sich die formellen Instrumente ausschließlich auf die nachstichtagsbezogenen erfolgsunwirksamen Maßnahmen der Sachverhaltsdarstellung, die Einfluss auf Gliederung, Ausweis und Erläuterungen im Jahresabschluss nehmen.

Aufgabe 3.6:   Die Differenzierung der Instrumente der Jahresabschlusspolitik nach dem Zeitpunkt ihrer Inanspruchnahme

Inwiefern lassen sich die Instrumente der Jahresabschlusspolitik nach dem Zeitpunkt ihrer Inanspruchnahme differenzieren? Welcher Zusammenhang besteht zur Einteilung der Instrumente der Jahresabschlusspolitik entsprechend ihren unterschiedlichen Auswirkungen auf den Jahresabschluss?

Lösung

Eine Einteilung jahresabschlusspolitischer Instrumente nach dem Zeitpunkt ihrer Inanspruchnahme führt zu einer Differenzierung von vorstichtags- und nachstichtagsbezogenen Maßnahmen (auch als ex ante-Maßnahmen und ex post-Maßnahmen bezeichnet). Während Erstere im Verlauf eines Geschäftsjahres ergriffen werden (daher auch Sachverhaltsgestaltungen), fallen Letztere ausschließlich in die eigentliche Abschlusstätigkeit des rechnungslegenden Unternehmens (daher auch Sachverhaltsdarstellungen). Die jeweiligen Auswirkungen auf das Zahlenmaterial der Buchhaltung sind dementsprechend unterschiedlich. Sachverhaltsgestaltende Maßnahmen führen zu einer unmittelbaren und sachverhaltsdarstellende Maßnahmen zu einer mittelbaren Beeinflussung des Mengen- und/oder Wertgerüsts der Buchhaltung. Bei den ex ante-Maßnahmen handelt es sich – abgesehen von den Maßnahmen zur Wahl des Abschlussstichtages sowie zur Gestaltung der Jahresabschlussbekanntgabe – um materielle Instrumente der Jahresabschlusspolitik, wohingegen ex post-Maßnahmen sowohl materiellen als auch formellen Charakter besitzen können.

Aufgabe 3.7:   Wahlrechte und Ermessensspielräume

Wodurch unterscheiden sich Wahlrechte von Ermessensspielräumen? Nennen Sie jeweils Beispiele!

Lösung

Wahlrechte werden durch das Vorliegen genau bezeichneter Alternativen bestimmt, die sich gegenseitig ausschließen. So besteht z. B. für selbst geschaffene immaterielle Vermögensgegenstände des Anlagevermögens gemäß § 248 Abs. 2 Satz 1 HGB ein Aktivierungswahlrecht. Der Bilanzierende hat die Wahl zwischen Aktivierung und Nicht-Aktivierung.

Ermessensspielräume zeichnen sich hingegen gerade dadurch aus, dass sie sich eben nicht eindeutig abgrenzen lassen. Sie sind vielmehr eine Folge der subjektiven Auslegung von Unschärfebereichen (Grauzonen) bei der bilanziellen Abbildung des Unternehmensprozesses. Ermessensspielräume bestehen beispielsweise bei der Schätzung von Nutzungsdauern bei zeitlich begrenzt nutzbaren und somit planmäßig abzuschreibenden Gegenständen des Anlagevermögens oder bei Wahrscheinlichkeitsannahmen bei der Quantifizierung von Rückstellungen.

Aufgabe 3.8:   Gründe für das Vorliegen von Ermessensspielräumen

Welches sind die Gründe für das Vorliegen von Ermessensspielräumen?

Lösung

Die Gründe für das Bestehen von Ermessensspielräumen sind vielfältig. Sie liegen vor allem in der nur unvollständig durchführbaren Objektivierung und Normierung der ökonomischen Realität, der Ungewissheit der zukünftigen Entwicklung sowie den sich hieraus ergebenden Informationslücken bei der Beurteilung von Sachverhalten, der Ermittlung jahresabschlussbezogener Daten bzw. der Schätzung von Wahrscheinlichkeiten.

Aufgabe 3.9:   Die vorstichtagsbezogenen jahresabschlusspolitischen Instrumente: Ziele

Welche Ziele werden mit dem Ergreifen vorstichtagsbezogener Maßnahmen zur Gestaltung von Sachverhalten verfolgt?

Lösung

Zweck der vor Ablauf des Geschäftsjahres zum Einsatz kommenden Maßnahmen zur Gestaltung von Sachverhalten ist die Regulierung ausgewählter Bestandsgrößen sowie Aufwands- und Ertragsströme. So wird beispielsweise durch die absichtliche Auslösung zusätzlicher bzw. die bewusste Modifikation ansonsten sowieso getätigter Geschäftsvorfälle auf eine Erhöhung der Bilanzsumme, eine Verbesserung des Liquiditätsausweises oder eine Steuerung des Erfolgsausweises hingearbeitet. Das jahresabschlusspolitische Interesse an sachverhaltsgestaltenden Maßnahmen kann aber auch in der Verhinderung bzw. der Verzögerung des Entstehens von Vermögens- und Kapitalbeständen sowie in der Verschiebung der Periodenwirksamkeit von Aufwendungen und Erträgen liegen.

Aufgabe 3.10:   Die nachstichtagsbezogenen jahresabschlusspolitischen Instrumente: Bilanzierungswahlrechte

Was versteht man unter Bilanzierungswahlrechten (Bilanzansatzwahlrechten) und wie wirken sie sich aus?

Lösung

Bilanzierungswahlrechte (Bilanzansatzwahlrechte) überlassen dem Bilanzierenden die Entscheidung darüber, ob bestimmte Vermögensgegenstände bzw. Ansprüche an das Vermögen (Schulden) in die Bilanz eingehen sollen oder nicht. Demzufolge unterscheidet man Aktivierungs- und Passivierungswahlrechte. Die Ausübung eines Aktivierungswahlrechts (Passivierungswahlrechts), d. h. die Aufnahme einer Aktivposition (Passivposition) in die Bilanz, bedeutet den Verzicht auf eine anderenfalls sofort (später) mögliche Aufwandsverrechnung. Eine Erhöhung (Verminderung) des Jahresüberschusses bzw. eine Verminderung (Erhöhung) des Jahresfehlbetrags sind die Folge.

Aufgabe 3.11: Die nachstichtagsbezogenen jahresabschlusspolitischen Instrumente: Bewertungswahlrechte

Wie lassen sich Bewertungswahlrechte kennzeichnen und unterteilen?

Lösung

Bewertungswahlrechte beinhalten eindeutig festgelegte Freiräume hinsichtlich der Gestaltung der Wertansätze einzelner Bilanzpositionen. Sie lassen sich in Wertansatz- und Methodenwahlrechte, Erstere wiederum in Abwertungs- und Aufwertungswahlrechte unterteilen. Während Wertansatzwahlrechte dem Bilanzierenden die Wahl zwischen zwei oder mehreren gesetzlich zulässigen Wertansätzen ermöglichen (z. B. bei der Vornahme außerplanmäßiger Abschreibungen bei einer vorübergehenden Wertminderung im Finanzanlagevermögen), räumen die Methodenwahlrechte bei der Ermittlung der Wertansätze einzelner Bilanzpositionen, so beispielsweise beim abnutzbaren Sachanlagevermögen, die Wahl zwischen verschiedenen anerkannten Abschreibungsmethoden ein.

Aufgabe 3.12: Die nachstichtagsbezogenen jahresabschlusspolitischen Instrumente: Steuerung des Periodenerfolgs

Beschreiben Sie die Wirkungsrichtung der erfolgswirksamen Maßnahmen zur Darstellung von Sachverhalten!

Lösung

Anliegen der erfolgswirksamen Maßnahmen zur Darstellung von Sachverhalten (auch als materielle sachverhaltsdarstellende Instrumente der Jahresabschlusspolitik bezeichnet) ist die gezielte Steuerung des Periodenerfolgs im Wege der Bildung und Auflösung stiller Reserven. Es wird eine Anpassung des tatsächlich erwirtschafteten Periodenerfolgs (Istwert) an den jahresabschlusspolitisch gewünschten Periodenerfolg (Sollwert) angestrebt. Je nachdem, wie sich Ist- und Sollwert zueinander verhalten, sind hierbei Maßnahmen zur Erhöhung bzw. Verminderung des Periodenerfolgs zu ergreifen.

Aufgabe 3.13: Die nachstichtagsbezogenen jahresabschluss-politischen Instrumente: Wertansätze

Die X-AG hat am 31.12.02 folgende Wertpapiere im Bestand:

	Stück bzw. Nennwert	Anschaf-fungskurs	Bilanzansatz am 31.12.01	Börsenkurs am 31.12.02
Umlaufvermögen A-Aktien	7.500 Stück	350 EUR	330 EUR	380 EUR
Umlaufvermögen B-Schuldverschreibungen	10 Mio. EUR	100 %	9,8 Mio. EUR	95 %
Anlagevermögen C-Schuldverschreibungen	30 Mio. EUR	100 %	29,4 Mio. EUR	97 %

Zeigen Sie für die X-AG die handelsrechtlichen Bewertungsgebote bzw. -wahlrechte zum Abschlussstichtag (31.12.02) auf und begründen Sie den von Ihnen jeweils gewählten Wert-ansatz durch Nennung der betreffenden Bewertungsprinzipien und der entsprechenden HGB-Vorschriften!

Lösung

Umlaufvermögen (A-Aktien):

Wertansatz 2.625.000 EUR

Zuschreibungsgebot gemäß § 253 Abs. 5 Satz 1 HGB (Wertaufholungsgebot) in Höhe von 20 EUR/Aktie (von 330 EUR/Aktie auf 350 EUR/Aktie). Die Anschaffungskosten in Höhe von 350 EUR/Aktie bilden die Wertobergrenze; sie dürfen aufgrund des Realisationsprinzips nicht überschritten werden (§ 253 Abs. 1 Satz 1 HGB i. V. m. § 252 Abs. 1 Nr. 4 Halbsatz 2 HGB).

Umlaufvermögen (B-Schuldverschreibungen):

Wertansatz 9.500.000 EUR

Abschreibungsgebot aufgrund des strengen Niederstwertprinzips des § 253 Abs. 4 HGB auf 95 %, d. h. 9.500.000 EUR. Der Abschreibungsbetrag beläuft sich auf 3 % des Nennbetrags, also 300.000 EUR (von bisher 9.800.000 EUR auf jetzt 9.500.000 EUR).

Anlagevermögen (C-Schuldverschreibungen):

Wertansatz 29.100.000 EUR (97 %) bzw. 29.400.000 EUR (98 %)

Abschreibungsgebot bei dauerhafter Wertminderung (§ 253 Abs. 3 Satz 3 HGB) in Höhe von 300.000 EUR (von 29.400.000 EUR auf 29.100.000 EUR) bzw. Beibehaltungswahlrecht bei nicht dauerhafter Wertminderung (§ 253 Abs. 3 Satz 4 HGB; es bleibt dann beim Wertansatz von 29.400.000 EUR). Bei der Lösung ist somit, da die Aufgabe hierzu nichts sagt, eine Annahme hinsichtlich der Dauer der Wertminderung zu treffen.

Aufgabe 3.14: Die nachstichtagsbezogenen jahresabschluss-politischen Instrumente: Wertansätze

Die X-AG hat diverse Wertpapiere des Anlage- bzw. Umlaufvermögens in ihrem Portefeuille. Geben Sie jeweils unter Angabe des angewandten Bewertungsprinzips und der entsprechenden Gesetzesnorm den niedrigsten und höchsten (handels-)bilanziellen Wertansatz für die nachfolgenden Situationen an! Gehen Sie dabei immer von Anschaffungskosten in Höhe von 80.000 EUR aus!

a) Wertpapiere des Anlagevermögens; Börsenkurs am Abschlussstichtag: 100.000 EUR;

b) Wertpapiere des Anlagevermögens; Börsenkurs am Abschlussstichtag: 60.000 EUR; es handelt sich um eine voraussichtlich dauernde Wertminderung;

c) Wertpapiere des Umlaufvermögens; Börsenkurs am Abschlussstichtag: 60.000 EUR; in der nächsten Zukunft erwarteter Wert: 30.000 EUR;

d) Wertpapiere des Umlaufvermögens; Buchwert in der Vorjahresbilanz: 50.000 EUR; Börsenkurs am Abschlussstichtag: 60.000 EUR;

e) Wertpapiere des Anlagevermögens; Börsenkurs am Abschlussstichtag: 60.000 EUR; in der nächsten Zukunft erwarteter Wert: 50.000 EUR.

Lösung

Teilaufgabe a)

Niedrigster Wertansatz: 80.000 EUR   Höchster Wertansatz: 80.000 EUR

Obere Wertgrenze für Vermögensgegenstände sind die Anschaffungskosten, auch wenn die Wiederbeschaffungskosten am Abschlussstichtag höher liegen (§ 253 Abs. 1 Satz 1 HGB). Es gilt das Anschaffungswertprinzip. Damit wird das Realisationsprinzip des § 252 Abs. 1 Nr. 4 Halbsatz 2 HGB beachtet. Die unrealisierten Gewinne von 20.000 EUR sind bilanzunwirksam und erhöhen somit die stillen Reserven.

Teilaufgabe b)

Niedrigster Wertansatz: 60.000 EUR   Höchster Wertansatz: 60.000 EUR

Bei Vermögensgegenständen des Anlagevermögens müssen außerplanmäßige Abschreibungen bei einer voraussichtlich dauernden Wertminderung vorgenommen werden (§ 253 Abs. 3 Satz 3 HGB).

Anwendungsfall des strengen Niederstwertprinzips im Anlagevermögen.

Teilaufgabe c)

Niedrigster Wertansatz: 60.000 EUR   Höchster Wertansatz: 60.000 EUR

Falls der Börsenkurs am Abschlussstichtag niedriger als die Anschaffungskosten ist, muss gemäß dem strengen Niederstwertprinzip (§ 253 Abs. 4 Satz 1 HGB) der niedrigere Börsenpreis im Umlaufvermögen angesetzt werden. Dass eine weitere Wertminderung erwartet wird, ist für den Wertansatz nicht relevant.

Teilaufgabe d)

Niedrigster Wertansatz: 60.000 EUR   Höchster Wertansatz: 60.000 EUR

Gemäß § 253 Abs. 5 Satz 1 HGB besteht ein Zuschreibungsgebot, falls die Gründe für die außerplanmäßige Abschreibung nicht mehr bestehen. Es darf allerdings nur auf 60.000 EUR zugeschrieben werden, da gemäß § 253 Abs. 4 Satz 1 HGB der niedrigere der beiden Werte – Anschaffungskosten oder Börsenpreis am Abschlussstichtag – angesetzt werden muss.

Teilaufgabe e)

Niedrigster Wertansatz: 60.000 EUR   Höchster Wertansatz: 60.000 EUR bzw.
                                                                                     80.000 EUR

Bei Vermögensgegenständen des Anlagevermögens dürfen wie bei Vermögensgegenständen des Umlaufvermögens in der Zukunft (nach dem Abschlussstichtag) liegende Werte nicht berücksichtigt werden.

Im Fall einer nur vorübergehenden Wertminderung kann auf den niedrigen Stichtagswert abgeschrieben werden; eine Abschreibungspflicht besteht in diesem Fall nicht (§ 253 Abs. 3 Satz 4 HGB). Somit wäre der höchstmögliche Wertansatz 80.000 EUR (= Anschaffungskosten). Im Fall einer dauernden Wertminderung beträgt dagegen der höchstmögliche Wertansatz 60.000 EUR, da in diesem Fall eine Abschreibungspflicht besteht (§ 253 Abs. 3 Satz 3 HGB). Da in der Aufgabenstellung keine konkrete Angabe zur Dauerhaftigkeit der Wertminderung zu finden ist, kann die Entscheidung für eine der beiden Möglichkeiten unter jahresabschlusspolitischen Gesichtspunkten getroffen werden. Eine erwartete Wertminderung auf 50.000 EUR in der nächsten Zukunft ist nicht hinreichend für die Annahme der Dauerhaftigkeit.

Aufgabe 3.15: Die nachstichtagsbezogenen jahresabschluss- politischen Instrumente: Wertansätze

Die Kursentwicklung zweier bisher von der X-AG dem Umlaufvermögen zugerechneter Wertpapierpositionen gestaltete sich wie folgt:

	Anschaffungs-kurs	Kurs am 31.12.01	Bewertung am 31.12.01	Kurs am 31.12.02
200 Mio. EUR Bundesanleihe	100 %	101 %	100 %	98 %
50.000 Stück Muster-Aktien	370 EUR/Stück	340 EUR/Stück	340 EUR/Stück	250 EUR/Stück

a) Erläutern Sie kurz den grundsätzlichen Unterschied zwischen der Bewertung der Wertpapiere des Umlaufvermögens und der Wertpapiere des Anlagevermögens! Nennen Sie weiterhin die Prinzipien, die zur Bewertung per 31.12.01 führten!

b) Im Gegensatz zur Konkurrenz hat die X-AG im Jahr 02 schlecht verdient. Erläutern Sie die jahresabschlusspolitischen Möglichkeiten, die sich aus einer eventuellen Umwidmung der gezeigten Wertpapierpositionen vom Umlaufvermögen in das Anlagevermögen per 31.12.02 ergeben! Wie und in welcher Höhe würde der handelsrechtliche Jahreserfolg hierdurch beeinflusst?

Lösung

Teilaufgabe a)

- Die Bewertung der Wertpapiere des Umlaufvermögens erfolgt unter Beachtung des Anschaffungskostenprinzips (§ 253 Abs. 1 Satz 1 HGB) nach dem strengen Niederstwertprinzip (§ 253 Abs. 4 HGB).

- Die Bewertung der Wertpapiere des Anlagevermögens erfolgt unter Beachtung des Anschaffungskostenprinzips (§ 253 Abs. 1 Satz 1 HGB) bei einer voraussichtlich dauernden Wertminderung nach dem strengen Niederstwertprinzip (§ 253 Abs. 3 Satz 3 HGB) und bei einer voraussichtlich nicht dauernden Wertminderung nach dem gemilderten Niederstwertprinzip (§ 253 Abs. 3 Satz 4 HGB). Das gemilderte Niederstwertprinzip ist rechtsformunabhängig auf das Finanzanlagevermögen beschränkt.

Bundesanleihe:
Anwendung des Anschaffungskostenprinzips bzw. des Realisationsprinzips (200 Mio. EUR).

Aktien:

Anwendung des strengen Niederstwertprinzips (340 EUR/Stück) gemäß § 253 Abs. 4 Satz 1 HGB (Umlaufvermögen).

Teilaufgabe b)

Durch eine Umwidmung der Wertpapiere des Umlaufvermögens in das Anlagevermögen ergibt sich im Falle einer voraussichtlich nicht dauernden Wertminderung die Möglichkeit der Anwendung des gemilderten Niederstwertprinzips und damit einhergehend die Vermeidung der strengen Niederstwertabschreibungen im Umlaufvermögen. Die X-AG kann also im Anlagevermögen auf die Abschreibung der beiden Wertpapierpositionen verzichten, sofern glaubhaft gemacht werden kann, dass die Wertminderung jeweils voraussichtlich nicht von Dauer ist. Sollte dies gelingen, ergibt sich eine Entlastung des handelsrechtlichen Jahreserfolgs um:

2 % auf 200 Mio. EUR, also 4.000.000 EUR (bei der Bundesanleihe) und

90 EUR/Stück · 50.000 Stück = 4.500.000 EUR (bei den Muster-Aktien),

also insgesamt 8.500.000 EUR.

Aufgabe 3.16: Die nachstichtagsbezogenen jahresabschlusspolitischen Instrumente: Wertansätze

Die X-OHG hat am 17.03.01 Aktien der Y-AG, die zum Umlaufvermögen zählen, zu einem Preis von 85 EUR pro Aktie erworben. Folgende Kurse werden an den folgenden Abschlussstichtagen festgestellt:

31.12.01   70 EUR/Aktie,

31.12.02   60 EUR/Aktie,

31.12.03   80 EUR/Aktie,

31.12.04   100 EUR/Aktie.

a)   Mit welchen Wertansätzen wird die X-OHG die Aktien in den Jahren 01 bis 03 in der Handelsbilanz ansetzen, wenn die Geschäftsleitung für die jeweiligen Geschäftsjahre möglichst geringe Gewinne ausweisen möchte? Begründen Sie jeweils Ihr Ergebnis!

b)   Am Ende des Jahres 01 geht die Geschäftsleitung für die nahe Zukunft von weiter sinkenden Kursen bis auf 50 EUR/Aktie aus. Ändert sich etwas an dem in Teilaufgabe a) für das Jahr 01 gewählten Wertansatz? Wenn ja, in welcher Höhe werden die Aktien am Ende des Jahres 01 in der Handelsbilanz angesetzt? Begründen Sie Ihr Ergebnis!

Lösung

Teilaufgabe a)

Beachten Sie, dass in keinem Fall ein Bewertungswahlrecht besteht und somit die Möglichkeit einer Erfolgsbeeinflussung nicht gegeben ist.

Wertansätze an den jeweiligen Abschlussstichtagen:

31.12.01

70 EUR/Aktie (Anwendung des strengen Niederstwertprinzips des § 253 Abs. 4 Satz 1 HGB)
⇒ Erfolgsminderung um 15 EUR/Aktie

31.12.02

60 EUR/Aktie (Anwendung des strengen Niederstwertprinzips des § 253 Abs. 4 Satz 1 HGB)
⇒ Erfolgsminderung um 10 EUR/Aktie

31.12.03

80 EUR/Aktie (Anwendung des Wertaufholungsgebots des § 253 Abs. 5 Satz 1 HGB)
⇒ Erfolgserhöhung um 20 EUR/Aktie

31.12.04

85 EUR/Aktie (Anwendung des Wertaufholungsgebots des § 253 Abs. 5 Satz 1 HGB)
⇒ Erfolgserhöhung um 5 EUR/Aktie (Zuschreibung gemäß § 253 Abs. 1 Satz 1 HGB maximal bis zu den historischen Anschaffungskosten)

Teilaufgabe b)

Wertansatz am 31.12.01: 70 EUR/Aktie

Die Möglichkeit, außerplanmäßige Abschreibungen willkürlich auf erwartete Wertverluste schon „vorauseilend" vorzunehmen, ist mit dem Ziel einer den tatsächlichen und aktuellen Verhältnissen entsprechenden Darstellung der Vermögens-, Finanz- und Ertragslage nicht vereinbar. Die vor Inkrafttreten des Bilanzrechtsmodernisierungsgesetzes bestehende Möglichkeit, bei Vermögensgegenständen des Umlaufvermögens von Nichtkapitalgesellschaften für das nächste Geschäftsjahr erwartete Wertminderungen bereits durch einen niedrigeren Wertansatz erfolgsmindernd zu berücksichtigten (sog. Zukunftsabschreibungen), besteht nicht mehr.

Aufgabe 3.17: Die nachstichtagsbezogenen jahresabschluss-politischen Instrumente: Wertansätze

Am 31.12.01 befindet sich ein Bestand von unfertigen Erzeugnissen, die nicht marktfähig sind, auf Lager bei der X-AG. Bisher sind Herstellungskosten in Höhe von 2.000 EUR angefallen und aktiviert worden. Bis zur Verkaufsreife der Produkte sind noch anfallende Herstellungskosten von 800 EUR, anteilige Verwaltungskosten von 100 EUR sowie Verpackungs- und Vertriebskosten von 250 EUR einzuplanen. Der am Markt voraussichtlich erzielbare Preis für die Produkte liegt vorsichtig geschätzt bei 2.500 EUR.

a)   Mit welchem Wert ist der Bestand der unfertigen nicht marktfähigen Erzeugnisse in der Bilanz anzusetzen? Begründen Sie Ihr Ergebnis!

b)   Ändert sich der Ansatz, wenn der für die Produkte am Markt voraussichtlich erzielbare Preis auf 3.900 EUR steigt? Begründen Sie Ihr Ergebnis!

c)   Wie beurteilen Sie unter Heranziehung der Ergebnisse aus den Teilaufgaben a) und b) das jahresabschlusspolitische Potenzial der X-AG bei der Bewertung des Bestands ihrer unfertigen nicht marktfähigen Erzeugnisse?

Lösung

Hier ist die verlustfreie (retrograde) Bewertung relevant, da die unfertigen Erzeugnisse nicht marktfähig sind (vgl. dazu auch die Aufgaben 2.31–2.33).

Teilaufgabe a)

	Vorsichtig geschätzter erzielbarer Preis am Absatzmarkt	2.500 EUR
–	Noch anfallende Herstellungskosten	800 EUR
–	Anteilige Verwaltungskosten	100 EUR
–	Verpackungs- und Vertriebskosten	250 EUR
=	Beizulegender Wert	1.350 EUR

Der beizulegende Wert liegt unter den bisher angefallenen Herstellungskosten in Höhe von 2.000 EUR. Für den Bilanzansatz ist gemäß dem strengen Niederstwertprinzip der niedrigere der beiden Werte entscheidend.

=>   Die unfertigen nicht marktfähigen Erzeugnisse sind mit 1.350 EUR in der Bilanz anzusetzen.

Dabei entspricht die außerplanmäßige Abschreibung in Höhe von 650 EUR dem erwarteten Verlust, der sich ergibt, wenn insgesamt Kosten in Höhe von 3.150 EUR (bereits angefallene Kosten: 2.000 EUR; voraussichtlich noch anfallende Kosten: 1.150 EUR) verursacht werden, der Verkauf aber nur 2.500 EUR erbringen wird. Der zukünftige Verlust wird antizipiert.

Teilaufgabe b)

	Vorsichtig geschätzter erzielbarer Preis am Absatzmarkt	3.900 EUR
–	Noch anfallende Herstellungskosten	800 EUR
–	Anteilige Verwaltungskosten	100 EUR
–	Verpackungs- und Vertriebskosten	250 EUR
=	Beizulegender Wert	2.750 EUR

Der beizulegende Wert übersteigt in diesem Fall die bisher angefallenen Herstellungskosten von 2.000 EUR. Wegen des für das Umlaufvermögen geltenden strengen Niederstwertprinzips ist der niedrigere der beiden Werte anzusetzen.

=>   Die unfertigen nicht marktfähigen Erzeugnisse werden (weiterhin) mit den bisher angefallenen Herstellungskosten in Höhe von 2.000 EUR angesetzt.

Der erwartete Gewinn (voraussichtlicher Verkaufspreis von 3.900 EUR – gesamte Kosten von 3.150 EUR) von 750 EUR darf noch nicht berücksichtigt werden (§ 253 Abs. 1 Satz 1 HGB). Es gilt das Realisationsprinzip des § 252 Abs. 1 Nr. 4 Halbsatz 2 HGB.

Teilaufgabe c)

Die Ergebnisse der Teilaufgaben a) und b) zeigen, dass kein jahresabschlusspolitisches Potenzial bestünde, wenn sowohl die noch anfallenden Kosten als auch der spätere Verkaufspreis eindeutig ermittelt werden könnten. Da es sich aber in beiden Fällen um zukünftige Ereignisse handelt, ist eine Eindeutigkeit der Beträge nicht gegeben. Somit beinhaltet schon die vorsichtige Festlegung des voraussichtlich erzielbaren Verkaufspreises der späteren marktfähigen Erzeugnisse ein in der Regel nicht unbeachtliches jahresabschlusspolitisches Handlungspotenzial, das zur Verminderung des Ausweises des Jahreserfolgs eingesetzt werden kann (Vorliegen eines Ermessensspielraums). Es kommt hinzu, dass auch bei der Bestimmung der bis zur Verkaufsreife der Erzeugnisse noch anfallenden Kosten Ermessensspielräume vorliegen, die jahresabschlusspolitisch genutzt werden können.

Aufgabe 3.18: Die nachstichtagsbezogenen jahresabschluss-politischen Instrumente: Wertansätze[55]

Am 27.02.01 fiel bei Schneeglätte auf dem Parkplatz der X-GmbH ein Passant und verletzte sich erheblich. Er strengte einen Prozess gegen die X-GmbH wegen Schadensersatzes an und machte dabei 14.000 EUR zuzüglich 4.000 EUR Anwaltskosten geltend. Die X-GmbH glaubt, dass sie keine Schuld trifft.

Im Urteil in erster Instanz (14.11.01) wurde die Klage des Passanten abgewiesen. Der Kläger ging allerdings in die Berufung; das Urteil ist nicht vor Ende des Jahres 02 zu erwarten.

Beurteilen Sie die Notwendigkeit der Bildung einer Prozessrückstellung zum 31.12.01! Sollten Sie eine Passivierungspflicht bejahen, bestimmen Sie unter Beachtung jahresabschlusspolitischer Überlegungen die Höhe der zu bildenden Prozessrückstellung!

Aus Vereinfachungsgründen ist auf die Darstellung einer gegebenenfalls vorzunehmenden Abzinsung im Rahmen der Rückstellungsbewertung zu verzichten.

Lösung

Aus dem Prinzip der Vorsicht heraus ergibt sich – trotz des günstigen Urteils der ersten Instanz – die Notwendigkeit zur Bildung einer Prozessrückstellung. Allerdings kann die Höhe der erforderlichen Prozessrückstellung nicht exakt bestimmt werden. Nach § 253 Abs. 1 Satz 2 HGB muss sie in Höhe des nach vernünftiger kaufmännischer Beurteilung notwendigen Erfüllungsbetrages angesetzt werden.

---

[55] Modifiziert entnommen aus MEYER, CLAUS (Bilanzierung 2011), S. 134 und S. 378.

Die Obergrenze der Prozessrückstellung liegt bei 18.000 EUR (Schadensersatz und Anwaltskosten) zuzüglich eventueller zusätzlicher eigener und fremder Anwaltskosten sowie weiterer Gerichtskosten. Im vorliegenden Fall muss aber nicht zwingend von der Obergrenze ausgegangen werden, da im Urteil der ersten Instanz der Standpunkt der X-GmbH bestätigt wurde. Ein vollständiger Verzicht auf die Bildung einer Prozessrückstellung erscheint indessen ebenfalls nicht angebracht, weil der Kläger in die Berufung ging und bislang kein rechtskräftiges Urteil vorliegt. Zusammen mit dem Prozessberater der X-GmbH ist das Risiko zu beurteilen und unter Beachtung des Vorsichtsprinzips die Höhe der notwendigen Prozessrückstellung zu schätzen. Hierbei besteht notwendigerweise ein jahresabschlusspolitischer Ermessensspielraum. Der geschätzte Betrag muss handelsrechtlich als Prozessrückstellung passiviert werden. Die handelsrechtliche Passivierungspflicht führt über den Maßgeblichkeitsgrundsatz (§ 5 Abs. 1 Satz 1 EStG) ebenso zu einer Passivierungspflicht in der Steuerbilanz.

Aufgabe 3.19: Die nachstichtagsbezogenen jahresabschluss-politischen Instrumente: Wertansätze

Die X-AG hat zu Beginn des Geschäftsjahres 01 zur Finanzierung einer neuen Fertigungsstraße eine Schuldverschreibung mit folgenden Ausstattungsmerkmalen am Kapitalmarkt untergebracht:

Gesamtnennbetrag:	4 Mio. EUR
Laufzeit:	5 Jahre
Ausgabekurs:	90 %
Rückzahlungskurs:	100 %
Tilgung:	endfällig
Zinssatz:	8 %

Wie muss die X-AG die Ausgabe dieser Schuldverschreibung in der Handelsbilanz des Geschäftsjahres 01 behandeln, wenn sie in diesem Geschäftsjahr einen möglichst hohen Gewinn ausweisen möchte?

Lösung

Die Schuldverschreibung ist nach § 246 Abs. 1 Satz 1 HGB i. V. m. § 266 Abs. 3 HGB mit ihrem Erfüllungsbetrag von 4 Mio. EUR (§ 253 Abs. 1 Satz 2 HGB) auf der Passivseite der Bilanz unter der Position C.1 „Anleihen" auszuweisen. Der Ausgabebetrag, d. h. der Zufluss an Finanzierungsmitteln (sonstige Finanzierungskosten werden außer Acht gelassen) ist allerdings um 400.000 EUR niedriger als der Erfüllungsbetrag. Bezüglich dieses Unterschiedsbetrags – er wird als Disagio oder Damnum bezeichnet – hat die X-AG ein Aktivierungswahlrecht. Sie darf diesen Betrag nach § 250 Abs. 3 Satz 1 HGB i. V. m. § 268 Abs. 6 HGB entweder gesondert in den Rechnungsabgrenzungsposten auf der Aktivseite aufnehmen oder sie kann ihn im Jahr der Ausgabe der Schuldverschreibung voll in der Gewinn- und Verlustrechnung als Aufwand erfassen.

Im ersten Fall muss die X-AG den Betrag von 400.000 EUR durch eine planmäßige jährliche Auflösung des aktiven Rechnungsabgrenzungspostens (§ 250 Abs. 3 Satz 2 HGB) tilgen (hier z. B. 80.000 EUR pro Jahr bei einer linearen Auflösung über die 5-jährige Laufzeit). Im zweiten Fall wird der Betrag von 400.000 EUR im Jahr der Ausgabe der Schuldverschreibung sofort als Aufwand verrechnet.

Abhängig von der gewählten Vorgehensweise ergeben sich somit unterschiedliche Auswirkungen auf die Bilanzstruktur und den Periodenerfolg der X-AG. Die Entscheidung für die jeweilige Vorgehensweise kann allein unter jahresabschlusspolitischen Gesichtspunkten gefällt werden, wobei jedoch der Grundsatz der Stetigkeit beachtet werden muss. Da die X-AG für das Geschäftsjahr 01 an einem möglichst hohen Gewinnausweis interessiert ist, wird sie sich für die Aktivierung des Unterschiedsbetrags und dessen planmäßige Auflösung entscheiden. Im Ergebnis führt diese Maßnahme im Geschäftsjahr 01 bei einer angenommenen Auflösung des aktiven Rechnungsabgrenzungspostens in Höhe von 80.000 EUR zu einem um 320.000 EUR höheren Gewinnausweis.

Aufgabe 3.20: Die nachstichtagsbezogenen jahresabschluss-politischen Instrumente: Wertansätze

Bei der Erstellung der Bilanz einer Aktiengesellschaft zum 31.12.01 sind noch folgende Geschäftsvorfälle zu berücksichtigen:

(1) Das Unternehmen hat Anfang des Geschäftsjahres 01 eine maschinelle Anlage zum Nettopreis (ohne MwSt) von 100.000 EUR angeschafft, deren Nutzungsdauer auf 10 Jahre geschätzt wird (lineare Abschreibung). Die Anschaffung der Maschine wird mit einem Investitionszuschuss von 50.000 EUR gefördert.

(2) Zu Beginn des Geschäftsjahres 01 wurden 40 geringwertige Wirtschaftsgüter zum Nettopreis von 100 EUR/Stück gekauft (bei einer Aktivierung erfolgt eine lineare Abschreibung über 4 Jahre).

(3) Es ist bereits heute abzusehen, dass für die während des Geschäftsjahres 01 unterlassenen Instandhaltungen Aufwendungen in Höhe von 10.000 EUR anfallen. Die erforderlichen Maßnahmen sollen im Juli des Folgejahres durchgeführt werden.

Wie sind die Geschäftsvorfälle in der Handelsbilanz der Aktiengesellschaft zum 31.12.01 zu berücksichtigen, wenn diese

a)   einen möglichst geringen Jahresüberschuss,

b)   einen möglichst hohen Jahresüberschuss

auszuweisen bestrebt ist? Begründen Sie jeweils Ihre Wertansätze!

Lösung

Teilaufgabe a)

Die Geschäftsvorfälle sind unter der Prämisse, einen möglichst geringen Jahresüberschuss auszuweisen, wie folgt zu berücksichtigen:

(1) Erfolgsneutrale Berücksichtigung des Investitionszuschusses im Jahr der Anschaffung und Zugangsbewertung der Maschine mit 50.000 EUR (100.000 EUR Anschaffungskosten abzgl. Investitionszuschuss). Nach linearer Abschreibung beträgt der Buchwert der Maschine zum 31.12.01 45.000 EUR. In der Gewinn- und Verlustrechnung löst der gesamte Vorgang lediglich eine Aufwandsbuchung für die Abschreibung in Höhe von 5.000 EUR aus.

(2) Aus handelsrechtlicher Sicht sind gemäß § 253 Abs. 3 Satz 1 HGB abnutzbare Vermögensgegenstände des Anlagevermögens grundsätzlich über ihre planmäßige Nutzungsdauer abzuschreiben. Ungeachtet dessen wird unter bestimmten Voraussetzungen eine Übernahme der steuerlichen GWG-Sondervorschriften für statthaft gehalten. So wird nach herrschender Meinung das steuerrechtliche Wahlrecht zur Sofortabschreibung von geringwertigen Wirtschaftsgütern, deren Wert 410 EUR nicht übersteigt, aus Gründen der Wirtschaftlichkeit in gleichem Maße für die handelsrechtliche Gewinnermittlung für sachgerecht gehalten, sofern durch die Sofortabschreibung nicht die Lage des Unternehmens in unzutreffender Weise dargestellt wird.

Entgegen dem Steuerrecht besteht im Handelsrecht dagegen keine gesetzlich exakt definierte Obergrenze, bis wann eine Sofortabschreibung handelsrechtlich noch mit den Grundsätzen ordnungsmäßiger Buchführung vereinbar ist. Regelmäßig wird im Schrifttum sogar ein Höchstbetrag von 1.000 EUR genannt.[56] Da im vorliegenden Fall ein möglichst geringer Jahresüberschuss gewünscht wird, ist es zweckmäßig, die geringwertigen Wirtschaftsgüter (Anschaffungskosten pro Stück 100 EUR) sofort als Aufwand (4.000 EUR) zu verbuchen.

Es erfolgt eine Direktabschreibung der geringwertigen Wirtschaftsgüter (4.000 EUR). Ein Sofortabzug der Aufwendungen ist möglich, da die Anschaffungskosten pro Stück nicht mehr als 150 EUR (netto) betragen (§ 6 Abs. 2 EStG).

(3) Gemäß § 249 Abs. 2 HGB darf keine Rückstellung für unterlassene Aufwendungen für Instandhaltung gebildet werden, da die Instandhaltungsmaßnahmen im folgenden Geschäftsjahr 02 nicht innerhalb von drei Monaten nachgeholt werden.

Teilaufgabe b)

Unter der Prämisse des Ausweises eines möglichst hohen Jahresüberschusses sind die Geschäftsvorfälle wie folgt zu berücksichtigen:

(1) Der Investitionszuschuss wird erfolgswirksam behandelt. Bei Erhalt des Investitionszuschusses bucht das Unternehmen einen Ertrag von 50.000 EUR. Es findet keine Korrektur der Anschaffungskosten der Maschine statt. Zum Jahresende beträgt der Buchwert der Maschine nach Abschreibung 90.000 EUR. Insgesamt betrachtet löst der Anschaffungsvorgang einen Ertrag von 50.000 EUR (Investitionszuschuss) und einen Aufwand von 10.000 EUR (Abschreibung) aus. Der Jahresüberschuss steigt um 40.000 EUR. Der Unterschied zu Teilaufgabe a) (1) beträgt 45.000 EUR.

---

[56] So z. B. KOZIKOWSKI, MICHAEL; ROSCHER, KLAUS; ANDREJEWSKI, KAI C. (Zugangs- und Folgebewertung 2012), Rn. 275.

(2) Es erfolgt ein Ausweis der geringwertigen Wirtschaftsgüter in Höhe von 3.000 EUR
     (= 4.000 EUR – 1.000 EUR „normale" Abschreibung (25 % pro Jahr)). Der Unterschied
     zu Teilaufgabe a) (2) beträgt 3.000 EUR.

(3) Keine Einstellung in die „sonstigen Rückstellungen" (siehe Teilaufgabe a)). Der Unter-
     schied zu Teilaufgabe a) (3) beträgt 0 EUR.

Unterschied in der Höhe des Erfolgsausweises insgesamt: 48.000 EUR.

Aufgabe 3.21: Die nachstichtagsbezogenen jahresabschluss-politischen Instrumente: Gewinnverwendungsentscheidungen[57]

Dem Vorstand der X-AG liegt folgende vorläufige Bilanz zum 31.12.01 vor:

Aktiva	Vorläufige Bilanz der X-AG zum 31.12.01		Passiva
Anlagevermögen	150.000 EUR	Gezeichnetes Kapital	100.000 EUR
Umlaufvermögen	67.000 EUR	Kapitalrücklage	0 EUR
		Gesetzliche Rücklage	7.000 EUR
		Andere Gewinnrücklagen	40.000 EUR
		Verlustvortrag	-23.000 EUR
		Jahresüberschuss	43.000 EUR
		Verbindlichkeiten	50.000 EUR
	217.000 EUR		217.000 EUR

a)   Welchen Betrag muss der Vorstand der Hauptversammlung zur Ausschüttung mindes-
     tens anbieten und welchen Betrag kann er der Hauptversammlung maximal zur Aus-
     schüttung anbieten, wenn in beiden Fällen zunächst der Verlustvortrag abgedeckt wer-
     den soll? Zeigen Sie die jeweilige Entwicklung vom Jahresüberschuss zum Bilanz-
     gewinn anhand einer (Teil-)Gewinn- und Verlustrechnung gemäß § 275 Abs. 4 HGB
     und § 158 Abs. 1 AktG!

b)   Welche endgültige Bilanz ergibt sich bei einem Bilanzgewinn von 9.500 EUR? Weisen
     Sie die Zuführungen zu den Rücklagen getrennt aus! Verwenden Sie das handelsrecht-
     liche Gliederungsschema nach § 266 HGB!

c)   Der Vorstand legt die Bilanz aus Teilaufgabe b) der Hauptversammlung vor. Welche
     Beschlüsse kann die Hauptversammlung über die Verwendung des Bilanzgewinns fas-

---

[57] Modifiziert entnommen aus WÖHE, GÜNTER; KAISER, HANS; DÖRING, ULRICH (Übungsbuch 2010), S. 436 f.

sen und welche Konsequenzen haben die Beschlüsse für die betreffenden Bilanzpositionen?

Lösung

Teilaufgabe a)

Aus dem Jahresüberschuss von 43.000 EUR ist zunächst der Verlustvortrag von 23.000 EUR zu decken. Es verbleiben somit 20.000 EUR. Von diesen 20.000 EUR müssen 5 % der gesetzlichen Rücklage zugeführt werden, weil die gesetzliche Rücklage zusammen mit der Kapitalrücklage (im vorliegenden Beispiel 0 EUR) noch nicht 10 % des gezeichneten Kapitals erreicht hat. Da die gesetzliche Rücklage bisher lediglich 7.000 EUR (dies entspricht 7 % des gezeichneten Kapitals) beträgt, sind ihr somit 1.000 EUR (5 % von 20.000 EUR) zuzuführen.

Für den Fall des geringstmöglichen Bilanzgewinnausweises stellt der Vorstand zusammen mit dem Aufsichtsrat folgende Rechnung auf: Der Jahresüberschuss von 43.000 EUR ist zunächst um den Verlustvortrag (23.000 EUR) und die Zuführung zur gesetzlichen Rücklage (1.000 EUR) zu kürzen. Der Restbetrag von 19.000 EUR wird zur Hälfte in die anderen Gewinnrücklagen eingestellt und zur anderen Hälfte als Bilanzgewinn ausgewiesen und damit der Hauptversammlung zur Ausschüttung angeboten (siehe dazu Teilaufgabe c)).

Will der Vorstand zusammen mit dem Aufsichtsrat den höchstmöglichen Gewinn ausschütten, so wird er erstens auf die Zuführung zu den anderen Gewinnrücklagen verzichten und zweitens die gesamten anderen Gewinnrücklagen von 40.000 EUR auflösen, falls keine Ausschüttungssperren greifen und nicht durch Satzung oder Hauptversammlungsbeschluss etwas anderes bestimmt wird. Insgesamt wird ein Bilanzgewinn von 59.000 EUR ausgewiesen.

Es ergibt sich somit folgende (Teil-) Gewinn- und Verlustrechnung für die beiden Fälle:

Positionen nach § 275 Abs. 4 HGB und § 158 Abs. 1 AktG	Bilanzgewinn	
	minimal	maximal
Pos. 19: Jahresüberschuss	43.000 EUR	43.000 EUR
Pos. 20: Verlustvortrag aus dem Vorjahr	-23.000 EUR	-23.000 EUR
Pos. 21: Entnahmen aus der Kapitalrücklage	---	---
Pos. 22: Entnahmen aus Gewinnrücklagen		
a) aus der gesetzlichen Rücklage	---	---
b) aus anderen Gewinnrücklagen	---	40.000 EUR
Pos. 23: Einstellungen in Gewinnrücklagen		
a) in die gesetzliche Rücklage	-1.000 EUR	-1.000 EUR
b) in andere Gewinnrücklagen	-9.500 EUR	---
Pos. 24: Bilanzgewinn	9.500 EUR	59.000 EUR

Pos. = Position

Teilaufgabe b)

Die endgültige Bilanz zum 31.12.01 hat folgendes Aussehen:

Aktiva		(endgültige) Bilanz der X-AG zum 31.12.01		Passiva
I. Anlagevermögen	150.000 EUR	I. Gezeichnetes Kapitel		100.000 EUR
II. Umlaufvermögen	67.000 EUR	II. Kapitalrücklage		0 EUR
		III. Gewinnrücklagen		
		1. Gesetzliche Rücklage		
		Stand 31.12.00:		
			7.000 EUR	
		Zuführung in 01:		
			1.000 EUR	8.000 EUR
		2. Rücklage für Anteile an einem herrschenden oder mehrheitlich beteiligten Unternehmen		(0 EUR)
		3. Satzungsmäßige Rücklage		(0 EUR)
		4. Andere Gewinnrücklagen		
		Stand 31.12.00:		
			40.000 EUR	
		Zuführung in 01:		
			9.500 EUR	49.500 EUR
		IV. Bilanzgewinn		9.500 EUR
		V. Verbindlichkeiten		50.000 EUR
	217.000 EUR			217.000 EUR

Teilaufgabe c)

Die Hauptversammlung kann mit Mehrheit über die Verwendung des Bilanzgewinns beschließen. Es lassen sich hierbei drei Fälle unterscheiden: Vollausschüttung, Teilausschüttung oder vollkommene Thesaurierung des Bilanzgewinns. Stimmt die Hauptversammlung für eine Vollausschüttung, so nimmt die Position „Bilanzgewinn" den Charakter einer kurzfristigen Verbindlichkeit an, denn die jetzt fällig werdenden Dividenden von 9.500 EUR sind innerhalb kurzer Zeit aus dem Vermögen der AG zu begleichen. Beschließt die Hauptversammlung eine vollständige Thesaurierung des Bilanzgewinns, so wandelt sich in der folgenden Jahresbilanz die Position „Bilanzgewinn" entweder in einen Gewinnvortrag oder eine Gewinnrücklage um. Bei einer Teilausschüttung liegt eine Kombination der beiden soeben geschilderten Fälle vor.

Aufgabe 3.22: Die nachstichtagsbezogenen jahresabschluss-politischen Instrumente: Wertansätze[58]

Die Großschreinerei X & Y-GmbH blickt auf ein Geschäftsjahr mit einer außergewöhnlich schlechten Ertragslage zurück. Um von der Bank auch weiterhin Kredite zu erhalten, strebt die Geschäftsleitung im betreffenden Geschäftsjahr vorrangig den Ausweis eines möglichst hohen Handelsbilanzgewinns an. Dieses handelsbilanzpolitische Ziel soll bei Zielkonflikten die steuerliche Zielsetzung eines möglichst niedrigen Steuerbilanzgewinns dominieren. Geben Sie für folgende Fälle an, welche bilanzpolitischen Spielräume in Handels- und Steuerbilanz bestehen und wie diese unter Zugrundelegung der genannten Zielsetzungen ausgeübt werden sollten.[59] Begründen Sie Ihre Lösung und gehen Sie auch auf die steuerbilanziellen Folgen ein!

a) Im (zurückliegenden) Geschäftsjahr wurde zu Beginn des Jahres ein Darlehen über einen Nominalbetrag von 100.000 EUR mit einer Laufzeit von fünf Jahren aufgenommen, wobei nur 95.000 EUR ausgezahlt wurden.

b) Die Wertpapiere des Anlagevermögens (Anschaffungskosten = 45.000 EUR, bisheriger Buchwert = 45.000 EUR) sind im (zurückliegenden) Geschäftsjahr auf einen Börsenwert zum Abschlussstichtag von 60.000 EUR gestiegen. Es ist von einer voraussichtlich dauernden Werterhöhung auszugehen, die sich in Zukunft noch fortsetzen wird.

c) Die Großschreinerei hat im (zurückliegenden) Geschäftsjahr 40 Holzklötze bearbeitet, von denen am Abschlussstichtag noch 30 Stück verkaufsfertig auf Lager liegen. Bei einer Veräußerung ließen sich 100 EUR pro Stück erzielen. Die gesamten Herstellungskosten der Blöcke beliefen sich auf 50 EUR pro Stück, wovon 30 EUR als Kosten der allgemeinen Verwaltung pro Stück anzusehen sind.

Lösung (siehe nächste Seite)

---

[58] Entnommen aus KUßMAUL, HEINZ (Rechnungswesen 2000), S. 63 und S. 229 f.

[59] Hinzuweisen ist jedoch darauf, dass grundsätzlich die Grundsätze der Ansatz- und Bewertungsstetigkeit zu beachten sind (§§ 246 Abs. 3 Satz 1, 252 Abs. 1 Nr. 6 HGB), von denen nur in begründeten Ausnahmefällen abgewichen werden darf (§§ 246 Abs. 3 Satz 2, 252 Abs. 2 HGB).

Teilaufgabe a)

Wahlmöglichkeiten in der Handelsbilanz	Aktivierung eines Disagios in Höhe von 5.000 EUR oder sofortige Aufwandsverbuchung
Bilanzpolitische Strategie in der Handelsbilanz	Aktivierung als Disagio und Abschreibung über die Laufzeit des Darlehens (1.000 EUR/Jahr)
Begründung	Vermeidung von Aufwendungen in Höhe von 4.000 EUR in diesem Geschäftsjahr
Vorgehen in der Steuerbilanz	Zwingende Aktivierung und Abschreibung über die Laufzeit des Darlehens unabhängig von der Behandlung in der Handelsbilanz, da eine eigenständige steuerliche Vorschrift (§ 5 Abs. 5 Satz 1 Nr. 1 EStG) hierzu besteht

Teilaufgabe b)

Wahlmöglichkeiten in der Handelsbilanz	–
Bilanzpolitische Strategie in der Handelsbilanz	Beibehaltung des Buchwerts von 45.000 EUR (hierzu besteht keine Alternative)
Begründung	Zuschreibungen über die Anschaffungs- bzw. Herstellungskosten hinaus sind gemäß § 253 Abs. 1 Satz 1 HGB generell unzulässig
Vorgehen in der Steuerbilanz	Beibehaltung des Buchwerts von 45.000 EUR

Teilaufgabe c)

Wahlmöglichkeiten in der Handelsbilanz	Aktivierung der Bestände zu Vollkosten (30 Stück · 50 EUR/Stück = 1.500 EUR) oder zu Teilkosten (30 Stück · 20 EUR/Stück = 600 EUR)
Bilanzpolitische Strategie in der Handelsbilanz	Aktivierung in Höhe der Vollkosten
Begründung	„Neutralisierung" des entstandenen Aufwands, möglichst hoher Ausweis der Aktiva
Vorgehen in der Steuerbilanz	Im Schrifttum ist derzeit umstritten, ob steuerrechtlich aufgrund des Maßgeblichkeitsprinzips (§ 5 Abs. 1 Satz 1 Halbsatz 1 EStG) eine Aktivierung ebenfalls zu Vollkosten geboten ist oder ob der Wahlrechtsvorbehalt des § 5 Abs. 1 Satz 1 Halbsatz 2 EStG – der eine unabhängige Ausübung steuerlicher Wahlrechte gestattet – im vorliegenden Fall auch eine Aktivierung in Höhe der Teilkosten ermöglicht

Aufgabe 3.23: Die nachstichtagsbezogenen jahresabschlusspolitischen Instrumente: Wertansätze

Die X-AG erstellt zurzeit ihren Jahresabschluss für das vergangene Geschäftsjahr 02.

Die X-AG verfügt über ein gezeichnetes Kapital in Höhe von 80 Mio. EUR bei einem Nennwert in Höhe von 5 EUR pro Aktie. Der Vorstand der X-AG möchte für das Jahr 02 aus Gründen der Dividendenkontinuität wieder eine Dividende in Höhe von 0,50 EUR pro Aktie ausschütten. Die anderen Gewinnrücklagen sollen in Höhe von 3 Mio. EUR verstärkt werden. Der Jahresüberschuss vor Bewertung der Wertpapiere des Umlaufvermögens und der Forderungen aus Lieferungen und Leistungen und vor Steuern beläuft sich auf 23 Mio. EUR.

Die X-AG hält folgende Wertpapiere des Umlaufvermögens im Bestand:

	Anschaffungs-kosten	Bilanzansatz 31.12.01	Börsenkurs 31.12.02
24.000 A-Aktien	200 EUR/Stück	170 EUR/Stück	70 EUR/Stück
30.000 B-Aktien	560 EUR/Stück	450 EUR/Stück	550 EUR/Stück
Bundesanleihe 100 Mio. EUR	99 %	98.000 TEUR	105 %
Industrieanleihe 150 Mio. EUR	100 %	148.500 TEUR	98 %

Auf den Bestand an Forderungen aus Lieferungen und Leistungen in Höhe von 800 Mio. EUR müssen im Geschäftsjahr 02 noch 5 Mio. EUR Einzelwertberichtigungen gebildet werden. Die Ertragsteuerbelastung beträgt annahmegemäß einheitlich 50 %. Weitere Steuerbelastungen fallen nicht an.

Prüfen Sie, ob der Vorstand der X-AG den von ihm gewünschten Jahresüberschuss nach Steuern ausweisen kann! Falls es dem Vorstand der X-AG nicht gelingen sollte, den von ihm gewünschten Jahresüberschuss nach Steuern auszuweisen, schlagen Sie bitte – ausgehend von obigen Sachverhalten – eine jahresabschlusspolitische Maßnahme vor, mit der das gewünschte Ergebnis erreicht werden kann! Belegen Sie Ihren Vorschlag rechnerisch! Sollte dieses Vorgehen nur bei Erfüllung einer oder mehrerer Voraussetzungen möglich sein, so ist darauf hinzuweisen.

Lösung (siehe nächste Seite)

Geplante Dividendenausschüttung		
(80 Mio. EUR ÷ 5 EUR/Aktie) · 0,50 EUR/Aktie		8 Mio. EUR
+ Geplante Erhöhung der anderen Gewinnrücklagen	+	3 Mio. EUR
= Angestrebter Jahresüberschuss (nach Steuern)	=	11 Mio. EUR

Jahresüberschuss vor Bewertung der Wertpapiere und Forderungen aus Lieferungen und Leistungen und vor Steuern		23,00 Mio. EUR
− Abschreibungen auf A-Aktien (strenges NWP)	−	2,40 Mio. EUR
+ Höherbewertung der B-Aktien (Wertaufholungsgebot)	+	3,00 Mio. EUR
+ Höherbewertung der Bundesanleihe (Wertaufholungsgebot)	+	1,00 Mio. EUR
− Abschreibung der Industrieanleihe (strenges NWP)	−	1,50 Mio. EUR
− Einzelwertberichtigungen der Forderungen (strenges NWP)	−	5,00 Mio. EUR
= Jahresüberschuss vor Steuern	=	18,10 Mio. EUR
− 50 % Ertragsteuern	−	9,05 Mio. EUR
= Jahresüberschuss (nach Steuern)	=	9,05 Mio. EUR

Fazit: Ziel verfehlt

Vorschlag: Umwidmung ausgewählter Wertpapiere des Umlaufvermögens (A-Aktien, Industrieanleihe) ins (Finanz-) Anlagevermögen und Anwendung des gemilderten Niederstwertprinzips. Es muss allerdings hierbei handelsrechtlich glaubhaft gemacht werden, dass die Wertminderung nicht von Dauer ist.

Jahresüberschuss vor Bewertung der Wertpapiere und Forderungen aus Lieferungen und Leistungen und vor Steuern		23,00 Mio. EUR
− Abschreibungen auf A-Aktien (gemildertes NWP)	−	0 Mio. EUR
+ Höherbewertung der B-Aktien (Wertaufholungsgebot)	+	3,00 Mio. EUR
+ Höherbewertung der Bundesanleihe (Wertaufholungsgebot)	+	1,00 Mio. EUR
− Abschreibung der Industrieanleihe (gemildertes NWP)	−	0 Mio. EUR
− Einzelwertberichtigungen der Forderungen (strenges NWP)	−	5,00 Mio. EUR
= Jahresüberschuss vor Steuern	=	22,00 Mio. EUR
− 50 % Ertragsteuern	−	11,00 Mio. EUR
= Jahresüberschuss (nach Steuern)	=	11,00 Mio. EUR

Fazit: Ziel erreicht

4 Die Jahresabschlussanalyse[60]

4.1 Die Grundlagen der Jahresabschlussanalyse

Aufgabe 4.1: Arten der Jahresabschlussanalyse

Systematisieren Sie anhand einer Grafik die verschiedenen Arten der Jahresabschlussanalyse!

Lösung

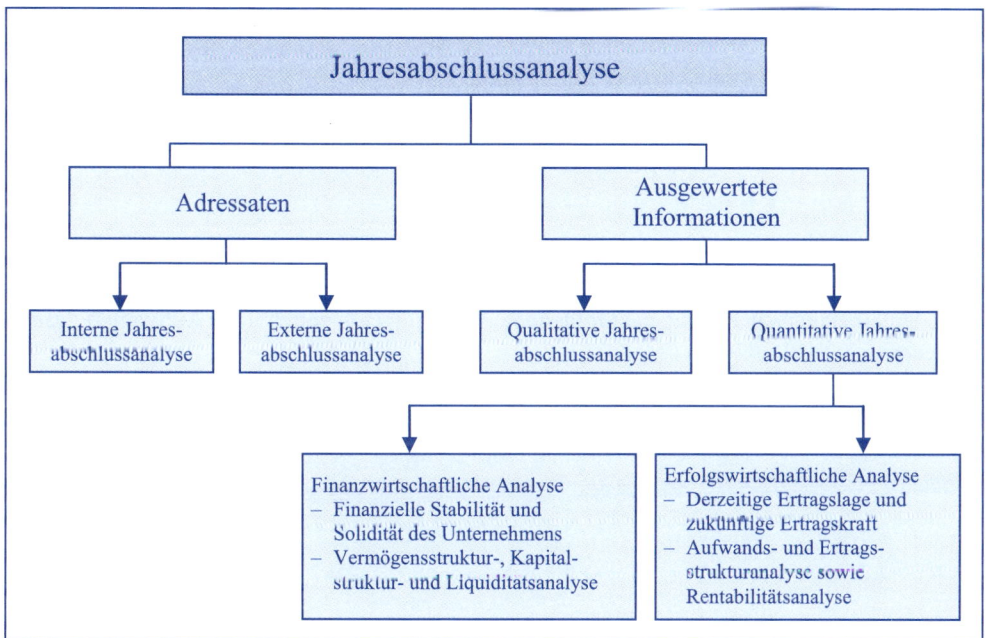

Abb. 15: Arten der Jahresabschlussanalyse

---

[60] Wesentliche Ausführungen dieses Kapitels gehen zurück auf WASCHBUSCH, GERD (Jahresabschlusspolitik 2007).

4.2   Der Ablauf der Jahresabschlussanalyse

Aufgabe 4.2:   Die Strukturbilanz: Begriff und Schema

a)   Erläutern Sie die Zwecksetzung und das Grundschema einer Strukturbilanz!

b)   Entwickeln Sie ein detailliertes Schema einer Strukturbilanz für den Einzelabschluss eines Unternehmens!

Lösung

Teilaufgabe a)

Im Rahmen der Zielsetzung und der Aufgabenerfüllung der Jahresabschlussanalyse bildet die Strukturbilanz als aufbereitete und umgestaltete Originalbilanz die Grundlage für wichtige weitere jahresabschlussanalytische Untersuchungen.

Hinsichtlich der Erstellung und Aufbereitung der Strukturbilanz existieren keine verbindlichen Regelungen. Allerdings erscheint es zweckmäßig, die einzelnen Positionen der Aktivseite und der Passivseite der Originalbilanz in die Kategorien:

- Jahresabschlussanalytisches Anlagevermögen,
- Jahresabschlussanalytisches Umlaufvermögen,
- Jahresabschlussanalytisches Eigenkapital sowie
- Jahresabschlussanalytisches Fremdkapital

zu gliedern.

Teilaufgabe b)[61]

Eine allgemeine detaillierte Aufschlüsselung einer Strukturbilanz für den Einzelabschluss eines Unternehmens geben die nachfolgenden Abbildungen – getrennt für Aktiva und Passiva – wieder:

---

[61]   Vgl. auch KÜTING, KARLHEINZ; WEBER, CLAUS-PETER (Bilanzanalyse 2012), S. 81 ff.

Strukturbilanz – Aktiva

A. Jahresabschlussanalytisches Anlagevermögen

   I. Immaterielle Vermögensgegenstände
      (– Derivativer Geschäfts- oder Firmenwert)
      (– Selbst erstellte immaterielle Vermögensgegenstände des Anlagevermögens)

   II. Sachanlagen

   III. Finanzanlagen

B. Jahresabschlussanalytisches Umlaufvermögen

   I. Vorräte
      (bei offener Absetzung abzüglich „erhaltene Anzahlungen auf Bestellungen")

   II. Forderungen und sonstige Vermögensgegenstände

   III. Wertpapiere

   IV. Kassenbestand, Bundesbankguthaben, Guthaben bei Kreditinstituten und Schecks

   V. Rechnungsabgrenzungsposten
      (– Disagio)

~~C. Aktive latente Steuern~~

~~D. Aktiver Unterschiedsbetrag~~ aus der ~~Vermögensverrechnung~~

Abb. 16:   Strukturbilanz für den Einzelabschluss eines Unternehmens – Aktiva

Erläuterungen zu einzelnen Positionen der Aktivseite der Strukturbilanz:

Derivativer Geschäfts- oder Firmenwert:

Der derivative Geschäfts- oder Firmenwert wird qua Fiktion zum zeitlich begrenzt nutzbaren Vermögensgegenstand erhoben. § 246 Abs. 1 Satz 4 HGB sieht zwingend eine Aktivierungspflicht für den entgeltlich erworbenen Geschäfts- oder Firmenwert vor. Dieser ist in Höhe des Unterschiedsbetrags anzusetzen, „um den die für die Übernahme eines Unternehmens bewirkte Gegenleistung den Wert der einzelnen Vermögensgegenstände des Unternehmens abzüglich der Schulden im Zeitpunkt der Übernahme übersteigt". Trotz dieser Aktivierungspflicht des entgeltlich erworbenen Geschäfts- oder Firmenwerts ist dieser nach unserer Auffassung wegen seiner Eigenschaft als lediglich fingierter Vermögensgegenstand und aufgrund seiner fehlenden Einzelverkehrsfähigkeit und wegen seiner zweifelhaften Verwertbarkeit mit dem Eigenkapital zu saldieren.

Selbst erstellte immaterielle Vermögensgegenstände des Anlagevermögens:

Immaterielle Vermögensgegenstände des Anlagevermögens können sowohl selbst erstellt als auch entgeltlich erworben werden. Während sie im zweiten Fall aktiviert werden müssen, ist ein Bilanzausweis im ersten Fall infolge des in § 248 Abs. 2 Satz 1 HGB verankerten Aktivierungswahlrechts grundsätzlich möglich, jedoch unter Umständen nicht zulässig (§ 248 Abs. 2 Satz 2 HGB). Damit enthält der Jahresabschluss nicht in jedem Fall Angaben über selbst erstellte immaterielle Vermögensgegenstände des Anlagevermögens. Entsprechende für die Beurteilung der Zukunftsaussichten des Unternehmens notwendige Hinweise enthält allenfalls der Lagebericht (§ 289 Abs. 2 Nr. 3 HGB). Der Anhang beinhaltet dagegen derartige Informationen gemäß § 285 Nr. 22 HGB nur im Falle der Aktivierung nach § 248 Abs. 2 Satz 1 HGB. Die selbst erstellten immateriellen Vermögensgegenstände des Anlagevermögens sollten deshalb aus Gründen der Vergleichbarkeit verschiedener Jahresabschlüsse im Rahmen der Jahresabschlussanalyse gegen das Eigenkapital aufgerechnet werden. Damit wird auch den im Zusammenhang mit der Bilanzierung selbst erstellter immaterieller Vermögensgegenstände des Anlagevermögens geäußerten Bedenken und Auslegungsfragen Rechnung getragen.

Erhaltene Anzahlungen auf Bestellungen:

Bei den erhaltenen Anzahlungen auf Bestellungen existieren gemäß § 268 Abs. 5 Satz 2 HGB zwei Ausweisalternativen. Neben der offenen Absetzung von den Vorräten besteht die Möglichkeit eines Bruttoausweises in der Strukturbilanz (Passivseite der Strukturbilanz unter der Position Verbindlichkeiten). In jedem Fall ist wegen der aus den Anzahlungen resultierenden Lieferverpflichtungen nur der Nettobetrag im jahresabschlussanalytischen Vorratsvermögen zu berücksichtigen.

Aktiver Rechnungsabgrenzungsposten:

Der aktive Rechnungsabgrenzungsposten wird für Zwecke der Jahresabschlussanalyse grundsätzlich in das jahresabschlussanalytische Umlaufvermögen umgegliedert. Das Disagio, welches auf dem Erfüllungsbetrag eines Darlehens rekurriert, ist ein Korrekturposten zur Passivseite und wird deshalb aus dem aktiven Rechnungsabgrenzungsposten ausgesondert und gegen das Eigenkapital verrechnet.

Aktive latente Steuern:

Aktive latente Steuern sind als ein Sonderposten eigener Art einzustufen. Aufgrund ihres fehlenden Charakters als Vermögensgegenstand sowie aufgrund des für aktive latente Steuern bestehenden Aktivierungswahlrechts (§ 274 Abs. 1 Satz 2 HGB) sind diese nach unserer Auffassung gegen das Eigenkapital aufzurechnen, da bei ihrer Bildung das Eigenkapital entsprechend erhöht wurde.

Aktiver Unterschiedsbetrag aus der Vermögensverrechnung:

§ 246 Abs. 2 Satz 2 HGB sieht die Verrechnung von Vermögensgegenständen mit Schulden aus Altersversorgungsverpflichtungen oder vergleichbaren langfristig fälligen Verpflichtungen für den Fall vor, dass diese Vermögensgegenstände im Falle einer Insolvenz des Unternehmens dem Zugriff aller Gläubiger mit Ausnahme der Gläubiger der Altersversorgungsverpflichtungen oder vergleichbarer langfristig fälliger Verpflichtungen entzogen sind und darüber hinaus ausschließlich der Erfüllung von Schulden aus Altersversorgungsverpflichtungen oder vergleichbaren langfristig fälligen Verpflichtungen dienen. Die gemäß dieser Vorschrift zu verrechnenden Vermögensgegenstände sind mit ihrem beizulegenden Zeitwert zu bewerten (§ 253 Abs. 1 Satz 4 HGB). § 246 Abs. 2 Satz 3 HGB trägt hierbei der Tatsache Rechnung, dass der beizulegende Zeitwert der zur Verrechnung vorgesehenen Vermögensgegenstände den Betrag der Schulden übersteigen kann. Trifft dies zu, ist der übersteigende

Betrag auf der Aktivseite der Bilanz in einer gesonderten Position auszuweisen. Mit dieser Aktivposition soll verdeutlicht werden, dass es sich bei dem Unterschiedsbetrag aus der Vermögensverrechnung nicht um einen Vermögensgegenstand im handelsrechtlichen Sinn handelt, sondern vielmehr um einen Verrechnungsposten, der zudem nach § 268 Abs. 8 HGB ausschüttungsgesperrt ist. Aus diesem Grunde sollte für jahresabschlussanalytische Zwecke in einer Strukturbilanz vom Ansatz einer solchen Position abgesehen werden. Er ist ebenfalls gegen das Eigenkapital aufzurechnen.

Erläuterungen zu einzelnen Positionen der Passivseite der Strukturbilanz:

Eigene Anteile:

Die Behandlung des Kaufs und Verkaufs eigener Anteile ist in § 272 Abs. 1a und Abs. 1b HGB geregelt. § 272 Abs. 1a HGB beinhaltet rechtsformunabhängige Vorschriften zur handelsbilanziellen Erfassung eigener Anteile. Zurückgekaufte eigene Anteile werden auf der Passivseite der Bilanz in Höhe ihres Nennbetrags bzw. in Höhe ihres rechnerischen Werts in der Vorspalte offen vom „Gezeichneten Kapital" abgesetzt (§ 272 Abs. 1a Satz 1 HGB). Sie stellen damit einen Korrekturposten zum „Gezeichneten Kapital" dar und sind deshalb bei der Ermittlung des jahresabschlussanalytischen Eigenkapitals als Abzugsposition zu berücksichtigen.

Baukostenzuschüsse:

Bei den Baukostenzuschüssen handelt es sich um einen Mischposten, der sowohl Eigen- als auch Fremdkapitalanteile enthält. Für die Strukturbilanz wird allgemein die Aufteilung im Verhältnis zwei Drittel zu einem Drittel auf das Eigenkapital und das langfristige Fremdkapital empfohlen.

Sonstige Zuschüsse und Zulagen:

Sofern es sich um steuerfreie Investitionszulagen handelt, können diese in voller Höhe in das jahresabschlussanalytische Eigenkapital umgegliedert werden. Handelt es sich hingegen um steuerpflichtige Investitionszuschüsse, für die beim Bruttoausweis ein Passivposten „Sonderposten für Investitionszuschüsse im Anlagevermögen" gebildet wurde, wird aufgrund des zu erwartenden Steuerabflusses die Aufteilung Eigen- zu Fremdkapital im Verhältnis 70 zu 30 empfohlen.

Bilanzgewinn:

Der zur Ausschüttung vorgesehene Teil des Bilanzgewinns wird aus dem Eigenkapital in das Fremdkapital umgegliedert, da er vom Charakter her Ähnlichkeiten mit den kurzfristigen (vor Ablauf eines Jahres fälligen) Verbindlichkeiten aufweist.

Strukturbilanz – Passiva

A. Jahresabschlussanalytisches Eigenkapital

   Gezeichnetes Kapital
   (– nicht eingeforderte ausstehende Einlagen)
   (– Nennwert/rechnerischer Wert erworbener eigener Anteile)

+ Kapitalrücklage

+ Gewinnrücklagen
   (eventuell – „Rücklage für Anteile an einem herrschenden oder mehrheitlich
   beteiligten Unternehmen")

– Derivativer Geschäfts- oder Firmenwert (aus den Einzelabschlüssen)

– Selbst erstellte immaterielle Vermögensgegenstände des Anlagevermögens

– Disagio

– Aktive latente Steuern

+ Passive latente Steuern

– Aktiver Unterschiedsbetrag aus der Vermögensverrechnung

– Nicht ausgewiesene Rückstellungen für Pensionen und ähnliche Verpflichtungen

+ 66 ⅔ % der Baukostenzuschüsse

+ 70 % des Sonderpostens für Investitionszuschüsse im Anlagevermögen

+ Sonderposten für Investitionszulagen im Anlagevermögen

   Berücksichtigung der Gewinnverwendung:

   a) Vor erfolgter Gewinnverwendung

       ±   Jahresüberschuss/Jahresfehlbetrag

       ±   Gewinnvortrag/Verlustvortrag

       –   Auszuschüttender Betrag

   b) Nach teilweiser oder vollständiger Gewinnverwendung

       ±   Bilanzgewinn/Bilanzverlust

       –   Auszuschüttender Betrag

B. Jahresabschlussanalytisches Fremdkapital

   33⅓ % der Baukostenzuschüsse

+ 30 % des Sonderpostens für Investitionszuschüsse im Anlagevermögen

+ Auszuschüttender Betrag

+ Rückstellungen aus der Bilanz

+ Nicht ausgewiesene Rückstellungen für Pensionen und ähnliche Verpflichtungen

+ Verbindlichkeiten
   (unter Umständen einschließlich „erhaltene Anzahlungen auf Bestellungen")

+ Rechnungsabgrenzungsposten

Abb. 17:   Strukturbilanz für den Einzelabschluss eines Unternehmens – Passiva

Pensionsrückstellungen:

Unmittelbare Pensionszusagen, die nach dem 31.12.1986 (sogenannte Neuzusagen) gewährt wurden, sind als langfristig anzusehendes (nach Ablauf von fünf Jahren fälliges) Fremdkapital in den Bilanzen offen auszuweisen und damit Bestandteil des jahresabschlussanalytischen Fremdkapitals. Für unmittelbare Pensionszusagen, die vor dem 01.01.1987 (sogenannte Altzusagen) gebildet wurden, besteht dagegen ein Passivierungswahlrecht. Wurde dieses wahrgenommen, erfolgt eine analoge Behandlung zu den Neuzusagen. Ist dagegen eine Passivierung unterblieben, ist das jahresabschlussanalytische Eigenkapital um den nicht passivierten Betrag zu mindern und im Gegenzug das jahresabschlussanalytische Fremdkapital entsprechend zu erhöhen. Für mittelbare Pensionszusagen und ähnliche Verpflichtungen besteht – unabhängig vom Zeitpunkt der Gewährung – stets ein Passivierungswahlrecht. Die Behandlung mittelbarer Pensionszusagen und ähnlicher Verpflichtungen erfolgt in Analogie zur Behandlung unmittelbarer Pensionszusagen, die vor dem 01.01.1987 gewährt wurden.

Passiver Rechnungsabgrenzungsposten:

Der passive Rechnungsabgrenzungsposten wird dem (kurzfristigen) jahresabschlussanalytischen Fremdkapital zugeordnet.

Passive latente Steuern:

Passive latente Steuern werden aus dem Fremdkapital in das jahresabschlussanalytische Eigenkapital umgegliedert, da bei ihrer Bildung das Eigenkapital entsprechend gemindert wurde.

Aufgabe 4.3:   Die Strukturbilanz: Geleistete und erhaltene Anzahlungen

Auf welche Art und Weise werden geleistete und erhaltene Anzahlungen in der Strukturbilanz behandelt? Wie lassen sich die einzelnen Vorgehensweisen der Behandlung begründen?

Lösung

Geleistete Anzahlungen – in der Handelsbilanz werden geleistete Anzahlungen auf immaterielle Vermögensgegenstände (Aktivposition A.I.4), auf Sachanlagen (Aktivposition A.II.4) und auf Vorräte (Aktivposition B.I.4) unterschieden – stellen keine Geldforderungen dar, sondern Forderungen auf Vermögensgegenstände. Dementsprechend sind sie dem jeweiligen Vermögensbereich zuzuordnen, in dem auch der später gelieferte Vermögensgegenstand ausgewiesen wird.

Für die erhaltenen Anzahlungen auf Bestellungen (Passivposition C.3) werden in der Literatur – analog zum Bilanzausweis (§ 268 Abs. 5 Satz 2 HGB) – zwei Arten der Berücksichtigung in der Strukturbilanz vorgeschlagen. Dies wird nachfolgend am Beispiel erhaltener Anzahlungen auf Vorräte gezeigt:

(1) Die offene Absetzung der erhaltenen Anzahlungen auf Bestellungen von der Vorrats-
     position soll deutlich machen, dass die in der Bilanz ausgewiesenen Vorräte in Höhe der
     erhaltenen Anzahlungen faktisch schon dem Abnehmer zuzurechnen sind.

(2) Vorräte und erhaltene Anzahlungen auf Bestellungen werden auf der Aktiv- und Passiv-
     seite jeweils brutto ausgewiesen. Dafür spricht:

   • Nur der Bruttoausweis zeigt die Vermögensstruktur (Mittelverwendung) und die
     Kapitalstruktur (Mittelherkunft).

   • Vorräte sind entsprechend dem strengen Niederstwertprinzip bewertet, während die
     erhaltenen Anzahlungen auf Bestellungen auf vereinbarten Verkaufspreisen, die
     Gewinnbestandteile enthalten können, basieren. Somit würde im Falle eines Netto-
     ausweises eine Verrechnung von Aktiva und Passiva erfolgen, die unterschied-
     lichen Wertebenen angehören.

   • Eine Saldierung der erhaltenen Anzahlungen auf Bestellungen, die unter Umstän-
     den nicht nur die Vorräte betreffen, und der Vorräte ist abzulehnen, da Teile der er-
     haltenen Anzahlungen möglicherweise überhaupt nichts mit den Vorräten zu tun
     haben (z. B. Anlagenbau).

   • Im Falle der Nichterfüllung handelt es sich bei den erhaltenen Anzahlungen auf
     Bestellungen um eine finanzielle Verpflichtung.

Aufgabe 4.4: Die Strukturbilanz: Verwendung des Jahres-
                  überschusses

Die Eigenkapitalpositionen der X-AG stellen sich nach (!) teilweiser Verwendung des
Jahresüberschusses wie folgt dar:

A. Eigenkapital

I.	Gezeichnetes Kapital	8.000.000 EUR
II.	Kapitalrücklage	400.000 EUR
III.	Gewinnrücklagen	
	– Gesetzliche Rücklage	310.000 EUR
	– Andere Gewinnrücklagen	95.000 EUR
IV.	Bilanzgewinn	95.000 EUR

Der Verlustvortrag aus dem Vorjahr beträgt 50.000 EUR.

Als Analyst des Jahresabschlusses der X-AG sind Sie darüber informiert, dass Vorstand und
Aufsichtsrat der X-AG, die für die Feststellung des Jahresabschlusses zuständig sind, den
ihnen nach aktienrechtlichen Vorschriften überlassenen Teil des Jahresüberschusses in voller
Höhe in die „Anderen Gewinnrücklagen" eingestellt haben. Zeigen Sie für Zwecke der Erstellung einer Strukturbilanz den bilanziellen Eigenkapitalausweis der X-AG vor (!) Verwendung des Jahresüberschusses! Begründen Sie Ihre Vorgehensweise genau!

Lösung

Um die Eigenkapitalposition der X-AG vor Verwendung des Jahresüberschusses darstellen zu können, muss zunächst der Jahresüberschuss vor Zuführung zu den Rücklagen und vor Berücksichtigung des Verlustvortrags ermittelt werden.

Dieser Jahresüberschuss sei als gesuchte Größe mit x bezeichnet.

Zunächst ist der Verlustvortrag aus dem Vorjahr abzuziehen. Der Jahresüberschuss nach Abzug des Verlustvortrags ist: x – 50.000 EUR.

Danach ist zu prüfen, ob 5 % des verbleibenden Betrags in die gesetzliche Rücklage einzustellen sind. Dies ist solange der Fall, bis die Kapitalrücklage zusammen mit der bisher gebildeten gesetzlichen Rücklage 10 % des Grundkapitals erreicht (§ 150 Abs. 2 AktG). Vorliegend kann der Bilanz nach Verwendung des Jahresüberschusses entnommen werden, dass die Kapitalrücklage zusammen mit der (vermutlich bereits erhöhten) gesetzlichen Rücklage erst (310.000 EUR + 400.000 EUR) ÷ 8.000.000 EUR = 8,875 % des Grundkapitals (gezeichnetes Kapital) beträgt. Von einer Einstellung von 5 % · (x – 50.000 EUR) ist also auszugehen.

Der Jahresüberschuss nach Abzug des Verlustvortrags und nach Zuführung zur gesetzlichen Rücklage beträgt daher:

(x – 50.000 EUR) – 0,05 · (x – 50.000 EUR) = 0,95x – 47.500 EUR.

Dieser Betrag muss mit dem Betrag übereinstimmen, der Vorstand und Aufsichtsrat gemäß § 58 Abs. 1 Satz 3 i. V. m. Abs. 2 Satz 1 AktG zur Hälfte für die Einstellung in die anderen Gewinnrücklagen zur Verfügung steht. Wie der Aufgabenstellung zu entnehmen ist, haben Vorstand und Aufsichtsrat diese Möglichkeit vollständig ausgeschöpft. Es gilt daher: 0,95x – 47.500 EUR = 2 · 95.000 EUR. Löst man diese Gleichung nach x auf, so erhält man für x einen Betrag von 250.000 EUR.

Die folgende Tabelle stellt die Zusammenhänge überblicksartig dar:

	in EUR	Proberechnung
Jahresüberschuss	x	250.000
− Verlustvortrag	-50.000	-50.000
= Jahresüberschuss$_1$	= x − 50.000	= 200.000
Jahresüberschuss$_1$	x − 50.000	200.000
− 5 % des JÜ$_1$ (Einstellung in die gesetzliche Rücklage)		-10.000
= Jahresüberschuss$_2$ $\quad = (x − 50.000) − 0,05 \cdot (x − 50.000)$ $\qquad\qquad = 0,95x − 47.500$		= 190.000
Jahresüberschuss$_2$ $\quad = 2 \cdot$ Bilanzgewinn $\qquad\qquad = 2 \cdot 95.000 = 190.000$		
Jahresüberschuss$_2$ (Version 1) = Jahresüberschuss$_2$ (Version 2) $0,95x − 47.500 = 190.000$ $0,95x = 237.500$ $x = \dfrac{237.500}{0,95} = 250.000$ (Jahresüberschuss)		

Jahresüberschuss$_1$ = Jahresüberschuss nach Berücksichtigung eines Verlustvortrags

Jahresüberschuss$_2$ = Jahresüberschuss nach Berücksichtigung eines Verlustvortrags sowie der eventuellen Einstellung eines Betrages in die gesetzliche Rücklage

Die Eigenkapitalpositionen der X-AG stellen sich vor (!) teilweiser Verwendung des Jahresüberschusses wie folgt dar:

A. Eigenkapital

    I.   Gezeichnetes Kapital   8.000.000 EUR

    II. Kapitalrücklage   400.000 EUR

    III. Gewinnrücklagen

       – Gesetzliche Rücklage   300.000 EUR

       – Andere Gewinnrücklagen   0 EUR

    IV. Gewinnvortrag/Verlustvortrag   -50.000 EUR

    V. Jahresüberschuss/Jahresfehlbetrag   250.000 EUR.

Aufgabe 4.5: Der Verbindlichkeitenspiegel

Entwickeln Sie die formale Struktur eines Verbindlichkeitenspiegels!

Lösung

Art der Verbind- lichkeit	Gesamt- betrag	Restlaufzeit r			Gesicher- ter Betrag	Art der Sicherheit
		r ≤ 1 Jahr	1 Jahr < r ≤ 5 Jahre	r > 5 Jahre		
	EUR	EUR	EUR	EUR	EUR	
Summe						
(1)	(2)	(3)	(4)	(5)	(6)	(7)

Erläuterungen:

(1)   Angabe nach dem vorgeschriebenen Bilanzgliederungsschema (§ 285 Nr. 2 HGB)

(2)   Betrag ergibt sich aus der Bilanz

(3)   Betrag ergibt sich aus der Bilanz (§ 268 Abs. 5 Satz 1 HGB)

(4)   Ergebnis aus (2) – (3) – (5)

(5)   Angabe gemäß § 285 Nr. 1 Buchstabe a) HGB

(6)   Angabe gemäß § 285 Nr. 1 Buchstabe b) HGB

(7)   Angabe gemäß § 285 Nr. 1 Buchstabe b) HGB

Beachten Sie auch die Erleichterung in § 288 Satz 1 HGB für die kleine Kapitalgesellschaft und in § 327 Nr. 2 HGB für die mittelgroße Kapitalgesellschaft.

Aufgabe 4.6: Schema zur Analyse der Ergebnisquellen für eine Gewinn- und Verlustrechnung nach dem Gesamt- kostenverfahren

Entwickeln Sie für eine Gewinn- und Verlustrechnung nach dem Gesamtkostenverfahren ein Schema zur Analyse der Ergebnisquellen!

Lösung

Ein Schema zur Analyse der Ergebnisquellen einer Gewinn- und Verlustrechnung nach dem Gesamtkostenverfahren lässt sich wie folgt darstellen:

GuV-Positionen nach § 275 Abs. 2 HGB	
Betriebsergebnis (-erfolg) (= GuV-Pos. 1 ± 2 + 3 + 4 − 5 − 6 − 7 − 8)	Hier: Umsatzerlöse ± Saldo aus Bestandserhöhungen und Bestandsverminderungen bei fertigen und unfertigen Erzeugnissen + Andere aktivierte Eigenleistungen + Sonstige betriebliche Erträge − Materialaufwand − Personalaufwand − Abschreibungen* − Sonstige betriebliche Aufwendungen * Ohne übliche Abschreibungen auf das Umlaufvermögen. Diese werden bereits unter „Bestandserhöhungen/-verminderungen", „Materialaufwand" und „Sonstige betriebliche Aufwendungen" ausgewiesen.
Finanzergebnis (-erfolg) (= GuV-Pos. 9 + 10 + 11 − 12 − 13)	Hier: Erträge aus Beteiligungen + Erträge aus anderen Wertpapieren und Ausleihungen des Finanzanlagevermögens + Sonstige Zinsen und ähnliche Erträge − Abschreibungen auf Finanzanlagen und auf Wertpapiere des Umlaufvermögens − Zinsen und ähnliche Aufwendungen
Ergebnis der gewöhnlichen Geschäftstätigkeit (= GuV-Pos. 14)	Hier: Betriebsergebnis + Finanzergebnis
Außerordentliches Ergebnis (= GuV-Pos. 17 = GuV-Pos. 15 − GuV-Pos. 16)	Hier: Außerordentliche Erträge − Außerordentliche Aufwendungen
Jahresergebnis (-erfolg) vor Steuern (= GuV-Pos. 14 + 17)	Hier: Ergebnis der gewöhnlichen Geschäftstätigkeit + Außerordentliches Ergebnis
Steuern (= GuV-Pos. 18 + 19)	Hier: Steuern vom Einkommen und vom Ertrag + Sonstige Steuern
Jahresergebnis (-erfolg) nach Steuern (Jahresüberschuss/-fehlbetrag) (= GuV-Pos. 20)	Hier: Jahresergebnis (-erfolg) vor Steuern − Steuern

GuV-Pos. = Gewinn- und Verlustrechnungsposition(en)

Aufgabe 4.7: Durchführung der Analyse und Interpretation der gewonnenen Ergebnisse: Kennzahlen[62]

Seit seiner Teilnahme an einem Existenzgründerseminar ist X davon überzeugt, dass die Basis eines jeden Unternehmenserfolgs in einer vorausschauenden Planung begründet liegt. Daher beschließt er, für das Vorhaben, seinen Kiosk zu einem Party-Service auszubauen, für das Jahr 01 eine Plan-Bilanz und eine Plan-GuV aufzustellen. Das Unternehmen soll in der Rechtsform der GmbH geführt werden. Er kommt zu folgenden Ergebnissen (in EUR):

Aktiva		Plan-Bilanz zum 31.12.01	Passiva
Anlagevermögen		Eigenkapital	
Grundstück und Gebäude	234.000,00	Stammkapital	50.000,00
(239.000 – 5.000)		Gewinnrücklagen	127.300,00
Fuhrpark	30.000,00	Jahresüberschuss	
(Pkw:		vor Steuern	15.800,00
3.000 – 1.000 = 2.000)		Verbindlichkeiten	
(Transporter:			
35.000 – 7.000 = 28.000)		Förderdarlehen	70.000,00
Betriebs- und Geschäfts-		Langfristiges Darlehen	70.000,00
ausstattung	72.000,00	Annuitätendarlehen	22.577,47
(Großküche: 80.000 – 8.000)		Lieferanten-	
Umlaufvermögen		verbindlichkeiten	20.000,00
Vorräte (Neuzugänge)	20.000,00		
Kundenforderungen	3.000,00		
Bank	16.000,00		
Kasse	677,47		
	375.677,47		375.677,47

---

[62] Modifiziert entnommen aus KUßMAUL, HEINZ (Existenzgründer 2011), S. 362 ff. und S. 653 ff.

Aufwendungen	Plan-GuV-Rechnung vom 01.01. bis 31.12.01		Erträge
Abschreibungen		Umsatzerlöse	
auf Gebäude	5.000,00	aus Menüverkauf	96.000,00
auf Pkw	1.000,00	aus Warenverkauf	35.000,00
auf Transporter	7.000,00		
auf Betriebs- und Geschäftsausstattung	8.000,00		
Wareneinsatz	15.000,00		
Zinsaufwand			
Förderdarlehen	1.000,00		
Langfristiges Darlehen	3.500,00		
Annuitätendarlehen	2.700,00		
Personalaufwand	36.000,00		
Material- und Energieaufwand	36.000,00		
Jahresüberschuss vor Steuern	15.800,00		
	131.000,00		131.000,00

Um die Bank endgültig von seiner Investition zu überzeugen und auch für die Zukunft günstige Finanzierungskonditionen auszuhandeln, beschließt X, eine Jahresabschlussanalyse vorzunehmen, um hierdurch sein Gespräch mit dem zuständigen Sachbearbeiter der Bank, Herrn Y, vorzubereiten. Im Einzelnen errechnet und interpretiert X die folgenden Kennzahlen:

- Sachanlageintensität,
- Umschlagsdauer des Sachanlagevermögens (SAV),
- Eigenkapitalquote,
- Verschuldungsgrad,
- Anlagendeckungsgrad eng und weit,
- Liquidität 1., 2. und 3. Grades,
- Eigenkapitalrentabilität,
- Fremdkapitalrentabilität,
- Gesamtkapitalrentabilität.

Welche Ergebnisse wird X präsentieren? Die Ergebnisse sind in Prozent anzugeben und auf zwei Nachkommastellen zu runden.

Lösung

Investitionsanalyse (Vermögensstruktur) (alle Beträge in EUR)

$$\text{Sachanlageintensität} = \frac{\text{Sachanlagevermögen}}{\text{Gesamtvermögen}}$$

$$= \frac{234.000 + 30.000 + 72.000}{375.677,47} = 0,8944 \ (= 89,44\,\%)$$

Analyse:

- Die Sachanlageintensität ist sehr stark von der Branche des Unternehmens abhängig.
- Das Anlagevermögen reagiert unelastisch auf Beschäftigungsschwankungen (ergebnisbelastender Fixkosteneffekt).
- Eine hohe Sachanlageintensität (hier: 89,44 %) bedingt eine geringe finanzwirtschaftliche Flexibilität (liquiditätsbelastender Kapitalbindungseffekt).

Mögliche Maßnahmen:

- Sale-and-lease-back,
- Zurückstellen von Anschaffungen.

Umschlagsdauer des SAV

$$= \frac{\text{Sachanlagevermögen}}{\text{Abschreibungen des GJ auf SAV} + \text{Abgänge zu Restbuchwerten}}$$

$$= \frac{336.000}{(5.000 + 1.000 + 7.000 + 8.000) + 0} = 16$$

Analyse:

- Die Umschlagsdauer gibt in diesem Fall den Zeitraum (hier: 16 Jahre) an, innerhalb dessen das Sachanlagevermögen (buchmäßig) vollkommen abgeschrieben ist. Eine Beeinflussung der Umschlagsdauer durch Abgänge von Sachanlagevermögen findet in diesem Fall nicht statt. Eine hohe Umschlagsdauer deutet auf einen geringen Kapitalbedarf hin.
- Eine hohe Sachanlageintensität wäre bei einer geringen Umschlagsdauer des Sachanlagevermögens aufgrund des hohen Kapitalbedarfs für Ersatzinvestitionen bedenklich.

Finanzierungsanalyse (Kapitalstruktur) (alle Beträge in EUR)

$$\text{Eigenkapitalquote} = \frac{\text{Eigenkapital}}{\text{Gesamtkapital}}$$

Das Eigenkapital umfasst hier das Stammkapital und die Gewinnrücklagen. Die Einbeziehung des Jahresüberschusses vor Steuern in das Eigenkapital ist abzulehnen, da auf alle Fälle Steuern zu zahlen sind und der Jahresüberschuss nach Steuern eventuell ausgeschüttet wird.

$$\text{Eigenkapitalquote} = \frac{177.300}{375.677,47} = 0,4719 \, (= 47,19\,\%)$$

Analyse:

- Es liegt eine sehr hohe Eigenkapitalquote vor (hier: 47,19 %). Je größer die Eigenkapitalquote ist, desto mehr Eigenkapital – und damit desto weniger Fremdkapital – ist im Unternehmen vorhanden. Dieser Sachverhalt wird von den Banken positiv bewertet, da das Eigenkapital als Haftungskapital zukünftige Verluste buchtechnisch ausgleichen kann. Das Unternehmen wird als „sicher" angesehen.

$$\text{Verschuldungsgrad} \quad = \frac{\text{Fremdkapital}}{\text{Eigenkapital}}$$

$$= \frac{198.377,47}{177.300} = 1,1189 \, (= 111,89\,\%)$$

Entsprechend der Vorgehensweise bei der Berechnung der Eigenkapitalquote wird der Jahresüberschuss vor Steuern nicht zum Eigenkapital gezählt.

Analyse:

- Mit der hohen Eigenkapitalquote korrespondiert ein geringer Verschuldungsgrad in Höhe von 111,89 %.

Liquiditätsanalyse (alle Beträge in EUR)

$$\text{Anlagedeckungsgrad}_{\text{eng}} \quad = \frac{\text{Eigenkapital}}{\text{Anlagevermögen}}$$

$$= \frac{177.300}{336.000} = 0,5277 \, (= 52,77\,\%)$$

$$\text{Anlagedeckungsgrad}_{\text{weit}} \quad = \frac{\text{Eigenkapital} + \text{Langfristiges Fremdkapital}}{\text{Anlagevermögen}}$$

$$= \frac{177.300 + 162.577,47}{336.000} = 1,0115 \, (= 101,15\,\%)$$

Hinweis: Langfristiges Fremdkapital sind solche Verbindlichkeiten, deren Restlaufzeit größer als fünf Jahre ist. Lieferantenverbindlichkeiten verfügen regelmäßig über eine kürzere Laufzeit und zählen aus diesem Grund nicht zum langfristigen Fremdkapital.

Analyse:

- Die Kennzahlenrichtwerte bspw. der Bundesanstalt für Finanzdienstleistungsaufsicht (Anlagendeckungsgrad eng $\geq 0,5$; Anlagendeckungsgrad weit ≥ 1) sind erfüllt.
- Die goldene Bilanzregel ist in ihrer neueren Fassung erfüllt.

$$\text{Liquidität 1. Grades} = \frac{\text{Liquide Mittel}}{\text{Kurzfristige Verbindlichkeiten}}$$

$$= \frac{16.677,47}{20.000} = 0,8339 \, (= 83,39\,\%)$$

$$\text{Liquidität 2. Grades} = \frac{\text{Monetäres Umlaufvermögen}}{\text{Kurzfristige Verbindlichkeiten}}$$

$$= \frac{16.677,47 + 3.000}{20.000} = 0,9839 \, (= 98,39\,\%)$$

$$\text{Liquidität 3. Grades} = \frac{\text{Umlaufvermögen}}{\text{Kurzfristige Verbindlichkeiten}}$$

$$= \frac{16.677,47 + 3.000 + 20.000}{20.000} = 1,9839 \, (= 198,39\,\%)$$

Analyse:

- Die Kennzahlenrichtwerte der Bundesanstalt für Finanzdienstleistungsaufsicht (Liquidität 2. Grades $\geq$ 0,5; Liquidität 3. Grades $\geq$ 1) sind erfüllt.
- Nicht erfüllt ist die durch die sogenannte „Banker's Rule" vorgegebene Norm, wonach die Liquidität 3. Grades $\geq$ 2 sein soll.
- Inwieweit solche (vorgegebene) Richtwerte zweckmäßig sind, ist im Einzelfall kritisch zu hinterfragen.

Rentabilitätsanalyse (alle Beträge in EUR)

$$\text{Eigenkapital-Rentabilität} = \frac{\text{Jahresüberschuss vor Steuern}}{\text{Eigenkapital (zum Beginn des GJ)} + \text{Jahresüberschuss} \div 2}$$

$$= \frac{15.800}{177.300 + 15.800 \div 2} = 0,0853 \, (= 8,53\,\%)$$

Hinweis: Es stellt sich die Frage, wie der Tatsache Rechnung getragen wird, dass der Jahresüberschuss nicht während des gesamten Jahres an der Gewinnerzielung beteiligt war. Nach Ansicht der Verfasser erscheint im vorliegenden Fall eine hälftige Berücksichtigung des Jahresüberschusses bei der Ermittlung des eingesetzten Eigenkapitals zweckmäßig.

$$\text{Fremdkapital-Rentabilität} = \frac{\text{Fremdkapitalzinsen}}{\text{Fremdkapital}}$$

$$= \frac{1.000 + 3.500 + 2.700}{182.577,47} = 0,0394 \, (= 3,94\,\%)$$

$$\text{Gesamtkapital-Rentabilität} = \frac{\text{Jahresüberschuss vor Steuern} + \text{Fremdkapitalzinsen}}{\text{Eigenkapital (zum Beginn des GJ} + \text{JÜ} \div 2) + \text{Fremdkapital}}$$

$$= \frac{15.800 + 7.200}{367.777,47} = 0,0625 \, (= 6,25\,\%)$$

Analyse:

Im vorliegenden Fall kann der Leverage-Effekt ausgenutzt werden, d.h., durch Zuführung von Fremdkapital kann die Eigenkapitalrendite solange gesteigert werden, solange die Gesamtkapitalrentabilität über der Fremdkapitalrentabilität liegt. Dies ist im vorliegenden Fall gegeben, da Fremdkapital insgesamt sehr günstig zur Verfügung steht. Es muss aber darauf hingewiesen werden, dass durch Ausnutzung des Leverage-Effekts die Eigenkapitalquote sinkt und das betragsmäßig ausgewiesene Eigenkapital und damit die Verlustdeckungsreserve niedrig gehalten wird.

Aufgabe 4.8: Durchführung der Analyse und Interpretation der gewonnenen Ergebnisse: Kennzahlen

Machen Sie durch Ankreuzen in der folgenden Abbildung deutlich, um welche Art von Kennzahlen es sich bei den angeführten Beispielen handelt!

Beispiele	Kennzahlen	Absolute Zahlen	Gliede-rungszahlen	Beziehungs-zahlen	Indexzahlen
MDax am 08.03.01					
Bilanzsumme					
Verbindlichkeiten aus Lieferungen und Leistungen / Verbindlichkeiten					
Jahresüberschuss					
Zinsaufwendungen / Verbindlichkeiten					
Wertpapiere / Vermögen					
Gesetzliche Rücklage / Gewinnrücklagen					

Lösung

Beispiele	Kennzahlen	Absolute Zahlen	Gliede-rungszahlen	Beziehungs-zahlen	Indexzahlen
MDax am 08.03.01					x
Bilanzsumme		x			
Verbindlichkeiten aus Lieferungen und Leistungen / Verbindlichkeiten			x		
Jahresüberschuss		x			
Zinsaufwendungen / Verbindlichkeiten				x	
Wertpapiere / Vermögen			x		
Gesetzliche Rücklage / Gewinnrücklagen			x		

Aufgabe 4.9:   Durchführung der Analyse und Interpretation der gewonnenen Ergebnisse: Kennzahlen

Interpretieren Sie die nachfolgend dargestellte Entwicklung einzelner Kennzahlen!

a)   Die Materialaufwandsquote ist im Betriebsvergleich sehr hoch und steigt im Zeitvergleich an.

b)   Die Abschreibungsaufwandsquote steigt bei fallender Gesamtleistung.

c)   Die Personalaufwandsquote fällt, gleichzeitig steigt die Abschreibungsaufwandsquote.

Lösung

Teilaufgabe a)

Eine im Betriebsvergleich sehr hohe Materialaufwandsquote kann ein Hinweis für bestehende Unwirtschaftlichkeiten im Betriebsablauf sein. So kann der Ausschuss im Vergleich zu der nicht zu beanstandenden Produktion relativ hoch sein. Steigt die Materialaufwandsquote im Zeitablauf zusätzlich weiter an, könnte dies ein Zeichen für eine größer werdende Unwirtschaftlichkeit sein.

Teilaufgabe b)

Eine steigende Abschreibungsaufwandsquote bei fallender Gesamtleistung kann daher resultieren, dass in früheren Perioden vorgenommene Investitionen die Unternehmenskapazität nicht erhöht haben und daher auch nicht ertragswirksam sind.

Allerdings ist bei der Abschreibungsaufwandsquote zu beachten, dass sie durch jahresabschlusspolitische Maßnahmen beeinflusst wird und deshalb zu ungenauen Ergebnissen führen kann.

Teilaufgabe c)

Fällt die Personalaufwandsquote, während die Abschreibungsaufwandsquote steigt, könnte dies ein Hinweis auf durchgeführte Rationalisierungsmaßnahmen in dem Unternehmen sein. In diesem Fall wäre der Automatisierungsgrad in dem Unternehmen gestiegen und menschliche Arbeit durch maschinelle Arbeitsleistung ersetzt worden.

Aufgabe 4.10: Durchführung der Analyse und Interpretation der gewonnenen Ergebnisse: Wahlrechte

Im Rahmen der handelsrechtlichen Rechnungslegung werden dem Bilanzierenden Ansatzwahlrechte eingeräumt, die jahresabschlusspolitisch genutzt werden können und somit jahresabschlussanalytische Relevanz besitzen.[63] Nennen Sie typische handelsrechtliche Ansatzwahlrechte!

Lösung

Aktivierungswahlrechte:

- Wahlrecht zur Aktivierung selbst geschaffener immaterieller Vermögensgegenstände des Anlagevermögens (§ 248 Abs. 2 Satz 1 HGB),
- Wahlrecht zur Aktivierung des Unterschiedsbetrages zwischen dem Erfüllungsbetrag einer Verbindlichkeit und ihrem niedrigeren Ausgabebetrag (Disagio) (§ 250 Abs. 3 Satz 1 HGB),
- Wahlrecht zur Aktivierung aktiver latenter Steuern (§ 274 Abs. 1 Satz 2 HGB),
- (faktisches) Wahlrecht zur Bildung von Bewertungseinheiten (§ 254 HGB).

Passivierungswahlrechte:

- Wahlrecht zur Passivierung von Rückstellungen für vor dem 01.01.1987 erteilte unmittelbare Pensionszusagen (sogenannte Altzusagen) einschließlich deren Erhöhung nach dem 31.12.1986 (Art. 28 Abs. 1 Satz 1 EGHGB),
- Wahlrecht zur Passivierung von Rückstellungen für mittelbare Verpflichtungen aus Pensionszusagen sowie für pensionsähnliche Verpflichtungen (Art. 28 Abs. 1 Satz 2 EGHGB).

Aufgabe 4.11: Durchführung der Analyse und Interpretation der gewonnenen Ergebnisse: Cashflow

Beschreiben Sie die finanzwirtschaftliche Größe „Cashflow" mit Hilfe ihrer charakteristischen Merkmale!

Lösung

Die Beschreibung des Cashflows kann durch folgende drei Merkmale erfolgen:

(1) Der Cashflow wird aus der Geschäftstätigkeit des Unternehmens („aus eigener Kraft") erwirtschaftet. Im Umkehrschluss bedeutet dies, dass dem Unternehmen in Höhe des

---

[63] Hinzuweisen ist jedoch darauf, dass grundsätzlich die Grundsätze der Ansatz- und Bewertungsstetigkeit zu beachten sind (§§ 246 Abs. 3 Satz 1, 252 Abs. 1 Nr. 6 HGB), von denen nur in begründeten Ausnahmefällen abgewichen werden darf (§§ 246 Abs. 3 Satz 2, 252 Abs. 2 HGB).

Cashflows weder Mittel von außen noch durch Vermögensabbau (Desinvestitionen) zugeführt werden.

(2) Der Cashflow ist eine Nettogröße, d. h., insbesondere die laufenden zahlungswirksamen betrieblich bedingten Aufwendungen sind bereits abgezogen.

(3) Der Cashflow ist keine zeitpunktbezogene Größe, da er am Ende des Betrachtungszeitraums grundsätzlich nicht mehr (in voller Höhe) zur Verfügung steht.

Aufgabe 4.12: Durchführung der Analyse und Interpretation der gewonnenen Ergebnisse: Cashflow

Schildern Sie, was man unter dem Begriff des Cashflows versteht und wie sich diese Größe im Rahmen der Jahresabschlussanalyse ermitteln lässt! Welche betriebswirtschaftliche Bedeutung kommt dem Cashflow zu?

Lösung

Begriff des Cashflows: Überschuss der Ertragseinzahlungen über die Aufwandsauszahlungen eines Geschäftsjahres.

Im Rahmen der Jahresabschlussanalyse lässt sich diese Größe ausgehend von den Zahlen des Jahresabschlusses, insbesondere der Gewinn- und Verlustrechnung, ermitteln. Dabei sind zwei prinzipielle Vorgehensweisen zu unterscheiden: die direkte und die indirekte Methode.

Direkte Berechnungsmethode:

    Einzahlungswirksame Erträge der Periode

− Auszahlungswirksame Aufwendungen der Periode

= Cashflow der Periode (auf direktem Weg ermittelt)

Indirekte Berechnungsmethode:

    Jahresüberschuss bzw. Jahresfehlbetrag

+ Nicht-auszahlungswirksame Aufwendungen

− Nicht-einzahlungswirksame Erträge

= Cashflow der Periode (auf indirektem Weg ermittelt)

Praktikerformel zur Berechnung des Cashflows:

    Jahresüberschuss bzw. Jahresfehlbetrag

+ Abschreibungen

+ Erhöhung der Rückstellungen

= Cashflow der Periode (nach der Praktikerformel)

Bei der Praktikerformel werden nur die beiden üblicherweise betragsmäßig größten Korrekturpositionen bei Anwendung der indirekten Berechnungsmethode berücksichtigt.

Betriebswirtschaftliche Bedeutung:

- Der Cashflow stellt eine Kennzahl für den Mittelzufluss aus dem Umsatzprozess dar, die über die Liquiditätslage, die Selbstfinanzierungskraft und die finanzielle Entwicklung des Unternehmens Auskunft gibt.

- Zur rückblickenden Analyse dient der Cashflow als Kontrollgröße der finanziellen Situation des Unternehmens und gibt Auskunft darüber, welche finanziellen Mittel dem Unternehmen aus dem laufenden Umsatzprozess heraus zur Bestreitung von Investitionsauszahlungen, Tilgungszahlungen und möglichen Gewinnausschüttungen zur Verfügung gestanden haben.

- Der Cashflow kann andererseits auch als zukunftsorientierter Prognosewert Verwendung innerhalb der unternehmerischen Planung finden, indem die Daten des Finanzplans den Berechnungen zugrunde gelegt werden. Der Cashflow bildet dann die Grundlage für die Bestimmung der erforderlichen finanzwirtschaftlichen Anpassungsmaßnahmen, da nur die über den Cashflow hinausgehenden Beträge von außen aufgebracht werden müssen.

- Weiterhin kann der Cashflow zur Berechnung der Verschuldungsfähigkeit eines Unternehmens herangezogen werden:

$$\text{Verschuldungsfähigkeit [in Jahren]} = \frac{\text{Fremdkapital [in EUR]}}{\text{Cashflow [in EUR pro Jahr]}}$$

Der Quotient, der als Verschuldungsfähigkeit bezeichnet wird, gibt die Zeitspanne an, die für eine vollständige Tilgung aller Schulden aus selbst erwirtschafteten Mitteln benötigt wird. Deswegen wäre der Begriff „Entschuldungsfähigkeit" für diesen Sachverhalt zutreffender.

Aufgabe 4.13: Durchführung der Analyse und Interpretation der gewonnenen Ergebnisse: Cashflow

a) Grundsätzlich lässt sich der Cashflow direkt und/oder indirekt ermitteln. In beiden Verfahren muss die Gewinn- und Verlustrechnung eines Unternehmens in zahlungswirksame und zahlungsunwirksame Positionen aufgespalten werden. Nennen Sie zum einen Beispiele für Aufwendungen bzw. Erträge, die in der betrachteten Periode zu Auszahlungen bzw. Einzahlungen geführt haben, und zum anderen für Aufwendungen bzw. Erträge, die der periodengerechten Gewinnermittlung dienen, somit lediglich rechentechnischer Art sind und in der betrachteten Periode nicht zu Auszahlungen bzw. Einzahlungen geführt haben!

b) Sowohl die indirekte als auch die direkte Methode der Ermittlung des Cashflows müssen zum gleichen Ergebnis führen. Belegen Sie diese Aussage unter Zuhilfenahme der Definitionsgleichungen für die Erträge und die Aufwendungen einer Periode und den Jahreserfolg!

Lösung

Teilaufgabe a)

- Aufwendungen bzw. Erträge, die in der betrachteten Periode zu Auszahlungen bzw. Einzahlungen geführt haben:
  - auszahlungswirksame Aufwendungen (z. B. Lohnzahlungen, Gewerbesteuerzahlungen),
  - einzahlungswirksame Erträge (z. B. Barverkäufe, Zinsertragszahlungen).
- Aufwendungen bzw. Erträge, die der periodengerechten Gewinnermittlung dienen, somit lediglich rechentechnischer Art sind und in der betrachteten Periode nicht zu Auszahlungen bzw. Einzahlungen geführt haben:
  - nicht-auszahlungswirksame Aufwendungen (z. B. Abschreibungen, Bildung von Rückstellungen, Bestandsminderungen),
  - nicht-einzahlungswirksame Erträge (z. B. Zuschreibungen, erfolgswirksame Auflösung von Rückstellungen).

Teilaufgabe b)

Definitionsgleichung für die Erträge einer Periode:

Erträge der Periode = Einzahlungswirksame Erträge der Periode
+ Nicht-einzahlungswirksame Erträge der Periode

Definitionsgleichung für die Aufwendungen einer Periode:

Aufwendungen der Periode = Auszahlungswirksame Aufwendungen der Periode
+ Nicht-auszahlungswirksame Aufwendungen der Periode

Definitionsgleichung für den Jahreserfolg (Jahresüberschuss/-fehlbetrag):

Jahreserfolg (Jahresüberschuss/-fehlbetrag) = Erträge der Periode
– Aufwendungen der Periode

Die Formel für die indirekte Ermittlung des Cashflows lautet:

Cashflow der Periode = Jahresüberschuss/-fehlbetrag
+ Nicht-auszahlungswirksame Aufwendungen der Periode
– Nicht-einzahlungswirksame Erträge der Periode

Mit Hilfe der Definitionsgleichungen für die Erträge und die Aufwendungen einer Periode und den Jahreserfolg kann die Formel für die indirekte Ermittlung des Cashflows in die Formel für die direkte Ermittlung des Cashflows umgeformt werden:

Cashflow der Periode = Einzahlungswirksame Erträge der Periode
– Auszahlungswirksame Aufwendungen der Periode

4.3   Die Grenzen der Jahresabschlussanalyse

Aufgabe 4.14: Die Grenzen der Kennzahlenrechnung

Die Jahresabschlussanalyse mit Hilfe von Kennzahlen ist ein in der Praxis oft verwendetes Hilfsmittel der Unternehmensbeurteilung. Es ist daher für den Jahresabschlussanalysten wichtig, die Grenzen der Kennzahlenrechnung zu kennen, um mögliche Fehlbeurteilungen zu vermeiden. Wo liegen die Grenzen der Kennzahlenrechnung?

Lösung[64]

(1) Insbesondere bei stichtagsbezogenen Kennzahlen der Vermögensstruktur- und Liquiditätsanalyse besteht das Problem, dass die auf Basis der Bilanz aufgestellten Kennziffern veraltet bzw. überholt sind. Neben der Vergangenheitsorientierung verschärft sich dieses Problem zusätzlich durch die Zeitspanne, die zwischen dem Abschlussstichtag und dem Zeitpunkt der Veröffentlichung des handelsrechtlichen Jahresabschlusses liegt.

(2) Eine reine quantitative Kennzahlenbetrachtung ist immer unvollständig, da qualitative Informationen, wie z. B. die Qualität des Managements, nicht berücksichtigt werden. In der Kennzahlenrechnung fehlen außerdem beispielsweise Informationen über freie Kreditlinien, über Abnahme- und Lieferkontraktverpflichtungen sowie über schwebende Geschäfte[65], da im handelsrechtlichen Jahresabschluss nur solche Geschäftsvorfälle erfasst werden, die aufgrund begonnener oder abgeschlossener Transaktionen die Vermögens-, Finanz- und/oder Ertragslage des Unternehmens berühren.

(3) Ein weiteres Problem der Kennzahlenrechnung liegt in der Tatsache begründet, dass die Aufstellung des handelsrechtlichen Jahresabschlusses in der Regel zweckorientiert erfolgt. Daher ist es für die Analyse unerlässlich, nach dem Bewertungszweck zu fragen, um eine Grundtendenz – beispielsweise eine konservative oder progressive Bewertung – feststellen zu können.

(4) Der große Vorteil einzelner Kennzahlen, beispielsweise die starke Komprimierung komplexer Sachverhalte in einer Zähler- und/oder Nennergröße, ist gleichzeitig aber auch ihr Nachteil. Wichtige Erkenntnisse können dadurch verloren gehen. Abhilfe kann ein sogenanntes Kennzahlensystem liefern, dass eine einzelne Kennzahl in ihre Bestandteile aufschlüsselt (z. B. Du Pont-Schema).

(5) Die Bilanz als Stichtagsrechnung stellt immer nur eine Momentaufnahme des Unternehmensgeschehens dar. Mit Hilfe jahresabschlusspolitischer Instrumente kann die Stichtagsrechnung zielorientiert gestaltet werden. Beispiele hierfür sind die Verlegung von Zahlungsterminen, die kurzfristige Aufnahme von Krediten, die Gestaltung von Verrechnungspreisen im Konzernverbund sowie sale-and-lease-back-Geschäfte.

---

[64] Zu den nachstehenden Ausführungen vgl. auch KÜTING, KARLHEINZ; WEBER, CLAUS PETER (Bilanzanalyse 2012), S. 74 ff.; BIEG, HARTMUT; KUßMAUL, HEINZ; WASCHBUSCH, GERD (Rechnungswesen 2012), S. 381 ff.

[65] Falls aus dem Abschluss schwebender Geschäfte Verluste drohen, ist handelsrechtlich eine entsprechende Rückstellung zu bilden (§ 249 Abs. 1 Satz 1 HGB).

5 Konzern und Konzern-abschluss[66]

5.1 Grundlagen

Aufgabe 5.1: Der Begriff des Unternehmenszusammenschlusses

Definieren Sie kurz den Begriff „Unternehmenszusammenschluss"!

Lösung

Bei einem Unternehmenszusammenschluss handelt es sich um die Verbindung von bisher rechtlich und wirtschaftlich selbstständigen Unternehmen zu größeren Wirtschaftseinheiten, ohne dass dadurch die rechtliche Selbstständigkeit und/oder die wirtschaftliche Entscheidungsautonomie der beteiligten Unternehmen aufgehoben werden müssen, aber als Folge hiervon aufgehoben werden können.

Aufgabe 5.2: Formen von Unternehmenszusammenschlüssen

Systematisieren Sie die verschiedenen Formen der Unternehmenszusammenschlüsse nach der Bindungsintensität sowie nach der Art der miteinander verbundenen Produktions- und Handelsstufen! Definieren Sie kurz die sich aus dieser Systematik ergebenden Formen der Unternehmenszusammenschlüsse!

Lösung (siehe nächste Seite)

---

[66] Wesentliche Ausführungen dieses Kapitels gehen zurück auf COENENBERG, ADOLF G.; SCHULTZE, WOLFGANG; BIBERACHER, JOHANNES (Grundlagen 2000); COENENBERG, ADOLF G.; SCHULTZE, WOLFGANG; BIBERACHER, JOHANNES (Konsolidierungsmaßnahmen 2000); WASCHBUSCH, GERD (Konsolidierungskreis 2004); WASCHBUSCH, GERD (Konsolidierungsmethoden 2004); WASCHBUSCH, GERD (Konzernabschluss 2007).

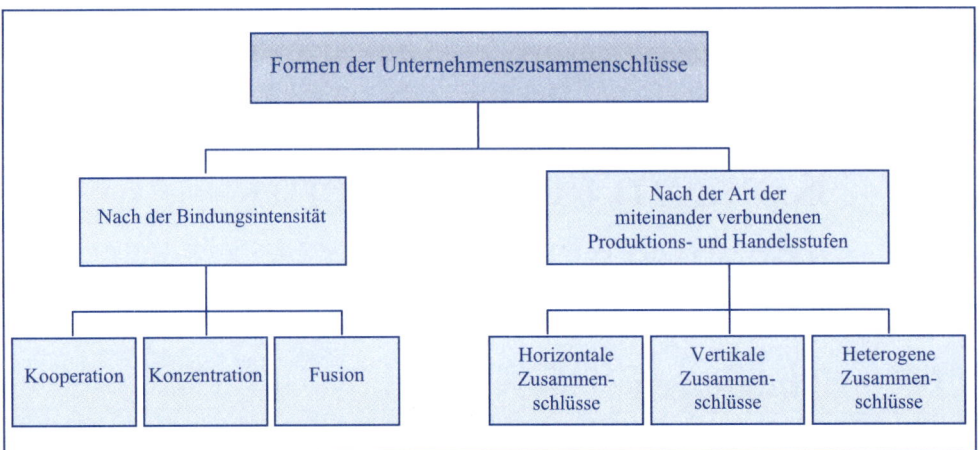

Abb. 18:   Formen der Unternehmenszusammenschlüsse

Die Kooperation ist gekennzeichnet

- durch eine freiwillige, in der Regel vertraglich abgesicherte Zusammenarbeit von Unternehmen in Form der Abstimmung (Koordinierung) von Funktionen (beispielsweise in den Bereichen Beschaffung, Absatz und/oder Produktion) oder der Ausgliederung von Funktionen und Übertragung auf eine gemeinschaftliche Einrichtung

und

- durch die rechtliche und in den nicht der freiwilligen (vertraglichen) Zusammenarbeit unterworfenen Bereichen auch wirtschaftliche Selbstständigkeit der beteiligten Unternehmen.

Eine Konzentration liegt vor, wenn ein Unternehmenszusammenschluss durch kapitalmäßige und/oder vertragliche Bindungen zur Aufhebung der wirtschaftlichen Selbstständigkeit eines beteiligten Unternehmens führt, obwohl deren rechtliche Selbstständigkeit gewahrt bleibt.

Von einer Fusion (Verschmelzung) wird gesprochen, wenn Unternehmen beim Zusammenschluss nicht nur ihre wirtschaftliche, sondern auch ihre rechtliche Selbstständigkeit aufgeben, so dass nach dem Zusammenschluss nur noch eine rechtliche Einheit (Einheitsunternehmen) existiert.

Zusammenschlüsse auf der horizontalen Ebene sind Vereinigungen von Unternehmen der gleichen Produktions- und Handelsstufe (z. B. mehrere Schuhfabriken, mehrere Warenhäuser).

Zusammenschlüsse auf der vertikalen Ebene entstehen durch die Vereinigung von Unternehmen aufeinander folgender Produktions- und Handelsstufen.

Zusammenschlüsse auf der heterogenen Ebene liegen vor, wenn weder eine vertikale noch eine horizontale Verbindung gegeben ist, sondern Unternehmen unterschiedlicher Branchen und/oder unterschiedlicher Produktions- und Handelsstufen sich vereinigen.

Aufgabe 5.3: Formen von Unternehmenszusammenschlüssen[67]

Man unterscheidet nach der Art der miteinander verbundenen Produktions- und Handelsstufen die folgenden drei Formen von Unternehmenszusammenschlüssen:

(1) Zusammenschlüsse von Unternehmen auf der horizontalen Ebene,

(2) Zusammenschlüsse von Unternehmen auf der vertikalen Ebene,

(3) Zusammenschlüsse von Unternehmen auf der heterogenen Ebene.

Welche Form des Unternehmenszusammenschlusses ist jeweils zu wählen, wenn folgende Ziele erreicht werden sollen:

Ziel 1: Sicherung der Rohstoffversorgung,

Ziel 2: Rationalisierung durch Betriebserweiterung,

Ziel 3: Reduzierung der Forschungs- und Entwicklungskosten,

Ziel 4: Risikominderung durch Erweiterung des Angebotsspektrums um völlig andersartige Produkte,

Ziel 5: Straffung und Vereinheitlichung der Vertriebsorganisation,

Ziel 6: Reduzierung der Kapitalbeschaffungskosten als Großnachfrager von Fremdkapital,

Ziel 7: Sicherung der Absatzmöglichkeiten durch einen Zusammenschluss mit nachgelagerten Produktionsstufen,

Ziel 8: Erhöhung der Absatzpreise durch Einschränkung des Wettbewerbs,

Ziel 9: Erzwingung von Mengenrabatten,

Ziel 10: Erhöhung der Kreditwürdigkeit durch eine breitere Eigenkapitalbasis.

Lösung

Ziel 1: Zusammenschluss auf der vertikalen Ebene (Rückwärtsintegration)

Ziel 2: Zusammenschluss auf der horizontalen Ebene

Ziel 3: Zusammenschluss auf der horizontalen Ebene

Ziel 4: Zusammenschluss auf der heterogenen Ebene

Ziel 5: Zusammenschluss auf der horizontalen Ebene

Ziel 6: Zusammenschluss auf der horizontalen, vertikalen und heterogenen Ebene

Ziel 7: Zusammenschluss auf der vertikalen Ebene (Vorwärtsintegration)

Ziel 8: Zusammenschluss auf der horizontalen Ebene

Ziel 9: Zusammenschluss auf der horizontalen Ebene

Ziel 10: Zusammenschluss auf der horizontalen, vertikalen und heterogenen Ebene

---

[67] Modifiziert entnommen aus WÖHE, GÜNTER; KAISER, HANS; DÖRING, ULRICH (Übungsbuch 2010), S. 87.

Aufgabe 5.4:   Vertikale Unternehmenszusammenschlüsse

Was versteht man im Zusammenhang mit vertikalen Unternehmenszusammenschlüssen unter
einer Rückwärtsintegration und einer Vorwärtsintegration? Nennen Sie jeweils drei Beispiele! Welche Ziele werden mit einer Rückwärtsintegration bzw. einer Vorwärtsintegration verfolgt?

Lösung

	Rückwärtsintegration	Vorwärtsintegration
Inhalt	Verbindung mit Unternehmen vorge-gelagerter Produktions- und Handels-stufen	Verbindung mit Unternehmen nach-gelagerter Produktions- und Handels-stufen
Beispiele	Ölraffinerie kauft eine Ölfförderge-sellschaft, Wurstwarenhersteller be-teiligt sich an einer Rinder- und Schweinezucht, Automobilhersteller übernimmt einen Zulieferbetrieb	Ölraffinerie kauft ein Tankstellennetz, Wurstwarenhersteller beteiligt sich an Groß- und Einzelhandelsläden, Auto-mobilhersteller übernimmt mehrere Automobilhändler
Ziele	Risikominimierung durch Sicherung der Rohstoff- und Energieversorgung sowie der rechtzeitigen Anlieferung von Vorprodukten	Risikominimierung durch Sicherung des Absatzes

Aufgabe 5.5:   Horizontale und heterogene Unternehmens-zusammenschlüsse

Nennen Sie Ziele, die mit einem horizontalen bzw. heterogenen Zusammenschluss von
Unternehmen verfolgt werden!

Lösung

Ziele eines horizontalen Unternehmenszusammenschlusses:

- Erringen gemeinsamer Marktmacht gegenüber Lieferanten, Abnehmern und Kapital-gebern,
- Ausschaltung der bisher bestehenden Konkurrenz zwischen den zusammengeschlos-senen Unternehmen,
- Schaffung einer marktbeherrschenden Stellung gegenüber nicht angeschlossenen Unternehmen des gleichen Wirtschaftszweiges,
- Koordinierung oder gemeinsame Durchführung bestimmter Funktionen (z. B. Bil-dung von Arbeitsgemeinschaften im Baugewerbe, Bildung von Bankenkonsortien

zur Emission von Wertpapieren oder zur Finanzierung von Großprojekten, Bildung von Interessengemeinschaften zur Durchführung einer gemeinsamen Grundlagenforschung, Zusammenarbeit im Produktionsbereich zwecks Schaffung optimaler Betriebsgrößen, gleichmäßiger Auslastung vorhandener Kapazitäten sowie Rationalisierung durch Normung und Typung, Schaffung einer gemeinsamen, rationeller arbeitenden Vertriebsorganisation),

- Vergrößerung des „innerbetrieblichen" Arbeitsmarktes,
- Wahrung gemeinsamer Interessen in Wirtschaftsfachverbänden oder Arbeitgeberverbänden.

Ziele eines heterogenen Unternehmenszusammenschlusses:

- Steigerung des Unternehmenswachstums durch Teilhabe an der positiven Entwicklung anderer Branchen bzw. Märkte,
- Reduzierung bestehender Abhängigkeiten in der bisherigen Branche,
- Sicherung der Unternehmenszukunft durch eine bessere Risikoverteilung.

Aufgabe 5.6: Die Ziele von Unternehmenszusammenschlüssen im Verwaltungs- und Finanzbereich

Welche Ziele verfolgt man mit Unternehmenszusammenschlüssen im Verwaltungs- und Finanzbereich?

Lösung

Ziele eines Unternehmenszusammenschlusses im Verwaltungsbereich:

- Reduzierung der Gemeinkosten im Verwaltungsbereich (beispielsweise durch die gemeinsame Nutzung von Verwaltungseinrichtungen),
- Durchführung von Gemeinschaftsprojekten in den Bereichen Aus- und Weiterbildung sowie im Informations- und Nachrichtenwesen.

Ziele eines Unternehmenszusammenschlusses im Finanzbereich:

- Verbesserung der Möglichkeiten zur Aufbringung hoher Kapitalbeträge für besonders große und kapitalintensive Investitionen,
- Reduzierung der Kapitalbeschaffungskosten als Großnachfrager von Fremdkapital,
- Erhöhung der Kreditwürdigkeit durch eine breitere Eigenkapitalbasis,
- Finanzierung von Großprojekten (z. B. Bau eines Staudamms, einer großen Autobahnbrücke, olympischer Wettkampfstätten),
- Reduzierung der Gesamtsteuerlast durch eine Verlagerung der Vermögens- und Gewinnbesteuerung in niedrig besteuerte Gebiete bzw. Länder.

Aufgabe 5.7:   Aktienrechtlich verbundene Unternehmen

Geben Sie einen Überblick über die aktienrechtlich verbundenen Unternehmen!

Lösung

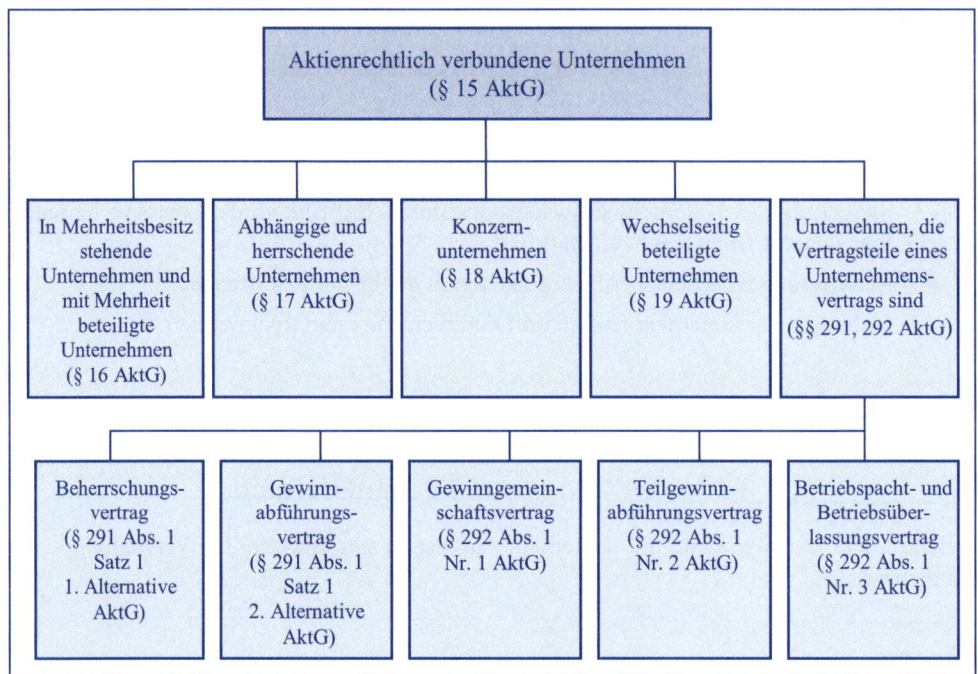

Abb. 19:   Arten von aktienrechtlich verbundenen Unternehmen

Aufgabe 5.8:   Aktienrechtlich verbundene Unternehmen

Prüfen Sie, ob es sich bei der X-AG und der H-AG um ein in Mehrheitsbesitz stehendes Unternehmen bzw. ein mit Mehrheit beteiligtes Unternehmen und damit um aktienrechtlich miteinander verbundene Unternehmen handelt!

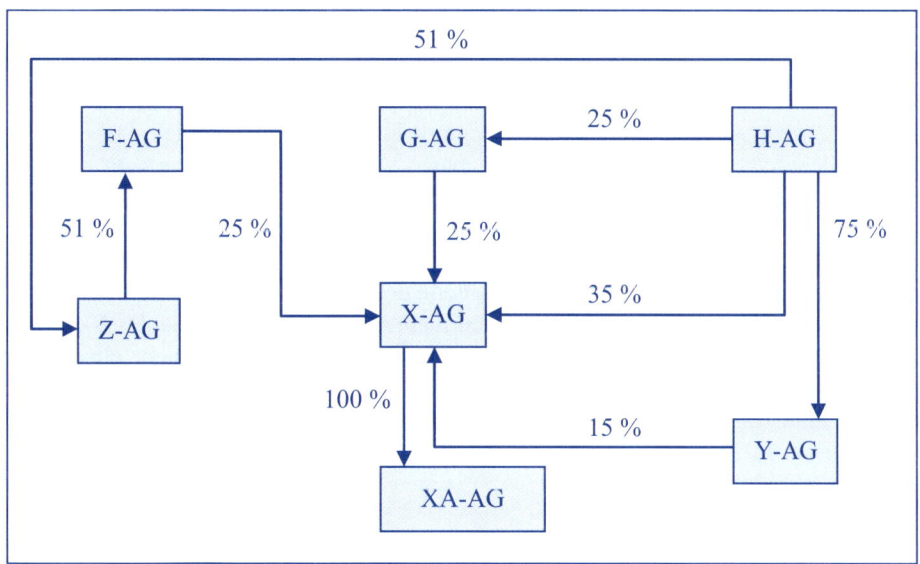

Lösung

Ob ein Mehrheitsbesitz vorliegt, muss anhand der unmittelbaren und mittelbaren Anteile der H-AG an der X-AG überprüft werden:

Unmittelbare Anteile der H-AG an der X-AG	35 %
Mittelbare Anteile der H-AG an der X-AG (vermittelt über die Z-AG und weiter über die F-AG)	+ 25 %
Mittelbare Anteile der H-AG an der X-AG (vermittelt über die Y-AG)	+ 15 %
Summe der Anteile	= 75 %

Ergebnis.

Aufgrund des Mehrheitsbesitzes der H-AG an der X-AG (75 %) handelt es sich bei der X-AG um ein in Mehrheitsbesitz stehendes Unternehmen und bei der H-AG um ein mit Mehrheit beteiligtes Unternehmen. Die H-AG und die X-AG sind damit aktienrechtlich miteinander verbundene Unternehmen.

Anmerkungen:

Die von der H-AG an der X-AG unmittelbar gehaltenen Anteile in Höhe von 35 % sind Ausgangspunkt der obigen Berechnung. Mittelbare Anteile an der X-AG werden der H-AG nur zugerechnet, wenn sie über ein abhängiges Unternehmen vermittelt werden. Dabei wird von einem in Mehrheitsbesitz stehenden Unternehmen vermutet, dass es von dem an ihm mit Mehrheit beteiligten Unternehmen abhängig ist. In dem vorliegenden Fall trifft diese Vermutung zum einen auf die Z-AG (51 %) und weiter auf die F-AG (51 %) sowie zum anderen auf die Y-AG (75 %) zu, so dass es sich bei den von der F-AG und der Y-AG unmittelbar gehaltenen Anteilen an der X-AG um mittelbare Anteile der H-AG handelt. Die unmittelbar gehaltenen Anteile der G-AG an der X-AG werden nicht als mittelbare Anteile der H-AG eingestuft, da wegen fehlender weiterer Angaben in der Aufgabenstellung nicht ohne Weiteres davon ausgegangen werden kann, dass es sich bei der G-AG um ein von der H-AG abhängiges Unternehmen handelt. Die Vermutung des Bestehens einer Abhängigkeit aufgrund des Vorliegens einer Mehrheitsbeteiligung greift in diesem Fall nicht.

Aufgabe 5.9:   Handelsrechtlich verbundene Unternehmen

Erläutern Sie den handelsrechtlichen Begriff des verbundenen Unternehmens!

Lösung

Gemäß § 271 Abs. 2 HGB müssen für das Vorliegen von verbundenen Unternehmen die beiden folgenden Bedingungen erfüllt sein:

(1)   Es muss ein Mutter-Tochter-Verhältnis i. S. d. § 290 HGB vorliegen, d. h., das Mutterunternehmen muss auf ein Tochterunternehmen unmittelbar oder mittelbar einen beherrschenden Einfluss ausüben. § 290 Abs. 2 HGB konkretisiert den Begriff des beherrschenden Einflusses.

(2)   Die Unternehmen sind nach den Vorschriften über die Vollkonsolidierung grundsätzlich in einen Konzernabschluss einzubeziehen. Dabei wird auf eine grundsätzlich mögliche Einbeziehung abgestellt. Dies bedeutet: Auch wenn durch die Ausübung von Konsolidierungswahlrechten oder durch die Beachtung eines Konsolidierungsverbots Unternehmen nicht einbezogen werden, gelten sie dennoch als verbundene Unternehmen. Selbst wenn die Aufstellung eines Konzernabschlusses aufgrund der Befreiungsvorschriften der §§ 291, 292, 293 HGB unterbleibt, gelten die Unternehmen, die die Kriterien des § 290 HGB erfüllen, als verbundene Unternehmen.

Die nachfolgende Abbildung fasst diese Überlegungen noch einmal zusammen:

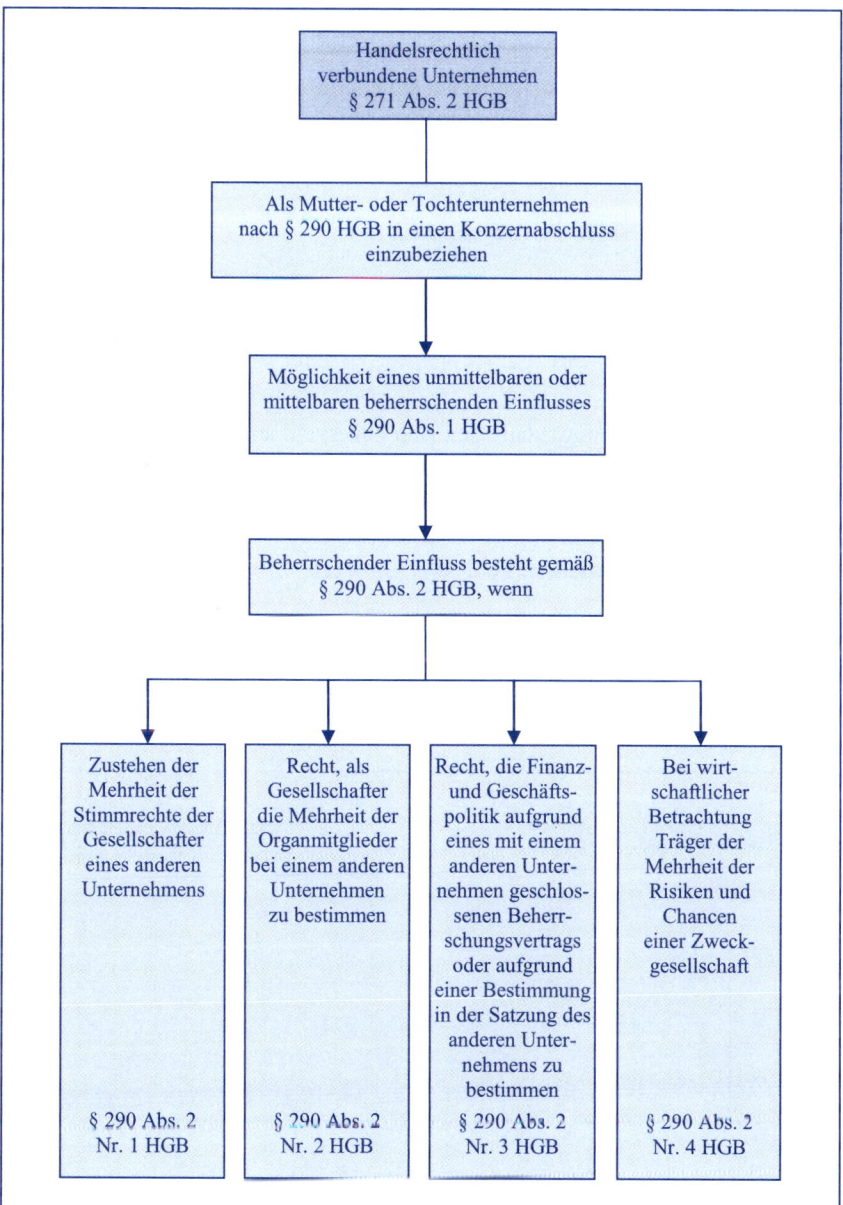

Abb. 20: Handelsrechtlich verbundene Unternehmen gemäß § 271 Abs. 2 HGB[68]

---

[68] Modifiziert entnommen aus KUßMAUL, HEINZ (Existenzgründer 2011), S. 477.

Gemeinschaftsunternehmen und assoziierte Unternehmen sind keine verbundenen Unternehmen i. S. d. Handelsrechts, da diese nicht auf der Grundlage der Vollkonsolidierung, sondern allenfalls auf der Grundlage der Quotenkonsolidierung bzw. nach der Equity-Methode in den Konzernabschluss einbezogen werden.

Aufgabe 5.10: Formen von Fusionen

Welche Formen der Fusion (Verschmelzung) kennen Sie? Erläutern Sie diese jeweils unter Heranziehung einer Abbildung!

Lösung

Bei einer Fusion (Verschmelzung) schließen sich Unternehmen nicht nur zu einer wirtschaftlichen, sondern auch zu einer rechtlichen Einheit zusammen. Hinsichtlich des auf diese Weise entstehenden Einheitsunternehmens lassen sich die beiden folgenden Fusionsvarianten unterscheiden:

(1) Verschmelzung durch Aufnahme (§ 2 Nr. 1 UmwG)

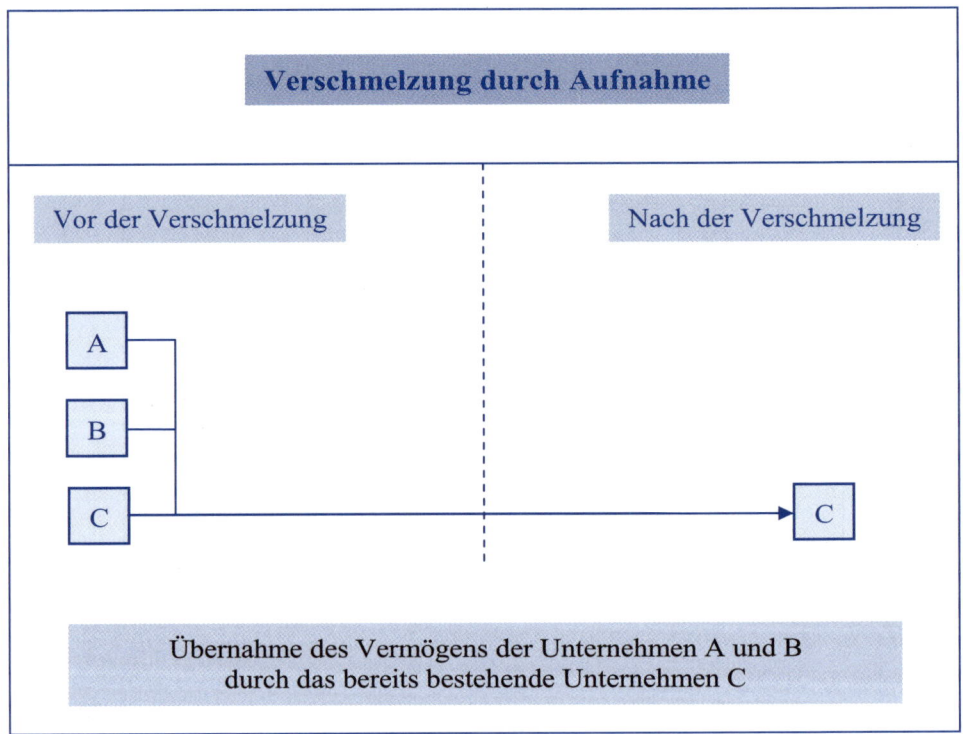

Abb. 21: *Verschmelzung durch Aufnahme*

Die Vermögen der bisherigen Unternehmen A und B gehen auf das bereits bestehende Unternehmen C über. Die A- und B-Aktionäre tauschen ihre A- bzw. B-Aktien gegen C-Aktien.

(2)   Verschmelzung durch Neubildung (Neugründung) (§ 2 Nr. 2 UmwG)

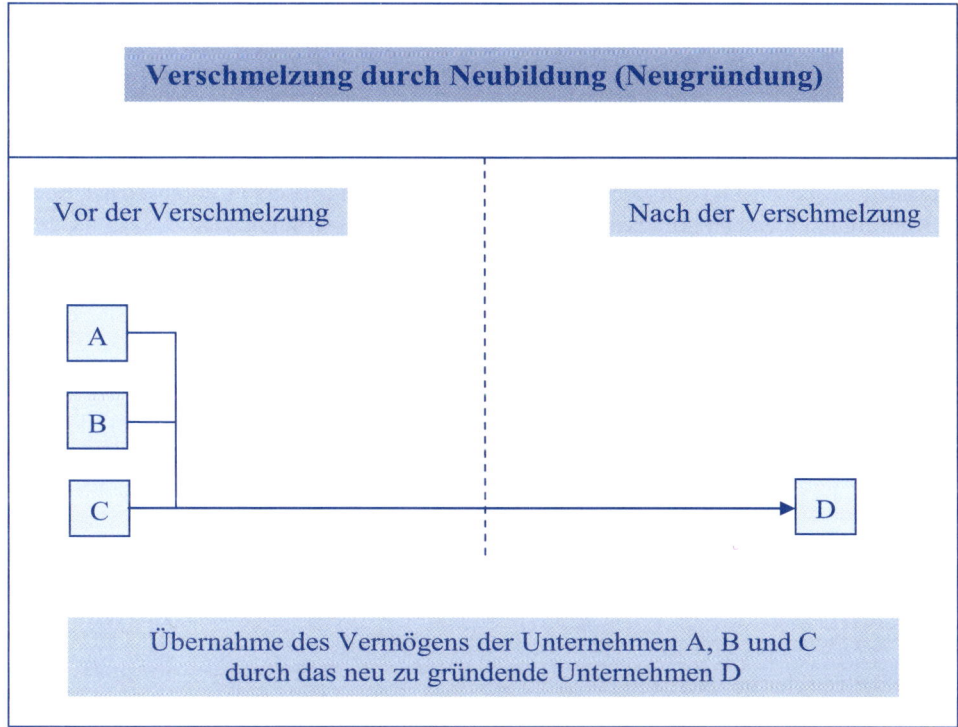

Abb. 22:   *Verschmelzung durch Neubildung (Neugründung)*

Die Vermögen der bisherigen Unternehmen A, B und C gehen auf ein neu gegründetes Unternehmen D über. Die Anteilseigner von A, B und C tauschen ihre Altaktien gegen neue D-Aktien.

Aufgabe 5.11: Der Begriff des Konzerns

Charakterisieren Sie den Begriff „Konzern"!

Lösung

Unter einem Konzern versteht man eine wirtschaftliche Einheit mehrerer rechtlich selbstständiger Unternehmen. Wegen seiner fehlenden rechtlichen Einheit ist der Konzern ein
fiktives Gebilde ohne eigene Rechtspersönlichkeit. Die einzelnen Konzernunternehmen be-
halten ihre Rechtspersönlichkeit und verfügen weiterhin über eine eingeschränkte unterneh-
merische Entscheidungsfreiheit. Die Beherrschung der Konzernunternehmen durch die Kon-
zernspitze ist jedoch faktisch oder vertraglich gesichert und jederzeit durchsetzbar, so dass
die Konzernunternehmen grundsätzlich wirtschaftlich unselbstständig sind.

Aufgabe 5.12: Die Ursache von Konzernen

Nennen Sie Aspekte der wirtschaftlichen Entwicklung, die die Tendenz zur Bildung größerer
und straff geführter Wirtschaftseinheiten begünstigen! Welche Bedeutung hat diese Entwicklung für das Verhältnis von Einzelabschluss und Konzernabschluss?

Lösung

Folgende Aspekte der wirtschaftlichen Entwicklung begünstigen die Tendenz zur Bildung
größerer und straff geführter Wirtschaftseinheiten:

- die Schaffung größerer Märkte (z. B. EU, NAFTA),

- die verschärfte internationale Konkurrenz,

- die zunehmende Mechanisierung und Automatisierung des Produktions- und Absatz-
  prozesses,

- die Notwendigkeit der Sicherung der Rohstoff- und Energieversorgung und

- die immer kostspieliger werdenden Forschungs- und Entwicklungsvorhaben.

Konsequenz der zunehmenden Unternehmenskonzentration ist die wachsende Bedeutung des
Konzernabschlusses. In einem Konzern sind die verschiedenen Einzelabschlüsse nicht mehr
aussagefähig, denn die einzelnen Unternehmen sind eventuell nur noch ein kleiner Teil des
Konzerns. Zwischen den einzelnen Konzernunternehmen ist eine Verlagerung von Vermögen, Kapital und Erfolgen leicht möglich. Dies führt zwangsläufig zu einer Verfälschung der
Aussagekraft der Einzelabschlüsse. Daher wird für die wirtschaftliche Beurteilung der Konzernunternehmen ein Konzernabschluss benötigt, der die Gesamtheit „Konzern" abbildet.
Die Folge ist, dass insbesondere in der international ausgerichteten Jahresabschlussanalyse
dem Konzernabschluss ein deutlich höheres Gewicht zukommt als den Einzelabschlüssen.

5.2 Zweck und Grundsätze der handelsrechtlichen Konzernrechnungslegung

Aufgabe 5.13: Einheitstheorie und Interessentheorie

Inwiefern unterscheidet sich die Behandlung der Minderheitsgesellschafter nach der Einheits- und Interessentheorie?

Lösung[69]

Die theoretische Basis und damit auch den übergeordneten Bezugspunkt für eine sachgerechte Lösung bei Zweifelsfragen im Rahmen der Konzernrechnungslegung bilden verschiedene Theorien des Konzernabschlusses, von denen vor allem die Einheitstheorie (*entity-concept*) und die Interessentheorie (*property-concept*) von praktischer Bedeutung sind.

Die Einheitstheorie hat folgende Sichtweise:

- Die Gesamtheit der Konzernunternehmen stellt eine eigenständige wirtschaftliche Einheit dar, in der die einzelnen Unternehmen die wirtschaftliche Stellung unselbstständiger Betriebsstätten einnehmen.

- Der auf diese Weise abgegrenzte Konzern ist ein separat neben den Konzernunternehmen existierendes wirtschaftlich definiertes Unternehmen, das mit dem Konzernabschluss auch einen eigenständigen Abschluss vorlegt.

- Alle am Konzern beteiligten Anteilseigner werden als gleichgestellt betrachtet, wodurch auch die Minderheitsgesellschafter der einbezogenen Tochterunternehmen als Anteilseigner und damit als Eigenkapitalgeber des Konzerns angesehen werden. Ihre Anteile werden deshalb auch innerhalb des Eigenkapitals ausgewiesen und der ihnen zustehende Jahreserfolg wird innerhalb der Gewinnverwendungsrechnung gezeigt.

Die wirtschaftliche Einheit wird also aus der Sichtweise der Einheitstheorie um die Fiktion der rechtlichen Einheit erweitert. Die Einheitstheorie beherrscht die Konzernrechnungslegung in Deutschland (§ 297 Abs. 3 Satz 1 HGB).

Nach der Interessentheorie wird der Konzernabschluss lediglich als erweiterter Abschluss des Mutterunternehmens betrachtet. Die Interessen des Mutterunternehmens (also in der Regel der Mehrheitsgesellschafter) am Nettovermögen der Unternehmensgruppe sollen abgebildet werden. Dementsprechend werden die Minderheitsgesellschafter der Tochterunternehmen als Konzernaußenstehende betrachtet und ihre Anteile nicht als Eigenkapital, sondern als Fremdkapital klassifiziert. Folglich werden auch ihre Anteile am Jahreserfolg nicht als Gewinn ausgewiesen, sondern wie Zinsaufwand davon abgesetzt. Auch ihre Anteile an den stillen Reserven oder einem *goodwill* werden nicht bilanziert bzw. getrennt ausgewiesen.

---

[69] Zu den Überlegungen vgl. COENENBERG, ADOLF G.; HALLER, AXEL; SCHULTZE, WOLFGANG (Jahresabschluss 2009), S. 596 f.

Die folgende Abbildung zeigt anhand eines Beispiels noch einmal die unterschiedlichen Sichtweisen der Einheitstheorie und der Interessentheorie hinsichtlich der Minderheitsgesellschafter (sogenannte „Dritte").

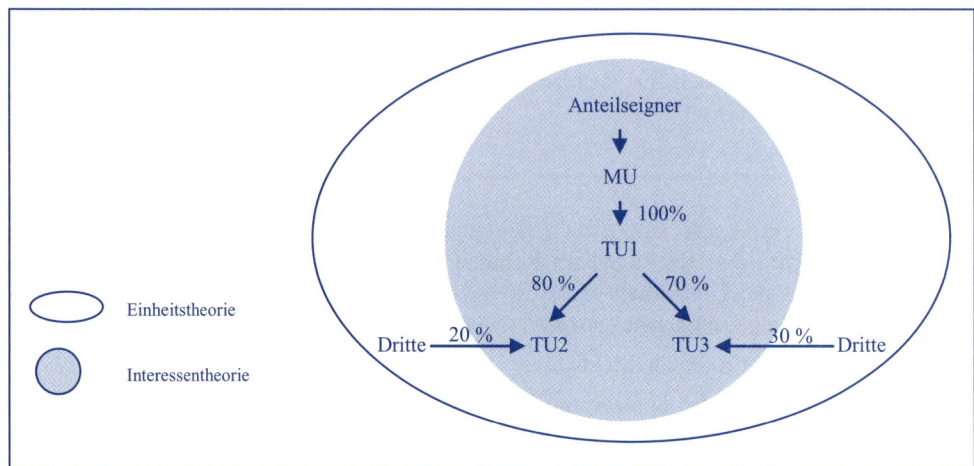

Abb. 23:   *Einheitstheorie versus Interessentheorie*

Aufgabe 5.14: Die Handelsbilanz II

Erläutern Sie kurz, was unter einer sogenannten Handelsbilanz II zu verstehen ist!

Lösung

Bevor die einzelnen Abschlüsse der Konzernunternehmen zu einem Summenabschluss aufaddiert und die erforderlichen Konsolidierungsmaßnahmen durchgeführt werden können, müssen die Daten der Einzelabschlüsse so aufbereitet werden, dass sie der Fiktion der rechtlichen Einheit des Konzerns entsprechen. D. h., die Daten der Einzelabschlüsse sind so aufzubereiten, wie sie sich darstellen würden, wenn der Konzern ein selbstständiges Unternehmen wäre. Das Ergebnis einer solchen Umgestaltung des Einzelabschlusses eines Konzernunternehmens bezeichnet man als Handelsbilanz II.

Die Handelsbilanz II stellt den nach den deutschen Vorschriften zur Konzernrechnungslegung modifizierten Einzelabschluss von Tochterunternehmen dar, der in dieser Form in den Konzernabschluss einbezogen wird.[70] Bei diesen Transformationen (Ergänzungsrechnungen) – sie zielen im Wesentlichen auf eine Vereinheitlichung von Ansatz und Bewertung ab – ist

---

[70]   Es ist darauf hinzuweisen, dass nach Einführung des BilMoG nur noch die Neubewertungsmethode gestattet ist. Dies hat zur Konsequenz, dass die Handelsbilanz II in einer der eigentlichen Konsolidierung vorgelagerten Rechnung zur sogenannten Handelsbilanz III modifiziert werden muss, indem die in den übernommenen Vermögensgegenständen und Schulden enthaltenen stillen Reserven und Lasten vollständig aufgedeckt werden.

das Recht des Mutterunternehmens maßgeblich. Wird beispielsweise eine Personengesellschaft in den Konzernabschluss einbezogen und handelt es sich bei dem Mutterunternehmen um eine Kapitalgesellschaft, so gelten für die Erstellung der Handelsbilanz II der Personengesellschaft die Rechnungslegungsvorschriften für Kapitalgesellschaften. Gleiches gilt für die Einbeziehung eines ausländischen Tochterunternehmens. Auch hier gelten die Rechnungslegungsvorschriften des Mutterunternehmens. Dies bedeutet, dass die Unterschiede in der Rechnungslegung zwischen Mutter- und Tochterunternehmen aufgrund abweichender nationaler Vorschriften beseitigt werden müssen. Aus der Fiktion der rechtlichen Einheit folgt somit die Notwendigkeit der materiellen Einheitlichkeit im Konzernabschluss.

Aufgabe 5.15: Anforderungen an die Einheitlichkeit der Handelsbilanzen II

Die mit dem Grundsatz der Maßgeblichkeit des Bilanzierungs- und Bewertungsrahmens des Mutterunternehmens einhergehende Einheitlichkeit der Bilanzierung und Bewertung im Konzernabschluss wird ergänzt um den Grundsatz der Einheitlichkeit des Ausweises und den Grundsatz der Einheitlichkeit der Abschlussstichtage. Geben Sie diesbezüglich einen Überblick über die Anforderungen an die Einheitlichkeit der sogenannten Handelsbilanzen II!

Lösung (siehe nächste Seite)

Anforderungen an die Einheitlichkeit der Handelsbilanzen II

Einheitlichkeit der Abschlussstichtage	Einheitlichkeit der Bilanzierung	Einheitlichkeit der Bewertung	Einheitlichkeit des Ausweises
Rechtsgrundlage: § 299 Abs. 2 HGB	**Rechtsgrundlage:** § 300 Abs. 2 i. V. m. § 298 Abs. 1 HGB	**Rechtsgrundlage:** § 308 i.V.m. § 298 Abs. 1 HGB	**Rechtsgrundlage:** § 297 Abs. 2 Satz 2 i. V. m. § 298 Abs. 1 HGB
Aussage: (1) Der Konzernabschlussstichtag entspricht gemäß § 299 Abs. 1 HGB dem Stichtag des Jahresabschlusses des Mutterunternehmens. (2) Die Einzelabschlüsse aller in den Konzernabschluss einzubeziehenden Unternehmen sollen auf den Konzernabschlussstichtag aufgestellt werden (§ 299 Abs. 2 Satz 1 HGB).	**Aussage:** (1) Der Ansatz von Vermögensgegenständen, Schulden, Rechnungsabgrenzungsposten sowie von Aufwendungen und Erträgen bestimmt sich nach dem Recht des Mutterunternehmens. (2) Keine zwingend einheitliche Ausübung von Ansatzwahlrechten für gleichartige Sachverhalte.	**Aussage:** Die in den Konzernabschluss nach § 300 Abs. 2 HGB übernommenen Vermögensgegenstände und Schulden sind nach dem Recht des Mutterunternehmens einheitlich zu bewerten.	**Aussage:** (1) Der Ausweis in Bilanz und GuV bestimmt sich nach dem Recht des Mutterunternehmens. (2) Die Gliederungsschemata für Bilanz (§ 266 Abs. 2 und Abs. 3 HGB) und GuV (§ 275 Abs. 2 und Abs. 3 HGB) sind auch für den Konzernabschluss maßgeblich. (3) Sämtliche Positionen sind einheitlich zu bezeichnen.
Ausnahmen: Die Aufstellung eines Zwischenabschlusses ist entbehrlich, wenn der Abschlussstichtag des Einzelabschlusses drei oder weniger Monate vor dem Konzernabschlussstichtag liegt (§ 299 Abs. 2 Satz 2 HGB).	**Ausnahmen:** Ansätze, die auf der Anwendung von geschäftszweigspezifischen Vorschriften für Kreditinstitut und Versicherungsunternehmen beruhen, dürfen beibehalten werden (§ 300 Abs. 2 Satz 3 HGB).	**Ausnahmen:** (1) Abweichungen aufgrund geschäftszweigspezifischer Vorschriften (§ 308 Abs. 2 Satz 2 HGB). (2) Untergeordnete Bedeutung der Bewertungsanpassung (§ 308 Abs. 2 Satz 3 HGB). (3) Ausnahmefälle gemäß § 308 Abs. 2 Satz 4 HGB.	**Ausnahmen:** (1) Abweichungen aufgrund geschäftszweigspezifischer Vorschriften (§ 308 Abs. 2 Satz 2 HGB). (2) Abweichungen aufgrund der Eigenart des Konzernabschlusses (§ 308 Abs. 2 Satz 3 HGB).

Abb. 24: Anforderungen an die Einheitlichkeit der Handelsbilanzen II [71]

Aufgabe 5.16: Der Stichtag für die Aufstellung des Konzernabschlusses

Welcher Stichtag kommt für die Aufstellung des Konzernabschlusses in Frage? Erläutern Sie zudem die Vorgehensweise, falls der Abschlussstichtag eines einzubeziehenden Unternehmens vom Abschlussstichtag des Konzernabschlusses abweicht!

---

[71] Geringfügig modifiziert entnommen aus DUSEMOND, MICHAEL; KESSLER, HARALD (Rechnungslegung 2001), S. 159.

Lösung

Gemäß § 299 Abs. 1 HGB ist der Konzernabschluss zwingend auf den Stichtag des Einzelabschlusses des Mutterunternehmens aufzustellen.

Weicht der Abschlussstichtag eines einzubeziehenden Unternehmens vom Abschlussstichtag des Konzernabschlusses ab, so ist gemäß § 299 Abs. 2 und Abs. 3 HGB wie folgt vorzugehen:

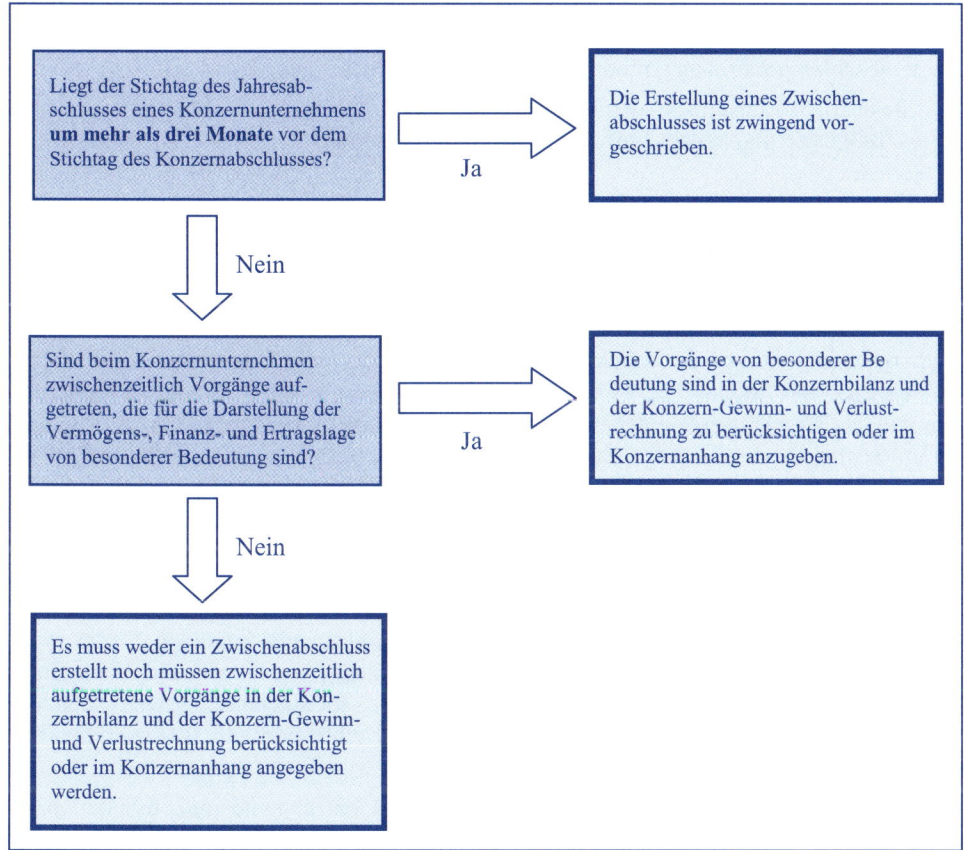

Abb. 25: Vorgehensweise bei Abweichung des Abschlussstichtags eines einzubeziehenden Unternehmens vom Konzernabschlussstichtag[72]

---

[72] Geringfügig modifiziert entnommen aus DUSEMOND, MICHAEL; KESSLER, HARALD (Rechnungslegung 2001), S. 161.

Aufgabe 5.17: Der Grundsatz der Maßgeblichkeit des Bilanzierungs- und Bewertungsrahmens[73]

Nachfolgende Sachverhalte sind im Hinblick auf den Grundsatz der Maßgeblichkeit des Bilanzierungs- und Bewertungsrahmens des Mutterunternehmens M zu beurteilen:

a)   Ein ausländisches Tochterunternehmen A hat in seinem Einzelabschluss Entwicklungsaufwendungen für selbst erstellte immaterielle Vermögensgegenstände des Anlagevermögens aktiviert, wohingegen bei M vorhandene Entwicklungsaufwendungen für andere selbst erstellte immaterielle Vermögensgegenstände des Anlagevermögens aus jahresabschlusspolitischen Gründen nicht aktiviert wurden.

b)   Gleichartige Erzeugnisse wurden in dem Einzelabschluss des Tochterunternehmens B zu Teilkosten und in dem Einzelabschluss des Tochterunternehmens C zu Vollkosten aktiviert.

Lösung

Vorbemerkung:

Nach § 298 Abs. 1 HGB sind auf den Konzernabschluss, „soweit seine Eigenart keine Abweichung bedingt oder in den folgenden Vorschriften nichts anderes bestimmt ist, die §§ 244 bis 256a, 265, 266, 268 bis 275, 277 bis 278 über den Jahresabschluss und die für die Rechtsform und den Geschäftszweig der in den Konzernabschluss einbezogenen Unternehmen mit Sitz im Geltungsbereich dieses Gesetzes geltenden Vorschriften, soweit sie für große Kapitalgesellschaften gelten, entsprechend anzuwenden", und zwar unabhängig davon, welche Rechtsform das den Konzernabschluss aufstellende Mutterunternehmen hat.

Teilaufgabe a)

Nach § 300 Abs. 2 Satz 1 HGB sind „die Vermögensgegenstände, Schulden … der in den Konzernabschluss einbezogenen Unternehmen … unabhängig von ihrer Berücksichtigung in den Jahresabschlüssen dieser Unternehmen vollständig aufzunehmen, soweit nach dem Recht des Mutterunternehmens nicht ein Bilanzierungsverbot oder ein Bilanzierungswahlrecht besteht".

Die Aktivierung der Entwicklungsaufwendungen für selbst erstellte immaterielle Vermögensgegenstände im Einzelabschluss des Tochterunternehmens A kann demnach bei der Aufstellung des Konzernabschlusses im Rahmen der sogenannten Handelsbilanz II vollständig übernommen oder rückgängig gemacht werden. Dem Mutterunternehmen steht nämlich ebenfalls ein Aktivierungswahlrecht zu (§§ 300 Abs. 2 Satz 2, 298 Abs. 1 HGB i. V. m. § 248 Abs. 2 Satz 1 HGB).

Das Mutterunternehmen M hat somit bei der Aufstellung des Konzernabschlusses im Rahmen der sogenannten Handelsbilanz II folgende Möglichkeiten:

---

[73]   Geringfügig modifiziert entnommen aus DUSEMOND, MICHAEL; KESSLER, HARALD (Rechnungslegung 2001), S. 164 ff.

- Aktivierung der bei A und M vorhandenen Entwicklungsaufwendungen für selbst erstellte immaterielle Vermögensgegenstände.

- Keine Aktivierung der bei A und M vorhandenen Entwicklungsaufwendungen für selbst erstellte immaterielle Vermögensgegenstände.

- Aktivierung der bei A, aber keine Aktivierung der bei M vorhandenen Entwicklungsaufwendungen für selbst erstellte immaterielle Vermögensgegenstände.

- Keine Aktivierung der bei A, aber Aktivierung der bei M vorhandenen Entwicklungsaufwendungen für selbst erstellte immaterielle Vermögensgegenstände.

Auch wenn mehrere gleiche Sachverhalte vorhanden sind, für die ein Bilanzansatzwahlrecht existiert, muss dieses Bilanzansatzwahlrecht nicht einheitlich ausgeübt werden (§ 308 Abs. 1 Satz 2 HGB). An den Konzernabschluss werden insoweit keine strengeren Anforderungen gestellt als an den Einzelabschluss.

Teilaufgabe b)

Nach § 308 Abs. 1 Satz 1 HGB sind gleiche oder gleichartige Sachverhalte gleich zu bewerten. Diese liegen dann vor, wenn:

1. art- oder funktionsgleiche Vermögensgegenstände oder Schulden unter

2. gleichen wertbestimmenden Bedingungen zu bewerten sind.

Da der Grundsatz der Einheitlichkeit der Bewertung nicht zu einer Nivellierung der Bewertung art- oder funktionsverschiedener Vermögensgegenstände oder Schulden sowie ungleicher wertbestimmender Bedingungen führen darf, sind bei der Beurteilung, ob gleiche Sachverhalte vorliegen, strenge Maßstäbe anzulegen.

Da das Gesetz an den Konzernabschluss keine strengeren Anforderungen als an den Einzelabschluss einer großen Kapitalgesellschaft stellt, ist bei der Aufstellung des Konzernabschlusses im Rahmen einer sogenannten Handelsbilanz II jedwede Ausübung von Bewertungswahlrechten zulässig, sofern dies auch im Jahresabschluss eines rechtlich selbstständigen Unternehmens zulässig wäre. D. h., dass bei Vorliegen sachlich begründeter, nachvollziehbarer Unterschiede die Bewertungswahlrechte des § 255 Abs. 2 und Abs. 3 HGB unterschiedlich ausgeübt werden dürfen.

Demnach können im Konzernabschluss gleiche Erzeugnisse dann mit unterschiedlichen Konzernherstellungskosten bewertet werden, wenn unterschiedliche wertbestimmende Bedingungen vorliegen. Dabei kann es sich z. B.

- um unterschiedliche Produktions- und Kostenstrukturen,

- um die Produktion in verschiedenen Ländern oder

- um Produkte, die bei dem einen Unternehmen zur Weiterproduktion und bei einem anderen Unternehmen zum Absatz bestimmt sind,

handeln.

Im vorliegenden Fall handelt es sich um gleichartige Vermögensgegenstände. Die unterschiedliche Bewertung darf daher nur dann im Konzernabschluss der M-Gruppe beibehalten werden, wenn unterschiedliche wertbestimmende Bedingungen zugrunde liegen.

Aufgabe 5.18: Der Grundsatz der Maßgeblichkeit des Bilanzierungs- und Bewertungsrahmens[74]

In welchen Fällen ist eine Durchbrechung des Grundsatzes der Maßgeblichkeit des Bewertungsrahmens des Mutterunternehmens (Einheitlichkeit der Bewertung) gesetzlich erlaubt?

Lösung

Eine Durchbrechung der einheitlichen Bewertung für in den Konzernabschluss zu übernehmende Wertansätze ist in nachfolgenden Fällen aufgrund gesetzlicher Vorschriften möglich:

(1) In den Konzernabschluss zu übernehmende Wertansätze dürfen dann beibehalten werden, wenn sie „auf der Anwendung von für Kreditinstitute oder Versicherungsunternehmen wegen der Besonderheiten des Geschäftszweigs geltenden Vorschriften beruhen, …; auf die Anwendung dieser Ausnahme ist im Konzernanhang hinzuweisen" (§ 308 Abs. 2 Satz 2 HGB).

(2) Eine sogenannte Neubewertung ist nach § 308 Abs. 2 Satz 3 HGB auch dann nicht erforderlich, wenn sie in Bezug auf die Zielsetzung des Konzernabschlusses – ein den tatsächlichen Verhältnissen entsprechendes Bild der Vermögens-, Finanz- und Ertragslage des Konzerns darzustellen – nur von untergeordneter Bedeutung ist.

(3) Nach § 308 Abs. 2 Satz 4 HGB sind darüber hinaus auch „Abweichungen in Ausnahmefällen zulässig; sie sind im Konzernanhang anzugeben und zu begründen". Mögliche Ausnahmefälle sind z. B. die Unmöglichkeit oder die Unzumutbarkeit der Umbewertung.

Aufgabe 5.19: Der Grundsatz der Maßgeblichkeit des Bilanzierungs- und Bewertungsrahmens

Als Prüfer haben Sie den Auftrag erhalten, den zum 31.12.03 erstellten Konzernabschluss der X-AG zu prüfen. Folgende Sachverhalte, die Eingang in den Konzernabschluss gefunden haben, müssen dabei näher überprüft werden. Erläutern und begründen Sie kurz Ihre eventuellen Einwände gegen diese Vorgehensweisen der Konzernrechnungslegungsabteilung der X-AG!

a) Die Y-Company, eine 100 %ige Tochter der X-AG, hat in ihrem Abschluss in Übereinstimmung mit den isländischen Rechnungslegungsvorschriften ihren selbst erstellten Markennamen, ABC TM, aktiviert.

b) Um den italienischen Markt zu erobern, hat die X-AG die Z-AG gegründet. Diese vertreibt in Italien ein identisches Sortiment, welches zu großen Teilen gemeinsam mit den Vorräten der deutschen X-Märkte in Deutschland gelagert wird. Während die X-AG die

---

[74] Geringfügig modifiziert entnommen aus DUSEMOND, MICHAEL; KESSLER, HARALD (Rechnungslegung 2001), S. 163.

Vorräte nach dem Durchschnittsverfahren im Einzelabschluss und Konzernabschluss bewertet, bewertet die Z-AG ihre Vorräte mit der Lifo-Methode.

c)   Den auf Dauer durchaus interessanten Markt Russland versucht die X-AG mit ihrer russischen Tochter zu erschließen. Diese hat in Übereinstimmung mit einer Genehmigung des Handelsministeriums ihr Anlagevermögen mit einem Faktor, der eng an die Inflationsrate gekoppelt ist, um 200 % aufgewertet.

Lösung

Teilaufgabe a)

Nach § 248 Abs. 2 Satz 1 HGB können selbst erstellte immaterielle Vermögensgegenstände des Anlagevermögens aktiviert werden. Allerdings greift die Ausnahmeregelung des § 248 Abs. 2 Satz 2 HGB, nach der selbst erstellte Marken in die Bilanz nicht aufgenommen werden dürfen. Da diese Bilanzansatzregeln der deutschen Mutter konzernweit beachtet werden müssen (§ 300 Abs. 2 HGB), darf der selbst erstellte Markenname auch in der Konzernbilanz nicht aktiviert werden.

Teilaufgabe b)

Die Bewertungsmethode, die vom Mutterunternehmen in der Handelsbilanz II gewählt wird, ist für den gesamten Konzern die verbindliche Methode für denselben Sachverhalt (§ 308 Abs. 2 HGB). Weichen die Wertansätze der Z-AG ab, so müssen sie entsprechend korrigiert werden.

Teilaufgabe c)

Eine derartige Aufwertung ist nach deutschen Rechnungslegungsvorschriften (unter anderem aufgrund des Realisationsprinzips) unzulässig. Daher ist der Wertansatz der russischen Tochter auf die ursprünglichen Anschaffungs- bzw. Herstellungskosten abzüglich (außer-)planmäßiger Abschreibungen zurückzuführen.

Aufgabe 5.20: Die Aufgabe des Konzernabschlusses

Welche primäre Aufgabe hat der Konzernabschluss und wer zählt zu seinen Adressaten?

Lösung

Die primäre Aufgabe des Konzernabschlusses ist die Informationsfunktion. Der Konzernabschluss soll den Adressaten unter Beachtung der Grundsätze ordnungsmäßiger Buchführung ein den tatsächlichen Verhältnissen entsprechendes Bild der Vermögens-, Finanz- und Ertragslage der wirtschaftlichen Einheit Konzern vermitteln (§ 297 Abs. 2 Satz 2 HGB). Hierbei sind insbesondere Darstellungsunzulänglichkeiten, die sich aus der konzernmäßigen Verflechtung von Unternehmen ergeben, auszuschalten.

Der Konzernabschluss dient weder der Ermittlung des ausschüttungsfähigen Gewinns noch als Bemessungsgrundlage für Gewinn- und Substanzsteuern, da der Konzern keine eigene Rechtspersönlichkeit besitzt und auch kein Steuersubjekt ist.

Zu den Adressaten des Konzernabschlusses gehören vor allem die aktuellen und potenziellen Anteilseigner und Gläubiger der Konzernunternehmen; ferner die Arbeitnehmer, Lieferanten und Abnehmer, aber auch die interessierte Öffentlichkeit.

5.3   Die Pflicht zur Aufstellung eines Konzern-abschlusses

Aufgabe 5.21: Verpflichtung zur Erstellung eines Konzern-abschlusses und Konzernlageberichts: Vorschriften und Kriterien

Entwickeln Sie eine Abbildung, in der die Vorschriften und Kriterien für die Verpflichtung zur Erstellung eines Konzernabschlusses überblicksweise dargestellt werden!

Lösung

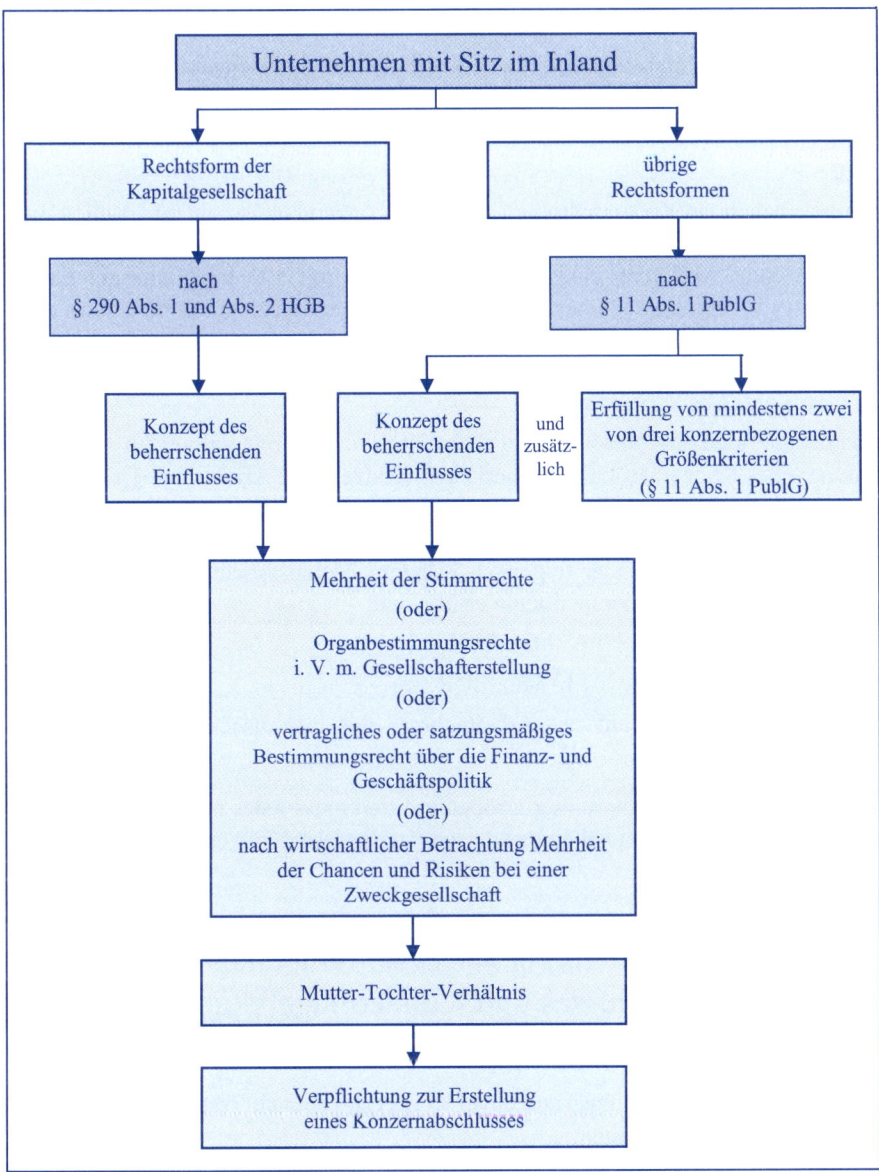

Abb. 26: Vorschriften und Kriterien einer Konzernabschlusserstellungspflicht[75]

---

[75] Modifiziert entnommen aus COENENBERG, ADOLF G.; HALLER, AXEL; SCHULTZE, WOLFGANG (Jahresabschluss 2009), S. 601.

Aufgabe 5.22: Verpflichtung zur Erstellung eines Konzernabschlusses und Konzernlageberichts: Kriterien

Wann muss ein Konzernabschluss und ein Konzernlagebericht erstellt werden? Nennen Sie dazu auch die gesetzlichen Grundlagen.

Lösung

Es ist grundsätzlich ein Konzernabschluss und ein Konzernlagebericht zu erstellen, wenn ein Mutter-Tochter-Verhältnis vorliegt. Ein solches Mutter-Tochter-Verhältnis liegt gemäß § 290 Abs. 1 HGB dann vor, wenn eine Kapitalgesellschaft mit Sitz im Inland auf ein anderes Unternehmen (Tochterunternehmen) unmittelbar oder mittelbar einen beherrschenden Einfluss ausüben kann. Kriterien für das Bestehen eines beherrschenden Einflusses eines Mutterunternehmens und die dazugehörigen Konkretisierungen der Beherrschung gibt § 290 Abs. 2, Abs. 3 und Abs. 4 HGB an.

Außerdem kann sich ein Mutter-Tochter-Verhältnis und damit verbunden die Pflicht zur Aufstellung eines Konzernabschlusses und eines Konzernlageberichts aus § 11 Abs. 1 PublG ergeben. Diese Aufstellungspflicht knüpft erstens an die Kriterien zur Konkretisierung der Beherrschungsmöglichkeit im HGB an (§ 11 Abs. 6 Satz 1 Nr. 1 PublG), zweitens setzt sie voraus, dass an drei aufeinander folgenden Konzernabschlussstichtagen jeweils mindestens zwei der drei folgenden Größenmerkmale erfüllt sind:

- Konzernbilanzsumme > 65 Mio. EUR,
- Konzernumsatzerlöse > 130 Mio. EUR,
- Durchschnittliche Zahl der Arbeitnehmer der inländischen Konzernunternehmen > 5.000.

Zur Überprüfung der Erfüllung dieser Größenkriterien muss jedes in Frage kommende Mutterunternehmen jährlich einen näherungsweisen Konzernabschluss erstellen.

Aufgabe 5.23: Verpflichtung zur Erstellung eines Konzernabschlusses und Konzernlageberichts: Erstellungspflichtige

Wer muss einen Konzernabschluss und einen Konzernlagebericht erstellen? Nennen Sie dazu auch die gesetzlichen Grundlagen!

Lösung

Ein Konzernabschluss und ein Konzernlagebericht müssen grundsätzlich von allen inländischen Unternehmen aufgestellt werden, die auf andere Unternehmen (Tochterunternehmen) unmittelbar oder mittelbar einen beherrschenden Einfluss ausüben können (§ 290 Abs. 1

HGB). Die diesbezüglichen gesetzlichen Regelungen finden sich für Kapitalgesellschaften in § 290 Abs. 1 und Abs. 2 HGB sowie für die übrigen Rechtsformen in § 11 Abs. 1 PublG.

Seit der Verabschiedung des sogenannten Kapitalgesellschaften- und Co-Richtlinie-Gesetzes (KapCoRiLiG) vom 24.02.2000 werden auch Kapitalgesellschaften & Co. (z. B. GmbH & Co. KG) dazu verpflichtet, ihren Jahresabschluss wie Kapitalgesellschaften aufzustellen, prüfen zu lassen und offenzulegen. Unter diese Regelung fallen alle Personenhandelsgesellschaften, bei denen keine natürliche Person persönlich haftender Gesellschafter ist (§ 264a Abs. 1 HGB i. V. m. § 290 Abs. 1 HGB). Damit gelten für diese Personenhandelsgesellschaften im Hinblick auf die Begründung eines Mutter-Tochter-Verhältnisses und die damit einhergehende Verpflichtung zur Erstellung eines Konzernabschlusses und eines Konzernlageberichts die gleichen Bestimmungen wie für Kapitalgesellschaften.

Aufgabe 5.24: Verpflichtung zur Erstellung eines Konzernabschlusses und Konzernlageberichts: Erstellungspflichtige

Die X-KG hält eine 89 %-Beteiligung an der Y-KGaA. Gemäß ihrer Firmenphilosophie macht die X-KG von ihrem beherrschenden Einfluss Gebrauch und stimmt die Geschäftspolitik der beiden Unternehmen aufeinander ab. Zusammen weisen beide Unternehmen an den Abschlussstichtagen der letzten vier Geschäftsjahre folgende Daten auf:

Abschlussstichtag	31.12.01	31.12.02	31.12.03	31.12.04
Konzern-bilanzsumme	66 Mio. EUR	64 Mio. EUR	70 Mio. EUR	75 Mio. EUR
Konzern-umsatzerlöse	120 Mio. EUR	135 Mio. EUR	150 Mio. EUR	160 Mio. EUR
Zahl der Arbeit-nehmer des Konzerns im Inland	4.500	5.200	4.900	4.700

Muss die X-KG einen Konzernabschluss und einen Konzernlagebericht aufstellen?

Lösung

Die X-KG ist keine Kapitalgesellschaft. Die Aufstellungspflicht muss daher nach den Kriterien des § 11 Abs. 1 PublG beurteilt werden. Die X-KG hält mit 89 % eine bedeutende Beteiligung an der Y-KGaA. Laut Sachverhalt ist es der X-KG möglich, beherrschenden Einfluss auf die Y-KGaA auszuüben. Abschließend müssen hinsichtlich der endgültigen Beurteilung, ob ein Konzernabschluss und ein Konzernlagebericht aufzustellen sind, noch die Größenmerkmale des § 11 Abs. 1 PublG überprüft werden:

„1. Die Bilanzsumme einer auf den Konzernabschlussstichtag aufgestellten Konzern-
     bilanz übersteigt 65 Millionen Euro.

2.   Die Umsatzerlöse einer auf den Konzernabschlussstichtag aufgestellten Konzern-
     Gewinn- und Verlustrechnung in den zwölf Monaten vor dem Abschlussstichtag über-
     steigen 130 Millionen Euro.

3.   Die Konzernunternehmen mit Sitz im Inland haben in den zwölf Monaten vor dem
     Konzernabschlussstichtag insgesamt durchschnittlich mehr als fünftausend Arbeit-
     nehmer beschäftigt."

Am Abschlussstichtag 31.12.01 wird nur ein Größenmerkmal überschritten (Konzernbilanzsumme > 65 Mio. EUR). An den folgenden drei Abschlussstichtagen werden jedoch jeweils
zwei der drei Größenmerkmale überschritten (in 02: Konzernumsatzerlöse und durchschnittliche Zahl der Arbeitnehmer; in 03 und 04: Konzernbilanzsumme und Konzernumsatzerlöse).
Da zwei der drei Größenmerkmale an drei aufeinander folgenden Abschlussstichtagen erfüllt
sind, ist die X-KG nach § 11 Abs. 1 PublG verpflichtet, einen Konzernabschluss und einen
Konzernlagebericht zum 31.12.04 zu erstellen.

Aufgabe 5.25: Verpflichtung zur Erstellung eines Konzern-
abschlusses und Konzernlageberichts: Stimm-
rechtsmehrheit

Gemäß § 290 Abs. 2 Nr. 1 HGB ist eine inländische Kapitalgesellschaft unter anderem zur
Konzernrechnungslegung verpflichtet (Mutterunternehmen), wenn ihr bei einem anderen
Unternehmen (Tochterunternehmen) die Mehrheit der Stimmrechte der Gesellschafter zu-
steht (Stimmrechtsmehrheit). Verdeutlichen Sie an einem Schaubild die Berechnung der
Stimmrechtsmehrheit!

Lösung

Die Berechnung der Stimmrechtsmehrheit – geregelt in § 290 Abs. 3 und Abs. 4 HGB – verdeutlicht das nachfolgende Schaubild:

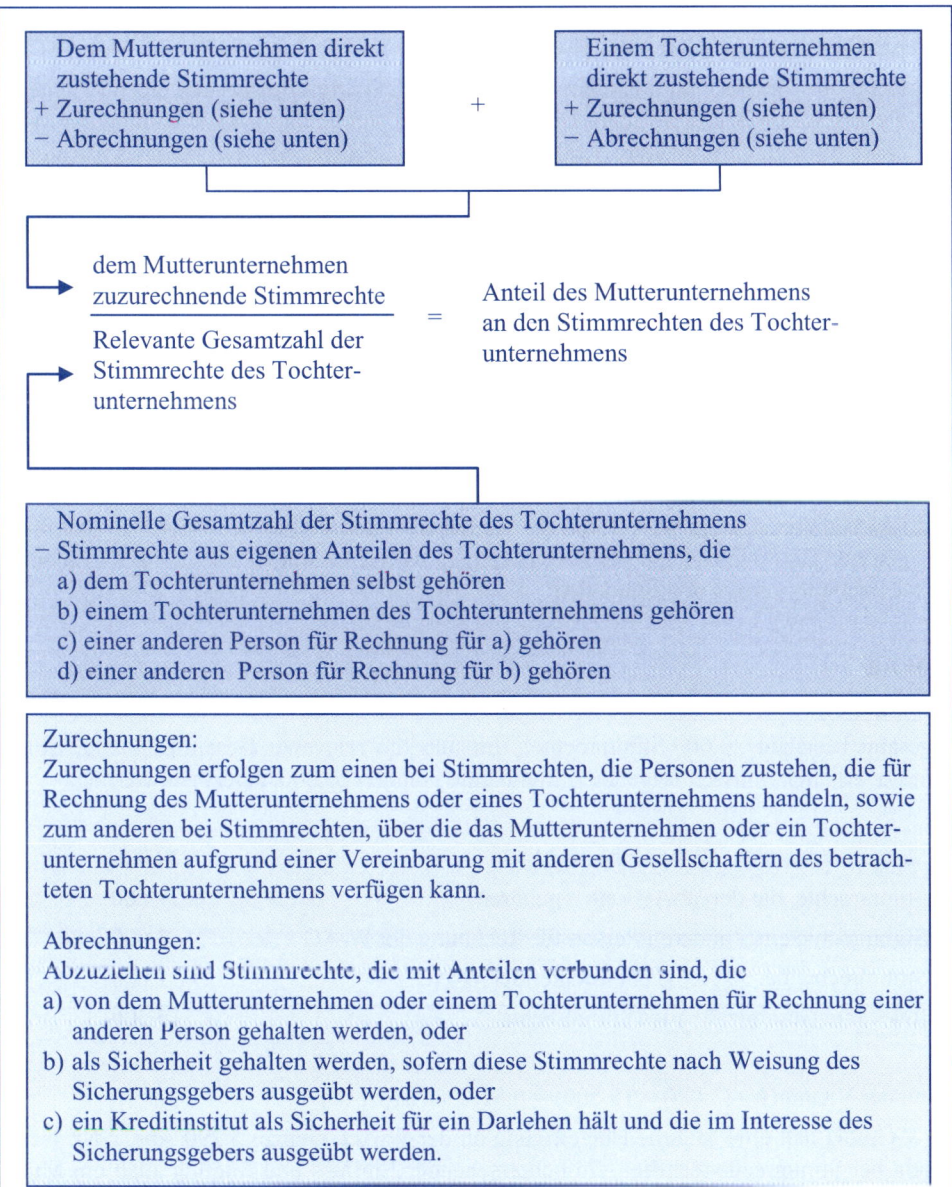

Abb. 27: Berechnung der Stimmrechtsmehrheit

Aufgabe 5.26: Verpflichtung zur Erstellung eines Konzernabschlusses und Konzernlageberichts: Stimmrechtsmehrheit

Überprüfen Sie in folgenden Fällen, ob ein Mutter-Tochter-Verhältnis vorliegt:

a) Die V-GmbH hält an der W-AG 8.000 Stimmrechte. Insgesamt bestehen 20.000 Stimmrechte an diesem Unternehmen, davon sind 1.500 Stimmrechte aus eigenen Anteilen, die der W-AG selbst gehören. Einer anderen Person gehören für Rechnung der W-AG 2.000 Stimmrechte, weitere 1.000 Stimmrechte gehören der X-AG, einer Tochter der W-AG.

b) An der Y-GmbH hält die V-GmbH Anteile in Höhe von 20.000 EUR; das Grundkapital der Y-GmbH beträgt 50.000 EUR. Da bisher die V-GmbH der einzige Kunde der Y-GmbH ist, nutzt sie diese als ihren Vertriebsarm. Die Finanz- und Geschäftspolitik der Y-GmbH wird daher strikt auf das Konzept der V-GmbH abgestimmt.

c) An der Z-Corp. in Kanada besitzt die V-GmbH einen Anteil von 75 %. Aufgrund der großen Entfernung hat die V-GmbH die Steuerung der Z-Corp. an die U-Corp. Kanada abgegeben. Diese kann bei der Z-Corp. laut Vertrag die Geschäftsleitung sowie das Aufsichtsorgan berufen bzw. abberufen.

d) Der W-AG gehören 25 % an der T-SA, des Weiteren ist die V-GmbH an der T-SA mit 5 % beteiligt. Da die W-AG und die restlichen Anteilseigner der T-SA ihre Beteiligungen nur als Finanzanlage betrachten, gelang es der V-GmbH, mit der T-SA einen Beherrschungsvertrag abzuschließen.

Lösung

Teilaufgabe a)

Insgesamt bestehen 20.000 Stimmrechte. Um nun die relevante Gesamtzahl aller Stimmrechte zu erhalten, müssen folgende Stimmrechte von den 20.000 abgezogen werden:

	Stimmrechte an der W-AG insgesamt	20.000
−	Stimmrechte, die der W-AG selbst gehören	1.500
−	Stimmrechte einer anderen Person für Rechnung der W-AG	2.000
−	Stimmrechte der X-AG, einer Tochter der W-AG	1.000
=	Relevante Gesamtzahl aller Stimmrechte	15.500

Anteil der V-GmbH = (8.000 ÷ 15.500) = 0,5161 (= 51,61 %)

Die V-GmbH hält eine Mehrheitsbeteiligung an der W-AG. Gemäß § 290 Abs. 2 Nr. 1 HGB besteht bei Stimmrechtsmehrheit ein beherrschender Einfluss und folglich auch ein Mutter-Tochter-Verhältnis.

Teilaufgabe b)

Von einem beherrschenden Einfluss kann ausgegangen werden, wenn z. B. die Finanz- und Geschäftspolitik des Tochterunternehmens sich den Interessen des Konzerns unterzuordnen hat (§ 290 Abs. 2 Nr. 3 HGB). Dies ist vorliegend wohl der Fall. Daher kann auch hier ein Mutter-Tochter-Verhältnis festgestellt werden.

Teilaufgabe c)

Obwohl die V-GmbH einen Mehrheitsanteil an der Z-Corp. hält, liegt kein Mutter-Tochter-Verhältnis vor, da sie ihre Rechte vertraglich an die U-Corp. abgetreten hat. Vielmehr liegt ein Beherrschungsverhältnis zwischen der U-Corp. und der Z-Corp. vor, da die U-Corp. die Organbestimmungsrechte für die Z-Corp. besitzt.

Teilaufgabe d)

Zwischen der T-SA und der V-GmbH besteht ein Beherrschungsverhältnis aufgrund eines Beherrschungsvertrages, den die V-GmbH mit der T-SA abgeschlossen hat. Daher ist auch hier ein Mutter-Tochter-Verhältnis zu unterstellen, das die V-GmbH zwingt, die T-SA in ihren Konzernabschluss einzubeziehen.

Aufgabe 5.27: Verpflichtung zur Erstellung eines Konzernabschlusses und Konzernlageberichts: Stimmrechtsmehrheit

An der X-AG bestehen 1.000 Stimmrechte. Davon gehören der X-AG 50 Stimmrechte selbst. 450 Stimmrechte hält die Y-AG. 50 weitere Stimmrechte gehören der XZ-AG, einer Tochter der X-AG. Einer anderen Person wiederum gehören 25 Stimmrechte für Rechnung der XZ-AG. Berechnen Sie den Anteil der Y-AG an den Stimmrechten der X-AG! Liegt ein Mutterunternehmen nach § 290 Abs. 2 Nr. 1 HGB vor?

Lösung

Die relevante Gesamtzahl der Stimmrechte der X-AG errechnet sich wie folgt:

Nominelle Gesamtzahl der Stimmrechte der X-AG			1.000 Stimmrechte
–	Stimmrechte aus eigenen Anteilen der X-AG, die		
	(1)	der X-AG selbst gehören	– 50 Stimmrechte
	(2)	der XZ-AG, einer Tochter der X-AG, gehören	– 50 Stimmrechte
	(3)	einer anderen Person für Rechnung der X-AG gehören	– 0 Stimmrechte
	(4)	einer anderen Person für Rechnung der XZ-AG gehören	– 25 Stimmrechte
			875 Stimmrechte

Die Y-AG hält 450 Stimmrechte an der X-AG. Den Anteil der Y-AG an den Stimmrechten der X-AG errechnet man somit wie folgt:

$$\frac{450 \text{ Stimmrechte}}{875 \text{ Stimmrechte}} = 0,5143 \ (= 51,43\,\%)$$

Ergebnis:

Die Y-AG hält mit 51,43 % die Mehrheit der Stimmrechte der Gesellschafter der X-AG. Die X-AG ist damit ein Tochterunternehmen der Y-AG.

Aufgabe 5.28: Die Befreiungen von der Pflicht zur Erstellung eines Konzernabschlusses: Prüfung des Befreiungstatbestands

Entwickeln Sie einen Ablaufplan zur Prüfung der befreienden Wirkung von EU/EWR-Konzernabschlüssen gemäß § 291 HGB!

Lösung

Für die befreiende Wirkung eines Konzernabschlusses und -lageberichts müssen verschiedene Bedingungen kumulativ vorliegen. Als zweckmäßiges Vorgehen hat sich folgender Ablaufplan erwiesen:

(1) Ist das Mutterunternehmen zugleich ein Tochterunternehmen eines Mutterunternehmens mit Sitz in einem Mitgliedstaat der EU oder einem anderen EWR-Staat?

(2) Hat der Konzernabschluss und -lagebericht des übergeordneten Mutterunternehmens befreiende Wirkung gemäß § 291 Abs. 2 HGB?

Das zu befreiende Mutterunternehmen und seine Tochterunternehmen müssen dazu unbeschadet des § 296 HGB (Verzicht auf die Einbeziehung) einbezogen worden sein, der befreiende Konzernabschluss und -lagebericht muss hinreichend geprüft worden sein, und der Anhang des Jahresabschlusses des zu befreienden Unternehmens muss bestimmte Angaben enthalten.

(3) Kann die Befreiung in Anspruch genommen werden?

Dies ist nicht möglich, wenn das zu befreiende Mutterunternehmen einen organisierten Markt i. S. d. § 2 Abs. 5 WpHG durch von ihm ausgegebene Wertpapiere i. S. d. § 2 Abs. 1 Satz 1 WpHG in Anspruch nimmt oder eine qualifizierte Minderheit (10 % der Aktionäre einer AG/KGaA bzw. 20 % der Gesellschafter einer GmbH) die Aufstellung eines Teilkonzernabschlusses und eines Teilkonzernlageberichts beantragt.

Nur wenn alle drei Fragen mit „ja" beantwortet werden können, tritt die befreiende Wirkung des übergeordneten Konzernabschlusses und -lageberichts ein.

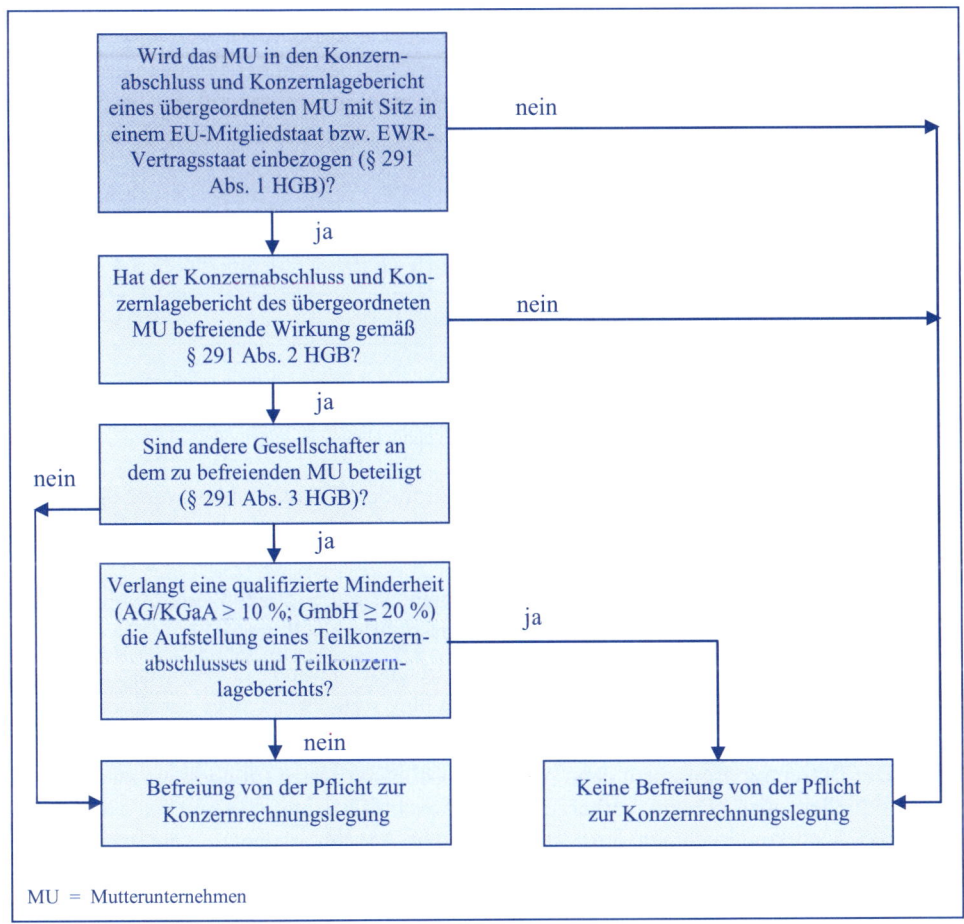

Abb. 28: Vorgehensweise bei der Prüfung des Befreiungstatbestands des § 291 HGB[76]

Aufgabe 5.29: Die Befreiungen von der Pflicht zur Erstellung eines Konzernabschlusses: Größenabhängige Befreiungen

Geben Sie einen Überblick über die Regelungen des § 293 HGB hinsichtlich der größenabhängigen Befreiungen von der Pflicht zur Erstellung eines Konzernabschlusses und eines Konzernlageberichts!

---

[76] Modifiziert entnommen aus DUSEMOND, MICHAEL; KESSLER, HARALD (Rechnungslegung 2001), S. 173

Lösung

Kleinere Konzerne werden aufgrund des Unterschreitens bestimmter Größenmerkmale von der Pflicht zur Erstellung eines Konzernabschlusses und eines Konzernlageberichts befreit. Die Überprüfung der relevanten Schwellenwerte kann dabei nach der sog. Bruttomethode sowie nach der sog. Nettomethode erfolgen:

	Bruttomethode (§ 293 Abs. 1 Nr. 1 HGB)	Nettomethode (§ 293 Abs. 1 Nr. 2 HGB)
Bilanzsumme (in Mio. EUR)	$\leq 23{,}10$	$\leq 19{,}25$
Umsatzerlöse (in Mio. EUR	$\leq 46{,}20$	$\leq 38{,}50$
Arbeitnehmer	≤ 250	≤ 250

- Bruttomethode: Es erfolgt eine bloße Addition der Einzelabschlusswerte des Mutterunternehmens und der fiktiv in den Konzernabschluss einzubeziehenden Tochterunternehmen.

- Nettomethode: Von dem Mutterunternehmen ist ein Probekonzernabschluss aufzustellen. Hierbei besteht ein konzernabschlusspolitisches Potenzial.

- Beide Methoden können nur dann eine befreiende Wirkung haben, wenn am aktuellen und dem vorhergehenden Abschlussstichtag mindestens zwei der drei Merkmale zutreffen.

- Die Befreiung greift auch dann, wenn die Größenkriterien (mindestens zwei) nur am aktuellen oder nur am vorhergehenden Abschlussstichtag eingehalten werden und das Mutterunternehmen am vorhergehenden Abschlussstichtag von der Konzernrechnungslegungspflicht befreit war.

- Eine größenabhängige Befreiung kann von einem Mutterunternehmen dann nicht in Anspruch genommen werden, wenn das Mutterunternehmen oder ein Tochterunternehmen am Abschlussstichtag kapitalmarktorientiert i. S. d. § 264d HGB ist, d. h. einen organisierten Markt durch von ihm ausgegebene Wertpapiere in Anspruch nimmt oder die Zulassung solcher Wertpapiere zum Handel an einem organisierten Markt beantragt worden ist.

Aufgabe 5.30: Die Befreiungen von der Pflicht zur Erstellung eines Konzernabschlusses: Prüfung der Aufstellungspflicht

Welche Schrittfolge zur Prüfung der Aufstellungspflicht eines Konzernabschlusses und eines Konzernlageberichts nach HGB ist einzuhalten?

Lösung

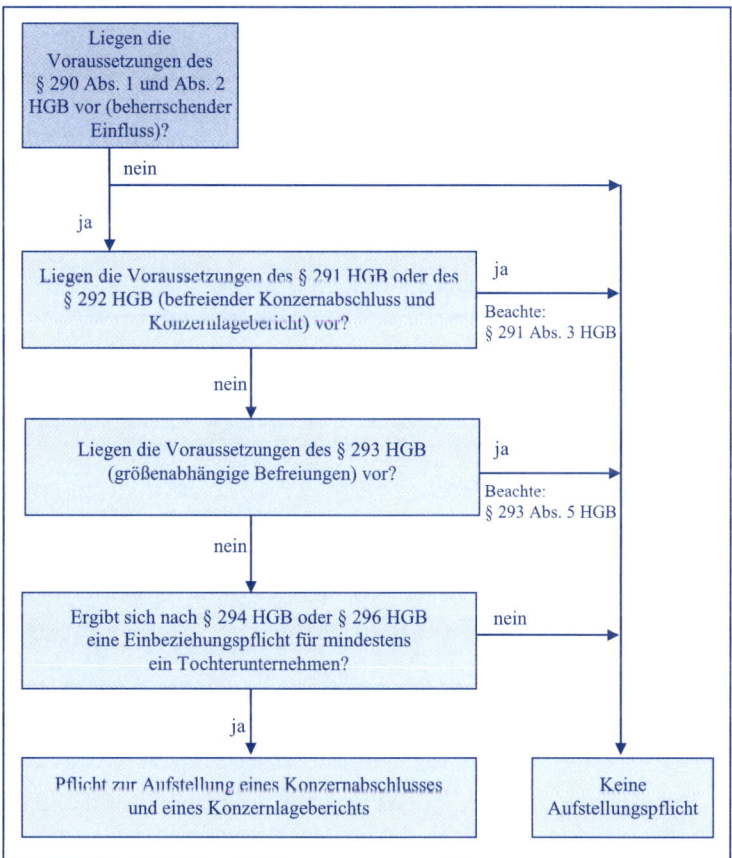

Abb. 29: *Schrittfolge zur Prüfung der Aufstellungspflicht eines Konzernabschlusses und eines Konzernlageberichts nach HGB[77]*

---

[77] Modifiziert entnommen aus DUSEMOND, MICHAEL; KESSLER, HARALD (Rechnungslegung 2001), S. 178.

5.4   Die Abgrenzung des Konsolidierungskreises

Aufgabe 5.31: Die Abgrenzung des Konsolidierungskreises

Entwickeln Sie eine Abbildung zur Abgrenzung des Konsolidierungskreises im engeren Sinne und im weiteren Sinne!

Lösung

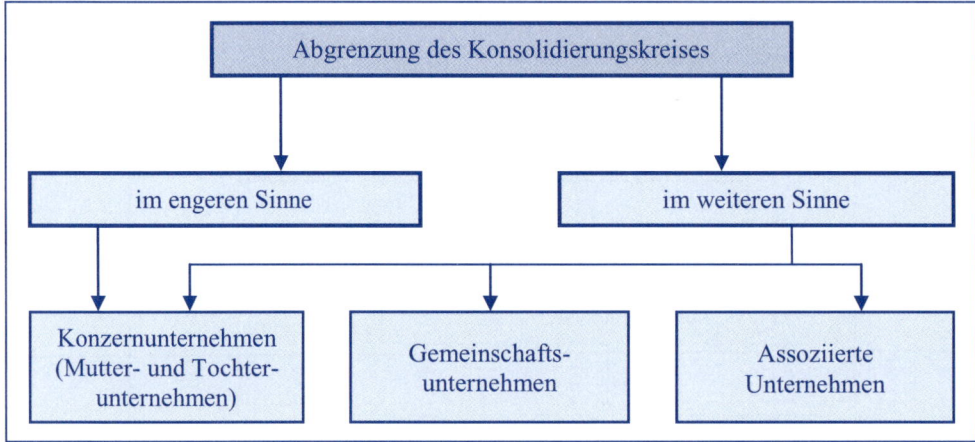

Abb. 30:   Abgrenzung des Konsolidierungskreises[78]

Aufgabe 5.32: Der Konsolidierungskreis im engeren Sinne: Einbeziehungspflichtige

Welche Unternehmen sind in den Konsolidierungskreis im engeren Sinne einzubeziehen?

Lösung

Grundsätzlich sind gemäß § 294 Abs. 1 HGB in den Konzernabschluss das inländische Mutterunternehmen sowie alle in- und ausländischen Tochterunternehmen einzubeziehen (Weltabschlussprinzip).

---

[78]   Geringfügig modifiziert entnommen aus DUSEMOND, MICHAEL; KESSLER, HARALD (Rechnungslegung 2001), S. 179.

Ausnahme:

Einbeziehungswahlrechte gemäß § 296 HGB aufgrund einer sachlichen Begründung (§ 296 Abs. 1 Nr. 1 bis Nr. 3 HGB) oder des Wesentlichkeitsprinzips (§ 296 Abs. 2 HGB). Der Verzicht auf die Einbeziehung ist im Konzernanhang zu begründen (§ 296 Abs. 3 HGB).

Aufgabe 5.33: Der Konsolidierungskreis im engeren Sinne: Einbeziehungswahlrechte

Geben Sie einen kurzen Überblick über die Einbeziehungswahlrechte des § 296 HGB!

Lösung (siehe nächste Seite)

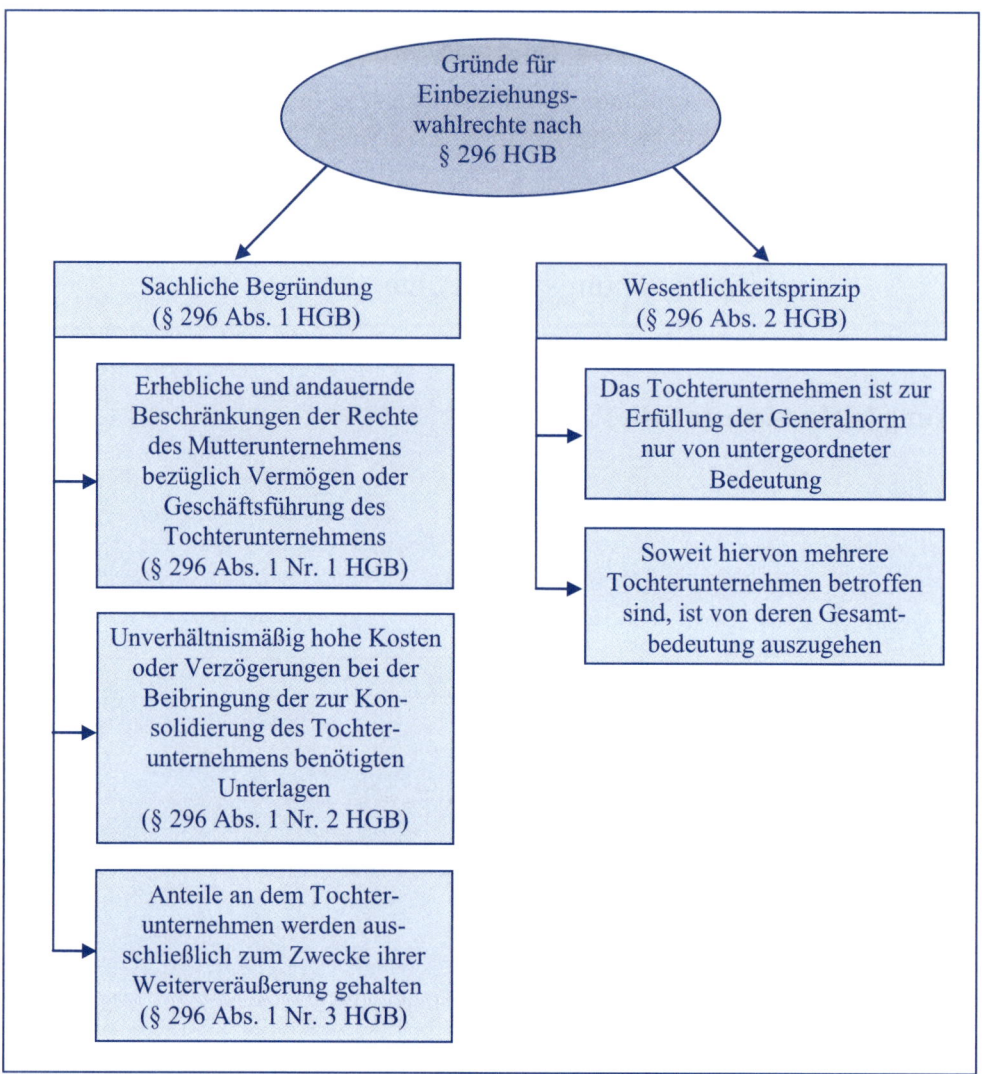

Abb. 31:   Überblick über die Einbeziehungswahlrechte des § 296 HGB[79]

Wird ein Tochterunternehmen aufgrund eines Einbeziehungswahlrechts nicht im Wege der Vollkonsolidierung in den Konzernabschluss einbezogen, so ist zu prüfen, ob dieses Unternehmen nicht statt dessen als sogenanntes assoziiertes Unternehmen (§ 311 HGB) im Rahmen der Equity-Methode zu erfassen ist.

---

[79] Modifiziert entnommen aus COENENBERG, ADOLF G.; HALLER, AXEL; SCHULTZE, WOLFGANG (Jahresabschluss 2009), S. 612.

Aufgabe 5.34: Der Konsolidierungskreis im engeren Sinne: Konzernabschluss[80]

Die A-AG (mit Sitz in Deutschland) ist

- an der B-GmbH (mit Sitz in Deutschland) zu 75 %,
- an der C-GmbH (mit Sitz in Deutschland) zu 40 % und
- an der D-Ltd. (mit Sitz in Großbritannien) zu 100 %

beteiligt.

- Die B-GmbH hält 15 % der Anteile der C-GmbH und 60 % der Anteile der E-OHG (mit Sitz in Deutschland).
- Die D-Ltd. ist zu 100 % an der F-AG (mit Sitz in Deutschland) beteiligt.
- Die Stimmrechtsanteile stimmen mit den Kapitalanteilen überein.

Welche Unternehmen müssen nach den Vorschriften des HGB einen Konzern- oder Teilkonzernabschluss aufstellen und welche Unternehmen sind jeweils einzubeziehen? Zeichnen Sie ein (Konzern-)Diagramm und begründen Sie Ihre Antworten!

Lösung

Das (Konzern-)Diagramm stellt sich wie folgt dar:

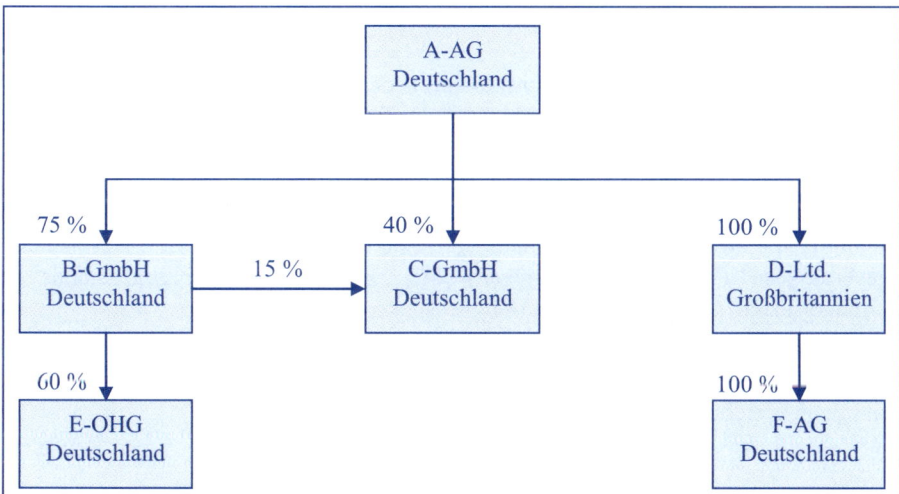

---

[80] Geringfügig modifiziert entnommen aus BAETGE, JÖRG; KIRSCH, HANS-JÜRGEN; THIELE, STEFAN (Übungsbuch Konzernbilanzen 2010), S. 31 ff.

Die A-AG muss gemäß § 290 HGB einen Konzernabschluss aufstellen, falls keine der Befreiungsvorschriften der §§ 291–293 HGB wirken.

Gemäß § 294 HGB sind in den Konzernabschluss der A-AG grundsätzlich alle Tochterunternehmen einzubeziehen, wenn nicht die Einbeziehung nach § 296 HGB unterbleiben darf. Dies bedeutet für das vorliegende Beispiel, dass

- die B-GmbH in den Konzernabschluss einzubeziehen ist, da der A-AG mit 75 % die Mehrheit der Stimmrechte zusteht (§ 290 Abs. 2 HGB),
- die C-GmbH in den Konzernabschluss einzubeziehen ist, da der A-AG mit 55 % (40 % direkt und 15 % indirekt) die Mehrheit der Stimmrechte zusteht (§ 290 Abs. 2 und Abs. 3 HGB),
- die D-Ltd. in den Konzernabschluss einzubeziehen ist, da der A-AG mit 100 % die Mehrheit der Stimmrechte zusteht (§ 290 Abs. 2 HGB),
- die E-OHG in den Konzernabschluss einzubeziehen ist, da der A-AG mit 60 % (indirekt) die Mehrheit der Stimmrechte zusteht (§ 290 Abs. 2 und Abs. 3 HGB), und
- die F-AG in den Konzernabschluss einzubeziehen ist, da der A-AG mit 100 % (indirekt) die Mehrheit der Stimmrechte zusteht (§ 290 Abs. 2 und Abs. 3 HGB).

Die B-GmbH muss gemäß § 290 HGB einen Teilkonzernabschluss aufstellen, falls der Konzernabschluss der A-AG keine befreiende Wirkung nach § 291 HGB oder § 292 HGB hat und die größenabhängigen Befreiungsvorschriften nach § 293 HGB nicht wirken. Gemäß § 294 HGB sind in diesen Teilkonzernabschluss grundsätzlich alle Tochterunternehmen einzubeziehen, wenn nicht die Einbeziehung nach § 296 HGB unterbleiben darf. Die E-OHG ist in den Teilkonzernabschluss einzubeziehen, da der B-GmbH mit 60 % die Mehrheit der Stimmrechte zusteht (§ 290 Abs. 2 HGB). Die C-GmbH ist dagegen grundsätzlich nicht als Tochterunternehmen in den Teilkonzernabschluss der B-GmbH einzubeziehen, da der B-GmbH nicht die Mehrheit der Stimmrechte zusteht. Einzubeziehen ist die C-GmbH nur dann, wenn andere Tatbestände des § 290 Abs. 2 HGB vorliegen, die auf ein Mutter-Tochter-Verhältnis hinweisen. Solange kein Mutter-Tochter-Verhältnis besteht und auch nicht von einem Gemeinschaftsunternehmen oder einem assoziierten Unternehmen auszugehen ist, bilanziert die B-GmbH die Anteile an der C-GmbH im Teilkonzernabschluss als „Wertpapiere des Anlagevermögens" (Finanzanlagevermögen) oder „Sonstige Vermögensgegenstände" (Umlaufvermögen) zu fortgeführten Anschaffungskosten.

Für die D-Ltd. besteht keine Pflicht zur Aufstellung eines Teilkonzernabschlusses nach HGB, da eine solche Pflicht gemäß § 290 Abs. 1 und Abs. 2 HGB nur für Kapitalgesellschaften mit Sitz im Inland besteht.

Aufgabe 5.35: Der Konsolidierungskreis im weiteren Sinne: Gemeinschaftsunternehmen und assoziiertes Unternehmen

Erläutern Sie kurz die Begriffe „Gemeinschaftsunternehmen" und „assoziiertes Unternehmen"!

Lösung

Unter einem Gemeinschaftsunternehmen versteht man eine Form der wirtschaftlichen Zusammenarbeit zwischen zwei oder mehreren voneinander unabhängigen Unternehmen – den sogenannten Gesellschafterunternehmen –, die sich darin niederschlägt, dass ein rechtlich selbstständiges Unternehmen gemeinsam gegründet oder erworben wird mit dem Ziel, Aufgaben im gemeinsamen Interesse der Gesellschafterunternehmen auszuführen. Führt ein in einen Konzernabschluss einbezogenes Mutter- oder Tochterunternehmen ein solches Unternehmen gemeinsam mit einem oder mehreren nicht in den Konzernabschluss einbezogenen Unternehmen, so darf dieses Unternehmen auf der Grundlage der Quotenkonsolidierung anteilsmäßig in den Konzernabschluss des Mutterunternehmens einbezogen werden (§ 310 Abs. 1 HGB).

Von den Tochterunternehmen können die assoziierten Unternehmen abgegrenzt werden. Das Unterscheidungskriterium zwischen Tochterunternehmen und assoziierten Unternehmen liegt darin, dass das beteiligte Unternehmen seinen assoziierten Unternehmen gegenüber eine schwächere Position innehat als gegenüber seinen Tochterunternehmen. Von einem assoziierten Unternehmen spricht man, wenn – bei Vorliegen einer Beteiligung nach § 271 Abs. 1 HGB – von einem in den Konzernabschluss einbezogenen Unternehmen ein maßgeblicher Einfluss auf die Geschäfts- und Finanzpolitik eines nicht in den Konzernabschluss einbezogenen Unternehmens tatsächlich ausgeübt wird (§ 311 Abs. 1 Satz 1 HGB). Da dieser maßgebliche Einfluss mitunter schwierig festzustellen ist, wird eine widerlegbare Vermutung auf einen maßgeblichen Einfluss bei einem Anteil von 20 % bis 50 % der Stimmrechte der Gesellschafter angenommen (§ 311 Abs. 1 Satz 2 HGB). Assoziierte Unternehmen werden, sofern sie für die Erfüllung der Generalnorm nicht von untergeordneter Bedeutung sind, gemäß § 312 HGB nach der Equity-Methode in den Konzernabschluss einbezogen.

Aufgabe 5.36: Der Konsolidierungskreis im weiteren Sinne: Konzernabschluss

Die M-AG mit Sitz in Trier hält 25 % der Stimmrechte an der T1-AG in Mainz, der wiederum eine Beteiligung an der TT1-OHG (ansässig in Dortmund) einen Stimmrechtsanteil von 40 % gewährt. Weiter besitzt die M-AG 80 % der T2-OHG in Stuttgart, der die TT1-OHG per Beherrschungsvertrag untergeordnet ist. Daneben hält die M-AG noch einen Anteil von 25 % an der T3-AG in München, der sich die TT2-AG in Wildbad Kreuth durch einen Beherrschungsvertrag unterstellt hat. Ein weiterer Anteil von 30 % an der T3-AG wird von der T4-Corp. in Kanada gehalten. Außerdem besteht eine 11 %-Beteiligung der M-AG an der

T4-Corp., deren Geschäftspolitik aufgrund eines Beherrschungsvertrags jedoch von der TT3-AG bestimmt wird. Die TT3-AG wiederum ist eine 15 %-Tochter der T1-AG. Weiterhin ist die T2-OHG mit 60 % an der TT3-AG beteiligt.

a)   Zeichnen Sie das Schaubild der Unternehmensverflechtung!

b)   Welche Unternehmen müssen hier prinzipiell einen Konzernabschluss aufstellen?

c)   Welche Unternehmen sind in den Konzernabschluss und Konzernlagebericht der M-AG einzubeziehen, welche nicht?

Lösung

Teilaufgabe a)

Die Unternehmensverflechtung stellt sich wie folgt dar:

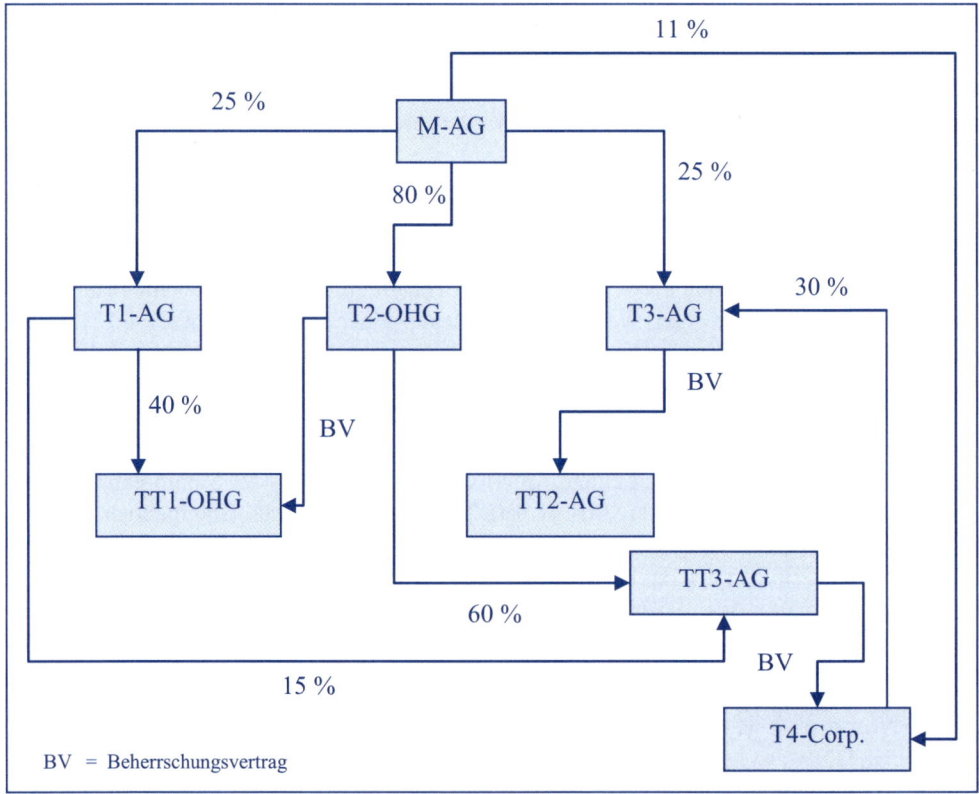

Teilaufgabe b)

Gemäß § 290 Abs. 1 und Abs. 2 HGB ist eine Kapitalgesellschaft mit Sitz im Inland zur Aufstellung eines Konzernabschlusses und eines Konzernlageberichts verpflichtet, wenn sie auf ein anderes Unternehmen unmittelbar oder mittelbar einen beherrschenden Einfluss ausüben kann. D. h., sie hält bei einem Unternehmen die Mehrheit der Stimmrechte, sie kann bei

einem Beteiligungsunternehmen die Mehrheit der Mitglieder des Verwaltungs-, Leitungs-
oder Aufsichtsorgans bestellen oder abberufen, sie kann aufgrund eines mit einem anderen
Unternehmen geschlossenen Beherrschungsvertrags oder aufgrund von Satzungsbestimmun-
gen die Finanz- und Geschäftspolitik des anderen Unternehmens bestimmen, oder sie trägt
bei wirtschaftlicher Betrachtung die Mehrheit der Risiken und Chancen eines Unternehmens,
das zur Erreichung eines eng begrenzten und genau definierten Ziels des Mutterunternehmens dient (Zweckgesellschaft).

Die M-AG steht in einem Mutter-Tochter-Verhältnis zur T2-OHG (Mehrheitsbesitz) und ist
daher zur Konzernrechnungslegung verpflichtet. Die T2-OHG wiederum steht in einem Mutter-Tochter-Verhältnis zur TT1-OHG (Beherrschungsvertrag) und zur TT3-AG (Mehrheitsbeteiligung) und ist daher ebenfalls grundsätzlich zur Konzernrechnungslegung verpflichtet.
Weiterhin sind die TT3-AG Mutterunternehmen gegenüber der T4-Corp. (Beherrschungsvertrag) und die T3-AG gegenüber der TT2-AG (Beherrschungsvertrag). In diesen Fällen liegt
damit ebenfalls ein Mutter-Tochter-Verhältnis vor und damit die grundsätzliche Verpflichtung zur Konzernrechnungslegung. Im Falle der TT1-OHG ist jedoch anzumerken, dass eine
Verpflichtung nur besteht, sofern sie jeweils mindestens zwei der drei Größenkriterien des
§ 11 Abs. 1 Nr. 1 bis Nr. 3 PublG an drei aufeinander folgenden Konzernabschlussstichtagen
überschritten hat. Die T1-AG hingegen steht in keinem Mutter-Tochter-Verhältnis und ist
daher weder in einen Konzernabschluss einzubeziehen noch verpflichtet, selbst einen Konzernabschluss zu erstellen.

Teilaufgabe c)

In den Konzernabschluss der M-AG sind prinzipiell die M-AG, die T2-OHG, die TT3-AG,
die T4-Corp., die TT1-OHG, die T3-AG und die TT2-AG einzubeziehen. Die T1-AG hingegen steht in keinem Mutter-Tochter-Verhältnis und ist infolgedessen nicht in den Konzernabschluss der M-AG einzubeziehen. Die 25 %-Beteiligung der M-AG an der T1-AG wird als
„Beteiligung" im Finanzanlagevermögen der M-AG bilanziert.

Aufgabe 5.37: Der Konsolidierungskreis im weiteren Sinne: Konzernabschluss

Die M-AG mit Sitz in Augsburg hält 55 % der Stimmrechte an der T1-GmbH in Mertingen,
der wiederum eine Beteiligung an der TT1-GmbH (ansässig in Donauwörth) einen Stimmrechtsanteil von 70 % gewährt. Weiter besitzt die M-AG 60 % der T2-OHG in Gersthofen, in
deren Besitz sich die restlichen 30 % an der TT1-GmbH befinden. Über das Vermögen der
T2-OHG ist das Insolvenzverfahren eröffnet. Daneben hält die M-AG noch einen Anteil von
20 % an der T3-AG in München, der sich die TT2-AG in Wildbad Kreuth durch einen Beherrschungsvertrag unterstellt hat. Der Anteil an der T3-AG wird von der M-AG nur als eine
lukrative Geldanlage angesehen, an eine wirtschaftliche Zusammenarbeit ist nicht gedacht.
Außerdem besteht eine 25 %-Beteiligung der M-AG an der T4-Corp. in Kanada, deren Fi-
nanz- und Geschäftspolitik wegen der technologischen und finanziellen Abhängigkeit von
der M-AG bestimmt wird.

a)   Zeichnen Sie das Schaubild der Unternehmensverflechtung!

b)   Welche Unternehmen müssen prinzipiell einen Konzernabschluss und einen Konzern-
     lagebericht aufstellen? Gibt es Ausnahmen von der Aufstellungspflicht?

c)   Welche Unternehmen sind in den jeweiligen Konzernabschluss und Konzernlagebericht
     einzubeziehen, welche nicht?

d)   Welche Unternehmen sind als verbundene Unternehmen i. S. d. § 271 Abs. 2 HGB zu
     betrachten?

Lösung

Teilaufgabe a)

Das folgende Schaubild stellt die Unternehmensverflechtung dar:

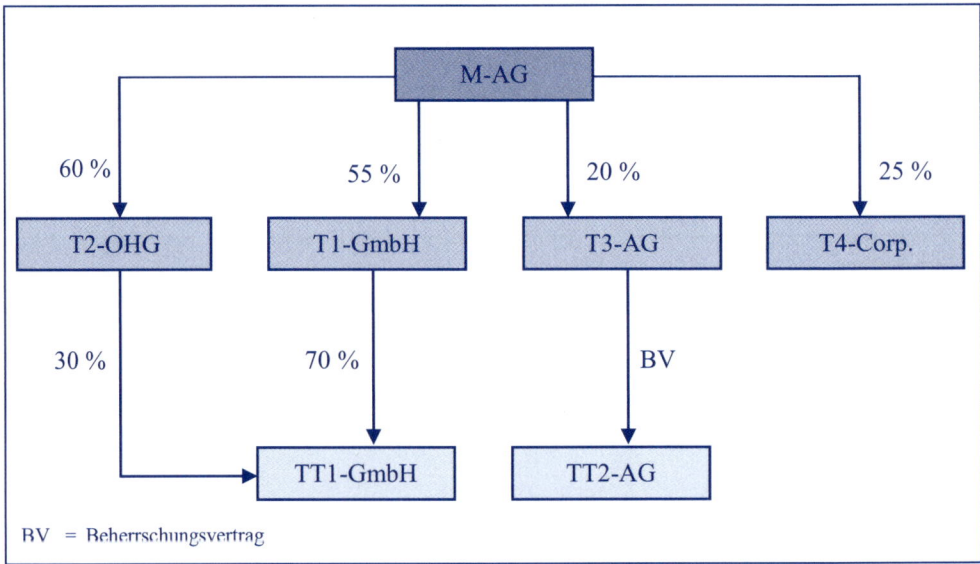

Teilaufgabe b)

Die M-AG ist die Mutter gegenüber der T1-GmbH (Stimmrechtsmehrheit), der T2-OHG
(Stimmrechtsmehrheit) und der T4-Corp. (Bestimmung der Finanz- und Geschäftspolitik).
Weiterhin sind die T1-GmbH Mutterunternehmen gegenüber der TT1-GmbH (Stimmrechtsmehrheit) und die T3-AG gegenüber der TT2-AG (Beherrschungsvertrag). In diesen Fällen
liegt ein Mutter-Tochter-Verhältnis vor. Alle diese Mutterunternehmen (M-AG, T1-GmbH,
T3-AG) müssen prinzipiell einen Konzernabschluss und einen Konzernlagebericht aufstellen. Ausnahmen von dieser Verpflichtung sind der befreiende Konzernabschluss und Konzernlagebericht sowie die Unterschreitung bestimmter Größenmerkmale. Die Größenmerkmale können hier nicht überprüft werden, weil sie in der Aufgabenstellung nicht angegeben
sind. Jedoch kann die M-AG bezüglich der T1-GmbH einen befreienden Konzernabschluss

und Konzernlagebericht erstellen, so dass diese von der Verpflichtung, einen eigenen Konzernabschluss und Konzernlagebericht aufzustellen, befreit ist. Die T3-AG hingegen ist zur Erstellung eines eigenen Konzernabschlusses und Konzernlageberichts verpflichtet.

Teilaufgabe c)

In den Konzernabschluss und Konzernlagebericht der M-AG sind prinzipiell die T1-GmbH, die TT1-GmbH, die T2-OHG sowie die T4-Corp. einzubeziehen, da sie alle Tochterunternehmen der M-AG sind. Die T3-AG und die TT2-AG werden nicht einbezogen, da sie keine Tochterunternehmen der M-AG sind. Tochterunternehmen, bei denen die Rechte des Mutterunternehmens bezüglich Vermögen oder Geschäftsführung nachhaltig beeinträchtigt sind, unterliegen einem Einbeziehungswahlrecht (§ 296 Abs. 1 Nr. 1 HGB). Die Rechte der M-AG in Bezug auf das Vermögen der T2-OHG sind durch das Insolvenzverfahren erheblich, unter Umständen sogar dauerhaft eingeschränkt. Daher besteht für die T2-OHG ein Einbeziehungswahlrecht.

Weiterhin umfasst der Konzernabschluss und Konzernlagebericht der T3-AG nur ein einziges Tochterunternehmen, die TT2-AG. Hätte die TT2-AG eine sehr geringe Größe, könnte davon ausgegangen werden, dass ihre Konsolidierung für die Vermittlung eines den tatsächlichen Verhältnissen entsprechenden Bildes der Vermögens-, Finanz- und Ertragslage des Konzerns nur von untergeordneter Bedeutung ist. Daher bestünde bei geringer Größe ein Einbeziehungswahlrecht bezüglich der TT2-AG. Da aber von der T3-AG außer der TT2-AG kein weiteres Tochterunternehmen einzubeziehen wäre, bestünde dann für die T3-AG keine Konzernrechnungslegungspflicht mehr.

In einen etwaigen Teilkonzernabschluss und Teilkonzernlagebericht der T1-GmbH wäre die TT1-GmbH einzubeziehen.

Teilaufgabe d)

Verbundene Unternehmen gemäß § 271 Abs. 2 HGB sind Unternehmen, die als Mutter- oder Tochterunternehmen nach den Regeln der Vollkonsolidierung in den Konzernabschluss und Konzernlagebericht des obersten Mutterunternehmens einzubeziehen sind oder prinzipiell einzubeziehen wären. Dies trifft zum einen für die M-AG, die T1-GmbH, die T2-OHG, die T4-Corp. und die TT1-GmbH sowie zum anderen für die T3-AG und die TT2-AG zu. Die Definition der verbundenen Unternehmen gemäß dem Aktiengesetz hat allerdings für die bilanztechnische Definition keine Bedeutung.

Aufgabe 5.38: Der Konsolidierungskreis im weiteren Sinne: Konzernabschluss

Gegeben sind folgende Beteiligungsverhältnisse (sowohl Kapital- als auch Stimmrechtsquoten):

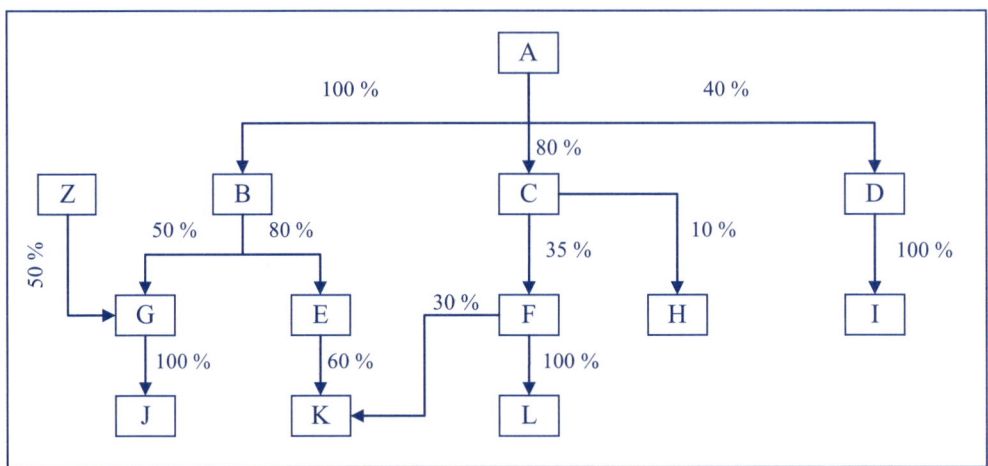

Unternehmen G steht unter der gemeinschaftlichen Leitung der Unternehmen Z und B.

Entscheiden Sie, welche Unternehmen einen Konzern i. S. d. § 290 HGB bilden!

Nach welchen Konsolidierungsverfahren und mit welcher Anteilsquote sind die Unternehmen jeweils in den Konzernabschluss einzubeziehen?

Lösung

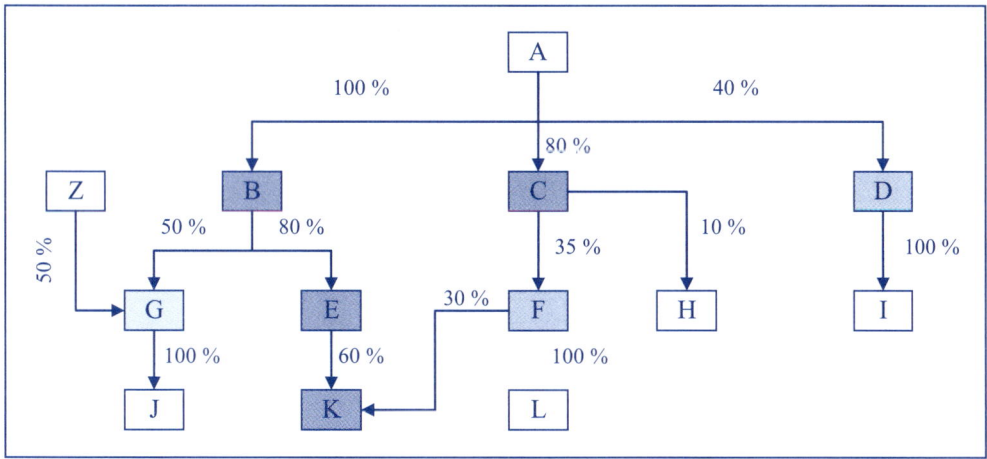

Dunkelblau unterlegt:	Tochterunternehmen; Einbeziehung gemäß Vollkonsolidierung zu 100 % ungeachtet der tatsächlichen Beteiligungsquote
Mittelblau unterlegt:	Gemeinschaftsunternehmen; Einbeziehung gemäß Quotenkonsolidierung entsprechend der Beteiligungsquote oder mittels Equity-Verfahren
Hellblau unterlegt:	assoziierte Unternehmen; Einbeziehung mittels Equity-Verfahren

Aufgabe 5.39: Der Konsolidierungskreis im weiteren Sinne: Konzernabschluss

Die nachfolgende Übersicht beschreibt die Struktur des M-Konzerns. Die bestehenden Verflechtungen zwischen den einzelnen Unternehmen sind in Prozentsätzen angegeben. Diese entsprechen sowohl dem Kapital- als auch dem Stimmrechtsanteil.

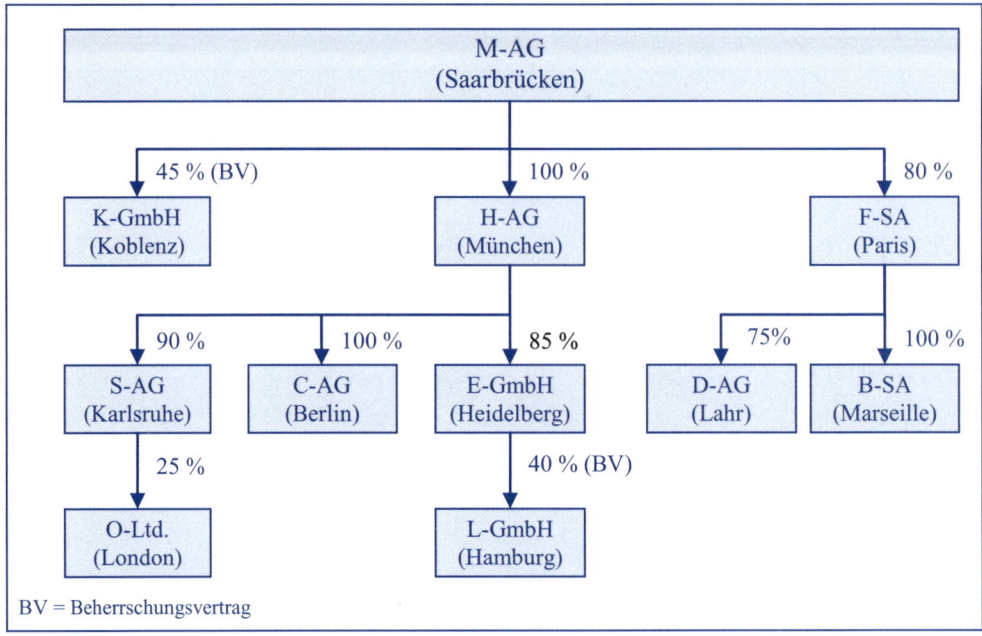

Des Weiteren gelten folgende Prämissen:

(1) Der M-Konzern überschreitet die Größenmerkmale des § 293 HGB.

(2) Zwischen der M-AG und der K-GmbH sowie zwischen der E-GmbH und der L-GmbH besteht ein Beherrschungsvertrag.

(3) Die Anteile an der K-GmbH wurden zum 23.12.01 erworben. Am gleichen Tag wurde auch der Beherrschungsvertrag geschlossen. Aufgrund der zeitlichen Nähe zum Abschlussstichtag sind die für die Aufstellung des Konzernabschlusses erforderlichen Angaben nicht ohne unverhältnismäßig hohe Kosten und Verzögerungen zu erhalten.

(4) Die Anteile an der C-AG werden von der H-AG allein zum Zwecke der Weiterveräußerung gehalten.

(5) Die L-GmbH ist für die Darstellung eines den tatsächlichen Verhältnissen entsprechenden Bildes der Vermögens-, Finanz- und Ertragslage des M-Konzerns von untergeordneter Bedeutung.

(6) Die Vermutung des § 311 Abs. 1 Satz 2 HGB, nach der ein maßgeblicher Einfluss auf die Geschäfts- und Finanzpolitik eines nicht in den Konzernabschluss einbezogenen Unternehmens für den Fall vermutet wird, dass ein Unternehmen (= Konzernunternehmen) bei dem anderen Unternehmen (= assoziiertes Unternehmen) mindestens den fünften Teil der Stimmrechte der Gesellschafter innehat (Beteiligungsvermutung nach § 271 Abs. 1 Satz 3 HGB), kann nicht widerlegt werden.

Aufgabenstellung:

a) Welche Unternehmen sind grundsätzlich zur Aufstellung eines Konzernabschlusses und eines Konzernlageberichts verpflichtet (Stichtag 31.12.01)? Begründen Sie Ihre Ergebnisse!

b) Welche Unternehmen des M-Konzerns sind bei der Abgrenzung des Konsolidierungskreises im weiteren Sinne als Konzernunternehmen, Gemeinschaftsunternehmen oder assoziierte Unternehmen einzuordnen und nach welcher Konsolidierungsmethode sind diese Unternehmen im Konzernabschluss zu erfassen? Begründen Sie Ihre Ergebnisse!

Lösung

Teilaufgabe a)

Zur Aufstellung eines Konzernabschlusses und eines Konzernlageberichts sind nach § 290 Abs. 1 HGB grundsätzlich alle inländischen Kapitalgesellschaften verpflichtet, die auf ein anderes Unternehmen unmittelbar oder mittelbar einen beherrschenden Einfluss ausüben können. Folglich besteht für die M-AG eine grundsätzliche Pflicht zur Aufstellung eines Konzernabschlusses und eines Konzernlageberichts, denn bei der M-AG handelt es sich um eine Kapitalgesellschaft mit Sitz im Inland, die auf mindestens ein Unternehmen (Tochterunternehmen) einen beherrschenden Einfluss ausüben kann.

Auch die H-AG ist grundsätzlich zur Aufstellung eines Konzernabschlusses und eines Konzernlageberichts verpflichtet, da sie als inländische Kapitalgesellschaft einen beherrschenden Einfluss gegenüber mehreren Tochterunternehmen ausüben kann. Aufgrund der Einbeziehung der H-AG in den übergeordneten Konzernabschluss der M-AG kann jedoch gemäß § 291 HGB auf die Erstellung eines Teilkonzernabschlusses und -lageberichts verzichtet werden. Der von der M-AG aufgestellte Konzernabschluss hat insoweit also eine befreiende Wirkung. Analoge Überlegungen gelten auch für die E-GmbH, die ebenfalls einen beherrschenden Einfluss auf ein Tochterunternehmen ausüben kann, jedoch durch den übergeordneten Konzernabschluss der M-AG von der Aufstellungspflicht befreit wird.

Da es sich bei der M-AG um das oberste Mutterunternehmen des M-Konzerns handelt, die Größenmerkmale des § 293 HGB laut Prämisse überschritten werden und zumindest die H-AG auf der Grundlage der Vollkonsolidierung in den Konzernabschluss und Konzernlagebericht der M-AG einbezogen werden muss (zu weiteren Einbeziehungen siehe Teilaufgabe b), wird aus der grundsätzlichen Aufstellungspflicht eine tatsächliche Aufstellungspflicht.

Die F-SA muss unabhängig von dem Vorliegen von Tochterunternehmen keinen Konzernabschluss und Konzernlagebericht in Deutschland nach HGB aufstellen, da es sich bei ihr um ein Unternehmen mit Sitz im Ausland (Frankreich) handelt.

Obwohl es sich bei der S-AG um eine inländische Kapitalgesellschaft handelt, besteht für sie grundsätzlich nicht die Pflicht zur Aufstellung eines Konzernabschlusses und eines Konzernlageberichts, da die O-Ltd. offensichtlich nicht den Tatbestand eines Tochterunternehmens nach § 290 Abs. 1 und Abs. 2 HGB erfüllt (Beteiligung nur in Höhe von 25 % und keine weiteren Angaben). Es ist vielmehr davon auszugehen, dass die O-Ltd. aus Sicht der S-AG den Tatbestand eines assoziierten Unternehmens nach § 311 Abs. 1 HGB erfüllt, zumal die Vermutung des § 311 Abs. 1 Satz 2 HGB nicht widerlegt werden kann (Prämisse 6).

Teilaufgabe b)

Sofern eine Kapitalanteils- und/oder Stimmrechtsmehrheit ohne zusätzliche Angaben gegeben ist, kann über die folgenden Paragraphen des Aktiengesetzes das Vorliegen eines beherrschenden Einflusses begründet werden:

- § 17 Abs. 2 AktG:
  „Von einem in Mehrheitsbesitz stehenden Unternehmen wird vermutet, dass es von dem an ihm mit Mehrheit beteiligten Unternehmen abhängig ist."

- § 18 Abs. 1 Satz 3 AktG:
  „Von einem abhängigen Unternehmen wird vermutet, dass es mit dem herrschenden Unternehmen einen Konzern bildet."

Sofern Tochterunternehmen aufgrund von § 296 HGB nicht auf der Grundlage der Vollkonsolidierung und Gemeinschaftsunternehmen nicht auf der Grundlage der Quotenkonsolidierung in den Konzernabschluss einbezogen werden, sind diese Unternehmen in der Regel als assoziierte Unternehmen einzustufen und nach der Equity-Methode zu erfassen.

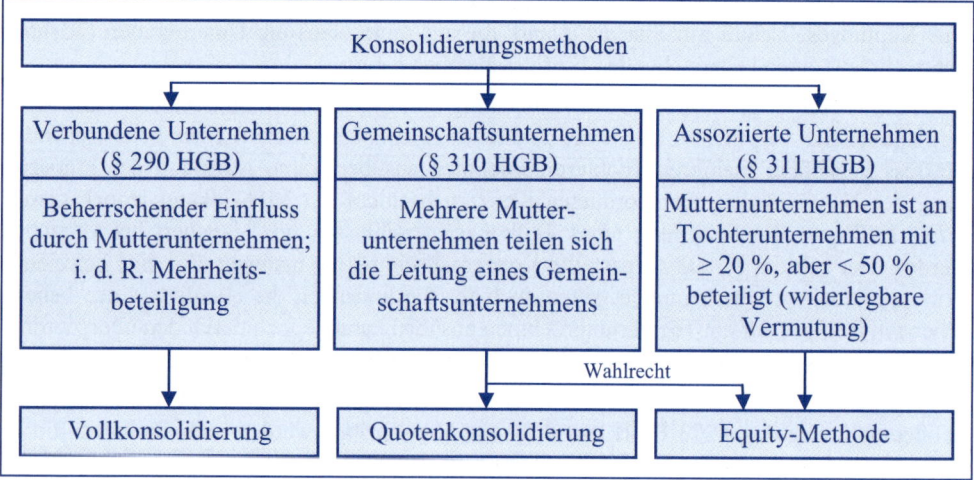

Abb. 32: Konsolidierungsmethoden[81]

---

[81] Modifiziert entnommen aus WÖHE, GÜNTER; DÖRING, ULRICH (Betriebswirtschaftslehre 2010), S. 875.

Bezogen auf die Aufgabenstellung ergeben sich somit folgende Tatbestände:

	Unternehmenskategorie	Konsolidierungsmethode
M-AG (Saarbrücken)	Konzernunternehmen nach § 290 Abs. 1 i. V. m. Abs. 2 Nr. 1 HGB (Konzernmutter)	Pflicht zur Vollkonsolidierung
K-GmbH (Koblenz)	Konzernunternehmen nach § 290 Abs. 1 i. V. m. Abs. 2 Nr. 3 HGB (45 %ige Beteiligung + Beherrschungsvertrag)	Wahlrecht zur Vollkonsolidierung (Prämisse 3; § 296 Abs. 1 Nr. 2 HGB); wenn keine Vollkonsolidierung, dann Anwendung der Equity-Methode (die Vermutung des § 311 Abs. 1 Satz 2 HGB ist gemäß der Prämisse 6 nicht widerlegbar; es bestehen auch keine Indizien einer untergeordneten Bedeutung gemäß § 311 Abs. 2 HGB)
H-AG (München)	Konzernunternehmen nach § 290 Abs. 1 i. V. m. Abs. 2 Nr. 1 HGB (100 %ige Beteiligung)	Pflicht zur Vollkonsolidierung
S-AG (Karlsruhe)	Konzernunternehmen nach § 290 Abs. 1 i. V. m. Abs. 2 Nr. 1 HGB (90 %ige mittelbare Beteiligung)	Pflicht zur Vollkonsolidierung
O-Ltd. (London)	assoziiertes Unternehmen (Prämisse 6)	Pflicht zur Anwendung der Equity-Methode, da aus den Angaben keine untergeordnete Bedeutung nach § 311 Abs. 2 HGB ersichtlich ist
C-AG (Berlin)	Konzernunternehmen nach § 290 Abs. 1 i. V. m. Abs. 2 Nr. 1 HGB (100 %ige mittelbare Beteiligung)	Wahlrecht zur Vollkonsolidierung (Prämisse 4; § 296 Abs. 1 Nr. 3 HGB); wenn keine Vollkonsolidierung, dann Verbot zur Anwendung der Equity-Methode, da die Anteile nicht auf Dauer gehalten werden und somit keine Beteiligung i. S. d. § 271 Abs. 1 HGB vorliegt.
E-GmbH (Heidelberg)	Konzernunternehmen nach § 290 Abs. 1 i. V. m. Abs. 2 Nr. 1 HGB (85 %ige mittelbare Beteiligung)	Pflicht zur Vollkonsolidierung
L-GmbH (Hamburg)	Konzernunternehmen nach § 290 Abs. 1 i. V. m. Abs. 2 Nr. 3 HGB	Wahlrecht zur Vollkonsolidierung (Prämisse 5; § 296 Abs. 2 HGB); wenn keine Vollkonsolidierung, dann Wahlrecht zur Anwendung der Equity-Methode, da davon ausgegangen werden kann, dass auch hier eine untergeordnete Bedeutung i. S. d. § 311 Abs. 2 HGB vorliegt
F-SA (Paris)	Konzernunternehmen nach § 290 Abs. 1 i. V. m. Abs. 2 Nr. 1 HGB (80 %ige Beteiligung)	Pflicht zur Vollkonsolidierung
D-AG (Lahr)	Konzernunternehmen nach § 290 Abs. 1 i. V. m. Abs. 2 Nr. 1 HGB (75 %ige mittelbare Beteiligung)	Pflicht zur Vollkonsolidierung
B-SA (Marseille)	Konzernunternehmen nach § 290 Abs. 1 i. V. m. Abs. 2 Nr. 1 HGB (100 %ige mittelbare Beteiligung)	Pflicht zur Vollkonsolidierung

Aufgabe 5.40: Der Konsolidierungskreis im weiteren Sinne: Konzernabschluss

Die nachfolgende Übersicht beschreibt die Struktur des S-Konzerns. Die bestehenden Verflechtungen zwischen den einzelnen Unternehmen sind in Prozentsätzen angegeben. Diese entsprechen sowohl dem Kapital- als auch dem Stimmrechtsanteil.

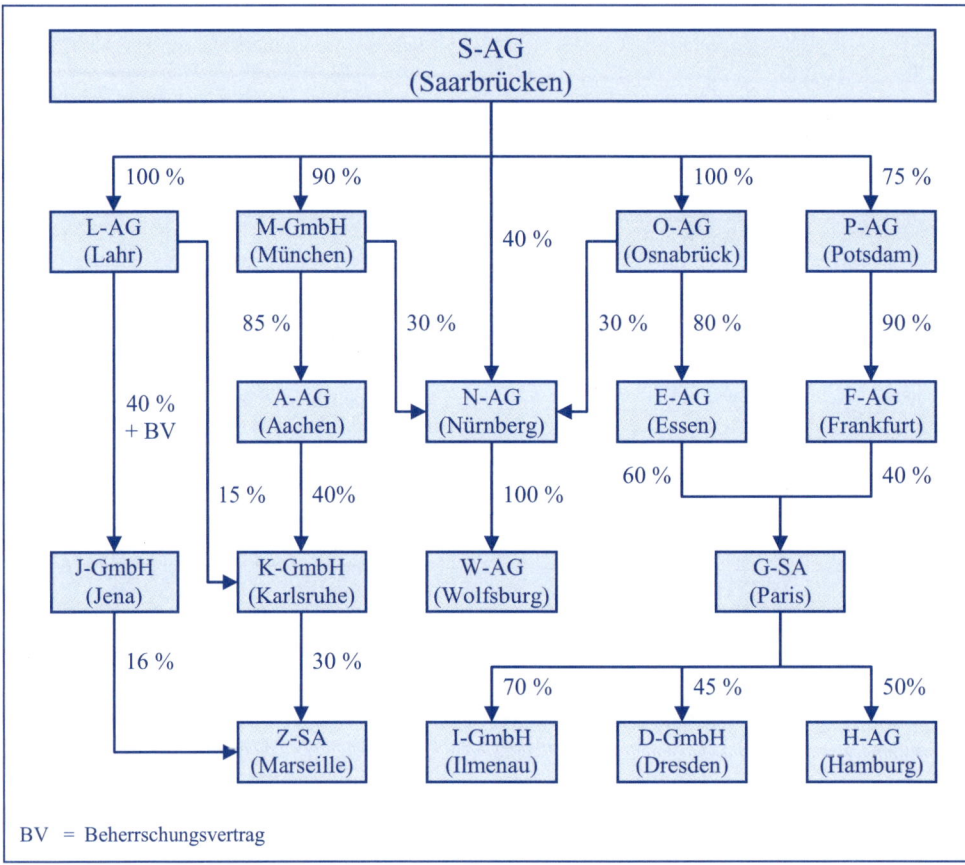

Des Weiteren sind folgende Sachverhalte bekannt:

- Die W-AG wurde erst zwei Wochen vor dem Abschlussstichtag erworben. Die für die Konsolidierung notwendigen Daten können nur unter unverhältnismäßig hohen Kosten beschafft werden.
- Die Z-SA hält 10 % eigene Anteile.
- Die H-AG wird von der G-SA gemeinschaftlich mit einem nicht zum Konzern gehörenden Unternehmen geführt.
- Die Anteile an der I-GmbH werden von der G-SA ausschließlich zum Zwecke der Weiterveräußerung gehalten.

- An sämtlichen in der Übersicht aufgeführten Unternehmen liegt eine Beteiligung i. S. d. § 271 Abs. 1 HGB vor.
- Die Größenmerkmale des § 293 HGB werden vom S-Konzern überschritten.
- Die Vermutung des § 311 Abs. 1 HGB, nach der ein maßgeblicher Einfluss auf die Geschäfts- und Finanzpolitik eines nicht in den Konzernabschluss einbezogenen Unternehmens für den Fall vermutet wird, dass ein Unternehmen bei einem anderen Unternehmen (assoziiertes Unternehmen) mindestens den fünften Teil der Stimmrechte der Gesellschafter innehat, kann nicht widerlegt werden.

Aufgabenstellung:

Ermitteln Sie, in welcher Höhe die S-AG an den einzelnen Beteiligungsunternehmen unmittelbar, mittelbar und insgesamt beteiligt ist und geben Sie an, auf Grundlage welcher Konsolidierungsmethode die einzelnen Unternehmen in den Konzernabschluss der S-AG einzubeziehen sind? Tragen Sie die Ergebnisse in die nachfolgende Tabelle ein!

Unternehmen	Unmittelbare Beteiligung	Mittelbare Beteiligung	Gesamte Beteiligung	Konsolidierungsmethode
L-AG (Lahr)				
J-GmbH (Jena)				
M-GmbH (München)				
A-AG (Aachen)				
K-GmbH (Karlsruhe)				
Z-SA (Marseille)				
N-AG (Nürnberg)				
W-AG (Wolfsburg)				
O-AG (Osnabrück)				
E-AG (Essen)				

(Fortsetzung)				
Unternehmen	Unmittelbare Beteiligung	Mittelbare Beteiligung	Gesamte Beteiligung	Konsolidierungsmethode
P-AG (Potsdam)				
F-AG (Frankfurt)				
G-SA (Paris)				
I-GmbH (Ilmenau)				
D-GmbH (Dresden)				
H-AG (Hamburg)				

Lösung

Zur Berechnung der für die Konsolidierung maßgeblichen Beteiligungsquote an der Z-SA müssen eigene Anteile herausgerechnet werden (§ 16 Abs. 2 und Abs. 3 AktG). Bei Abzug der von der Z-SA gehaltenen eigenen Anteile in Höhe von 10 % ergibt sich somit folgende Beteiligungsquote:

$$\frac{16\,\% + 30\,\%}{100\,\% - 10\,\%} = \frac{46\,\%}{90\,\%} = 51{,}11\,\%$$

Demnach liegt eine Mehrheitsbeteiligung an der Z-SA vor.

Unternehmen	Unmittelbare Beteiligung	Mittelbare Beteiligung	Gesamte Beteiligung	Konsolidierungsmethode
L-AG (Lahr)	100 %		100 %	Pflicht zur Vollkonsolidierung
J-GmbH (Jena)		40 % (+ BV)	40 %	Pflicht zur Vollkonsolidierung
M-GmbH (München)	90 %		90 %	Pflicht zur Vollkonsolidierung
A-AG (Aachen)		85 %	85 %	Pflicht zur Vollkonsolidierung

		(Fortsetzung)		
Unternehmen	Unmittelbare Beteiligung	Mittelbare Beteiligung	Gesamte Beteiligung	Konsolidierungsmethode
K-GmbH (Karlsruhe)		15 % + 40 %	55 %	Pflicht zur Vollkonsolidierung
Z-SA (Marseille)		16 % + 30 %	46 % (51,11 %)	Pflicht zur Vollkonsolidierung
N-AG (Nürnberg)	40 %	30 % + 30 %	100 %	Pflicht zur Vollkonsolidierung
W-AG (Wolfsburg)		100 %	100 %	Grundsätzliche Pflicht zur Vollkonsolidierung Wahlrecht zur Anwendung der Equity-Methode
O-AG (Osnabrück)	100 %		100 %	Pflicht zur Vollkonsolidierung
E-AG (Essen)		80 %	80 %	Pflicht zur Vollkonsolidierung
P-AG (Potsdam)	75 %		75 %	Pflicht zur Vollkonsolidierung
F-AG (Frankfurt)		90 %	90 %	Pflicht zur Vollkonsolidierung
G-SA (Paris)		60 % + 40 %	100 %	Pflicht zur Vollkonsolidierung
I-GmbH (Ilmenau)		70 %	70 %	Wahlrecht zur Vollkonsolidierung; wenn keine Vollkonsolidierung, dann Verbot zur Anwendung der Equity-Methode, da die Anteile nicht auf Dauer gehalten werden und somit keine Beteiligung i. S. d. § 271 Abs. 1 HGB vorliegt.
D-GmbH (Dresden)		45 %	45 %	Pflicht zur Anwendung der Equity-Methode
H-AG (Hamburg)		50 %	50 %	Wahlrecht zwischen Quotenkonsolidierung und Anwendung der Equity Methode

Aufgabe 5.41: Die Abgrenzung des Konsolidierungskreises: Multiple Choice

Bestimmen Sie die richtigen Aussagen unter den folgenden Thesen:

(1) Eine Verpflichtung zur Konzernrechnungslegung besteht gemäß § 311 HGB, wenn ein Mutter-Tochter-Verhältnis vorliegt. § 311 HGB spricht von einem derartigen Verhältnis, wenn das Tochterunternehmen einen maßgeblichen Einfluss ausübt.

(2) Verbundene Unternehmen i. S. d. Aktiengesetzes liegen auch dann vor, wenn Unternehmen einen Gewinngemeinschaftsvertrag abgeschlossen haben oder eine Mehrheitsbeteiligung besteht.

(3) Gemäß der Einheitstheorie stellt der Unternehmensverbund aus Sicht des Managements eine wirtschaftliche Einheit dar. Daher wird die wirtschaftliche Einheit um die Fiktion der rechtlichen Einheit erweitert.

(4) Da Informationen nur dann Relevanz besitzen, wenn sie wirtschaftlich sind, hat der Grundsatz der Wirtschaftlichkeit und Wesentlichkeit aus der angelsächsischen Rechnungslegung Einzug in die deutsche Rechnungslegung gefunden.

(5) Bei ausländischen Tochterunternehmen ist eine Währungsumrechnung nötig, um addierbare einheitliche Werte zu erhalten und um die Fiktion der rechtlichen Einheit zu konkretisieren.

(6) Wesentliche Änderungen bei der Zusammensetzung des Konsolidierungskreises müssen nach § 294 Abs. 2 HGB erläutert werden, um die Vergleichbarkeit der Konzernabschlüsse auch im Zeitablauf zu sichern.

Lösung

Korrekt sind die Thesen (2), (3), (5) und (6).

5.5   Die Konsolidierungsmethoden

Aufgabe 5.42: Der Zweck der Vornahme von Konsolidierungsmaßnahmen

Erläutern Sie den Zweck der Vornahme von Konsolidierungsmaßnahmen!

Lösung

Zuvorderst erfolgt die Herstellung der materiellen und formellen Einheitlichkeit der Einzelabschlüsse im Rahmen der Erstellung der sog. Handelsbilanz II. Daran anschließend werden die in den Vermögensgegenständen und Schulden enthaltenen stillen Reserven und Lasten in einer der eigentlichen Konsolidierung vorgelagerten Rechnung (sog. Handelsbilanz III) vollumfänglich aufgedeckt. Nach deren Addition zur Summenbilanz erfolgt als nächster Schritt der Konzernabschlusserstellung die Konsolidierung. Hierbei handelt es sich um Maßnahmen zur Eliminierung innerkonzernlicher Verflechtungen. Sie ergeben sich als logische Folge der „Fiktion der rechtlichen Einheit". Ziel der Konsolidierungsmaßnahmen ist es, einen Abschluss entstehen zu lassen, wie er ausgesehen hätte, wäre er unmittelbar aus der Buchführung des imaginären Unternehmens „Konzern" entstanden. Da eine solche Buchführung nicht existiert, sondern der Konzernabschluss aus den Abschlüssen der einzelnen Konzernunternehmen hervorgeht, müssen alle Verflechtungen eliminiert werden, die durch die rechtliche Unabhängigkeit der Konzernunternehmen in den Einzelabschlüssen Berücksichtigung finden, die jedoch bei Betrachtung des Gesamtunternehmens „Konzern" nicht Bestandteil des Abschlusses sein dürfen. Es bestehen dabei grundsätzlich die folgenden vier Konsolidierungsbereiche:

- die Kapitalkonsolidierung,
- die Forderungs- und Schuldenkonsolidierung,
- die Zwischenerfolgseliminierung und
- die Aufwands- und Ertragskonsolidierung (GuV-Konsolidierung).

Aufgabe 5.43: Die Kapitalkonsolidierung: Die Erwerbsmethode

Welche Formen der Kapitalkonsolidierung kennt das Handelsgesetzbuch?

Lösung

Das Handelsgesetzbuch kennt zunächst für Tochterunternehmen eine Methode der Vollkonsolidierung: die Erwerbsmethode (§ 301 HGB). Sie schreibt in § 301 Abs. 1 Satz 2 HGB eine Bewertung des Kapitals nach der Neubewertungsmethode vor. Als weitere Kapitalkonsolidierungsmethoden stehen die Quotenkonsolidierung (§ 310 HGB) sowie die Equity-Methode (§ 312 HGB) zur Verfügung. Dies wird in der nachfolgenden Abbildung noch einmal im Überblick zusammengefasst:

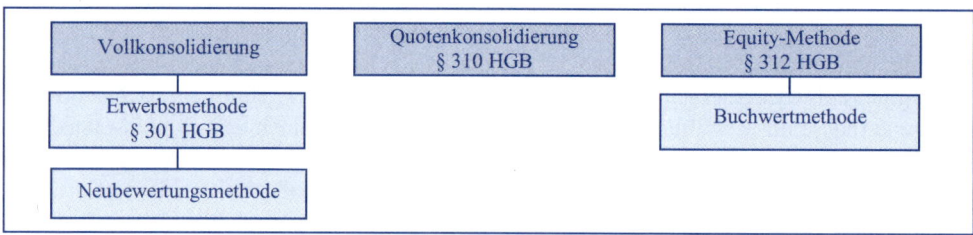

Abb. 33: Methoden zur Behandlung der Beteiligungen an zu konsolidierenden Unternehmen[82]

Aufgabe 5.44: Die Kapitalkonsolidierung: Die Erwerbsmethode

Schildern Sie anhand einer Abbildung den grundsätzlichen Ablauf der Kapitalkonsolidierung im Rahmen der Erwerbsmethode!

---

[82] Modifiziert entnommen aus COENENBERG, ADOLF G.; HALLER, AXEL; SCHULTZE, WOLFGANG (Jahresabschluss 2009), S. 654.

Lösung

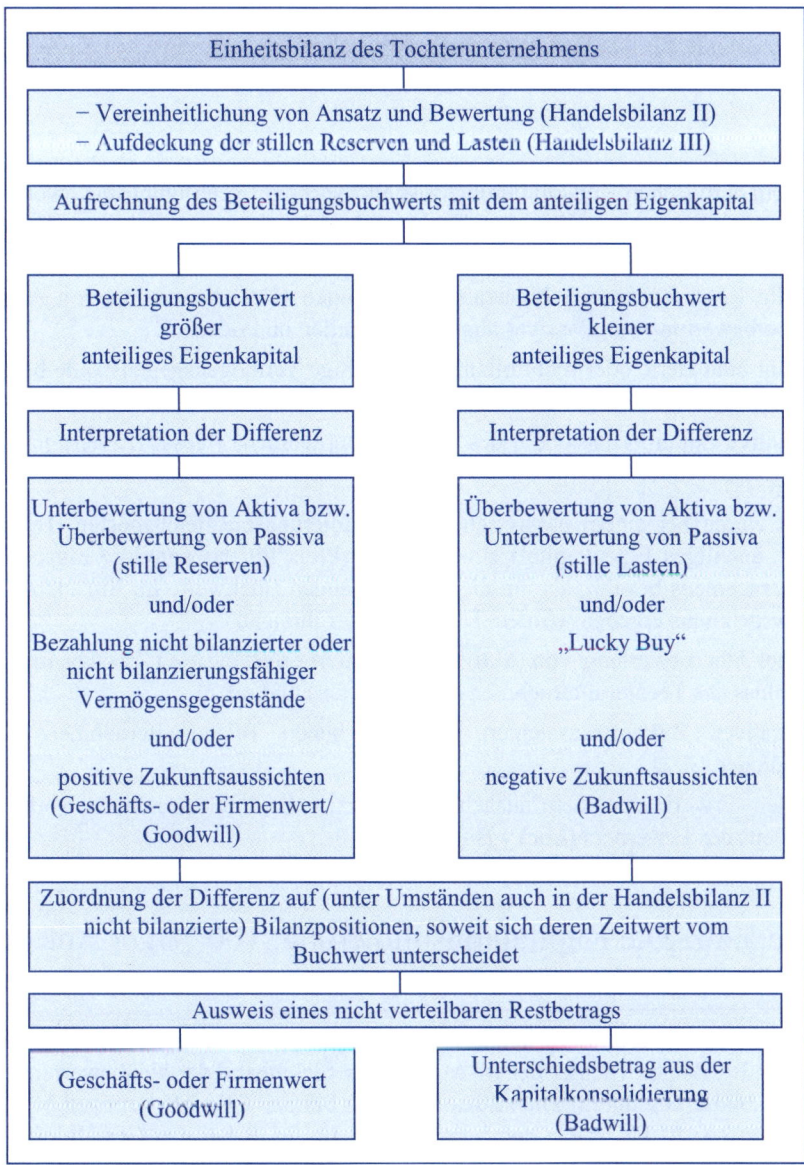

Abb. 34: Ablauf der Kapitalkonsolidierung im Rahmen der Erwerbsmethode[83]

---

[83] Modifiziert entnommen aus COENENBERG, ADOLF G.; HALLER, AXEL; SCHULTZE, WOLFGANG (Jahresabschluss 2009), S. 668.

Aufgabe 5.45: Die Kapitalkonsolidierung: Konsolidierungs-ausgleichsposten

Nennen Sie Gründe für das Vorliegen eines aktivischen bzw. passivischen Konsolidierungs-ausgleichspostens im Rahmen der Anwendung der Erwerbsmethode!

Lösung

Da bei einem aktivischen Konsolidierungsausgleichsposten (Beteiligungsbuchwert > anteiliges Eigenkapital) für den Anteil an dem Tochterunternehmen mehr bezahlt wurde, als ihm an Buchwerten gegenübersteht, ist anzunehmen, dass mit dem Anschaffungspreis für den Anteil:

- stille Reserven in den bilanzierten Positionen (Unterbewertung von Aktiva bzw. Überbewertung von Passiva) abgegolten wurden und/oder
- nicht bilanzierte oder nicht bilanzierungsfähige Vermögensgegenstände bezahlt wurden und/oder
- positive Zukunftsaussichten des Tochterunternehmens (Geschäftswert/*goodwill*) abgegolten wurden.

Umgekehrt wurde bei einem passivischen Konsolidierungsausgleichsposten (Beteiligungs-buchwert < anteiliges Eigenkapital) ein geringerer Preis für das anteilige Eigenkapital des Tochterunternehmens bezahlt, als ihn die entsprechenden Buchwerte im Einzelabschluss des Tochterunternehmens ergeben würden. Dies kann herrühren aus:

- einer Überbewertung von Aktiva bzw. Unterbewertung von Passiva im Einzelabschluss des Tochterunternehmens (stille Lasten) und/oder
- negativen Zukunftsaussichten des erworbenen Tochterunternehmens (Badwill) und/oder
- einem Erwerb unter dem tatsächlichen Wert, z. B. durch geschickte Verhandlungen seitens des Erwerbers (Lucky Buy).

Aufgabe 5.46: Die Kapitalkonsolidierung: 100 %iger Anteils-besitz

In der nachfolgenden Abbildung finden Sie die verkürzten Bilanzen der M-AG und der T-GmbH, einer 100 %igen Tochter der M-AG. Führen Sie anhand der Neubewertungsmethode eine Erstkonsolidierung durch! Die stillen Reserven bei der T-GmbH betragen 50 TEUR bei den Grundstücken, 40 TEUR bei den Vorräten und 80 TEUR bei den Gewährleistungsrück-stellungen. Notieren Sie auch die relevanten Buchungssätze und Berechnungen!

Positionen (alle Beträge in TEUR)	M-AG	T-GmbH
Anlagevermögen	3.000	500
Anteile an verbundenen Unternehmen	1.300	---
Umlaufvermögen	1.800	600
Summe Aktiva	6.100	1.100
Gezeichnetes Kapital	2.000	400
Rücklagen/Jahresüberschuss	300	100
Anteile anderer Gesellschafter	---	---
Fremdkapital	3.800	600
Summe Passiva	6.100	1.100

Lösung

In einem ersten Schritt werden zunächst die stillen Reserven wie folgt aufgelöst:

Buchungssatz:

Anlagevermögen	50	an	Neubewertungsrücklage	170
Umlaufvermögen	40			
Fremdkapital	80			

Positionen (alle Beträge in TEUR)	T GmbH HB II	Korrekturbuchungen S	Korrekturbuchungen H	T GmbH HB III
Anlagevermögen	500	50		550
Anteile an verbundenen Unternehmen	---			---
Umlaufvermögen	600	40		640
Summe Aktiva	1.100	90	0	1.190
Gezeichnetes Kapital	400			400
Rücklagen/Jahresüberschuss	100			100
Neubewertungsrücklage	---		170	170
Fremdkapital	600	80		520
Summe Passiva	1.100	80	170	1.190

Das neu bewertete Eigenkapital der T-GmbH beträgt 670 TEUR und wird nun in einem zweiten Schritt gegen den Beteiligungsbuchwert verrechnet, wobei ein Geschäfts- oder Firmenwert von 630 TEUR entsteht:

Die entsprechenden Buchungssätze lauten:

Buchungssatz 1:

Gezeichnetes Kapital	400	an	Anteile an verbundenen	1.300
Rücklagen/Jahresüberschuss	100		Unternehmen	
Neubewertungsrücklage	170			
Konsolidierungsausgleichsposten	630			

Buchungssatz 2:

Geschäfts- oder Firmenwert	630	an	Konsolidierungsausgleichsposten	630

Positionen (alle Beträge in TEUR)	M-AG	T-GmbH	Sum-men-bi-lanz	Konsolidierung				Kon-zern-bi-lanz
				Konzern		Andere Gesellschafter		
				S	H	S	H	
Geschäfts- oder Firmenwert	---	---	---	(2) 630				630
Anlagevermögen	3.000	550	3.550					3.550
Anteile an verbunde-nen Unternehmen	1.300	---	1.300		(1) 1.300			---
Umlaufvermögen	1.800	640	2.440					2.440
Konsolidierungs-ausgleichsposten	---	---	---	(1) 630	(2) 630			---
Summe Aktiva	6.100	1.190	7.290	1.260	1.930	0	0	6.620
Gezeichnetes Kapital	2.000	400	2.400	(1) 400				2.000
Rücklagen/Jahres-überschuss	300	100	400	(1) 100				300
Neubewertungsrück-lage	---	170	170	(1) 170				---
Anteile anderer Gesellschafter	---	---	---					---
Fremdkapital	3.800	520	4.320					4.320
Summe Passiva	6.100	1.190	7.290	670	0	0	0	6.620

Aufgabe 5.47: Die Kapitalkonsolidierung: 100 %iger Anteils-besitz

Nachfolgend sind die Bilanzen der M-AG und der T-GmbH zum 31.12.01 abgebildet:

Positionen (alle Beträge in TEUR)	M-AG	T-GmbH
Grundstücke	3.200	1.300
Maschinen	1.750	700
Fuhrpark	1.350	875
Anteile an verbundenen Unternehmen	2.500	150
Vorräte	1.575	950
Sonstiges Umlaufvermögen	2.150	950
Summe Aktiva	12.525	4.925
Gezeichnetes Kapital	1.150	450
Kapitalrücklage	550	200
Gewinnrücklagen	700	250
Jahresüberschuss	350	150
Rückstellungen	3.525	725
Sonstige Passiva	6.250	3.150
Summe Passiva	12.525	4.925

Am 30.12.01 erwirbt die M-AG eine 100 %ige Beteiligung an der T-GmbH zu einem Kaufpreis von 2.350 TEUR.

Die Aktiva der T-GmbH weisen zum 31.12.01 folgende Werte auf:

Positionen (alle Beträge in TEUR)	Buchwert	Zeitwert	Stille Reserven
Grundstücke	1.300	1.750	450
Maschinen	700	1.100	400
Fuhrpark	875	1.025	150
Anteile an verbundenen Unternehmen	150	150	---
Vorräte	950	950	---
Sonstiges Umlaufvermögen	950	950	---

Aufgabenstellung:

a)   Nehmen Sie die Kapitalkonsolidierung zum 31.12.01 nach der Neubewertungsmethode
     gemäß § 301 HGB vor und stellen Sie die Konzernbilanz auf!

b)   Führen Sie die Folgekonsolidierung (Zweitkonsolidierung) zum 31.12.02 durch!

Prämissen:

(1) Der sich aus der Kapitalkonsolidierung ergebende Geschäfts- oder Firmenwert ist über
     5 Jahre abzuschreiben.

(2) Die Restnutzungsdauer der Maschinen und des Fuhrparks beträgt 5 Jahre. Aus Verein-
     fachungsgründen sollen die Abschreibungen auf die aufgedeckten stillen Reserven
     erstmals im Geschäftsjahr 02 erfolgen.

(3) Die Neubewertungsdifferenz wird in das Konto Neubewertungsrücklage gebucht.

(4) Abschreibungen werden aus Vereinfachungsgründen direkt gegen den Jahresüberschuss
     gebucht.

Die Bilanzen der M-AG und der T-GmbH stellen sich zum 31.12.02 vereinfachend folgendermaßen dar:

Positionen (alle Beträge in TEUR)	M-AG	T-GmbH
Grundstücke	3.200	1.300
Maschinen	1.750	560
Fuhrpark	1.350	700
Anteile an verbundenen Unternehmen	2.500	150
Vorräte	1.575	950
Sonstiges Umlaufvermögen	2.150	1.100
Summe Aktiva	**12.525**	**4.760**
Gezeichnetes Kapital	1.150	450
Kapitalrücklage	550	200
Gewinnrücklagen	700	400
Jahresüberschuss	350	150
Rückstellungen	3.525	725
Sonstige Passiva	6.250	2.835
Summe Passiva	**12.525**	**4.760**

Lösung

Teilaufgabe a)

Neubewertungsmethode (Erstellung der HB III zum 31.12.01 bei 100 %igem Anteilsbesitz)

Positionen (alle Beträge in TEUR)	T-GmbH HB II	Korrekturbuchungen S	Korrekturbuchungen H	T-GmbH HB III
Grundstücke	1.300	(1) 450		1.750
Maschinen	700	(1) 400		1.100
Fuhrpark	875	(1) 150		1.025
Anteile an verbundenen Unternehmen	150			150
Vorräte	950			950
Sonstiges Umlaufvermögen	950			950
Summe Aktiva	4.925	1.000	0	5.925
Gezeichnetes Kapital	450			450
Kapitalrücklage	200			200
Gewinnrücklagen	250			250
Neubewertungsrücklage	---		(1) 1.000	1.000
Jahresüberschuss	150			150
Rückstellungen	725			725
Sonstige Passiva	3.150			3.150
Summe Passiva	4.925	0	1.000	5.925

Anmerkung:

- Bei der Neubewertungsmethode erfolgt ausgehend von der Handelsbilanz II die Aufdeckung der stillen Reserven in einer der eigentlichen Konsolidierung vorgelagerten Handelsbilanz III, die anstelle der Handelsbilanz II in die Summenbilanz eingeht. Die Gegenbuchung der Neubewertungsdifferenz erfolgt in den Gewinnrücklagen.

Erstkonsolidierung zum 31.12.01 bei 100 %igem Anteilsbesitz nach der Neubewertungsmethode:

Positionen (alle Beträge in TEUR)	M-AG	T-GmbH	Sum-men-bilanz	Konsolidierungs-buchungen S	H	Konzern-bilanz
Geschäfts- oder Firmenwert	---	---	---	(2) 300		300
Grundstücke	3.200	1.750	4.950			4.950
Maschinen	1.750	1.100	2.850			2.850
Fuhrpark	1.350	1.025	2.375			2.375
Anteile an verbun-denen Unternehmen	2.500	150	2.650		(1) 2.350	300
Vorräte	1.575	950	2.525			2.525
Sonstiges Umlauf-vermögen	2.150	950	3.100			3.100
Konsolidierungs-ausgleichsposten	---	---	---	(1) 300	(2) 300	---
Summe Aktiva	12.525	5.925	18.450	600	2.650	16.400
Gezeichnetes Kapi-tal	1.150	450	1.600	(1) 450		1.150
Kapitalrücklage	550	200	750	(1) 200		550
Gewinnrücklagen	700	250	950	(1) 250		700
Neubewertungs-rücklage	---	1.000	1.000	(1) 1.000		---
Jahresüberschuss	350	150	500	(1) 150		350
Rückstellungen	3.525	725	4.250			4.250
Sonstige Passiva	6.250	3.150	9.400			9.400
Summe Passiva	12.525	5.925	18.450	2.050	0	16.400

Anmerkungen:

- Aufgrund der vorhergehenden Aufdeckung der stillen Reserven in der Handelsbilanz III erstreckt sich die Kapitalkonsolidierung lediglich noch auf die Aufrechnung des Beteiligungsbuchwertes der M-AG (Kaufpreis in Höhe von 2.350 TEUR)
  mit dem neu bewerteten Eigenkapital der T-GmbH (siehe Buchung (1)).

- Mit der Buchung (2) wird der Betrag in Höhe von 300 TEUR dem Geschäfts- oder Firmenwert zugeordnet.

Teilaufgabe b)

Neubewertungsmethode (Erstellung der HB III zum 31.12.02 bei 100 %igem Anteilsbesitz)

Positionen (alle Beträge in TEUR)	T-GmbH HB II	Korrekturbuchungen		T-GmbH HB III
		S	H	
Grundstücke	1.300	(1) 450		1.750
Maschinen	560	(1) 400	(2) 80	880
Fuhrpark	700	(1) 150	(2) 30	820
Anteile an verbundenen Unternehmen	150			150
Vorräte	950			950
Sonstiges Umlaufvermögen	1.100			1.100
Summe Aktiva	4.760	1.000	110	5.650
Gezeichnetes Kapital	450			450
Kapitalrücklage	200			200
Gewinnrücklagen	400			400
Neubewertungsrücklage	---		(1) 1.000	1.000
Jahresüberschuss	150	(2) 110		40
Rückstellungen	725			725
Sonstige Passiva	2.835			2.835
Summe Passiva	4.760	110	1.000	5.650

Anmerkung:

- Da bei der Neubewertungsmethode die stillen Reserven bereits vor der eigentlichen Konsolidierung im Rahmen der Erstellung der Handelsbilanz III aufgedeckt werden, sind auch die erforderlichen Abschreibungen der stillen Reserven im Vorfeld der eigentlichen Konsolidierung vorzunehmen (Maschinen: 400 TEUR, Fuhrpark: 150 TEUR). Aus Vereinfachungsgründen werden auch hier die Abschreibungen direkt gegen den Jahresüberschuss gebucht.

Neubewertungsmethode (Zweitkonsolidierung zum 31.12.02 bei 100 %igem Anteilsbesitz)

Positionen (alle Beträge in TEUR)	M-AG	T-GmbH	Summen-bilanz	Konsolidierungs-buchungen S	H	Konzern-bilanz
Geschäfts- oder Firmenwert	---	---	---	(2) 300	(3) 60	240
Grundstücke	3.200	1.750	4.950			4.950
Maschinen	1.750	880	2.630			2.630
Fuhrpark	1.350	820	2.170			2.170
Anteile an verbunde-nen Unternehmen	2.500	150	2.650		(1) 2.350	300
Vorräte	1.575	950	2.525			2.525
Sonstiges Umlauf-vermögen	2.150	1.100	3.250			3.250
Konsolidierungs-ausgleichsposten	---	---	---	(1) 300	(2) 300	---
Summe Aktiva	12.525	5.650	18.175	600	2.710	16.065
Gezeichnetes Kapital	1.150	450	1.600	(1) 450		1.150
Kapitalrücklage	550	200	750	(1) 200		550
Gewinnrücklagen	700	400	1.100	(1) 400		700
Neubewertungs-rücklage		1.000	1.000	(1) 1.000		---
Jahresüberschuss	350	40	390	(3) 60		330
Rückstellungen	3.525	725	4.250			4.250
Sonstige Passiva	6.250	2.835	9.085			9.085
Summe Passiva	12.525	5.650	18.175	2.110	0	16.065

Anmerkungen:

- Die Buchungen (1) und (2) entsprechen den Buchungen, die bei der Neubewer-tungsmethode im Rahmen der Erstkonsolidierung vorgenommen wurden. Die Soll-Buchung (1) in Höhe von 400 TEUR gegen die Gewinnrücklagen setzt sich hierbei zusammen aus 250 TEUR aus der Erstkonsolidierung sowie 150 TEUR, welche den thesaurierten Jahresüberschuss des Vorjahres darstellen.
- Mit der Buchung (3) wird der Geschäfts- oder Firmenwert abgeschrieben.

Aufgabe 5.48: Die Kapitalkonsolidierung: Anteilsbesitz < 100%

Für diese Aufgabe werden die Ausgangslage und die Ausgangsdaten der Aufgabe 5.47 (Kapitalkonsolidierung bei 100 %igem Anteilsbesitz) bis auf die nachfolgenden Änderungen zugrunde gelegt:

- Die M-AG erwirbt zum 28.12.01 lediglich 80 % der Anteile an der T-GmbH zu einem Kaufpreis von 2.350 TEUR;

- Der Zeitwert der Vorräte der T-GmbH beträgt zum 31.12.01 insgesamt 1.050 TEUR. Die Vorräte werden in 02 verarbeitet und die hieraus resultierenden Produkte an konzernfremde Dritte veräußert.

Aufgabenstellung:

a) Nehmen Sie die Kapitalkonsolidierung zum 31.12.01 nach der Neubewertungsmethode gemäß § 301 HGB vor und stellen Sie die Konzernbilanz auf!

b) Führen Sie die Folgekonsolidierung (Zweitkonsolidierung) zum 31.12.02 durch!

Lösung (siehe nächste Seite)

Teilaufgabe a)

Neubewertungsmethode (Erstellung der HB III zum 31.12.01 bei 80 %igem Anteilsbesitz)

Positionen (alle Beträge in TEUR)	T-GmbH HB II	Korrekturbuchungen S	Korrekturbuchungen H	T-GmbH HB III
Grundstücke	1.300	(1) 450		1.750
Maschinen	700	(1) 400		1.100
Fuhrpark	875	(1) 150		1.025
Anteile an verbundenen Unternehmen	150			150
Vorräte	950	(1) 100		1.050
Sonstiges Umlaufvermögen	950			950
Summe Aktiva	4.925	1.100	0	6.025
Gezeichnetes Kapitel	450			450
Kapitalrücklage	200			200
Gewinnrücklagen	250			250
Neubewertungsrücklage	---		(1) 1.100	1.100
Jahresüberschuss	150			150
Rückstellungen	725			725
Sonstige Passiva	3.150			3.150
Summe Passiva	4.925	0	1.100	6.025

Anmerkungen:

- Bei der Neubewertungsmethode erfolgt die Aufdeckung der stillen Reserven zu 100 % in einer der eigentlichen Konsolidierung vorgelagerten Handelsbilanz III, die auch gleichzeitig in die Summenbilanz eingeht. Die Gegenbuchung auf der Passivseite wird dabei in der Neubewertungsrücklage vorgenommen.

- Der passivische Ausgleichsposten für die Anteile anderer Gesellschafter enthält damit auch den Anteil der den Vermögenspositionen zugeordneten stillen Reserven, der auf die anderen Gesellschafter entfällt.

Neubewertungsmethode (Erstkonsolidierung zum 31.12.01 bei 80 %igem Anteilsbesitz)

Positionen (alle Beträge in TEUR)	M-AG	T-GmbH	Summen-bilanz	Konsolidierungs-buchungen S	H	Kon-zern-bilanz
Geschäfts- oder Firmenwert	---	---	---	(2) 630		630
Grundstücke	3.200	1.750	4.950			4.950
Maschinen	1.750	1.100	2.850			2.850
Fuhrpark	1.350	1.025	2.375			2.375
Anteile an verbunde-nen Unternehmen	2.500	150	2.650		(1) 2.350	300
Vorräte	1.575	1.050	2.625			2.625
Sonstiges Umlauf-vermögen	2.150	950	3.100			3.100
Konsolidierungs-ausgleichsposten	---	---	---	(1) 630	(2) 630	---
Summe Aktiva	12.525	6.025	18.550	1.260	2.980	16.830
Gezeichnetes Kapital	1.150	450	1.600	(1) 360 (3) 90		1.150
Kapitalrücklage	550	200	750	(1) 160 (3) 40		550
Gewinnrücklagen	700	250	950	(1) 200 (3) 50		700
Neubewertungs-rücklage	---	1.100	1.100	(1) 880 (3) 220		---
Jahresüberschuss	350	150	500	(1) 120 (3) 30		350
Anteile anderer Gesellschafter	---	---	---		(3) 430	430
Rückstellungen	3.525	725	4.250			4.250
Sonstige Passiva	6.250	3.150	9.400			9.400
Summe Passiva	12.525	6.025	18.550	2.150	430	16.830

Anmerkungen:

- Bei der Neubewertungsmethode umfasst die Kapitalkonsolidierung die Aufrechnung des Beteiligungsbuchwerts der M-AG (Kaufpreis in Höhe von 2.350 TEUR) mit dem anteiligen neu bewerteten Eigenkapital der T-GmbH (siehe Buchung (1)).

- Der sich hierbei ergebende aktivische Konsolidierungsausgleichsposten in Höhe von 630 TEUR wird mit der Buchung (2) dem Geschäfts- oder Firmenwert zugeordnet.

- Mit der Buchung (3) wird das auf die anderen Gesellschafter entfallende Eigenkapital in Höhe von insgesamt 430 TEUR (20 % des neu bewerteten Eigenkapitals der T-GmbH) in den passivischen Ausgleichsposten für Anteile anderer Gesellschafter eingestellt.

Teilaufgabe b)

Neubewertungsmethode (Erstellung der HB III zum 31.12.02 bei 80 %igem Anteilsbesitz)

Positionen (alle Beträge in TEUR)	T-GmbH HB II	Korrekturbuchungen		T-GmbH HB III
		S	H	
Grundstücke	1.300	(1) 450		1.750
Maschinen	560	(1) 400	(2) 80	880
Fuhrpark	700	(1) 150	(2) 30	820
Anteile an verbundenen Unternehmen	150			150
Vorräte	950	(1) 100	(2) 100	950
Sonstiges Umlaufvermögen	1.100			1.100
Summe Aktiva	4.760	1.100	210	5.650
Gezeichnetes Kapitel	450			450
Kapitalrücklage	200			200
Gewinnrücklagen	400			400
Neubewertungsrücklage	---		(1) 1.100	1.100
Jahresüberschuss/-fehlbetrag	150	(2) 210		(60)
Rückstellungen	725			725
Sonstige Passiva	2.835			2.835
Summe Passiva	4.760	210	1.100	5.650

Anmerkung:

- Da bei der Neubewertungsmethode die stillen Reserven bereits vor der eigentlichen Konsolidierung im Rahmen der Erstellung der Handelsbilanz III aufgedeckt werden, ist auch die entsprechende Abschreibung bzw. Aufwandsverrechnung hier vorzunehmen (Maschinen: 80 TEUR, Fuhrpark: 30 TEUR, Vorräte: 100 TEUR). Aus Vereinfachungsgründen wird auch hier direkt gegen den Jahresüberschuss gebucht.

Neubewertungsmethode (Zweitkonsolidierung zum 31.12.02 bei 80 %igem Anteilsbesitz)

Positionen (alle Beträge in TEUR)	M-AG	T-GmbH	Summen-bilanz	Konsolidierungs-buchungen S	H	Konzern-bilanz
Geschäfts- oder Firmenwert	---	---	---	(2) 630	(5) 126	504
Grundstücke	3.200	1.750	4.950			4.950
Maschinen	1.750	880	2.630			2.630
Fuhrpark	1.350	820	2.170			2.170
Anteile an verbunde-nen Unternehmen	2.500	150	2.650		(1) 2.350	300
Vorräte	1.575	950	2.525			2.525
Sonstiges Umlauf-vermögen	2.150	1.100	3.250			3.250
Konsolidierungs-ausgleichsposten	---			(1) 630	(2) 630	---
Summe Aktiva	12.525	5.650	18.175	1.260	3.106	16.329
Gezeichnetes Kapital	1.150	450	1.600	(1) 360 (3) 90		1.150
Kapitalrücklage	550	200	750	(1) 160 (3) 40		550
Gewinnrücklagen	700	400	1.100	(1) 320 (3) 80		700
Neubewertungs-rücklage		1.100	1.100	(1) 880 (3) 220		---
Jahresüberschuss	350	(60)	290	(4) (12) (5) 126		176
Anteile anderer Gesellschafter	---	---	---		(3) 430 (4) (12)	418
Rückstellungen	3.525	725	4.250			4.250
Verbindlichkeiten	6.250	2.835	9.085			9.085
Summe Passiva	12.525	5.650	18.175	2.264	418	16.329

Anmerkungen:

- Die Buchungen (1) und (2) entsprechen den Buchungen, die im Rahmen der Erst-konsolidierung vorgenommen wurden. Die Soll-Buchung (1) in Höhe von 320 TEUR gegen die Gewinnrücklagen setzt sich hierbei zusammen aus 200 TEUR aus der Erstkonsolidierung sowie 120 TEUR, welche den thesaurierten Jahresüberschuss des Vorjahres darstellen.

- Mit den Buchungen (3) und (4) wird das auf die anderen Gesellschafter entfallende Eigenkapital in Höhe von insgesamt 418 TEUR in den entsprechenden Ausgleichs-posten auf der Passivseite eingestellt. Die 418 TEUR resultieren zu einem aus den 430 TEUR aus der Erstkonsolidierung (Buchung 3) und zum anderen aus der Ver-lustteilnahme der anderen Gesellschafter in Höhe von 12 TEUR (Buchung 4).

- Mit der Buchung (5) wird der Geschäfts- oder Firmenwert abgeschrieben.

Aufgabe 5.49: Die Kapitalkonsolidierung: Anteilsbesitz < 100%

Die X-AG hat zum 31.12.01 80 % der Kapitalanteile der Y-AG zu einem Preis von 1.000 TEUR erworben. Die Anteilsquote entspricht der Stimmrechtsquote.

Im Folgenden sind die Bilanzen der X-AG und der Y-AG zum 31.12.01 abgebildet (in TEUR):

Gesellschaft Positionen	X-AG	Y-AG
Grundstücke und Gebäude	500	200
Maschinen	1.000	500
Anteile an verbundenen Unternehmen	1.000	---
Vorräte	300	100
Bankguthaben	200	200
Summe der Aktiva	3.000	1.000
Gezeichnetes Kapital	300	100
Kapitalrücklage	300	100
Gewinnrücklagen	700	100
Jahresüberschuss	50	10
Rückstellungen	600	200
Verbindlichkeiten	1.050	490
Summe der Passiva	3.000	1.000

Die Aktiva der Y-AG weisen zum 31.12.01 folgende Werte auf (in TEUR):

Positionen	Buchwert	Zeitwert
Grundstücke	200	1.000
Maschinen	500	400
Vorräte	100	150
Bankguthaben	200	200

Führen Sie die Konsolidierungsbuchungen nach der Neubewertungsmethode durch und stellen Sie die Konzernbilanz auf!

Lösung

Neubewertungsmethode (Erstellung der HB III zum 31.12.01 bei 80 %igem Anteilsbesitz)

Positionen (alle Beträge in TEUR)	Y-AG HB II	Korrekturbuchungen S	II	Y-AG HB III
Grundstücke	200	(1) 800		1.000
Maschinen	500		(1) 100	400
Vorräte	100	(1) 50		150
Bankguthaben	200			200
Summe der Aktiva	1.000	850	100	1.750
Gezeichnetes Kapitel	100			100
Kapitalrücklage	100			100
Gewinnrücklagen	100			100
Neubewertungsrücklage	---		(1) 750	750
Jahresüberschuss	10			10
Rückstellungen	200			200
Verbindlichkeiten	490			490
Summe der Passiva	1.000	0	750	1.750

Neubewertungsmethode (Erstkonsolidierung zum 31.12.01 bei 80 %igem Anteilsbesitz)

Positionen (alle Beträge in TEUR)	X-AG	Y-AG	Summenbilanz	Konsolidierung		Konzernbilanz
				S	H	
Geschäfts- oder Firmenwert	---	---	---	(2) 152		152
Grundstücke und Gebäude	500	1.000	1.500			1.500
Maschinen	1.000	400	1.400			1.400
Anteile an verbundenen Unternehmen	1.000	---	1.000		(1) 1.000	---
Vorräte	300	150	450			450
Bankguthaben	200	200	400			400
Konsolidierungsausgleichsposten	---	---	---	(1) 152	(2) 152	---
Summe der Aktiva	3.000	1.750	4.750	304	1.152	3.902
Gezeichnetes Kapital	300	100	400	(1) 80 (3) 20		300
Kapitalrücklage	300	100	400	(1) 80 (3) 20		300
Gewinnrücklagen	700	100	800	(1) 80 (3) 20		700
Neubewertungsrücklage	---	750	750	(1) 600 (3) 150		---
Jahresüberschuss	50	10	60	(1) 8 (3) 2		50
Anteile anderer Gesellschafter	---	---	---		(3) 212	212
Rückstellungen	600	200	800			800
Verbindlichkeiten	1.050	490	1.540			1.540
Summe der Passiva	3.000	1.750	4.750	1.060	212	3.902

Aufgabe 5.50: Die Kapitalkonsolidierung: Anteilsbesitz < 100%[84]

Die M-AG hat die T-GmbH zum 31.12.01 zu 60 % erworben.

Führen Sie die Kapitalkonsolidierung als Erstkonsolidierung gemäß den folgenden Angaben nach der Neubewertungsmethode durch!

Ergänzende Angaben:

Bilanzansätze zum Erwerbszeitpunkt (in TEUR)

Positionen	M-AG	T-GmbH
Diverse Aktiva	700	450
Eigenkapital		
Gezeichnetes Kapital	400	300
Gewinnrücklagen	200	100
Jahresüberschuss	100	50

Kaufpreis für die Beteiligung   =   400 TEUR

Stille Reserven im Vermögen der T-GmbH =   100 TEUR

Lösung

Neubewertungsmethode (Erstellung der HB III der T-GmbH zum 31.12.01)

Positionen (alle Beträge in TEUR)	T-GmbH HB II	Korrekturbuchungen S	Korrekturbuchungen H	T-GmbH HB III
Diverse Aktiva	450	(1) 100		550
Summe der Aktiva	450	100	0	550
Gezeichnetes Kapitel	300			300
Gewinnrücklagen	100			100
Neubewertungsrücklage	---		(1) 100	100
Jahresüberschuss	50			50
Summe der Passiva	450	0	100	550

---

[84] Modifiziert entnommen aus MEYER, CLAUS (Bilanzierung 2011), S. 210 und S. 388.

Neubewertungsmethode (Erstkonsolidierung zum 31.12.01 bei 60 %igem Anteilsbesitz)

Positionen (alle Beträge in TEUR)	M-AG	T-GmbH	Summen-bilanz	Konsolidierung				Konzern-bilanz
				Konzern		Andere Gesell-schafter		
				S	H	S	H	
Geschäfts- oder Firmenwert	---	---	---	(2) 70				70
Diverse Aktiva	700	550	1.250		(1) 400			850
Konsolidierungs-ausgleichsposten	---	---	---	(1) 70	(2) 70			---
Summe der Aktiva	700	550	1.250	140	470			920
Gezeichnetes Kapital	400	300	700	(1) 180		(3) 120		400
Gewinnrücklagen	200	100	300	(1) 60		(3) 40		200
Neubewertungs-rücklage	---	100	100	(1) 60		(2) 40		---
Jahresüberschuss	100	50	150	(1) 30		(3) 20		100
Anteile anderer Gesellschafter	---	---	---				(3) 220	220
Summe der Passiva	700	550	1.250	330	0	220	220	920

Aufgabe 5.51: Die Kapitalkonsolidierung: Anteilsbesitz < 100%

Das Mutterunternehmen (M-AG) hält 70 % an dem Tochterunternehmen (T-GmbH). Der Kaufpreis beläuft sich auf 1.500 TEUR. Die stillen Reserven bei dem Tochterunternehmen betragen 300 TEUR (Grundstücke 50 TEUR, Vorräte 100 TEUR, Gewährleistungsrückstellungen 150 TEUR). Führen Sie – unter Zugrundelegung der nachfolgenden Bilanzen (Handelsbilanzen II) – die Erstkonsolidierung nach der Neubewertungsmethode durch! Geben Sie die notwendigen Buchungssätze an!

Positionen (alle Beträge in TEUR)	M-AG	T-GmbH
Geschäfts- oder Firmenwert	---	---
Anlagevermögen	2.000	1.000
Anteile an verbundenen Unternehmen	1.500	–
Umlaufvermögen	1.800	700
Konsolidierungs-ausgleichsposten	---	---
Summe der Aktiva	5.300	1.700
Gezeichnetes Kapital	2.500	900
Rücklagen/Jahresüberschuss	300	100
Anteile anderer Gesellschafter	---	---
Fremdkapital	2.500	700
Summe der Passiva	5.300	1.700

Lösung

1. Schritt: Auflösung der stillen Reserven bei dem Tochterunternehmen

Buchungssatz:

Anlagevermögen	50	an	Neubewertungsrücklage	300
Umlaufvermögen	100			
Fremdkapital	150			

Positionen (alle Beträge in TEUR)	T-GmbH HB II	Korrekturbuchungen S	H	T-GmbH HB III
Anlagevermögen	1.000	50		1.050
Anteile an verbundenen Unternehmen	---			---
Umlaufvermögen	700	100		800
Summe der Aktiva	1.700	150	0	1.850
Gezeichnetes Kapital	900			900
Rücklagen/Jahresüberschuss	100			100
Neubewertungsrücklage	---		300	300
Fremdkapital	700	150		550
Summe der Passiva	1.700	150	300	1.850

2. Schritt: Kapitalkonsolidierung

Positionen (alle Beträge in TEUR)	M-AG	T-GmbH	Summen-bi-lanz	Konsolidierung Konzern S	H	Andere Ge-sellschafter S	H	Kon-zern-bi-lanz
Geschäfts- oder Firmenwert	---	---	---	(2) 590				590
Anlagevermögen	2.000	1.050	3.050					3.050
Anteile an verbunde-nen Unternehmen	1.500	---	1.500		(1) 1.500			---
Umlaufvermögen	1.800	800	2.600					2.600
Konsolidierungs-ausgleichsposten	---	---	---	(1) 590	(2) 590			---
Summe der Aktiva	5.300	1.850	7.150	1.180	2.090	0	0	6.240
Gezeichnetes Kapital	2.500	900	3.400	(1) 630		(3) 270		2.500
Rücklagen/Jahres-überschuss	300	100	400	(1) 70		(3) 30		300
Neubewertungs-rücklage	---	300	300	(1) 210		(3) 90		---
Anteile anderer Gesellschafter	---	---	---				(3) 390	390
Fremdkapital	2.500	550	3.050					3.050
Summe der Passiva	5.300	1.850	7.150	910	0	390	390	6.240

Buchungssatz 1:

Gezeichnetes Kapital	630	an	Anteile an verbundenen	1.500
Rücklagen/Jahresüberschuss	70		Unternehmen	
Neubewertungsrücklage	210			
Konsolidierungsausgleichsposten	590			

Buchungssatz 2:

Geschäfts- oder Firmenwert	590	an	Konsolidierungsausgleichsposten	590

Buchungssatz 3:

Gezeichnetes Kapital	270	an	Anteile anderer Gesellschafter	390
Rücklagen/Jahresüberschuss	30			
Neubewertungsrücklage	90			

Aufgabe 5.52: Die Forderungs- und Schuldenkonsolidierung

Welche Bilanzpositionen der einzelnen Konzernunternehmen sind in die Forderungs- und Schuldenkonsolidierung einzubeziehen?

Lösung

Von der Forderungs- und Schuldenkonsolidierung können insbesondere folgende Bilanzpositionen der einzelnen Konzernunternehmen betroffen sein:

- geleistete bzw. erhaltene Anzahlungen,
- Forderungen an verbundene Unternehmen,
- Verbindlichkeiten gegenüber verbundenen Unternehmen,
- Forderungen an Unternehmen, mit denen ein Beteiligungsverhältnis besteht,
- Verbindlichkeiten gegenüber Unternehmen, mit denen ein Beteiligungsverhältnis besteht,
- Forderungen und Verbindlichkeiten aus Lieferungen und Leistungen,
- sonstige Vermögensgegenstände,
- sonstige Wertpapiere,
- sonstige Rückstellungen,
- aktivische und passivische Rechnungsabgrenzungsposten.

Aufgabe 5.53: Die Forderungs- und Schuldenkonsolidierung

Die M-AG vergibt zum Beginn des Jahres 01 ein Darlehen von 1.000 TEUR an die T-GmbH mit einer 90 %igen Auszahlung. Die T-GmbH aktiviert das Disagio nicht, sondern verbucht sofort einen Zinsaufwand von 100 TEUR, während die M-AG den Unterschiedsbetrag über die Laufzeit des Darlehens von 5 Jahren als jährlichen Zinsertrag von 20 TEUR durch eine Zuschreibung zu ihrer Forderung vereinnahmt. Führen Sie unter Zugrundelegung des nachfolgenden Konsolidierungsschemas die Forderungs- und Schuldenkonsolidierung als Erstkonsolidierung durch! Notieren Sie auch die relevanten Buchungssätze!

Positionen (alle Beträge in TEUR)	M-AG	T-GmbH	Summen-bilanz	Konsolidierung		Konzern-bilanz
				S	H	
Anlagevermögen	1.000	500	1.500			
Forderungen an ver-bundene Unternehmen	900 + 20	---	920			
Liquide Mittel	1.000 - 900	900	1.000			
Summe der Aktiva	2.020	1.400	3.420			
Eigenkapital	2.000	500	2.500			
Jahresüberschuss bzw. Jahresfehlbetrag	(JÜ) 20	(JF) -100	(JF) -80			
Verbindlichkeiten gegenüber verbunde-nen Unternehmen	---	1.000	1.000			
Summe der Passiva	2.020	1.400	3.420			
Zinsaufwendungen	---	100	100			
Zinserträge	20	---	20			
Jahresüberschuss bzw. Jahresfehlbetrag	20	100	80			

JÜ =   Jahresüberschuss
JF =   Jahresfehlbetrag

Lösung

Buchungssatz 1:

Verbindlichkeiten gegenüber verbundenen Unternehmen	1.000	an	Forderungen an verbundene Unternehmen	920
			Jahresüberschuss/Jahresfehlbetrag	80

Buchungssatz 2:

Zinserträge	20	an	Zinsaufwendungen	100
Jahresüberschuss/Jahresfehlbetrag	80			

Positionen (alle Beträge in TEUR)	M-AG	T-GmbH	Summen-bilanz	Konsolidierung		Kon-zern-bi-lanz
				S	H	
Anlagevermögen	1.000	500	1.500			1.500
Forderungen an ver-bundene Unternehmen	900 + 20	---	920		(1) 920	---
Liquide Mittel	1.000 - 900	900	1.000			1.000
Summe der Aktiva	2.020	1.400	3.420	0	920	2.500
Eigenkapital	2.000	500	2.500			2.500
Jahresüberschuss bzw. Jahresfehlbetrag	(JÜ) 20	(JF) -100	(JF) -80		(1) 80	---
Verbindlichkeiten gegenüber verbunde-nen Unternehmen.	---	1.000	1.000	(1) 1.000		---
Summe der Passiva	2.020	1.400	3.420	1.000	80	2.500
Zinsaufwendungen	---	100	100		(2) 100	---
Zinserträge	20	---	20	(2) 20		---
Jahresüberschuss bzw. Jahresfehlbetrag	20	100	80	(2) 80		---

Aufgabe 5.54: Die Zwischenerfolgseliminierung

Was versteht man unter einem Zwischenerfolg, und warum muss der Zwischenerfolg bei Geltung der Einheitstheorie eliminiert werden?

Lösung

Für den Fall, dass ein Konzernunternehmen an ein anderes Unternehmen aus demselben Konsolidierungskreis einen Vermögensgegenstand liefert und dabei einen Verkaufspreis erzielt, der über den Anschaffungs- bzw. Herstellungskosten des liefernden Unternehmens liegt, realisiert das liefernde Unternehmen aus diesem Geschäft in seinem Einzelabschluss einen Gewinn. Dem anderen Unternehmen entstehen die entsprechenden Anschaffungskos-ten. Verlässt dieser Vermögensgegenstand jedoch nicht den Konzern, dann hat aus der Sicht des Konzerns vor dem Hintergrund der Einheitstheorie eine Umsatzrealisation nie stattge-funden. Aufgrund der Fiktion der Rechtseinheit des Konzerns ist das Realisationsprinzip so zu deuten, dass ein Vermögensgegenstand den Konzernbereich verlassen muss, um einen Gewinn realisieren zu können. Bis zum Verlassen des Konzernbereichs gilt das Konzernanschaffungs- bzw. Konzernherstellungskostenprinzip. Die Erfolge aus Transaktionen zwischen Konzernunternehmen (Differenz zwischen dem Wertansatz im Einzelabschluss des den Vermögensgegenstand erhaltenden Unternehmens und den Anschaffungs- bzw. Herstellungskosten des den Vermögensgegenstand liefernden Unternehmens) heißen Zwischenerfolge, die entsprechend dem Realisationsprinzip des Konzernabschlusses eliminiert werden müssen.

Aufgabe 5.55: Die Zwischenerfolgseliminierung

Muss auch bei assoziierten Unternehmen bzw. bei Gemeinschaftsunternehmen eine Zwischenerfolgseliminierung durchgeführt werden?

Lösung

Bei assoziierten Unternehmen, die mit der Equity-Methode konsolidiert werden, besteht eine Verpflichtung zur Zwischenerfolgseliminierung nur, soweit die für die Beurteilung maßgeblichen Sachverhalte bekannt oder zugänglich sind (§ 312 Abs. 5 Satz 3 HGB). Bei Gemeinschaftsunternehmen, die anhand der Quotenkonsolidierung einbezogen werden, ist eine quotale Zwischenerfolgseliminierung verpflichtend (§ 310 Abs. 2 HGB i. V. m. § 304 HGB).

Aufgabe 5.56: Die Zwischenerfolgseliminierung

Welche Möglichkeit der Befreiung von der Zwischenerfolgseliminierung besteht?

Lösung

Von einer Zwischenerfolgseliminierung kann abgesehen werden, wenn die Erfassung der Zwischenerfolge (und zwar nicht einzeln, sondern in Summe) für die Vermittlung eines den tatsächlichen Verhältnissen entsprechenden Bildes der Vermögens-, Finanz- und Ertragslage des Konzerns nur von untergeordneter Bedeutung, d. h. unwesentlich ist (§ 304 Abs. 2 HGB).

Aufgabe 5.57: Die Zwischenerfolgseliminierung

Die nachfolgende Tabelle gibt die Ausgangslage bei der M-AG und ihrem Tochterunternehmen T-GmbH zu Beginn des Jahres 01 wieder:

Positionen (alle Beträge in TEUR)	M-AG		T-GmbH	
	Aktiva	Passiva	Aktiva	Passiva
Sonstige Vermögensgegenstände	1.000		300	
Vorräte	200		---	
Bank	300		200	
Eigenkapital		1.500		500
Jahresüberschuss		---		---
Summe	1.500	1.500	500	500

Im Laufe des Jahres 01 liefert die M-AG an die T-GmbH ein Produkt zum Preis von 100 TEUR, das sie selbst zu 80 TEUR hergestellt hat. Die Veräußerung dieses Produktes seitens der T-GmbH an ein konzernaußenstehendes Unternehmen erfolgt im Jahr 03 zu einem Preis von 130 TEUR.

Führen Sie für die Jahre 01 bis 03 die Konsolidierung von Zwischenerfolgen und Innenumsätzen durch!

Lösung (siehe nächste Seite)

Konsolidierung von Zwischenerfolgen und Innenumsätzen für den Konzernabschluss 01 (Herstellung des Produktes von der M-AG und Veräußerung an die T-GmbH)

Positionen (alle Beträge in TEUR)	M-AG 01		T-GmbH 01		Summenabschluss 01		Konsolidierung		Konzernabschluss 01	
	S	H	S	H	S	H	S	H	S	H
Sonstige Vermögensgegenstände	1.000		300		1.300				1.300	
Vorräte	200 (2) 80	(3) 80	(6) 100		300			(7) 20	280	
Bank	300 (4) 100	(1) 80	200	(6) 100	420				420	
Eigenkapital		1.500		500		2.000				2.000
Jahresüberschuss		(5) 20				20	(7) 20			
Umsatzerlöse		(4) 100				100	(8) 100			
Bestandsveränderungen	(3) 80	(2) 80						(8) 80		80
Diverse Aufwendungen (Herstellungskosten)	(1) 80				80				80	
Jahresüberschuss	(5) 20				20			(8) 20		

Erläuterung zu den einzelnen Buchungen:

Im Rahmen der Herstellung fallen diverse (aktivierungsfähige) Aufwendungen an, die annahmegemäß per Bank gezahlt werden (1).

Die M-AG hat Vorräte in Höhe von 80 TEUR aktiviert. Unter Anwendung des Gesamtkostenverfahrens nimmt das Erfolgskonto „Bestandsveränderungen" die Gegenbuchung auf (2).

Der Verkauf der Vorräte führt zu einer Verminderung des Bestands und damit zu einer Soll-Buchung im Erfolgskonto „Bestandsveränderungen" und zu einer Haben-Buchung auf dem „Vorräte"-Konto (3).

Die T-GmbH zahlt bei Lieferung per Banküberweisung. Die Voraussetzung für die Erfolgsrealisation (Umsatzerlöse) ist im Einzelabschluss durch die Lieferung erfüllt (4).

Da keine weiteren erfolgswirksamen Vorgänge vorliegen, ergibt sich der Jahresüberschuss der M-AG als Differenz von Erträgen und Aufwendungen. Hier: 100 TEUR – 80 TEUR = 20 TEUR (5).

Im Einzelabschluss der T-GmbH werden die Vorräte zu Anschaffungskosten (aus Sicht der T-GmbH 100 TEUR) aktiviert. Die Gegenbuchung nimmt das Konto „Bank" auf (6).

Da die M-AG an ein Tochterunternehmen geliefert hat, handelt es sich um ein eliminierungspflichtiges Zwischenergebnis (Einheitsgrundsatz). Der Konzernjahresüberschuss wird um den (aus Konzernsicht) noch nicht realisierten Gewinn von 20 TEUR reduziert (7). Die Gegenbuchung erfolgt im Konto „Vorräte".

In der Konzern-GuV müssen die noch nicht realisierten Umsatzerlöse in Höhe von 100 TEUR eliminiert werden. Die Gegenbuchungen auf den Konten „Bestandsveränderungen" 80 TEUR und Jahresüberschuss 20 TEUR stellen wieder den Status vor der Veräußerung der Vorräte her (8).

Um die Werte für den Konzernabschluss 02 zu erhalten, müssen nur noch die Werte aus dem Summenabschluss um die Konsolidierungsbuchungen korrigiert werden. So sind bspw. die Vorräte nur mit 280 TEUR im Konzernabschluss anzusetzen.

Konsolidierung von Zwischenerfolgen und Innenumsätzen für den Konzernabschluss 02

Positionen (alle Beträge in TEUR)	M-AG 02		T-GmbH 02		Summen-abschluss 02		Konsoli-dierung		Konzern-abschluss 02	
	S	H	S	H	S	H	S	H	S	H
Sonstige Vermögens-gegenstände	1.000		300		1.300				1.300	
Vorräte	200		100		300			(1) 20	280	
Bank	320		100		420				420	
Eigenkapital		1.500		500		2.000				2.000
Andere Gewinn-rücklagen		20				20	(1) 20			
Jahresüberschuss										
Umsatzerlöse										
Bestandsveränderungen										
Diverse Aufwendungen (Herstellungskosten)										
Jahresüberschuss										

Erläuterung zu den einzelnen Buchungen:

Im Einzelabschluss 02 der T-GmbH werden die Vorräte zu fortgeführten Anschaffungskosten bilanziert, also 100 TEUR. Der darin enthaltene Zwischenerfolg von 20 TEUR ist erneut zu eliminieren. Die Gegenbuchung wird vom Konto „Andere Gewinnrücklagen" aufgenommen, da diese Position Erfolge vergangener Perioden enthält (1).

Konsolidierung von Zwischenerfolgen und Innenumsätzen für den Konzernabschluss 03
(Veräußerung des Produktes von der T-GmbH an ein konzernaußenstehendes Unternehmen)

Positionen (alle Beträge in TEUR)	M-AG 03		T-GmbH 03		Summen-abschluss 03		Konsoli-dierung		Konzern-abschluss 03	
	S	H	S	H	S	H	S	H	S	H
Sonstige Vermögens-gegenstände	1.000		300		1.300				1.300	
Vorräte	200		100	(2) 100	200				200	
Bank	320		100 (1) 130		550				550	
Eigenkapital		1.500		500		2.000				2.000
Andere Gewinn-rücklagen		20				20	(4) 20			
Jahresüberschuss				(3) 30		30		(5) 20		50
Umsatzerlöse				(1) 130		130				130
Bestandsveränderungen			(2) 100		100			(4) 20	80	
Diverse Aufwendungen (Herstellungskosten)										
Jahresüberschuss				(3) 30		30		(5) 20		50

Erläuterung zu den einzelnen Buchungen:

Durch die Veräußerung des Produktes erzielt die T-GmbH Umsatzerlöse in Höhe von 130 TEUR. Annahmegemäß geht die Kaufpreiszahlung auf dem Bankkonto ein (1).

Es kommt zu einer Bestandsverminderung, die im Gesamtkostenverfahren mit der Buchung „Bestandsveränderungen" an „Vorräte" berücksichtigt wird (2).

Der Unterschiedsbetrag aus Umsatzerlösen und Bestandsverminderungen (Aufwand) stellt den Jahresüberschuss dar. Auf Einzelabschlussebene der T-GmbH also 30 TEUR (3).

Da die Bestandsverminderung auf Konzernebene nicht 100 TEUR, sondern nur 80 TEUR beträgt, ist wie schon in 01 und 02 eine Korrektur mit einer Gegenbuchung auf dem Konto „Andere Gewinnrücklagen" vorzunehmen (4).

Durch die niedrigeren Bestandsverminderungen erhöht sich der Konzernjahresüberschuss um 20 TEUR auf 50 TEUR (5). Dieser Betrag wird durch den Veräußerungsvorgang an ein konzernaußenstehendes Unternehmen in 03 realisiert (130 TEUR – 80 TEUR = 50 TEUR).

Aufgabe 5.58: Die Aufwands- und Ertragskonsolidierung

Auf welche Bereiche teilt man die Aufwands- und Ertragskonsolidierung auf?

Lösung

Die Bereinigungen im Rahmen der Aufwands- und Ertragskonsolidierung teilt man in die Konsolidierung der Innenumsatzerlöse, die Konsolidierung anderer Erträge und Aufwendungen und die Konsolidierung innerkonzernlicher Erfolgsübernahmen auf.

Aufgabe 5.59: Die Aufwands- und Ertragskonsolidierung

Welche Erträge kommen für die Konsolidierung im Rahmen der „anderen Erträge" in Frage?

Lösung

Für die Konsolidierung im Rahmen der „anderen Erträge" kommen grundsätzlich alle neben den Umsatzerlösen in der GuV-Rechnung ausgewiesenen Erträge in Frage, wie z. B. sonstige betriebliche Erträge (Mieten, Pachten, Lizenzen etc.), Zinserträge und außerordentliche Erträge.

Aufgabe 5.60: Die latente Steuerabgrenzung

Nennen Sie diejenigen Sachverhalte innerhalb der Konzernabschlusserstellung, die zu latenten Steuern im Konzernabschluss führen können!

Lösung

Grundsätzlich kann im Rahmen der Erstellung eines Konzernabschlusses an fünf Stellen eine latente Steuerabgrenzung notwendig werden. Als erstes können sich latente Steuern aus Abweichungen zwischen handelsrechtlichen und steuerrechtlichen Bilanzierungs- und Bewertungsnormen ergeben. Als zweites können latente Steuern aus Maßnahmen zur einheitlichen Bilanzierung und Bewertung im Rahmen der Handelsbilanz II entstehen. Ein dritter Bereich, der latente Steuern verursachen kann, ist die Währungsumrechnung. Den vierten großen Bereich der Verursachung latenter Steuern bilden die Konsolidierungsmaßnahmen. An fünfter Stelle können schließlich noch die latenten Steuern angeführt werden, die aus der Equity-Bewertung assoziierter Unternehmen resultieren.

Aufgabe 5.61: Zusammenfassende Konsolidierungsaufgabe[85]

Gegeben seien die Einzelabschlüsse der M-AG (Mutterunternehmen) und der T-GmbH (Tochterunternehmen) des Geschäftsjahres 01.

Positionen (alle Beträge in TEUR)	T-GmbH		M-AG	
Bilanz	01.01.01	31.12.01	01.01.01	31.12.01
Grundstücke	1.000	1.000	2.000	2.000
Maschinen	1.000	800	2.000	1.600
Anteile an VU	---	---	---	5.000
RHB-Stoffe	1.000	1.000	2.000	2.000
Fertigerzeugnisse, Waren	1.900	1.900	3.500	3.500
Liquide Mittel	100	1.500	500	1.900
Summe der Aktiva	5.000	6.200	10.000	16.000
Gezeichnetes Kapital	1.000	1.000	2.000	2.000
Kapitalrücklage	1.000	1.000	2.000	2.000
Gewinnrücklagen	500	500	1.000	1.000
Jahresergebnis	---	600	---	3.000
Steuerrückstellungen	---	600	---	3.000
Verbindlichkeiten aus LuL	2.500	2.500	5.000	5.000
Summe der Passiva	5.000	6.200	10.000	16.000
GuV-Rechnung	01		01	
Umsatzerlöse	24.000		48.000	
Materialaufwand	12.000		24.000	
Personalaufwand	9.000		15.000	
Abschreibungen	200		400	
Sonstiger Aufwand	1.600		2.600	
Ergebnis vor Steuern	1.200		6.000	
Steueraufwand	600		3.000	
Jahresergebnis	600		3.000	

---

[85] Modifiziert entnommen aus BIEG, HARTMUT; KUßMAUL, HEINZ (Rechnungswesen 2009), S. 400 ff.

Dem Abschluss der T-GmbH liegen folgende Bestände und Geschäftsvorfälle des Geschäftsjahres 01 zugrunde:

- Der Bestand an Roh-, Hilfs- und Betriebsstoffen (RHB-Stoffen) umfasst sowohl am 01.01.01 als auch am 31.12.01 1.000 Mengeneinheiten (ME) im Gesamtwert von 1.000 TEUR. Die Anschaffungskosten je ME betrugen 1.000 EUR.

- Der Bestand an Fertigerzeugnissen umfasst sowohl am 01.01.01 als auch am 31.12.01 1.000 ME im Gesamtwert von 1.900 TEUR. Die Herstellungskosten je ME betrugen 1.900 EUR.

- Der Materialaufwand des Geschäftsjahres betrug bei einer Jahresproduktion von 12.000 ME und einem Materialeinsatz von 1.000 EUR pro ME insgesamt 12.000 TEUR

- Zur Berechnung der Abschreibungen wurde eine lineare Abnutzung der Maschinen und eine Nutzungsdauer von 5 Jahren unterstellt; vereinfachend wird von einem kompletten Neuzugang der Maschinen am 31.12.00 mit einem Beginn der Abschreibung im Jahr 01 ausgegangen; Zu- und Abgänge fanden im Jahr 01 nicht statt.

- Der gesamte für die Produktion anfallende Periodenaufwand beträgt 22.800 TEUR. Bei Vollkostenansatz ergeben sich Herstellungskosten pro ME von 1.900 EUR.

- Die Umsatzerlöse betrugen bei einer abgesetzten Menge von 12.000 ME und einem Absatzpreis pro ME von 2.000 EUR insgesamt 24.000 TEUR.

- Alle Erträge und Aufwendungen mit Ausnahme der Abschreibungen und des Steueraufwands waren zahlungswirksam. Die Abschreibungen mindern den Buchwert der Maschinen, der Steueraufwand führt zur Bildung einer Rückstellung. Der Materialverbrauch der Lagerbestände ist zwar zahlungsunwirksam, es wird aber unterstellt, dass wieder RHB-Stoffe in Höhe von 1.000 ME zum Preis von 1.000 EUR pro ME beschafft werden.

- Die Verbindlichkeiten sind solche aus Lieferungen und Leistungen (Verbindlichkeiten aus LuL) und führen aus Vereinfachungsgründen nicht zu Zinsaufwand.

Dem Abschluss der M-AG liegen folgende Bestände und Geschäftsvorfälle des Geschäftsjahres 01 zugrunde:

- Die Bilanz und GuV-Rechnung der M-AG haben grundsätzlich dieselbe Struktur wie die der T-GmbH mit i. d. R. doppelten Werten. Nur beim Personalaufwand und beim Sonstigen Aufwand zeigen sich Degressionseffekte infolge der höheren Ausbringungsmenge.

- Der gesamte Periodenaufwand beträgt 42.000 TEUR. Damit ergeben sich bei einer abgesetzten Menge von 24.000 ME und bei Vollkostenansatz Herstellungskosten pro ME in Höhe von 1.750 EUR.

Die M-AG erwirbt zum 31.12.01 100 % der Anteile an der T-GmbH, die als Anteile an verbundenen Unternehmen (Anteile an VU) ausgewiesen werden. Der Kaufpreis beträgt 5.000 TEUR. Da die M-AG und die T-GmbH die gleichen Produkte herstellen, möchte die M-AG vor allem weitere Degressionsvorteile auszunutzen und durch Integration der Unternehmensfunktionen Kosten einsparen.

Im Geschäftsjahr 02 ereignen sich die folgenden Geschäftsvorfälle:

- Die T-GmbH hat ihren Jahresüberschuss von 01 vollständig thesauriert, wodurch ihre Gewinnrücklagen um 600 TEUR erhöht wurden. Die M-AG dagegen hat nur die Hälfte ihres Jahresüberschusses thesauriert und die andere Hälfte ausgeschüttet, was zu einer Erhöhung ihrer Gewinnrücklagen um 1.500 TEUR geführt hat.

- Die Steuerrückstellungen werden jeweils in Höhe des zurückgestellten Betrags aufgelöst.

- Die M-AG gewährt der T-GmbH am 01.01.02 zur Finanzierung einer Erweiterungsinvestition einen endfällig zu tilgenden Kredit in Höhe von 1.000 TEUR zum Zinssatz von 10 % (Laufzeit 10 Jahre). In der Bilanz der M-AG erscheint dieser Kredit unter der Position „Ausleihungen an verbundene Unternehmen" (Ausleihungen an VU), bei der T-GmbH unter „Verbindlichkeiten gegenüber verbundenen Unternehmen" (Verbindlichkeiten gegenüber VU). Der daraus resultierende Zinsertrag der M-AG bzw. der Zinsaufwand der T-GmbH beträgt 100 TEUR.

- Durch den Beteiligungserwerb kommt es bei der T-GmbH zu einer Produktions- und Absatzausweitung von 12.000 auf 24.000 ME bei verbesserter Personalallokation zwischen den beiden Unternehmen, geringerem sonstigen Aufwand und unter Vermeidung höherer Lagerbestände bei der T-GmbH. Die Personalkosten betragen bei beiden Unternehmen 12.000 TEUR und der sonstige Aufwand 2.000 TEUR. Der gesamte Periodenaufwand beträgt bei beiden Unternehmen 38.400 TEUR; damit ergeben sich bei Vollkostenansatz Herstellungskosten pro ME von 1.600 EUR. Bei den Fertigerzeugnissen (FE) verlassen die zu alten Herstellungskosten bewerteten Erzeugnisse das Lager (Bestandsminderung), während die zu neuen Herstellungskosten bewerteten Erzeugnisse auf Lager gehen (Bestandserhöhung).

- Die M-AG hatte die Absatzmöglichkeiten der insgesamt produzierten ME zu optimistisch beurteilt. Im Dezember 02 war abzusehen, dass 4.000 ME von der MAG nicht abgesetzt werden können. Um den Einzelabschluss der M-AG nicht zu stark zu beeinträchtigen, wurden die 4.000 ME für 2.000 EUR pro ME an die T-GmbH gegen Barzahlung veräußert, die diese Erzeugnisse als „Waren" innerhalb des Umlaufvermögens ausweist.

Aufgabenstellung:

a) Erstellen Sie die Einzelabschlüsse der T-GmbH und der M-AG für das Geschäftsjahr 02!

b) Führen Sie eine Kapitalkonsolidierung als Erstkonsolidierung zum 31.12.01 nach der Neubewertungsmethode durch! Gehen Sie davon aus, dass in den Grundstücken der T-GmbH stille Rücklagen von 300 TEUR enthalten sind, womit diese einen Zeitwert von 1.300 TEUR besitzen.

c) Führen Sie die Folgekonsolidierung (Zweitkonsolidierung) zum 31.12.02 durch! Gehen Sie von einer Nutzungsdauer des derivativen Geschäfts- oder Firmenwerts von 4 Jahren aus!

d) Führen Sie zum 31.12.02 eine Schuldenkonsolidierung, eine Zwischenergebniskonsolidierung sowie eine Aufwands- und Ertragskonsolidierung durch!

e) Leiten Sie die endgültige Konzernbilanz unter Berücksichtigung latenter Steuern her!

Prämissen:

(1) Der sich aus der Kapitalkonsolidierung ergebende Geschäfts- oder Firmenwert ist über 4 Jahre abzuschreiben.

(2) Die Neubewertungsdifferenz wird in das Konto „Neubewertungsrücklage" gebucht.

(3) Abschreibungen werden aus Vereinfachungsgründen direkt gegen den Jahresüberschuss gebucht.

(4) Gehen Sie von einem Steuersatz von 50 % aus.

Lösung

Teilaufgabe a)

Positionen (alle Beträge in TEUR)	T-GmbH		M-AG	
Bilanz	31.12.01	31.12.02	31.12.01	31.12.02
Grundstücke	1.000	1.000	2.000	2.000
Maschinen	800	1.400	1.600	1.200
Anteile an VU	---	---	5.000	5.000
Ausleihungen an VU	---	---	---	1.000
RHB-Stoffe	1.000	1.000	2.000	2.000
Fertigerzeugnisse, Waren	1.900	9.600	3.500	3.200
Liquide Mittel	1.500	2.800	1.900	6.500
Summe der Aktiva	6.200	15.800	16.000	20.900
Gezeichnetes Kapital	1.000	1.000	2.000	2.000
Kapitalrücklage	1.000	1.000	2.000	2.000
Gewinnrücklagen	500	1.100	1.000	2.500
Jahresergebnis	600	4.600	3.000	4.700
Steuerrückstellungen	600	4.600	3.000	4.700
Verbindlichkeiten aus LuL.	2.500	2.500	5.000	5.000
Verbindlichkeiten gegenüber VU	---	1.000	---	---
Summe der Passiva	6.200	15.800	16.000	20.900

GuV-Rechnung	01	02	01	02
Umsatzerlöse	24.000	48.000	48.000	48.000
Bestandserhöhung FE	---	1.600	---	3.200
Bestandsminderung FE	---	1.900	---	3.500
Materialaufwand	12.000	24.000	24.000	24.000
Personalaufwand	9.000	12.000	15.000	12.000
Abschreibungen	200	400	400	400
Sonstiger Aufwand	1.600	2.000	2.600	2.000
Zinsertrag	---	---	---	100
Zinsaufwand	---	100	---	---
Ergebnis vor Steuern	1.200	9.200	6.000	9.400
Steueraufwand	600	4.600	3.000	4.700
Jahresergebnis	600	4.600	3.000	4.700

Teilaufgabe b)

1. Schritt: Auflösung der stillen Reserven bei der T-GmbH

Buchungssatz:

Grundstücke   300   an   Neubewertungsrücklage   300

Positionen (alle Beträge in TEUR)	T-GmbH HB II	Korrekturbuchungen		T-GmbH HB III
		S	H	
Grundstücke	1.000	300		1.300
Maschinen	800			800
RHB-Stoffe	1.000			1.000
Fertigerzeugnisse, Waren	1.900			1.900
Liquide Mittel	1.500			1.500
Summe der Aktiva	6.200	300	0	6.500
Gezeichnetes Kapital	1.000			1.000
Kapitalrücklage	1.000			1.000
Gewinnrücklagen	500			500
Neubewertungsrücklage	---		300	300
Jahresergebnis	600			600
Steuerrückstellungen	600			600
Verbindlichkeiten aus LuL	2.500			2.500
Summe der Passiva	6.200	0	300	6.500

2. Schritt: Kapitalkonsolidierung (Erstkonsolidierung zum 31.12.01)

Positionen	M-AG	T-GmbH	Summenbilanz	Konsolidierungs-buchungen S	Konsolidierungs-buchungen H	Konzernbilanz
Geschäfts- oder Firmenwert	---	---		(2) 1.600		1.600
Grundstücke	2.000	1.300	3.300			3.300
Maschinen	1.600	800	2.400			2.400
Anteile an VU	5.000	---	5.000		(1) 5.000	---
Ausleihungen an VU	---	---	---			---
RHB-Stoffe	2.000	1.000	3.000			3.000
Fertigerzeugnisse, Waren	3.500	1.900	5.400			5.400
Liquide Mittel	1.900	1.500	3.400			3.400
Konsolidierungs-ausgleichsposten	---	---	---	(1) 1.600	(2) 1.600	---
Summe der Aktiva	16.000	6.500	22.500	3.200	6.600	19.100
Gezeichnetes Kapital	2.000	1.000	3.000	(1) 1.000		2.000
Kapitalrücklage	2.000	1.000	3.000	(1) 1.000		2.000
Gewinnrücklagen	1.000	500	1.500	(1) 500		1.000
Neubewertungsrück-lage	---	300	300	(1) 300		---
Jahresergebnis	3.000	600	3.600	(1) 600		3.000
Steuerrückstellungen	3.000	600	3.600			3.600
Verbindlichkeiten aus LuL	5.000	2.500	7.500			7.500
Verbindlichkeiten gegenüber VU	---	---	---			---
Summe der Passiva	16.000	6.500	22.500	3.400	0	19.100

Anmerkungen:

- Aufgrund der vorhergehenden Aufdeckung der stillen Reserven in der Handelsbilanz III erstreckt sich die Kapitalkonsolidierung lediglich noch auf die Aufrechnung des Beteiligungsbuchwertes der M-AG (Kaufpreis in Höhe von 5.000 TEUR) mit dem neu bewerteten Eigenkapital der T-GmbH (siehe Buchung (1)).

- Mit der Buchung (2) wird der Betrag in Höhe von 1.600 TEUR dem Geschäfts- oder Firmenwert zugeordnet.

Teilaufgabe c)

1. Schritt: Auflösung der stillen Reserven bei dem T-GmbH. Abschreibungen auf die im Grundstück enthaltenen stillen Reserven sind nicht vorzunehmen, da Grundstücke dem nicht abnutzbaren Anlagevermögen zuzuordnen sind.

Buchungssatz:

Grundstücke   300   an   Neubewertungsrücklage   300

Positionen (alle Beträge in TEUR)	T-GmbH HB II	Korrekturbuchungen		T-GmbH HB III
		S	H	
Grundstücke	1.000	300		1.300
Maschinen	1.400			1.400
Anteile an VU	---			---
Ausleihungen an VU	---			---
RHB-Stoffe	1.000			1.000
Fertigerzeugnisse, Waren	9.600			9.600
Liquide Mittel	2.800			2.800
Summe der Aktiva	15.800	300	0	16.100
Gezeichnetes Kapital	1.000			1.000
Kapitalrücklage	1.000			1.000
Gewinnrücklagen	1.100			1.100
Neubewertungsrücklage	---		300	300
Jahresergebnis	4.600			4.600
Steuerrückstellungen	4.600			4.600
Verbindlichkeiten aus LuL	2.500			2.500
Verbindlichkeiten gegenüber VU	1.000			1.000
Summe der Passiva	15.800	0	300	16.100

2. Schritt: Kapitalkonsolidierung (Folgekonsolidierung zum 31.12.02)

Positionen	M-AG	T-GmbH	Summen-bilanz	Konsolidierungs-buchungen S	H	Vorläufige Konzern-bilanz I (VKB I)
Geschäfts- oder Firmenwert	---	---	---	(2) 1.600	(3) 400	1.200
Grundstücke	2.000	1.300	3.300			3.300
Maschinen	1.200	1.400	2.600			2.600
Anteile an VU	5.000	---	5.000		(1) 5.000	---
Ausleihungen an VU	1.000	---	1.000			1.000
RHB-Stoffe	2.000	1.000	3.000			3.000
Fertigerzeugnisse, Waren	3.200	9.600	12.800			12.800
Liquide Mittel	6.500	2.800	9.300			9.300
Konsolidierungs-ausgleichsposten	---	---	---	(1) 1.600	(2) 1.600	---
Summe der Aktiva	20.900	16.100	37.000	3.200	7.000	33.200
Gezeichnetes Kapital	2.000	1.000	3.000	(1) 1.000		2.000
Kapitalrücklage	2.000	1.000	3.000	(1) 1.000		2.000
Gewinnrücklagen	2.500	1.100	3.600	(1) 1.100		2.500
Neubewertungsrück-lage	---	300	300	(1) 300		---
Jahresergebnis	4.700	4.600	9.300	(3) 400		8.900
Steuerrückstellungen	4.700	4.600	9.300			9.300
Verbindlichkeiten aus LuL	5.000	2.500	7.500			7.500
Verbindlichkeiten gegenüber VU	---	1.000	1.000			1.000
Summe der Passiva	20.900	16.100	37.000	3.800	0	33.200

Anmerkungen:

- Die Buchungen (1) und (2) entsprechen den Buchungen, die bei der Neubewertungsmethode im Rahmen der Erstkonsolidierung vorgenommen wurden. Die Soll-

Buchung (1) in Höhe von 1.100 TEUR gegen die Gewinnrücklagen setzt sich hierbei zusammen aus 500 TEUR aus der Erstkonsolidierung sowie 600 TEUR, welche den thesaurierten Jahresüberschuss des Vorjahres darstellen.

- Mit der Buchung (3) wird der Geschäfts- oder Firmenwert abgeschrieben.

Teilaufgabe d)

Schuldenkonsolidierung:

Da keine bilanziellen Differenzen auftreten, werden sowohl die Verbindlichkeiten gegenüber verbundenen Unternehmen als auch die Ausleihungen an verbundene Unternehmen in der vorläufigen Konzernbilanz 1 (VKB 1) um denselben Betrag reduziert. Es ergibt sich die vorläufigen Konzernbilanz 2 (VKB 2).

Positionen (alle Beträge in TEUR)	VKB 1	Korrekturbuchungen		VKB 2
		S	H	
Geschäfts- oder Firmenwert	1.200			1.200
Grundstücke	3.300			3.300
Maschinen	2.600			2.600
Anteile an VU	---			---
Ausleihungen an VU	1.000		(1) 1.000	---
RHB-Stoffe	3.000			3.000
Fertigerzeugnisse, Waren	12.800			12.800
Liquide Mittel	9.300			9.300
Summe der Aktiva	33.200	0	1.000	32.200
Gezeichnetes Kapital	2.000			2.000
Kapitalrücklage	2.000			2.000
Gewinnrücklagen	2.500			2.500
Neubewertungsrücklage	---			---
Jahresergebnis	8.900			8.900
Steuerrückstellungen	9.300			9.300
Verbindlichkeiten aus LuL	7.500			7.500
Verbindlichkeiten gegenüber VU	1.000	(1) 1.000		---
Summe der Passiva	33.200	1.000	0	32.200

Zwischenerfolgskonsolidierung:

In der vorliegenden Aufgabe sind die Voraussetzungen der Zwischenerfolgseliminierung erfüllt, da die 4.000 ME Fertigerzeugnisse, die von der M-AG an die T-GmbH geliefert wurden, dort noch auf Lager liegen. Ihr Einzelbilanzwert beträgt 8.000 TEUR, als Obergrenze der Konzernherstellungskosten bei Vollkostenansatz sind 1.600 EUR pro Mengeneinheit anzusetzen. Im Rahmen der konzerneinheitlichen Bewertung werden die Fertigerzeugnisse zu Vollkosten und folglich mit 6.400 TEUR angesetzt. Die nachfolgende Tabelle zeigt, dass der eliminierungspflichtige Zwischengewinn aus der vorläufigen Konzernbilanz 2 (VKB 2) entfernt wird, indem sowohl das Jahresergebnis (vor Steuern) als auch der Lagerbestandswert der Fertigerzeugnisse um 1.600 TEUR vermindert werden. Es ergibt sich die vorläufigen Konzernbilanz 3 (VKB 3).

Positionen (alle Beträge in TEUR)	VKB 2	Korrekturbuchungen		VKB 3
		S	H	
Geschäfts- oder Firmenwert	1.200			1.200
Grundstücke	3.300			3.300
Maschinen	2.600			2.600
Anteile an VU	---			---
Ausleihungen an VU	---			---
RHB-Stoffe	3.000			3.000
Fertigerzeugnisse, Waren	12.800		(1) 1.600	11.200
Liquide Mittel	9.300			9.300
Summe der Aktiva	32.200	0	1.600	30.600
Gezeichnetes Kapital	2.000			2.000
Kapitalrücklage	2.000			2.000
Gewinnrücklagen	2.500			2.500
Neubewertungsrücklage	---			---
Jahresergebnis	8.900	(1) 1.600		7.300
Steuerrückstellungen	9.300			9.300
Verbindlichkeiten aus LuL	7.500			7.500
Verbindlichkeiten gegenüber VU	---			---
Summe der Passiva	32.200	1.600	0	30.600

Aufwands- und Ertragskonsolidierung:

Die nachfolgende Tabelle zeigt die Aufwands- und Ertragskonsolidierung im Geschäftsjahr 02. Als Gliederungsschema der Konzern-GuV-Rechnung wird das Gesamtkostenverfahren gewählt. Im Buchungssatz (1) wird der im Rahmen der Kapitalkonsolidierung ausgewiesene Geschäfts- oder Firmenwert abgeschrieben. Buchungssatz (2) konsolidiert die Innenumsatzerlöse aus Lieferungen und Leistungen zwischen der M-AG und der T-GmbH über die Bestandserhöhung bei den fertigen und unfertigen Erzeugnissen und die Eliminierung entstandener Zwischengewinne. Buchungssatz (3) verrechnet die aus konzerninternen Fremdfinanzierungsvorgängen herrührenden Zinserträge bzw. -aufwendungen aus den Einzel-Gewinn- und Verlustrechnungen (EGuV), die in der Summen-Gewinn- und Verlustrechnung (SGuV) zusammengefasst und in der vorläufigen Konzern-Gewinn- und Verlustrechnung (VKGuV) konsolidiert sind.

Positionen	EGuV		SGuV	Konsolidierungs-buchungen		VKGuV
	M-AG	T-GmbH		S	H	
Umsatzerlöse	48.000	48.000	96.000	(2) 8.000		88.000
Bestandserhöhung FE	3.200	1.600	4.800		(2) 6.400	11.200
Bestandsminderung FE	3.500	1.900	5.400			5.400
Materialaufwand	24.000	24.000	48.000			48.000
Personalaufwand	12.000	12.000	24.000			24.000
Abschreibungen	400	400	800	(1) 400		1.200
Sonstiger Aufwand	2.000	2.000	4.000			4.000
Zinsertrag	100	---	100	(3) 100		---
Zinsaufwand	---	100	100		(3) 100	---
Ergebnis vor Steuern	9.400	9.200	18.600		(1) 400 (2) 1.600	16.600
Steueraufwand	4.700	4.600	9.300			9.300
Jahresergebnis	4.700	4.600	9.300			7.300

Teilaufgabe e)

Die nachfolgende Tabelle zeigt die Vorgehensweise bei der Bildung einer Abgrenzungsposition für latente Steuern. Der aus den Einzelabschlüssen übernommene Steueraufwand beträgt – dargestellt in der vorläufigen Konzernbilanz 3 (VKB 3) – 9.300 TEUR, also 50 % des Ergebnisses vor Steuern in Höhe von 18.600 TEUR. Die prozentuale Steuerbelastung ist bei beiden Unternehmen gleich. Aufgrund der Konsolidierungsvorgänge hat sich das Konzernergebnis vor Steuern um 1.600 TEUR (ohne Berücksichtigung der Abschreibungen des Geschäfts- oder Firmenwerts) auf 17.000 TEUR verändert, da der auf konzerninternen Lieferungen beruhende Gewinn eliminiert worden ist. Da die gelieferten Fertigerzeugnisse in einem der Folgejahre weiterveräußert werden sollen, handelt es sich um eine zeitlich bedingte Steuerverschiebung, die später ausgeglichen wird. Der fiktive Steueraufwand aus Konzernsicht beträgt bei einem Steuersatz von 50 % und einem Konzernergebnis von 17.000 TEUR vor Steuern 8.500 TEUR. Bei einem Ertragsteueraufwand laut Summenbilanz von 9.300 TEUR muss aus Konzernsicht eine aktivische Steuerabgrenzung in Höhe von 800 TEUR vorgenommen werden.

Bilanz-Positionen (31.12.02) (alle Beträge in TEUR)	VKB 3	Korrekturbuchungen		KB
		S	H	
Geschäfts- oder Firmenwert	1.200			1.200
Grundstücke	3.300			3.300
Maschinen	2.600			2.600
Anteile an VU	---			---
Ausleihungen an VU	---			---
RHB-Stoffe	3.000			3.000
Fertigerzeugnisse, Waren	11.200			11.200
Liquide Mittel	9.300			9.300
Aktivische latente Steuern	---	(1) 800		800
Summe der Aktiva	30.600	800	0	31.400
Gezeichnetes Kapital	2.000			2.000
Kapitalrücklage	2.000			2.000
Gewinnrücklagen	2.500			2.500
Neubewertungsrücklage	---			---
Jahresergebnis	7.300		(1) 800	8.100
Steuerrückstellungen	9.300			9.300
Verbindlichkeiten aus LuL	7.500			7.500
Verbindlichkeiten gegenüber VU	---			---
Summe der Passiva	30.600	0	800	31.400
GuV-Rechnung (01.01.02–31.12.02)	VKGuV			KGuV
Umsatzerlöse	88.000			88.000
Bestandserhöhung FE	11.200			11.200
Bestandsminderung FE	5.400			5.400
Materialaufwand	48.000			48.000
Personalaufwand	24.000			24.000
Abschreibungen	1.200			1.200
Sonstiger Aufwand	4.000			4.000
Ergebnis vor Steuern	16.600			16.600
Steueraufwand	9.300		(2) 800	8.500
Jahresergebnis	7.300	(2) 800		8.100

Aufgabe 5.62: Die Quotenkonsolidierung

Welches sind die wesentlichen Merkmale der Quotenkonsolidierung?

Lösung

Der Quotenkonsolidierung – sie dient der Erfassung von Gemeinschaftsunternehmen – liegt als theoretischer Hintergrund nicht die Einheitstheorie, sondern die Interessentheorie zugrunde. Demgemäß werden bei der Quotenkonsolidierung die Bilanzpositionen des Gemeinschaftsunternehmens nicht in voller Höhe, sondern nur entsprechend dem Konzernanteil in die Konzernbilanz übernommen. Mit dem Ausweis der auf andere Anteilseigner entfallenden Anteile an den Vermögensgegenständen und Schulden des Gemeinschaftsunternehmens entfällt auch der Ausweis der ihnen zuzurechnenden Anteile am Kapital und Erfolg des Gemeinschaftsunternehmens. Neben dieser Besonderheit entspricht die Kapitalkonsolidierung bei der Quotenkonsolidierung den geltenden Vorschriften für die Vollkonsolidierung. Mit anderen Worten: Es handelt sich bei der Quotenkonsolidierung um eine quotale Anwendung der Erwerbsmethode.

Aufgabe 5.63: Die Quotenkonsolidierung

Die X-AG hält 50 % an der Y-GmbH (Gemeinschaftsunternehmen). Der Kaufpreis der Beteiligung betrug 1.500 TEUR. Die stillen Reserven bei der Y-GmbH betragen 300 TEUR (Grundstücke 50 TEUR, Vorräte 100 TEUR, Gewährleistungsrückstellungen 150 TEUR). Führen Sie die Erstkonsolidierung gemäß der Quotenkonsolidierung unter Anwendung der Neubewertungsmethode durch! Zeigen Sie auch die relevanten Buchungssätze! Die komprimierten Bilanzen beider Unternehmen entnehmen Sie bitte der nachfolgenden Tabelle.

Positionen (alle Beträge in TEUR)	X-AG	Y-GmbH
Anlagevermögen	2.000	1.000
Beteiligungen	1.500	---
Umlaufvermögen	2.000	800
Summe der Aktiva	5.500	1.800
Gezeichnetes Kapital	2.500	900
Rücklagen/Jahresüberschuss	400	200
Fremdkapital	2.600	700
Summe der Passiva	5.500	1.800

Lösung

1. Schritt: Auflösung der stillen Reserven bei der Y-GmbH.

Buchungssatz

Anlagevermögen	50	an	Neubewertungsrücklage	300
Umlaufvermögen	100			
Fremdkapital	150			

Positionen (alle Beträge in TEUR)	Y-GmbH HB II	Korrekturbuchungen		Y-GmbH HB III
		S	H	
Anlagevermögen	1.000	50		1.050
Beteiligungen	---			---
Umlaufvermögen	800	100		900
Summe der Aktiva	1.800	150	0	1.950
Gezeichnetes Kapital	900			900
Rücklagen/Jahresüberschuss	200			200
Neubewertungsrücklage	---		300	300
Fremdkapital	700	150		550
Summe der Passiva	1.800	150	300	1.950

2. Schritt: Kapitalkonsolidierung

Buchungssatz 1:

Gezeichnetes Kapital	450	an	Beteiligungen	1.500
Rücklagen/Jahresüberschuss	100			
Neubewertungsrücklage	150			
Konsolidierungsausgleichsposten	800			

Buchungssatz 2:

| Geschäfts- oder Firmenwert | 800 | an | Konsolidierungsausgleichsposten | 800 |

Positionen	X-AG	Y-GmbH	Summen-bilanz (X-AG + 0,5 Y-GmbH)	Konsolidierung		Konzern-bilanz
				S	H	
Geschäfts- oder Firmenwert	---	---	---	(2) 800		800
Anlagevermögen	2.000	1.050	2.525			2.525
Beteiligungen	1.500	---	1.500		(1) 1.500	---
Umlaufvermögen	2.000	900	2.450			2.450
Konsolidierungs-ausgleichsposten	---	---	---	(1) 800	(2) 800	---
Summe der Aktiva	5.500	1.950	6.475	800	1.500	5.775
Gezeichnetes Kapital	2.500	900	2.950	(1) 450		2.500
Rücklagen/Jahres-überschuss	400	200	500	(1) 100		400
Neubewertungsrück-lage	---	300	150	(1) 150		---
Fremdkapital	2.600	550	2.875	---		2.875
Summe der Passiva	5.500	1.950	6.475	700	0	5.775

Aufgabe 5.64: Die Equity-Methode

Wann kommt die Equity-Methode zur Anwendung?

Lösung

Die Equity-Methode kommt zur Anwendung, wenn einer der folgenden Sachverhalte vorliegt:

(1) Es handelt sich bei dem betrachteten Unternehmen um ein sogenanntes assoziiertes Unternehmen (§ 311 HGB).

(2) Ein Tochterunternehmen wurde aufgrund eines Einbeziehungswahlrechts (§ 296 HGB) nicht im Rahmen der Vollkonsolidierung in den Konzernabschluss miteinbezogen.

(3) Ein Gemeinschaftsunternehmen wurde aufgrund des Wahlrechts des § 310 HGB nicht quotal konsolidiert.

Aufgabe 5.65: Unterschied zwischen der Vollkonsolidierung und einer Konsolidierung nach der Equity-Methode

Worin liegt der grundlegende Unterschied zwischen der Vollkonsolidierung und einer Konsolidierung nach der Equity-Methode?

Lösung

Bei der Konsolidierung nach der Equity-Methode werden in die Konzernbilanz nicht die Aktiva und nicht die aufgerechneten Passiva des assoziierten Unternehmens übernommen (so wie dies bei der Vollkonsolidierung der Fall ist). Es wird lediglich der Wertansatz der Beteiligung aus dem Einzelabschluss des vollkonsolidierten Unternehmens zur Übernahme in die Konzernbilanz modifiziert. Durch die Equity-Methode soll die Beteiligung in der Konzernbilanz möglichst zeitnah und letztendlich nur mit dem anteiligen Eigenkapital bewertet werden.

Aufgabe 5.66: Die Quotenkonsolidierung und die Equity-Methode

Würden Sie als externer Jahresabschlussleser der Quotenkonsolidierung den Vorzug vor der Konsolidierung nach der Equity-Methode geben?

Lösung

Bei der Equity-Methode kann durch die Möglichkeit, den Wertansatz unter bestimmten Umständen auch über die historischen Anschaffungskosten hinaus anwachsen zu lassen, die Situation entstehen, dass die Zuschreibungen nach Saldierung von Zu- und Abschreibungen des Vorjahres die kumulierten Abschreibungen übersteigen und somit negative Abschreibungen auszuweisen sind. Diese im Anlagespiegel des Einzelabschlusses nicht mögliche Konstellation kann für Interpreten des Konzernabschlusses zu Missverständnissen führen. Daher wird man als externer Jahresabschlussleser eher der Quotenkonsolidierung den Vorzug geben.

Obwohl die Equity-Methode und die Quotenkonsolidierung regelmäßig einen gleichen Einfluss auf das Konzernergebnis haben dürften, weichen sie in einer bestimmten Konstellation erheblich voneinander ab. Verluste eines mit der Equity-Methode einbezogenen Unternehmens werden nur so lange gezeigt, bis der Beteiligungsbuchwert auf null sinkt. Weitere Fehlbeträge dieses Unternehmens werden lediglich in der Nebenbuchhaltung festgehalten. Im Gegensatz dazu finden diese Verluste bei der Quotenkonsolidierung unabhängig vom Buchwert der Beteiligung im Einzelabschluss des einbeziehenden Unternehmens Berücksichtigung. Ein Jahresabschlussleser erhält also bei Anwendung der Quotenkonsolidierung zusätzliche Informationen.

Aufgabe 5.67: Die Methoden der Kapitalkonsolidierung

Geben Sie einen zusammenfassenden Überblick über die im Handelsrecht vorgesehenen Methoden der Kapitalkonsolidierung und deren Inhalt (Vollkonsolidierung, Quotenkonsolidierung und Equity-Methode)!

Lösung

Methoden			Inhalt
Vollkon-solidierung	Erwerbs-methode; §§ 301, 307 und 309 HGB	Neubewer-tungsmethode; § 301 Abs. 1 Satz 2 HGB	Bei dieser Methode werden die Differenzen (stille Reserven/stille Lasten) bereits in einer der Konsolidierung vorgelagerten Handelsbilanz (Handelsbilanz III) zugeordnet. Anschließend wird die Beteiligung mit dem anteiligen Eigenkapital verrechnet und der (etwaige) Unterschiedsbetrag bestimmt.
Quotenkonsolidierung; § 310 HGB			Anwendung bei Vorliegen von Gemeinschaftsunternehmen. Nach § 310 HGB ist ein Unternehmen dann als Gemeinschaftsunternehmen einzuordnen, wenn ein in den Konzernabschluss einbezogenes Mutterunternehmen oder Tochterunternehmen dieses Unternehmen gemeinsam mit einem oder mehreren nicht in den Konzernabschluss einbezogenen Unternehmen führt. Wichtig ist die tatsächliche Führung des Gemeinschaftsunternehmens durch die Gesellschafterunternehmen. Steht einem beteiligten Unternehmen z. B. das Sonderrecht der alleinigen Führung zu, so liegt kein Gemeinschaftsunternehmen, sondern ein Tochterunternehmen vor, d. h., die Regeln der Vollkonsolidierung sind anzuwenden. Die Definitionen „Gemeinschaftsunternehmen" und „Tochterunternehmen" schließen sich also gegenseitig aus.
Equity-Methode; § 312 HGB			Anwendung bei Vorliegen von assoziierten Unternehmen, d.h. bei Unternehmen, die nicht in den Konzernabschluss einbezogen sind, auf deren Geschäfts- oder Finanzpolitik ein in den Konzernabschluss einbezogenes Unternehmen einen maßgeblichen Einfluss ausübt und gleichzeitig eine Beteiligung nach § 271 Abs. 1 HGB hält. Die an diesem Unternehmen bestehende Beteiligung ist nach der in § 312 HGB erläuterten Equity-Methode zu bewerten und gesondert mit entsprechender Bezeichnung in der Konzernbilanz auszuweisen.

Abb. 35:   Die Methoden der Kapitalkonsolidierung[86]

---

[86] Geringfügig modifiziert entnommen aus BIEG, HARTMUT; KUßMAUL, HEINZ; WASCHBUSCH, GERD (Rechnungswesen 2012), S. 430.

Aufgabe 5.68: Die Konsolidierungsmethoden: Multiple Choice

Bestimmen Sie die richtigen Aussagen unter folgenden Thesen:

(1) Ein assoziiertes Unternehmen, das weder im Rahmen der Vollkonsolidierung in den Konzernabschluss einbezogen noch quotal konsolidiert wurde, ist nach der Equity-Methode zu bewerten und gesondert in der Konzernbilanz auszuweisen.

(2) Der für die Erstkonsolidierung festzustellende Abgangswert des Beteiligungsunternehmens errechnet sich aus den Vermögensgegenständen abzüglich der Schulden des Tochterunternehmens auf der Basis des Einzelabschlusses.

(3) Gemäß der Einheitsfiktion ist der Steueraufwand auszuweisen, der sich ergeben hätte, wenn der Konzern ein einziges Unternehmen und das Konzernergebnis Besteuerungsgrundlage wäre.

(4) Der Konzernanhang und der Konzernlagebericht sind wie die Konzernbilanz aus den Einzelabschlüssen der Tochterunternehmen zusammenzufassen und jeweils um eine Einschätzung der Zukunft zu erweitern.

(5) Das Ziel der Schuldenkonsolidierung ist es, nur Forderungen und Verbindlichkeiten gegenüber konzernfremden Unternehmen auszuweisen, da gemäß der Einheitstheorie der Konzern keine Forderungen und Verbindlichkeiten gegen sich selbst ausweisen kann.

(6) Zwischenerfolge im Konzern, die bei einer Lieferung innerhalb des Konzerns entstehen, wenn das liefernde Unternehmen einen Erfolg realisiert, sind nach dem Imparitätsprinzip zu eliminieren (§ 304 Abs. 1 HGB).

(7) Für die Zwischenerfolgseliminierung ist eine Ermittlung von Konzernbeständen notwendig. Aufgrund der Probleme bei einer konkreten Erfassung existieren im Umlaufvermögen Verbrauchsfiktionen bzw. Vereinfachungsmethoden.

Lösung

Die korrekten Aussagen sind (1), (3), (5) und (7).

5.6 Der Konzernanhang

Aufgabe 5.69: Die Aufgaben des Konzernanhangs

Erläutern Sie kurz die Aufgaben des Konzernanhangs! In welcher Beziehung steht der Konzernanhang zu den beiden anderen Teilen des Konzernabschlusses sowie zu den Anhängen der Einzelabschlüsse der in den Konzernabschluss einbezogenen Unternehmen?

Lösung

Ebenso wie der Anhang im Einzelabschluss ist der Konzernanhang ein Bestandteil des Konzernabschlusses (§ 297 Abs. 1 Satz 1 HGB). Die mit der Erstellung des Konzernanhangs verbundenen Angaben und Erläuterungspflichten lassen sich grundsätzlich auf die Erfüllung von drei Aufgaben zurückführen. Die erste Aufgabe ist die Entlastung von Konzernbilanz und Konzern-GuV durch die Inanspruchnahme von Ausweiswahlrechten. Die zweite Aufgabe ist die Erläuterung der Konzernbilanz und der Konzern-GuV; der Konzernanhang soll hierdurch zu einem besseren Verständnis der Konzernbilanz und der Konzern-GuV beitragen. Die dritte Aufgabe schließlich dient der Ergänzung der Konzernbilanz und der Konzern-GuV. Der Konzernanhang ist damit keine Zusammenfassung der Anhänge der Einzelabschlüsse der in den Konzernabschluss einbezogenen Unternehmen. Aufgrund seiner eigenständigen Funktionen steht der Konzernanhang vielmehr unabhängig neben den jeweiligen Anhängen der Einzelabschlüsse.

6 Rechnungslegung nach IFRS[87]

6.1 Grundlagen der Rechnungslegung nach IFRS

Aufgabe 6.1: Umsetzung der Mitgliedstaatenwahlrechte der IAS-Verordnung in der Europäischen Union

Ein Unternehmen fällt nur dann in den Anwendungsbereich der IAS-Verordnung, wenn es nach deutschen Rechnungslegungsvorschriften einen Konzernabschluss erstellen muss und seine Wertpapiere oder seine Schuldtitel an einem organisierten Markt zum Handel zugelassen worden sind bzw. dies beantragt wurde. Um einen leichteren Einblick in die Anwendungspflicht der IFRS zu erlangen, geben Sie einen tabellarischen Überblick über die Umsetzung der Mitgliedstaatenwahlrechte der IAS-Verordnung in der Europäischen Union (wenn möglich für Deutschland, Großbritannien, Luxemburg, Frankreich und Italien)!

Lösung (siehe nächste Seite)

---

[87] Die nachfolgenden Ausführungen legen den bereits teilweise neu geschaffenen IFRS 9 zugrunde, der nach dem Willen des IASB und den Vorstellungen der G20 den noch voraussichtlich bis zum 31.12.2012 gültigen IAS 39 ersetzen soll. Hinzuweisen ist jedoch darauf, dass das IASB am 04.08.2011 einen Entwurf veröffentlicht hat, der vorschlägt, den Zeitpunkt des Inkrafttretens von IFRS 9 von 2013 auf 2015 zu verschieben. Vgl. IASB (IFRS 9 2011).

	Deutsch-land	Groß-britannien	Luxem-burg	Frank-reich	Italien
Möglichkeit der An-wendung von IFRS im Einzelabschluss bei kapitalmarktorientierten Unternehmen	Ja, zu Infor-mations-zwecken	Ja	Ja	Nein	Ja, sogar An-wendungs-pflicht, außer für Versiche-rungen
Möglichkeit der Bilan-zierung im Konzern-abschluss nach IFRS für nicht kapitalmarkt-orientierte Unternehmen	Ja	Ja, außer für Wohl-tätigkeits-organi-sationen	Ja	Ja	Ja, außer für kleine Unter-nehmen und Unternehmen, für die eine Anwendung verpflichtend ist
Möglichkeit der An-wendung von IFRS im Einzelabschluss bei nicht kapitalmarkt-orientierten Unterneh-men	Ja, zu Infor-mations-zwecken	Ja, außer für Wohl-tätigkeits-organi-sationen	Voraus-sichtlich ja	Nein	Ja, außer für Versicherun-gen, kleine Unternehmen und Unter-nehmen, für die eine An-wendung ver-pflichtend ist

Abb. 36:   Umsetzung der Mitgliedstaatenwahlrechte der IAS-Verordnung in der Europäischen Union[88]

Aufgabe 6.2:   Informationen zur Beurteilung eines Unternehmens

Wirtschaftliche Entscheidungen der Adressaten erfordern einerseits eine Beurteilung der Fähigkeit des Unternehmens, Zahlungsmittel zu erwirtschaften, andererseits erfordern sie eine Beurteilung der Nachhaltigkeit und Wahrscheinlichkeit dieser Zahlungsströme in der Zukunft (F.15 ff.). Welche Informationen setzt diese Beurteilung voraus?

---

[88]   Modifiziert entnommen aus EU-KOMMISSION (Implementation 2008).

Lösung

Diese Beurteilung setzt insbesondere Informationen voraus

- zur Vermögens- und Finanzlage,
- zur Ertragslage sowie
- zu Veränderungen der Vermögens- und Finanzlage.

Informationen zur Vermögens- und Finanzlage beinhalten Angaben:

- über die wirtschaftlichen Ressourcen, die wiederum Auskunft darüber geben können, inwieweit das Unternehmen in der Lage ist, künftige Zahlungsmittel zu erwirtschaften,
- über die Vermögens- und Kapitalstruktur, die aufzeigen kann, welche künftigen Kapitalbeschaffungsmöglichkeiten (noch) bestehen und welche Ansprüche die Kapitalgeber auf zukünftige Gewinne und Mittelzuflüsse haben,
- über die Liquidität von Vermögenswerten und die Solvenz des Unternehmens, die beide Aufschluss über die künftige Zahlungsfähigkeit des Unternehmens geben können, sowie
- über die Anpassungsfähigkeit des Unternehmens an veränderte Umweltbedingungen.

Informationen zur Ertragslage und deren Veränderungen im Zeitablauf dienen der Beurteilung der Ertragskraft und der Rentabilität des Unternehmens. Sie sollen Auskunft geben über die Fähigkeit, künftig Zahlungsmittel aus den vorhandenen wirtschaftlichen Ressourcen zu erwirtschaften.

Informationen zu Veränderungen der Vermögens- und Finanzlage dienen der Beurteilung der Investitions-, Finanzierungs- und Geschäftstätigkeit des Unternehmens in der Berichtsperiode anhand der Zahlungsströme. Wichtigstes Instrument hierzu ist die Kapitalflussrechnung, die Informationen über die Herkunft und Verwendung erwirtschafteter Zahlungsmittel liefern soll.

Aufgabe 6.3: Das Framework: Zwecke

Mit der Verabschiedung des IAS 1 wurde erstmals eine Verbindung zwischen dem Framework und den Standards geschaffen. Denn neben den Regelungen über die Darstellung eines Abschlusses greift IAS 1 bei fehlenden oder nicht eindeutig geregelten Normen zur Bilanzierung und Bewertung auf das Framework zurück. Unter Berücksichtigung der Definitionen im Rahmenkonzept sollen dann entsprechende Sachverhalte in der Rechnungslegung bilanziert werden (IAS 1.15). Welche Zwecke verfolgt das Rahmenkonzept?

Lösung

Das Rahmenkonzept verfolgt folgende Zwecke (F.1):

- Unterstützung des IASB bei der Entwicklung künftiger IFRS,
- Förderung einer weltweiten Harmonisierung von internationalen Rechnungslegungs-normen auf Basis der IFRS,
- Mitwirkung bei nationalen Standardsetzern bei der Entwicklung nationaler Standards,
- Hilfe für Bilanzierende bei der Aufstellung von Abschlüssen nach IFRS und Klärung eventuell auftretender Regelungslücken,
- Beistand für Jahresabschlussprüfer bei der Beurteilung, ob ein IFRS-konformer Abschluss vorliegt,
- Interpretationshilfe für Jahresabschlussadressaten der IFRS-Abschlüsse,
- Bereitstellung von Informationen für an der Aufstellung der Standards interessierte Gruppen.

Aufgabe 6.4:   Das Framework: Inhalte

Geben Sie einen Überblick über die Inhalte des *Framework* des IASB!

Lösung (siehe nächste Seite)

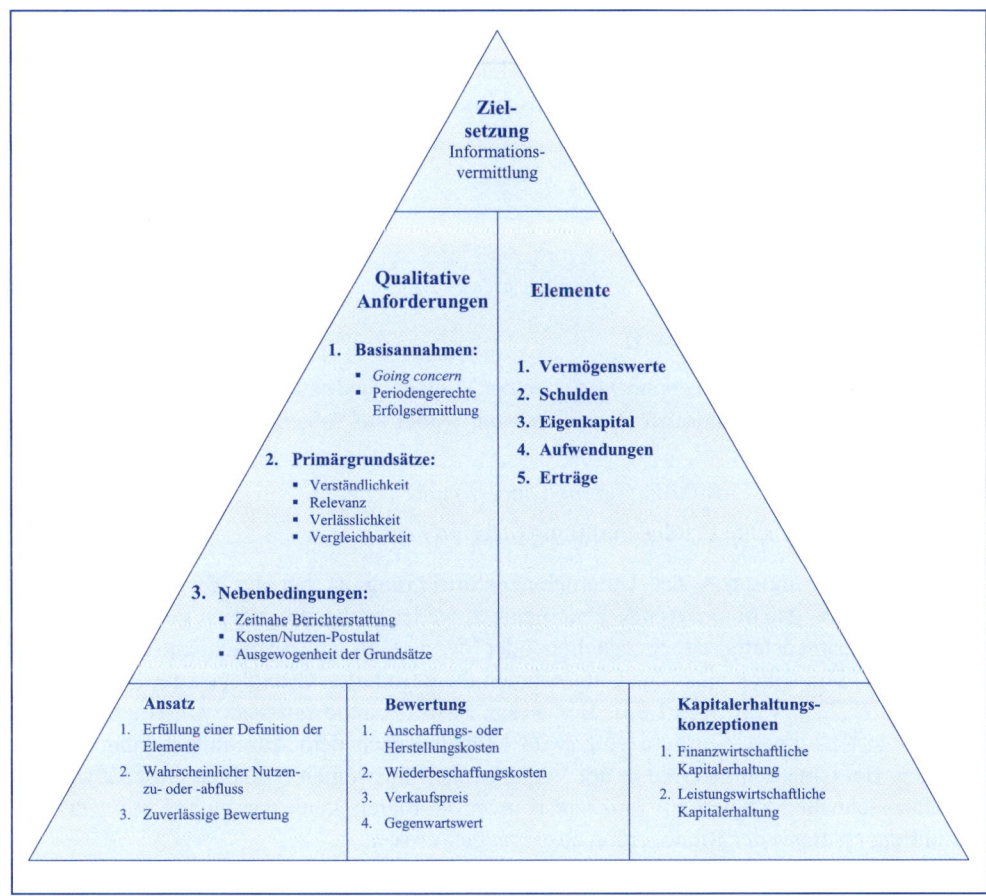

Abb. 37: Inhalte des Framework des IASB[89]

Aufgabe 6.5: Das Framework: Zentrale Rechnungslegungs-grundsätze

Welche Jahresabschlusselemente sind gemäß dem *Framework* des IASB zu berücksichtigen und auf welche Basisannahmen wurde hinsichtlich der qualitativen Anforderungen an die Rechnungslegung abgestellt?

---

[89] Modifiziert entnommen aus PELLENS, BERNHARD; FÜLBIER, ROLF U.; GASSEN, JOACHIM; SELLHORN, THORS-TEN (Internationale Rechnungslegung 2011), S. 136.

Lösung

Zur Gewährleistung der größtmöglichen Vergleichbarkeit wird im *Framework* zunächst festgelegt, welche Elemente (*elements*) im Abschluss zu berücksichtigen sind. Es handelt sich gemäß F.47 um:

- Vermögenswerte (*assets*),
- Schulden (*liabilities*),
- Eigenkapital (*equity*),
- Erträge (*income*),
- Aufwendungen (*expenses*).

Darüber hinaus wird im *Framework* festgelegt, welche qualitativen Anforderungen an die Rechnungslegungsinformationen zu stellen sind, wobei auf folgende Basisannahmen abgestellt wird (F.22 f.):

- Unternehmensfortführung (*going concern*) und
- periodengerechte Erfolgsermittlung (*accrual basis*).

Aufgrund des Grundsatzes der Unternehmensfortführung ist bei der Bilanzierung davon auszugehen, dass das bilanzierende Unternehmen weder beabsichtigt noch gezwungen wird, seine Unternehmenstätigkeit einzustellen oder deren Umfang einzuschränken. Falls dies doch der Fall sein sollte, muss das Unternehmen die geänderten Grundlagen der Bilanzierung offenlegen (F.23 i. V. m. IAS 1.23). Bei dieser Basisannahme muss die Unternehmensführung mindestens einen Zeitraum von zwölf Monaten nach dem Abschlussstichtag berücksichtigen. Bei Unternehmen, die in der Vergangenheit über einen rentablen Geschäftsbetrieb und einen schnellen Zugriff auf Finanzressourcen verfügten, kann von einer Unternehmensfortführung als Basis der Bilanzierung ausgegangen werden.

Im Rahmen der periodengerechten Erfolgsermittlung ist nicht der zeitliche Anfall von Ein- und Auszahlungen maßgeblich für den Zeitpunkt der erfolgswirksamen Erfassung von Geschäftsvorfällen. Vielmehr sind Erträge und Aufwendungen in der Periode, der sie wirtschaftlich zugehören, zu erfassen; sie müssen allerdings verlässlich ermittelt werden können. Dabei ist das *matching principle* zu beachten. Danach sind gemäß F.22 i. V. m. IAS 1.27 Aufwendungen, die in einem direkten Zusammenhang mit entsprechenden Erträgen stehen, in der Periode erfolgswirksam zu berücksichtigen, in der auch die Erträge erfasst werden (*matching of costs with revenue*).

6.2   Die Bilanz nach IFRS

Aufgabe 6.6:   Die Bilanzierungsfähigkeit – Bilanzierung dem Grunde nach: Aktivierung eines Vermögenswerts

Zeigen Sie anhand einer Übersicht die erforderlichen Schritte zur Beurteilung der Aktivierungsfähigkeit von *assets* auf!

Lösung

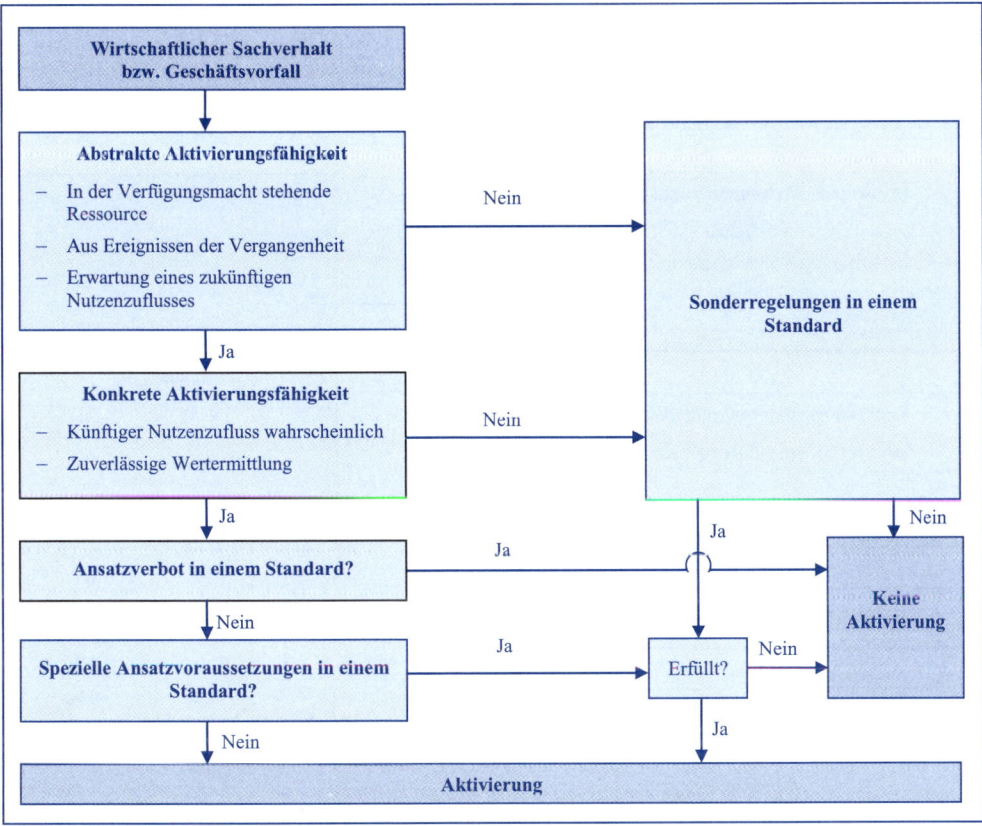

Abb. 38: Aktivierung eines Vermögenswerts[90]

Aufgabe 6.7: Die Bilanzierungsfähigkeit – Bilanzierung dem Grunde nach: Passivierung einer Schuld

Zeigen Sie überblicksartig das Prüfschema zur Passivierung von Schulden auf!

---

[90] Modifiziert entnommen aus HEUSER, PAUL J.; THEILE, CARSTEN (IFRS-Handbuch 2009), S. 77.

Lösung

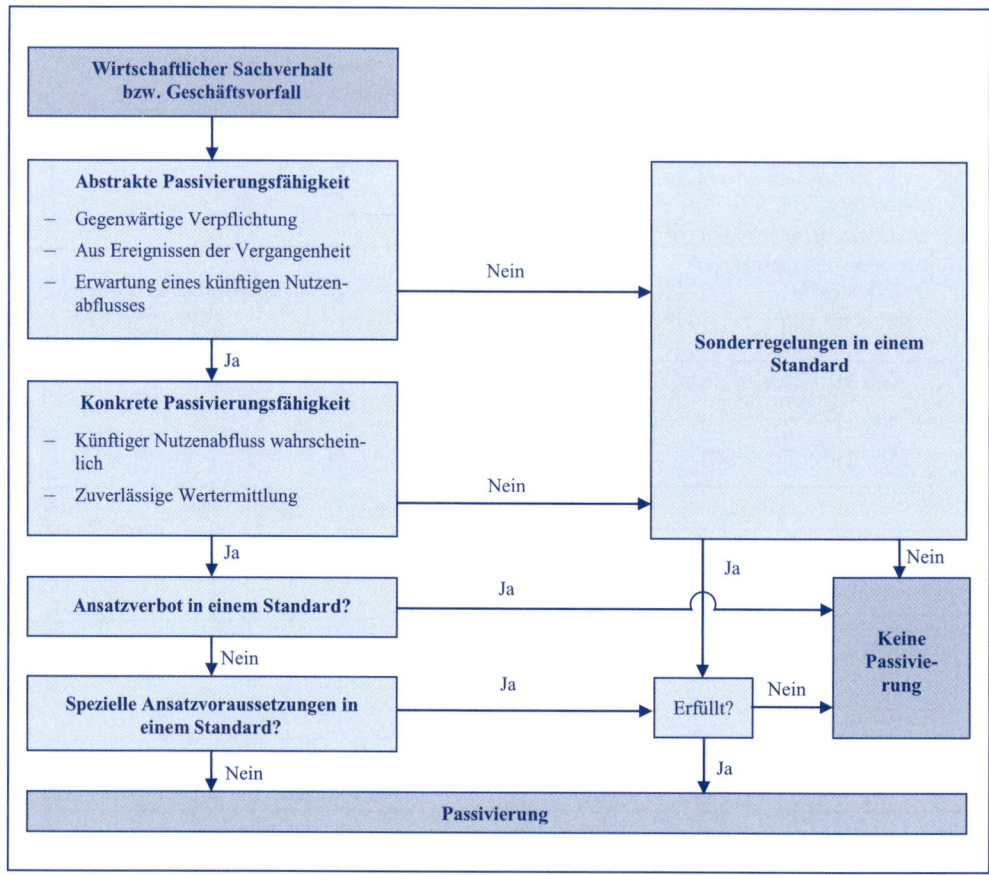

Abb. 39:   Passivierung einer Schuld [91]

Aufgabe 6.8:   Die Bewertung – Bilanzierung der Höhe nach: Grundlegende Wertmaßstäbe des Framework

Ganz in der Tradition des *common law* mit seinen Einzelfallregelungen finden sich die Vorschriften zur Bewertung von Bilanzpositionen und Gruppen ähnlicher Bilanzpositionen in den einzelnen Standards. Im *Framework* werden lediglich allgemeine Wertmaßstäbe übergreifend definiert; ihre Anwendung wird von den einzelnen IFRS konkretisiert. Zeigen Sie diese Wertmaßstäbe im Überblick und gehen Sie anschließend auf die Inhalte ein!

---

[91]   Modifiziert entnommen aus HEUSER, PAUL J.; THEILE, CARSTEN (IFRS-Handbuch 2009), S. 80.

Lösung

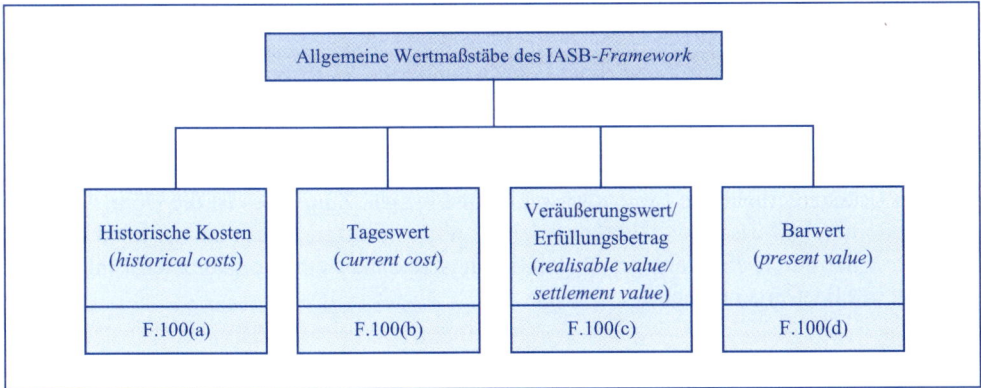

Abb. 40: Allgemeine Wertmaßstäbe des IASB-Framework

Die historischen Kosten (*historical costs*) stellen bei Vermögenswerten Ausgaben dar, die in Form von Zahlungsmitteln oder Zahlungsmitteläquivalenten[92] für den Erwerb getätigt wurden. Somit entsprechen die historischen Kosten den handelsrechtlichen Anschaffungs- bzw. Herstellungskosten. Sie werden in den einzelnen Standards für bestimmte Vermögenswerte konkretisiert. Im Gegensatz zum HGB werden in den IFRS aber auch die historischen Kosten von Schulden explizit definiert. Danach handelt es sich um den Betrag, den der Abschlussersteller als Austausch für die Verpflichtung erhalten hat, oder um den Betrag, der erwartungsgemäß aufgewendet werden muss, um die Verpflichtung im normalen Geschäftsverlauf zu begleichen.

Auch beim Tageswert (*current cost*) wird zwischen Vermögenswerten und Schulden unterschieden. Im Falle von Vermögenswerten stellt der Tageswert den Betrag dar, der zum gegenwärtigen Zeitpunkt aufgewendet werden müsste, um den gleichen oder einen äquivalenten Vermögenswert zu beschaffen. Er entspricht damit den handelsrechtlichen Wiederbeschaffungskosten. Bei Schulden wird der Tageswert mit dem Betrag angesetzt, der erwartungsgemäß an nicht diskontierten Zahlungsmitteln oder Zahlungsmitteläquivalenten aufgewendet werden müsste, um die Schuld zum gegenwärtigen Zeitpunkt zu begleichen.

Der Veräußerungswert (*realisable value*) eines Vermögenswerts ist der Betrag, der für einen Vermögenswert zum gegenwärtigen Zeitpunkt im normalen Geschäftsablauf erzielt werden könnte. Muss die Annahme der Unternehmensfortführung aufgegeben werden, so ist darunter der Liquidationswert zu verstehen. IAS 2.6 versteht z. B. unter dem Veräußerungswert den Nettoveräußerungswert (*net realisable value*); dies ist der erwartete Verkaufspreis eines Vermögenswerts bei Veräußerung im normalen Geschäftsablauf (*going concern*) nach Abzug eventuell noch anfallender Kosten bis zur Fertigstellung des Vermögenswerts und geschätzter

---

[92] Zahlungsmitteläquivalente sind kurzfristige, extrem liquide Finanzinvestitionen, die jederzeit in bestimmte Zahlungsmittel umgewandelt werden können und nur unwesentlichen Wertschwankungen unterliegen.

notwendiger Verkaufskosten. Der mit dem Veräußerungswert korrespondierende Erfüllungs-betrag von Schulden (*settlement value*) stellt den Betrag dar, der erwartungsgemäß an nicht diskontierten Zahlungsmitteln oder Zahlungsmitteläquivalenten aufgewendet werden müsste, um die Schuld im normalen Geschäftsablauf zu begleichen.

Der Barwert (*present value*) bezeichnet den diskontierten künftigen Nettomittelzufluss, der mit einem Vermögenswert erwartungsgemäß zu erzielen ist. Der Barwert einer Schuld ent-spricht dem diskontierten künftigen Nettomittelabfluss, der voraussichtlich notwendig ist, um eine Schuld im normalen Geschäftsverlauf zu begleichen. Die Ermittlung des Barwerts birgt aus zwei Gründen erhebliche Ermessensspielräume in sich. Zum einen ist die Höhe der künf-tigen Nettomittelzuflüsse bzw. Nettomittelabflüsse zu schätzen, zum anderen kann der Ab-schlussersteller durch die Wahl des Diskontierungszinssatzes einen erheblichen Einfluss auf die Höhe des Barwerts nehmen.

Aufgabe 6.9:   Die Bewertung – Bilanzierung der Höhe nach: Zugangs- und Folgebewertung von Vermögens-werten

Nehmen Sie eine überblicksartige Systematisierung der Bewertung von Vermögenswerten nach IFRS vor!

Lösung

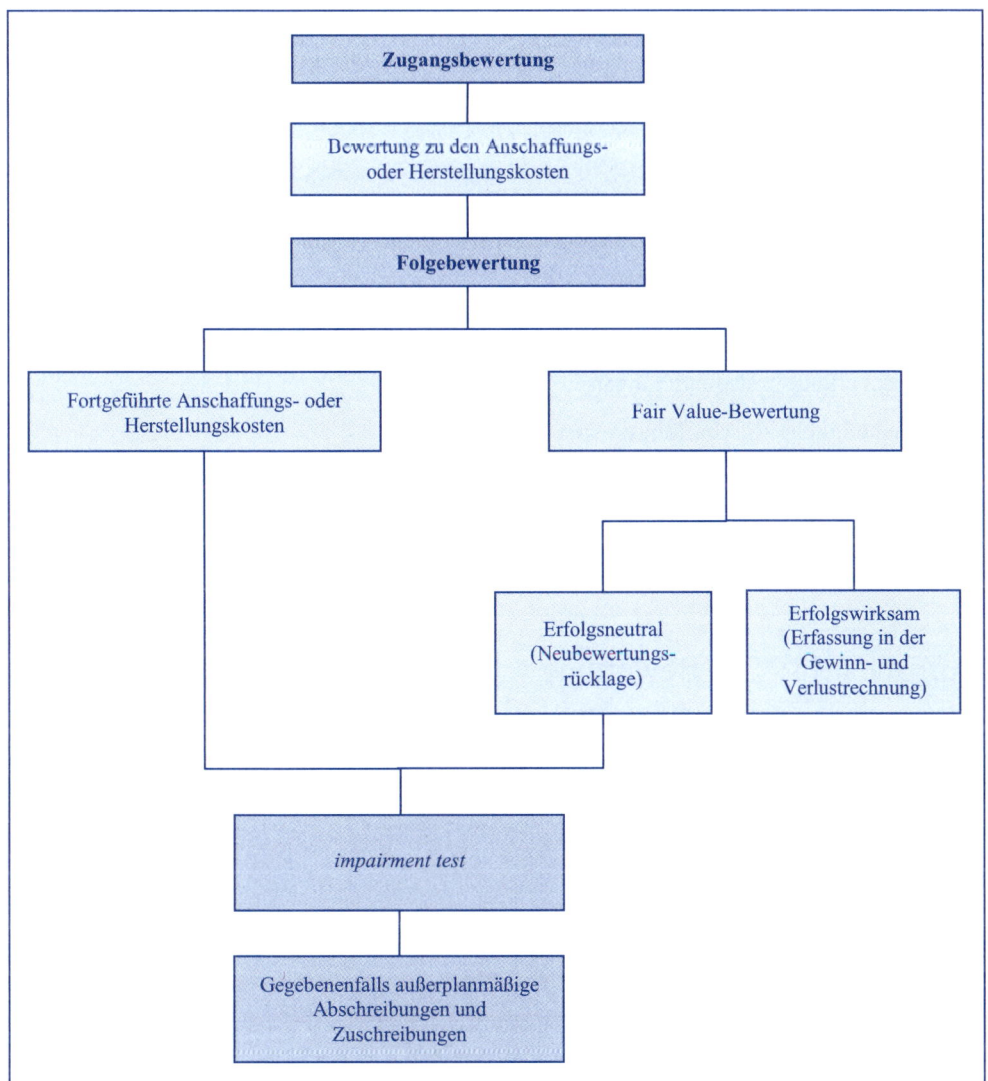

Abb. 41: Zugangs- und Folgebewertung bei Vermögenswerten[93]

[93] Entnommen aus BIEG, HARTMUT; HOSSFELD, CHRISTOPHER; KUßMAUL, HEINZ; WASCHBUSCH, GERD (Rechnungslegung 2009), S. 97.

Aufgabe 6.10: Die Bewertung – Bilanzierung der Höhe nach: Anschaffungskosten für entgeltlich erworbene Vermögenswerte

Wie lassen sich zusammenfassend die Anschaffungskosten für entgeltlich erworbene Vermögenswerte nach IFRS ermitteln?

Lösung

Ermittlung der Anschaffungskosten entgeltlich erworbener Vermögenswerte nach IFRS:

	Anschaffungspreis
+	Anschaffungsnebenkosten
–	Anschaffungspreisminderungen
+	Nachträgliche Anschaffungskosten
+	Fremdkapitalkosten (IAS 23.8–15: falls eine direkte Zuordnung zu einem qualifizierenden Vermögenswert möglich ist)
=	Anschaffungskosten

Aufgabe 6.11: Die Bewertung – Bilanzierung der Höhe nach: Zugangs- und Folgebewertung von Schulden

Nehmen Sie eine überblicksartige Systematisierung der Bewertung von Schulden nach IFRS vor!

Lösung (siehe nächste Seite)

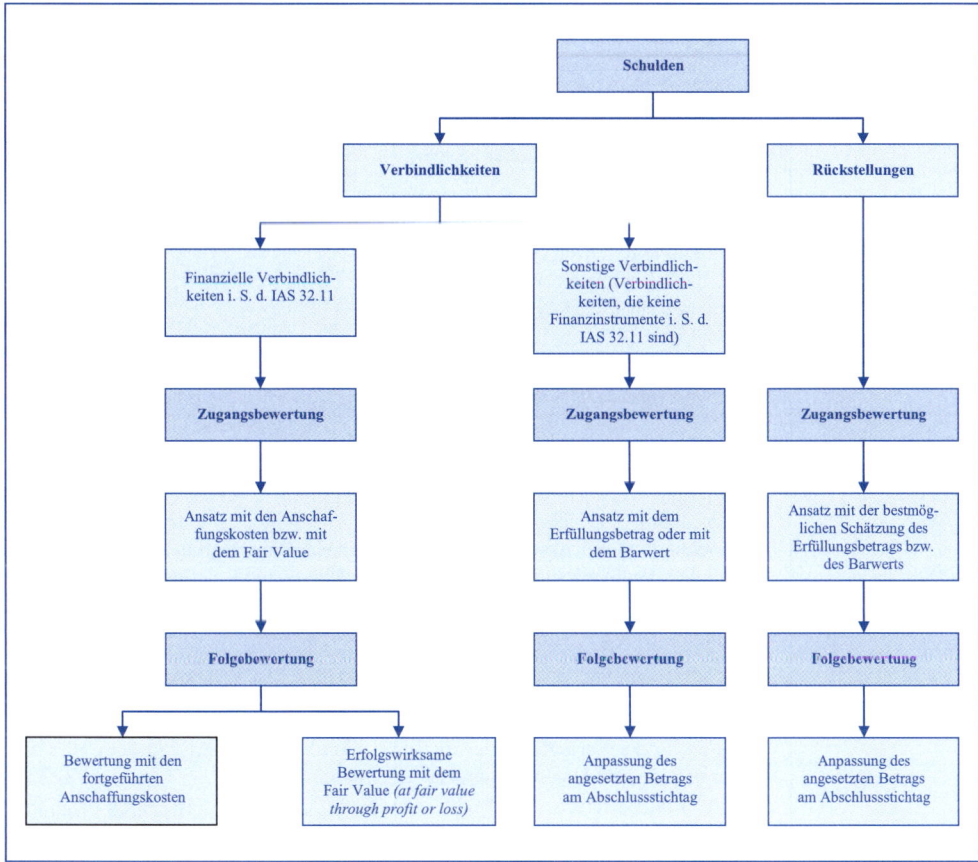

Abb. 42: Zugangs- und Folgebewertung von Schulden[94]

Aufgabe 6.12: Spezielle Bilanzierungsvorschriften: Immaterielle Vermögenswerte

Nehmen Sie einen Vergleich des Ansatzes immaterieller Vermögenswerte nach IFRS und HGB in tabellarischer Form vor! Gehen Sie dabei auch auf die unterschiedliche Bewertung immaterieller Vermögenswerte nach IFRS und HGB ein!

Lösung (siehe nächste Seite)

---

[94] Entnommen aus BIEG, HARTMUT; HOSSFELD, CHRISTOPHER; KUßMAUL, HEINZ; WASCHBUSCH, GERD (Rechnungslegung 2009), S. 120.

	IFRS	HGB
Ansatzkriterien eines immateriellen Vermögenswerts	• Erfüllung der Definition eines immateriellen Vermögenswerts nach IAS 38.8 • Zukünftiger wirtschaftlicher Nutzen für das Unternehmen • Kosten verlässlich ermittelbar • Zusätzliche Kriterien für selbst erstellte immaterielle Vermögenswerte aus der Entwicklungsphase gemäß IAS 38.57 • Derivativer Geschäfts- oder Firmenwert (*goodwill*) gemäß IFRS 3.32	• Entgeltlich erworbene immaterielle Vermögensgegenstände • Selbst geschaffene immaterielle Vermögensgegenstände des Umlaufvermögens, wenn ein Vermögensgegenstand vorliegt • Derivativer Geschäfts- oder Firmenwert (*goodwill*) als fiktiver Vermögensgegenstand (§ 246 Abs. 1 Satz 4 HGB)
Aktivierungsverbote	• Selbst geschaffene immaterielle Vermögenswerte in Form von Markennamen, Drucktiteln, Verlagsrechten, Kundenlisten und ähnlichen Sachverhalten gemäß IAS 38.63 • Gründungs- und Anlaufkosten, Aus- und Weiterbildungskosten, Kosten für Werbekampagnen und verkaufsfördernde Maßnahmen, Kosten für die Verlegung oder Reorganisation von Unternehmensteilen oder des gesamten Unternehmens (IAS 38.69), Forschungskosten (IAS 38.54) • Originärer Geschäfts- oder Firmenwert (*goodwill*) gemäß IAS 38.48	• Selbst geschaffene immaterielle Vermögensgegenstände des Anlagevermögens in Form von Marken, Drucktiteln, Verlagsrechten, Kundenlisten oder vergleichbaren immateriellen Vermögensgegenständen (§ 248 Abs. 2 Satz 2 HGB) • Gründungskosten, Kosten für die Beschaffung des Eigenkapitals und Aufwendungen für den Abschluss von Versicherungsverträgen (§ 248 Abs. 1 HGB) • Originärer Geschäfts- oder Firmenwert (*goodwill*). Dieser erfüllt die Voraussetzungen für einen Vermögensgegenstand nicht. Da es keine Sondervorschrift für die Bilanzierung eines originären Geschäfts- oder Firmenwerts gibt, scheidet eine Aktivierung aus.
Wahlrechte	• Keine expliziten, aber faktische Wahlrechte durch Ermessensspielräume bei der Auslegung der Kriterien des IAS 38.57	• Selbst geschaffene immaterielle Vermögensgegenstände des Anlagevermögens, es sei denn, es besteht ein explizites Aktivierungsverbot gemäß § 248 Abs. 2 Satz 2 HGB. Bei einer Aktivierung ist die Ausschüttungssperre des § 268 Abs. 8 HGB zu beachten.

Abb. 43:   Ansatz immaterieller Vermögenswerte nach IFRS und HGB[95]

---

[95]   Modifiziert entnommen aus BIEG, HARTMUT; HOSSFELD, CHRISTOPHER; KUßMAUL, HEINZ; WASCHBUSCH, GERD (Rechnungslegung 2009), S. 130.

	IFRS	HGB
Zugangsbewertung	Anschaffungs- oder Herstellungs-kosten	Anschaffungs- oder Herstellungs-kosten

Folgebewertung	Zwei Möglichkeiten:
	• *cost model*:
	  Bewertung zu fortgeführten An-schaffungs- oder Herstellungs-kosten
	• *revaluation model*:
	  bei Vorliegen eines aktiven Markts für den immateriellen Vermögenswert Bewertung mit dem Fair Value; auch über die historischen Anschaffungs- oder Herstellungskosten hinaus mög-lich
		Fortgeführte Anschaffungs- oder Herstellungskosten; im Falle von Wertaufholungen stellen die histori-schen Anschaffungs- oder Herstel-lungskosten die Obergrenze der Bewertung dar

Abb. 44:   Bewertung immaterieller Vermögenswerte nach IFRS und HGB[96]

Aufgabe 6.13: Spezielle Bilanzierungsvorschriften: Folgebewertung immaterieller Vermögenswerte unter Anwendung des Neubewertungsmodells

Die X-GmbH hat im Geschäftsjahr 01 einen immateriellen Vermögenswert erworben. Wie ist dieser Vermögenswert zu bilanzieren, wenn die X-GmbH das Neubewertungsmodell gemäß IAS 38.75–87 anwendet und folgende beizulegende Zeitwerte vorliegen:

Jahr	Beizulegender Zeitwert
01 (Anschaffungszeitpunkt)	830 EUR
Abschlussstichtag 01	850 EUR
Abschlussstichtag 02	820 EUR
Abschlussstichtag 03	805 EUR
Abschlussstichtag 04	865 EUR

---

[96] Modifiziert entnommen aus BIEG, HARTMUT; HOSSFELD, CHRISTOPHER; KUßMAUL, HEINZ; WASCHBUSCH, GERD (Rechnungslegung 2009), S. 134.

Lösung

Ab-schluss-stichtag	Beizulegender Zeitwert	Kumulative Neubewertungs-rücklage (IAS 38.85)	Im „Sonstigen Ergebnis" (OCI) erfasste Neu-bewertung (IAS 38.86)	In der Gewinn- und Verlust-rechnung er-fasste Neu-bewertung (IAS 38.86)
01	850 EUR	20 EUR	20 EUR	-
02	820 EUR	-	– 20 EUR	– 10 EUR
03	805 EUR	-	-	– 15 EUR
04	865 EUR	35 EUR	35 EUR	25 EUR

Im Jahr 01 erhöht die Wertsteigerung die Neubewertungsrücklage um 20 EUR. Da im Jahr 02 der Wert des immateriellen Vermögenswerts um 30 EUR fällt, ist zunächst die Neubewertungsrücklage vollständig aufzulösen und der danach noch verbleibende Verlust von 10 EUR erfolgswirksam in der Gewinn- und Verlustrechnung zu buchen. Weitere Verluste sind direkt in der Gewinn- und Verlustrechnung zu erfassen. Dies ist im Jahr 03 der Fall. Es sind 15 EUR erfolgswirksam als Aufwand zu buchen. Im letzten Jahr (04) kommt es zu einem Anstieg des beizulegenden Zeitwerts. Kumulierte erfolgswirksam verbuchte Verluste sind durch eine Ertragsbuchung rückgängig zu machen (10 EUR + 15 EUR = 25 EUR). Da der Wertanstieg die ursprünglichen Anschaffungskosten von 830 EUR übersteigt, kann wieder eine Neubewertungsrücklage in Höhe von 35 EUR gebildet werden (865 EUR – 830 EUR = 35 EUR).

Aufgabe 6.14: Spezielle Bilanzierungsvorschriften: Finanzinstrumente

Um den Umfang der unter den Begriff „Finanzinstrumente" zu subsumierenden Vermögenswerte und Verbindlichkeiten zu veranschaulichen, listen Sie die aus dem deutschen Recht bekannten Bilanzpositionen auf, die Finanzinstrumente beinhalten können! Wie werden Finanzinstrumente in der internationalen Rechnungslegung definiert? Gehen Sie dabei auch auf die Finanzinstrumente ein, die aufgrund besonderer Vorschriften von der Anwendung des IAS 39 grundsätzlich ausgeschlossen sind!

Lösung

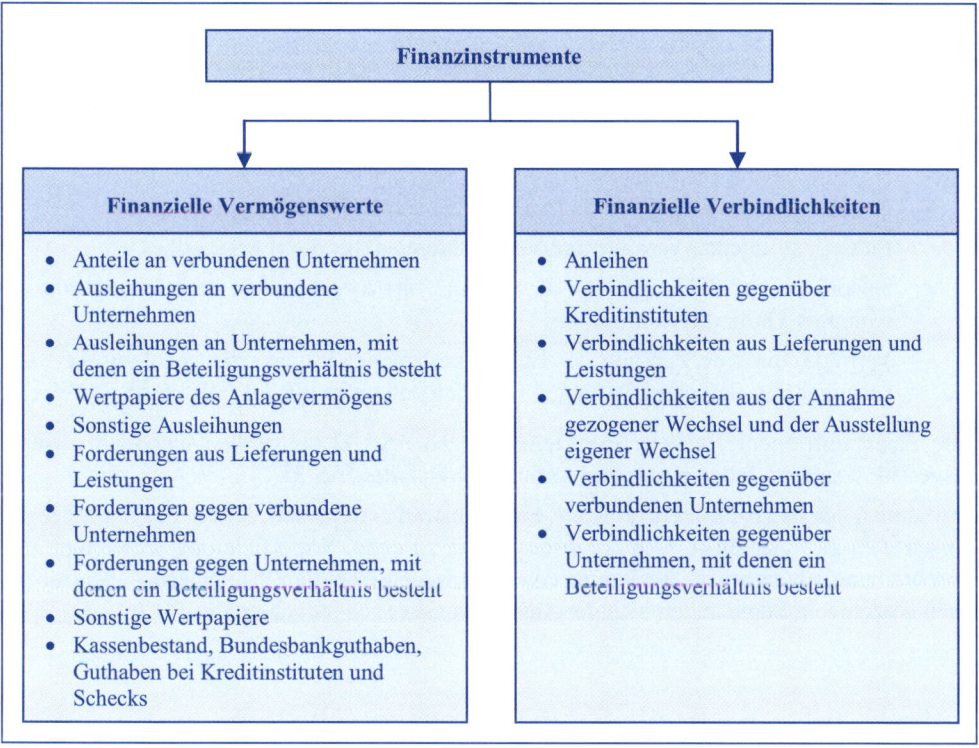

Abb. 45: Finanzinstrumente i. S. d. IAS 39[97]

Gemäß IAS 32.11 ist ein Finanzinstrument ein Vertrag, der gleichzeitig bei dem einen Unternehmen zu einem finanziellen Vermögenswert und bei dem anderen Unternehmen zu einer finanziellen Verbindlichkeit oder einem Eigenkapitalinstrument führt. Diese Definition ist gleichermaßen für die Darstellung von Finanzinstrumenten (IAS 32) als auch für den Ansatz und die Bewertung einschlägig (IAS 39.8).

Auch bei Erfüllung der in IAS 32.11 genannten Definition sind bestimmte Finanzinstrumente aufgrund besonderer Vorschriften von der Anwendung des IAS 39 grundsatzlich ausgeschlossen. Dabei handelt es sich im Wesentlichen um (IAS 39.2):

- Anteile an Tochterunternehmen, assoziierten Unternehmen und *joint ventures*, die in den Anwendungsbereich von IAS 27, IAS 28 bzw. IAS 31 fallen,

- Rechte und Verpflichtungen aus Leasingverhältnissen, die unter IAS 17 fallen,

---

[97] Entnommen aus BIEG, HARTMUT; HOSSFELD, CHRISTOPHER; KUßMAUL, HEINZ; WASCHBUSCH, GERD (Rechnungslegung 2009), S. 151.

- Rechte und Verpflichtungen aus Altersversorgungsplänen, auf die IAS 19 anzuwenden ist,

- vom Abschlussersteller emittierte und als solche eingestufte Eigenkapitalinstrumente,

- Rechte und Verpflichtungen aus Versicherungsverträgen i. S. d. IFRS 4,

- bestimmte Verträge zwischen den Parteien eines Unternehmenszusammenschlusses im Hinblick auf zukünftig zu erwerbende oder zu veräußernde Unternehmen,

- Kreditzusagen, die nicht die in IAS 39.4 genannten Bedingungen erfüllen,

- Finanzinstrumente, Verträge und Verpflichtungen, für die IFRS 2 gilt,

- Ansprüche auf Zahlungen zur Erstattung von Ausgaben zur Begleichung von bestimmten Verbindlichkeiten,

- Verträge, die eine Zahlung bei Eintritt bestimmter klimatischer, geologischer oder sonstiger physikalischer Variablen vorsehen und unter IFRS 4 fallen (IAS 39.AG1).

Alle Finanzinstrumente, welche die Definition des IAS 32.11 erfüllen und nicht explizit ausgeschlossen sind, fallen in den Anwendungsbereich des IAS 39.

Im Rahmen des IASB-Projekts „IFRS 9: Finanzinstrumente (Ersatz des IAS 39)" werden die Vorschriften zu Finanzinstrumenten, insbesondere zu deren Klassifizierung, Bewertung und Abschreibung sowie zur Bilanzierung von Sicherungsgeschäften grundlegend überarbeitet. Nach derzeitigem Stand ändert sich der Anwendungsbereich jedoch nicht (IFRS 9.2.1).

Aufgabe 6.15: Spezielle Bilanzierungsvorschriften: Finanzinstrumente

Geben Sie einen Überblick über die Kriterien, die bei der Ermittlung des Fair Value von Finanzinstrumenten anzuwenden sind!

Lösung (siehe nächste Seite)

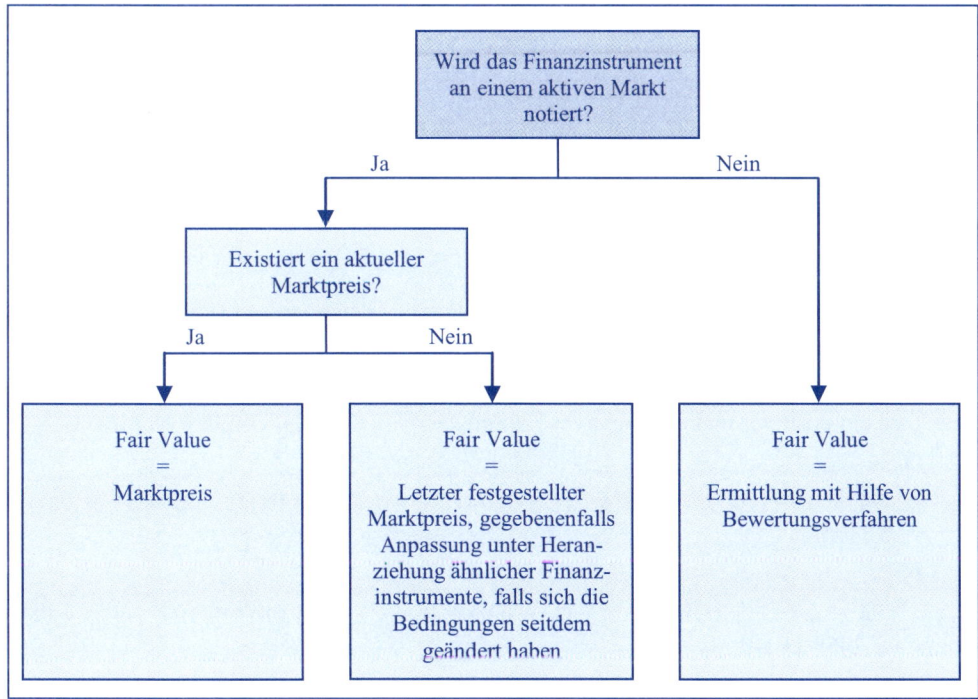

Abb. 46:   Hierarchie bei der Ermittlung des Fair Value[98]

Aufgabe 6.16: Spezielle Bilanzierungsvorschriften: Finanzinstrumente[99]

Zum 1. Januar 01 wird ein festverzinsliches Wertpapier mit einem Nominalwert von 100 TEUR, einer Nominalverzinsung von 4 % p. a. und einer Laufzeit von 4 Jahren gekauft. Das Disagio beim Erwerb beträgt 6 %. Da keine weiteren Zahlungen zwischen den Vertragspartnern geflossen sind bzw. fließen werden, ergibt sich die in der folgenden Tabelle angegebene Zahlungsreihe. Das festverzinsliche Wertpapier wird zu fortgeführten Anschaffungskosten bewertet. Es ergeben sich die folgenden Zahlungsströme (in TEUR):

01.01.01	31.12.01	31.12.02	31.12.03	31.12.04
- 94	+ 4	+ 4	+ 4	+ 104

---

[98]   Geringfügig modifiziert entnommen aus BIEG, HARTMUT; HOSSFELD, CHRISTOPHER; KUßMAUL, HEINZ; WASCHBUSCH, GERD (Rechnungslegung 2009), S. 157.

[99]   Modifiziert entnommen aus BIEG, HARTMUT; KUßMAUL, HEINZ (Rechnungswesen 2009), S. 526 f.

a)   Wie hoch ist der zugrunde liegende Effektivzinssatz r? Ermitteln Sie den Zinssatz r
      unter Anwendung der linearen Interpolation! Als Versuchszinssätze sind $i_1 = 4,00\,\%$
      und $i_2 = 8,00\,\%$ zu verwenden. Es genügt ein Iterationsschritt.

b)   Mit welchem Wertansatz ist das Wertpapier in den Bilanzen zum Ende der Geschäfts-
      jahre 01 bis 04 auszuweisen (Geschäftsjahr = Kalenderjahr)?

Lösung

Teilaufgabe a)

Zur Bestimmung des Effektivzinssatzes r muss folgende Gleichung gelöst werden:

$$C_0 = -94 + 4 \cdot (1+r)^{-1} + 4 \cdot (1+r)^{-2} + 4 \cdot (1+r)^{-3} + 104 \cdot (1+r)^{-4} = 0$$

Um die lineare Interpolation durchführen zu können, muss zunächst mit Hilfe von Versuchs-
zinssätzen ein positiver und ein negativer Kapitalwert (C_{01} und C_{02}) ermittelt werden.

$i_1 = 4,00\,\%$

$$\begin{aligned} C_{01} &= -94 + 4 \cdot (1+0,04)^{-1} + 4 \cdot (1+0,04)^{-2} + 4 \cdot (1+0,04)^{-3} + 104 \cdot (1+0,04)^{-4} \\ &= 6\text{ TEUR} \end{aligned}$$

$i_2 = 8,00\,\%$

$$\begin{aligned} C_{02} &= -94 + 4 \cdot (1+0,08)^{-1} + 4 \cdot (1+0,08)^{-2} + 4 \cdot (1+0,08)^{-3} + 104 \cdot (1+0,08)^{-4} \\ &= -7,2485\text{ TEUR} \end{aligned}$$

Lineare Interpolation: $r = i_1 - C_{01} \cdot \dfrac{i_2 - i_1}{C_{02} - C_{01}} = 4,00\,\% - 6 \cdot \dfrac{8,00\,\% - 4,00\,\%}{-7,2485 - 6} = 5,8115\,\%$

Der gesuchte Zinssatz r beträgt näherungsweise 5,81 %. Der Zinsanteil aufgrund des Disagios ergibt sich als Differenz zwischen dem effektiven Zinsertrag von 5,81 % und dem
nominellen Zinsertrag von 4 %.

Teilaufgabe b)

Bei dem unter Teilaufgabe a) ermittelten effektiven Zinssatz ist das festverzinsliche Wertpapier in den Geschäftsjahren 01 bis 04 mit den in der nachfolgenden Tabelle angegebenen
Werten (gerundet) in der Bilanz anzusetzen.

Buchwert (in TEUR)	(1) Gesamtzinsertrag während der Periode	(2) Nominalzins	(3) davon: Disagio	(4) Bilanzausweis des festver- zinslichen Wertpapiers
	(4) der Vor- periode · 5,81 %	100 · 4,00 %	(1) – (2)	(4) der Vor- periode + (3)
01.01.01	---	---	---	94,000
31.12.01	5,461	4,00	1,461	95,461
31.12.02	5,546	4,00	1,546	97,007
31.12.03	5,636	4,00	1,636	98,643
31.12.04	5,731	4,00	1,731	100,374*
Summe	22,374	16,00	6,374	---
Kontrollsumme	22,000	16,00	6,000	100,000
Rundungsdifferenz	0,374	0,00	0,374	0,374

* Der Bilanzausweis zum 31.12.04 darf selbstverständlich 100 TEUR nicht überschreiten. In der Praxis wird es nicht zu Rundungsdifferenzen in der vorliegenden Höhe kommen, da mit einem genaueren Effektivzinssatz r gerechnet wird. Ermittelt man den Effektivzinssatz zum Beispiel mit Excel, so beträgt dieser (nach 1.000 Iterationsschritten) 5,72048 %.

Aufgabe 6.17: Spezielle Bilanzierungsvorschriften: Finanzinstrumente

Ein Unternehmen kauft am 1. Januar 01 eine börsennotierte Schuldverschreibung über nominal 100 TEUR, die mit 5 % p. a. nachschüssig verzinst wird und nach einer Laufzeit von 10 Jahren zurückgezahlt wird. Da das Marktzinsniveau für vergleichbare Titel bei 5 % p. a. liegt, beträgt der Börsenkurs beim Kauf 100 %. Im Laufe des Jahres steigt das Marktzinsniveau; es liegt am 31. Dezember 01 bei 5,5 %. Die Schuldverschreibung notiert daher nur noch mit 96,52 %.

a)   Wie schlägt sich dieser Kauf in der Bilanz des Unternehmens nieder, wenn das Wertpapier mit dem Ziel gehalten wird, vertragliche Zahlungsströme zu erzielen und IFRS 9 zur Anwendung kommt?

b)   Ändert sich die bilanzielle Behandlung, wenn es sich um eine Wandelschuldverschreibung handelt?

Lösung

Teilaufgabe a)

Die Zugangsbewertung erfolgt – unabhängig von der Klassifizierung – zum Fair Value, d. h., es sind 100 TEUR anzusetzen.

Für die Folgebewertung stellt sich die Frage, ob die Schuldverschreibung zu fortgeführten Anschaffungskosten oder zum beizulegenden Zeitwert zu bilanzieren ist. Die Prüfung dieser Frage erfolgt in zwei Schritten:

1. Wird der Vermögenswert gehalten, um vertragliche Zahlungsströme zu erzielen (IFRS 9.4.2(a): Geschäftsmodell)?

2. Führen die vertraglichen Bedingungen des Vermögenswerts zu Zahlungsströmen an festgelegten Zeitpunkten, die ausschließlich Zins- und Tilgungszahlungen auf das ausstehende Kapital darstellen (IFRS 9.4.2(b): Eigenschaft der vertraglichen Zahlungsströme)?

Können beide Fragen mit „ja" beantwortet werden, so ist die Schuldverschreibung zu fortgeführten Anschaffungskosten zu bilanzieren, es sei denn, es wurde von der sog. Fair Value-Option Gebrauch gemacht, um Bewertungsinkongruenzen zu vermindern (IFRS 9.4.5). Ist eine der beiden Fragen zu verneinen, erfolgt die Bilanzierung zum beizulegenden Zeitwert.

Im vorliegenden Fall hat das Unternehmen die Schuldverschreibung mit dem Ziel erworben, vertragliche Zahlungsströme zu erzielen. Die erste Frage ist daher zu bejahen. Bei einer Schuldverschreibung weisen die Zahlungsströme typischerweise die in der zweiten Frage geforderten Eigenschaften auf. Da in der Aufgabenstellung kein Hinweis zur Ausübung der Fair Value-Option gegeben wird, hat die Bewertung zu fortgeführten Anschaffungskosten zu erfolgen.

Gewinne und Verluste sind neben den Amortisationsbuchungen nur dann in der GuV-Rechnung zu berücksichtigen, wenn der finanzielle Vermögenswert ausgebucht, abgeschrieben oder im Sinne des IFRS 9.5.3.2 umklassifiziert wurde (IFRS 9.5.4.2).

Im Rahmen des sogenannten *impairment test* ist nun zu prüfen, ob der Rückgang des Börsenkurses zugleich eine Wertminderung darstellt. Voraussetzung für das Vorliegen einer solchen Wertminderung ist, dass es objektive und substanzielle Hinweise dafür gibt, dass die aus der Schuldverschreibung resultierenden Zahlungsströme, d. h. die vereinbarten Zins- und Tilgungszahlungen, im Vergleich zum Anschaffungszeitpunkt negativ beeinflusst werden. Dies ist hier nicht der Fall, da in dem geschilderten Fall keinerlei Anhaltspunkte dafür vorliegen, dass der Schuldner seine jährlichen Zinszahlungen von 5 TEUR und die Rückzahlung der Schuldverschreibung am Ende der Laufzeit nicht mehr aufbringen kann. Der Rückgang des Börsenkurses, der dem Barwert der mit dem Marktzinssatz abgezinsten Zins- und Tilgungszahlungen entspricht, ist ausschließlich auf den Anstieg des Marktzinssatzes zurückzuführen.

Im vorliegenden Fall bleibt der Anstieg des Marktzinsniveaus folglich unberücksichtigt. Es handelt sich um unrealisierte Verluste, die erst bei einer Ausbuchung oder Umklassifizierung erfolgswirksam zu buchen sind.

Teilaufgabe b)

Wandelschuldverschreibungen verbriefen neben den Rechten aus einer Teilschuldverschreibung auch ein Umtauschrecht in bzw. ein Bezugsrecht auf neue Aktien. Für die Klassifizierung nach IFRS 9 ist die Wandelschuldverschreibung in ihrer Gesamtheit zu analysieren (IFRS 9.4.7). Die Frage, ob die Zahlungsströme lediglich Zins- und Tilgungszahlungen auf den ausstehenden Betrag darstellen, muss hier verneint werden. Die Zinszahlungen berücksichtigen zwar (wie bei einer „normalen" Schuldverschreibung) den Zeitwert des Geldes und die Bonität des Emittenten, allerdings sind die Rückflüsse zusätzlich an den Wert des Eigenkapitals des Emittenten geknüpft. Eine Klassifizierung zu fortgeführten Anschaffungskosten scheidet daher aus, da die vertraglichen Zahlungsströme nicht die erforderliche Eigenschaft aufweisen.

Die Wandelschuldverschreibung ist zum beizulegenden Zeitwert zu bilanzieren. Der Anstieg des Marktzinses führt zu einem niedrigeren beizulegenden Zeitwert. Die Differenz von 3,48 TEUR ist erfolgswirksam als Aufwand in der GuV-Rechnung zu buchen (IFRS 9.5.4.1). Ein *impairment test* ist entbehrlich, da ohnehin jede Änderung des beizulegenden Zeitwerts erfolgswirksam erfasst wird.

Aufgabe 6.18: Spezielle Bilanzierungsvorschriften: Finanzinstrumente und die Eigenschaft vertraglicher Zahlungsströme

Entscheiden Sie für die in der nachfolgenden Tabelle aufgeführten Finanzinstrumente, ob die vertraglichen Zahlungsströme ausschließlich Zins- und Tilgungszahlungen auf das ausstehende Kapital darstellen und ob eine Bewertung zu fortgeführten Anschaffungskosten grundsätzlich möglich ist (IFRS 9.4.2(b))!

Finanzinstrument	Analyse	Bewertung zu fortgeführten Anschaffungs- kosten möglich?
Eine Schuldverschreibung mit festem Fälligkeitsdatum. Die Tilgungs- und Zinszahlungen sind an die Inflationsrate des Landes geknüpft, in dem die Schuldverschreibung emittiert wurde. Die Verknüpfung mit der Inflationsrate ist nicht „ge- leveraged".		
Es handelt sich um einen Kredit, dessen Verzinsung in einem umgekehrten Verhältnis zum Marktzins verläuft.		
Eine Wandelschuldverschrei- bung.		
Ein dinglich gesicherter Kredit.		

Lösung (siehe nächste Seite)

Finanzinstrument	Analyse	Bewertung zu fortgeführten Anschaffungskosten möglich?
Eine Schuldverschreibung mit festem Fälligkeitsdatum. Die Tilgungs- und Zinszahlungen sind an die Inflationsrate des Landes geknüpft, in dem die Schuldverschreibung emittiert wurde. Die Verknüpfung mit der Inflationsrate ist nicht „geleveraged".	Die vertraglichen Zahlungsströme sind ausschließlich Zins- und Tilgungszahlungen auf das ausstehende Kapital. Durch die Verknüpfung mit der Inflationsrate wird der Zeitwert des Geldes lediglich auf ein aktuelles Niveau angepasst. Es handelt sich – einfach gesagt – lediglich um einen „exakteren" Zinssatz.	ja
Es handelt sich um einen Kredit, dessen Verzinsung in einem umgekehrten Verhältnis zum Marktzins verläuft.	Da die Verzinsung nicht den Zeitwert des Geldes in Bezug auf das ausstehende Kapital widerspiegelt, handelt es sich nicht um vertragliche Zahlungsströme, die ausschließlich Zins- und Tilgungsleistungen auf das ausstehende Kapital darstellen.	nein
Eine Wandelschuldverschreibung.	Die Gesamtbetrachtung der Wandelschuldverschreibung führt zu dem Ergebnis, dass die vertraglichen Zahlungsströme auch vom Wert des Eigenkapitals des Emittenten abhängig sind und somit nicht ausschließlich Zins- und Tilgungszahlungen darstellen.	nein
Ein dinglich gesicherter Kredit.	Die Tatsache, dass es sich um einen gesicherten Kredit handelt, ist für die Analyse der Zahlungsströme unbeachtlich. Die Zahlungsströme stellen daher ausschließlich Zins- und Tilgungszahlungen auf das ausstehende Kapital dar.	ja

Aufgabe 6.19: Spezielle Bilanzierungsvorschriften: Eigenkapital

a)   Ein Unternehmen mit einem gezeichneten Kapital von 2 Mio. EUR und einer Kapitalrücklage von 10 Mio. EUR kauft zu Beginn des Geschäftsjahres 01 eigene Anteile mit einem Nennwert von 200.000 EUR zu einem Preis von 1,2 Mio. EUR zurück. Wie stellt sich in der Bilanz zum 31. Dezember 01 das Eigenkapital in EUR dar?

b)   Im Geschäftsjahr 02 werden die eigenen Anteile zu 900.000 EUR (Fall 1) bzw. zu 1.400.000 EUR (Fall 2) verkauft. Es finden keine anderen Eigenkapitalveränderungen statt. Wie wird das Eigenkapital zum 31. Dezember 02 ausgewiesen?

Lösung

Teilaufgabe a)

	1. Januar 01	Rückkauf eigener Anteile	31. Dezember 01
Gezeichnetes Kapital	2.000.000	-200.000	1.800.000
Kapitalrücklage	10.000.000	-1.000.000	9.000.000
Summe	12.000.000	-1.200.000	10.800.000

Teilaufgabe b)

Fall 1:

	1. Januar 02	Verkauf eigener Anteile	31. Dezember 02
Gezeichnetes Kapital	1.800.000	+200.000	2.000.000
Kapitalrücklage	9.000.000	+700.000	9.700.000
Summe	10.800.000	+900.000	11.700.000

Fall 2:

	1. Januar 02	Verkauf eigener Anteile	31. Dezember 02
Gezeichnetes Kapital	1.800.000	+200.000	2.000.000
Kapitalrücklage	9.000.000	+1.200.000	10.200.000
Summe	10.800.000	+1.400.000	12.200.000

Der Veräußerungsgewinn bzw. -verlust schlägt sich direkt in der Kapitalrücklage nieder.

Aufgabe 6.20: Spezielle Bilanzierungsvorschriften: Rückstellungen

IAS 37.10 definiert den Begriff Rückstellung als eine Schuld, die hinsichtlich ihrer Fälligkeit und/oder ihrer Höhe nach ungewiss ist. Daneben unterscheidet IAS 37 die Begriffe abgegrenzte Schulden (*accruals*), die sich von den *provisions* lediglich durch einen geringeren Grad an Unsicherheit unterscheiden (IAS 37.11(b)), sowie die Eventualschulden (*contingent liabilities*), die allerdings nicht passiviert, sondern lediglich im Anhang offengelegt und erläutert werden, sofern die Möglichkeit eines Abflusses von Ressourcen mit wirtschaftlichem Nutzen nicht unwahrscheinlich ist (IAS 37.27–37.28 i. V. m. IAS 37.86). Nehmen Sie eine Abgrenzung hinsichtlich der Begriffe und ihrer Mittelabflusswahrscheinlichkeit vor!

Lösung (siehe nächste Seite)

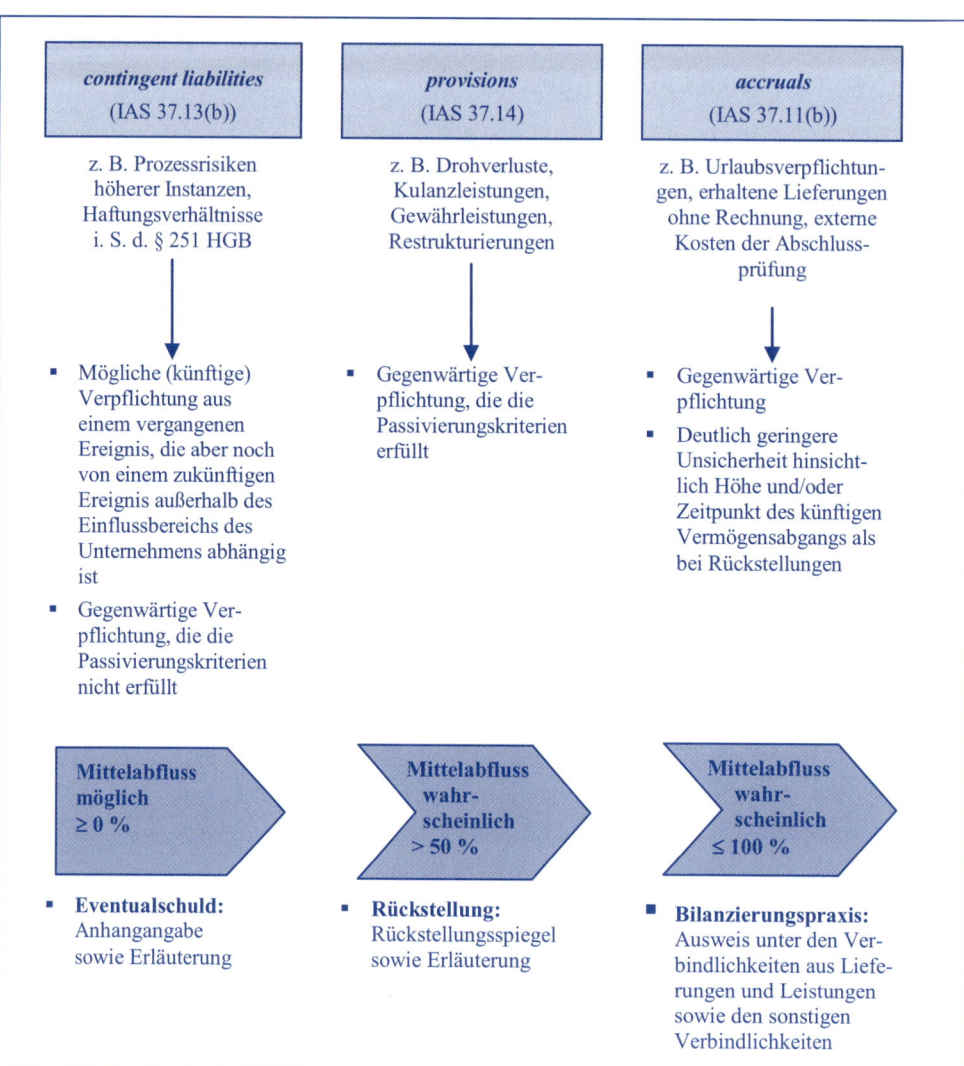

Abb. 47: Begriffsabgrenzung contingent liabilities, provisions und accruals

Aufgabe 6.21: Spezielle Bilanzierungsvorschriften: Rückstellungen[100]

a) Neben der gesetzlich verbindlichen Gewährleistungsfrist von zwei Jahren auf die verkauften Produkte verpflichtet sich der Fahrradproduzent X, für aufkommende Herstellungsfehler weitere acht Jahre durch Reparatur oder Ersatz einzustehen. Die Wahrscheinlichkeit für die Inanspruchnahme ist aus den Erfahrungen der Vergangenheit gegeben. Beurteilen Sie diesen Sachverhalt!

b) Das Sportfachgeschäft Y gewährt seinen Kunden ein Rückgaberecht, wenn diese mit dem gekauften Laufschuh nicht zufrieden sind, obwohl hierzu keine rechtliche Verpflichtung besteht. Das Rückgaberecht wird als Verkaufsargument offensiv eingesetzt. Beurteilen Sie diesen Sachverhalt!

Lösung

Teilaufgabe a)

Beurteilung des Sachverhalts:

- verpflichtendes Ereignis in der Vergangenheit: Verkauf des Fahrrades und Übernahme der Gewährleistung (rechtliche und faktische Verpflichtung) für die kommenden zehn Jahre;
- gegenwärtige Verpflichtung gegenüber Dritten: ja;
- wahrscheinlicher Abfluss: ja;
- zuverlässige Schätzung: ja;
- Fazit: Eine Rückstellung ist für alle Fahrräder zu passivieren, die vor dem Abschlussstichtag mit Gewährleistung verkauft wurden. Die Höhe der Rückstellung entspricht dem Erwartungswert (IAS 37.36-41: bestmögliche Schätzung bzw. „best estimate").

Teilaufgabe b)

Beurteilung des Sachverhalts:

- verpflichtendes Ereignis in der Vergangenheit: Verkauf der Laufschuhe, durch den eine faktische Verpflichtung gegenüber den Kunden entsteht;
- gegenwärtige Verpflichtung gegenüber Dritten: ja;
- wahrscheinlicher Abfluss: ja;
- zuverlässige Schätzung: ja;
- Fazit: Eine Rückstellung ist in Höhe der wahrscheinlichen Kosten zu passivieren (IAS 37.36-41: bestmögliche Schätzung bzw. „best estimate").

---

[100] In Anlehnung an IAS 37, Anhang C, Beispiel 1 und 4.

Aufgabe 6.22: Spezielle Bilanzierungsvorschriften: Rückstellungen[101]

a) Durch die Regierungsübernahme der Green-Party wurden die einzuhaltenden Umwelt-bestimmungen für bestimmte Branchen und Unternehmen verschärft. Das verabschie-dete „Null-Emissionen-Gesetz für Nachhaltigkeit und Fortschritt" verpflichtet diese Unternehmen zum Einbau von Filteranlagen bis zum 30. Juni 02. Ansonsten droht eine Geldstrafe/-buße. Beurteilen Sie diesen Sachverhalt jeweils zum Jahresende 01 und 02!

b) Die erfolgreiche Steuerberatergemeinschaft X und Y möchte ihre Mitarbeiter aufgrund umfangreicher Änderungen in der Einkommensteuergesetzgebung sowie der Abgaben-ordnung auf Schulungen schicken. Aufgrund der großen Nachfrage und bestehender Zeitprobleme konnten die Schulungen zum Abschlussstichtag noch nicht besucht wer-den. Beurteilen Sie diesen Sachverhalt!

Lösung

Teilaufgabe a)

Fall 1: Abschlussstichtag 31. Dezember 01; die Filter sind nicht eingebaut

*   verpflichtendes Ereignis in der Vergangenheit: nein;
*   daraus folgt: gegenwärtige Verpflichtung gegenüber Dritten: nein;
*   Fazit: keine Rückstellung. Rückstellungen dürfen nur für Ereignisse gebildet werden, die unabhängig von der künftigen Geschäftstätigkeit sind. Das Unternehmen kann sich durch entsprechendes Handeln (Verlagerung der Betriebsstätte in ein Land mit weniger strengen Umweltgesetzen, Umstellung der Produktion) von der Verpflich-tung befreien.

Fall 2: Abschlussstichtag 31. Dezember 02; die Filter sind nicht eingebaut

*   verpflichtendes Ereignis in der Vergangenheit: Nichterfüllung der gesetzlich be-stehenden Einbauverpflichtung;
*   gegenwärtige Verpflichtung gegenüber Dritten: ja, sofern der Gesetzgeber für diesen Fall eine Geldstrafe/-buße vorgesehen hat;
*   wahrscheinlicher Abfluss: ist abhängig von den Einzelheiten der Gesetzgebung und den Möglichkeiten der gerichtlichen Durchsetzung;
*   zuverlässige Schätzung: ja;
*   Fazit: Rückstellung in Höhe der geschätzten Geldstrafe/-buße ist anzusetzen, sofern mehr für den Eintritt als dagegen spricht. Hingegen darf für die Einbaukosten des Filters keine Rückstellung gebildet werden.

---

[101] In Anlehnung an IAS 37, Anhang C, Beispiel 6, 7 und 11B.

Teilaufgabe b)

Beurteilung des Sachverhalts:

- verpflichtendes Ereignis in der Vergangenheit: nein;
- daraus folgt: gegenwärtige Verpflichtung gegenüber Dritten: nein;
- Fazit: keine Rückstellung.

Aufgabe 6.23: Spezielle Bilanzierungsvorschriften: Pensionsverpflichtungen

Die X-AG hat sich in 01 verpflichtet, einer Arbeitnehmerin bei Beendigung ihres Arbeitsverhältnisses eine Kapitalleistung in Höhe von 0,5 % des letzten Endgehalts für jedes geleistete Dienstjahr (ab einschließlich 01) zu zahlen. Das aktuelle Gehalt in 01 beträgt 40.000 EUR. Annahmegemäß wird das Gehalt jedes Jahr um 5 % steigen, bis die Arbeitnehmerin zum Jahresende 05 das Unternehmen voraussichtlich verlassen wird. Ermitteln Sie unter Anwendung der „Methode der laufenden Einmalprämien" („*Projected Unit Credit Method*", IAS 19.65) die Höhe der Verpflichtung an den Abschlussstichtagen 01 bis 05! Es ist ein Kalkulationszinssatz in Höhe von 5 % zugrunde zu legen.

Lösung

In einem ersten Schritt muss das prognostizierte letzte Endgehalt ermittelt werden:

40.000 EUR $\cdot (1 + i)^4 = 40.000$ EUR $\cdot 1,05^4 = 48.620,25$ EUR

Von diesem Betrag sind 0,5 % den laufenden Dienstjahren 01 bis 05 zuzurechnen:

0,5 % $\cdot$ 48.620,25 EUR = 243,10 EUR

Da sich dieser Betrag auf das Jahresende 05 bezieht, muss der Zeitwert des Geldes berücksichtigt werden. Die Verpflichtung in 01 beläuft sich demnach auf:

243,10 EUR $\cdot (1 + i)^{-4} = 243,10$ EUR $\cdot 1,05^{-4} = 200,00$ EUR

In 02 ist diese Verpflichtung um eine Periode aufzuzinsen. Der zusätzlich erdiente Anspruch der Arbeitnehmerin in 02 ist analog zum Vorgehen in 01 zu erfassen, hier jedoch lediglich um 3 Perioden abgezinst. Als Verpflichtung am Abschlussstichtag 02 ist daher folgender Wert anzusetzen:

200,00 EUR $\cdot (1 + i) + 243,10$ EUR $\cdot (1 + i)^{-3} = 200,00$ EUR $\cdot 1,05 + 243,10$ EUR $\cdot 1,05^{-3}$

= 210,00 EUR + 210,00 EUR = 420,00 EUR

In den Folgeperioden ist analog vorzugehen. Die nachfolgende Tabelle stellt die Ermittlung der Verpflichtung zu den jeweiligen Abschlussstichtagen überblicksartig dar.

Jahr [Beträge in EUR]	01	02	03	04	05
Leistung, erdient in früheren Dienstjahren	---	243,10	486,20	729,30	972,40
Leistung aus dem laufenden Dienstjahr	243,10	243,10	243,10	243,10	243,10
Summe der erdienten Leistungen	243,10	486,20	729,30	972,40	1.215,50
Verpflichtung zu Beginn des Berichtsjahres	---	200,00	420,00	661,50	926,10
Zinsen (5 %)	---	10,00	21,00	33,08	46,31
Laufender Dienstzeitaufwand	200,00	210,00	220,50	231,52	243,10
Verpflichtung am Jahresende (Abschlussstichtag)	200,00	420,00	661,50	926,10	1.215,51

Der Tabelle kann entnommen werden, dass der Buchwert der Verpflichtung zum Jahresende 05 den Betrag erreicht, zu dem sich die X-AG vertraglich verpflichtet hat.

Zur Kontrolle: $0,5\ \% \cdot 5\ \text{Jahre} \cdot 40.000\ \text{EUR} \cdot 1,05^4 = 1.215,51\ \text{EUR}$

Dieser Wert entspricht der Verpflichtung zum Jahresende 05 und der Summe der bis dahin erdienten Leistungen (es liegt eine Rundungsdifferenz von 0,01 EUR vor).

Aufgabe 6.24: Spezielle Bilanzierungsvorschriften: Pensionsverpflichtungen

Wie ermittelt man die Höhe der in der Bilanz anzusetzenden Pensionsverpflichtung bei einer leistungsbezogenen Pensionszusage (IAS 19.54)?

Lösung

Barwert der leistungsbezogenen Verpflichtung zum Abschlussstichtag

+/– etwaige versicherungsmathematische Gewinne/Verluste aus der Differenz der Barwerte der erwarteten zur tatsächlichen leistungsbezogenen Verpflichtung

– etwaiger bislang noch nicht verrechneter Dienstzeitaufwand

am Abschlussstichtag beizulegender Zeitwert des tatsächlichen Pensionsvermögens (falls vorhanden), mit dem die Verpflichtungen unmittelbar abzugelten sind

+/– etwaige versicherungsmathematische Gewinne/Verluste aus der Differenz des erwarteten beizulegenden Zeitwerts des Pensionsvermögens zum tatsächlichen beizulegenden Zeitwert des Pensionsvermögens

= Pensionsverpflichtung (*pension obligation*)

Aufgabe 6.25: Spezielle Bilanzierungsvorschriften: Verbindlichkeiten

Die handelsrechtliche Terminologie Schulden ist nicht völlig deckungsgleich mit dem in den IFRS gebrauchten Begriff Schulden (*liabilities*). Nach IFRS müssen Schulden zwingend die Kriterien einer *liability* erfüllen, womit insbesondere der Ansatz von Aufwandsrückstellungen, die keine Außenverpflichtung darstellen, unterbleibt. Unabhängig davon fallen unter die Definition der Schulden nach IFRS, sofern sie bilanzierungsfähig sind, die Rückstellungen (*provisions*) und die sonstigen Schulden. Letztere werden unterteilt in finanzielle Verbindlichkeiten i. S. d. IAS 32.11 und in sonstige Verbindlichkeiten, wobei die passivischen Rechnungsabgrenzungsposten auch unter den sonstigen Verbindlichkeiten zu subsumieren sind. Zeigen Sie anhand einer Übersicht die Position Schulden im Kontext der Passivseite der IFRS-Bilanz!

Lösung

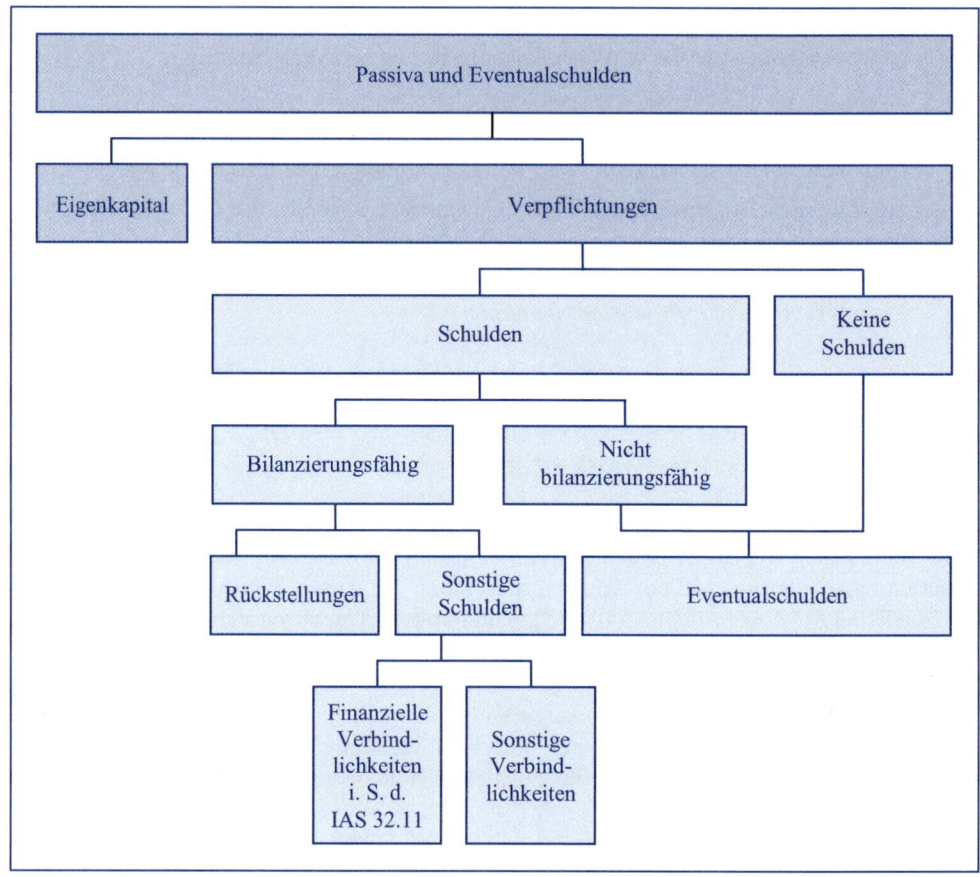

Abb. 48:   Definition der Schulden nach IFRS[102]

---

[102] Modifiziert entnommen aus SCHULZE-OSTHOFF, HERMANN-J.; SCHULZ-DANSO, MARTIN (Übrige Schulden 2009), Rz. 2.

6.3 Die anderen Rechnungslegungsinstrumente nach IFRS

Aufgabe 6.26: Die Gewinn- und Verlustrechnung bzw. die Gesamtergebnisrechnung

Geben Sie an, in welchen Fällen die IFRS vorsehen, dass Erträge bzw. Aufwendungen direkt im Eigenkapital und nicht in der GuV-Rechnung erfasst werden! Gehen Sie außerdem auf das Wahlrecht ein, das Unternehmen nach IAS 1.81 bzgl. der Form der Gesamtergebnisrechnung haben!

Lösung

In den folgenden Fällen sehen die IFRS vor, dass Erträge bzw. Aufwendungen direkt im Eigenkapital und nicht in der GuV-Rechnung erfasst werden:

- IAS 12.61A: tatsächliche und latente Steuern, die sich auf Positionen beziehen, die direkt im Eigenkapital erfasst wurden,

- IAS 16.39: Neubewertungsgewinne von Sachanlagen, sofern es sich nicht um die Rückgängigmachung einer Wertberichtigung handelt,

- IAS 19.93A: versicherungsmathematische Gewinne und Verluste in bestimmten Situationen,

- IAS 21.30, IAS 21.32 und IAS 21.39: Umrechnungsbestandteil des Gewinns oder Verlusts aus einer nicht monetären Position, die direkt im Eigenkapital erfasst wird, Umrechnungsdifferenzen aus einer monetären Position, die Teil einer Nettoinvestition in einem ausländischen Geschäftsbetrieb ist, und Umrechnungsdifferenzen bezüglich der Umrechnung des Jahresabschlusses eines in den Konzernabschluss einbezogenen Unternehmens,

- IAS 38.85: Neubewertungsgewinne bei immateriellen Vermögenswerten, sofern es sich nicht um die Rückgängigmachung einer Wertberichtigung handelt,

- IFRS 9.5.4.4: (bei Designation im Zugangszeitpunkt) Gewinne und Verluste im Zusammenhang mit einer Fair Value-Bewertung von Eigenkapitalinstrumenten, sofern sie nicht zu Handelszwecken gehalten werden,

- IAS 39.95 und IAS 39.102: Gewinne und Verluste aus dem wirksamen Teil von *Cashflow-hedges* und im Zusammenhang mit dem wirksamen Teil der Absicherung einer Nettoinvestition in einen ausländischen Geschäftsbetrieb. Nach ED/2010/13 „*Hedge Accounting*" auch Gewinne und Verluste aus *Fair Value-hedges*. Der ineffektive Teil der *Hedge*-Beziehung ist nachträglich in die GuV-Rechnung zu buchen.

Da es mittlerweile eine nicht unerhebliche Zahl von solchen „Sonderfällen" gibt, verlangt IAS 1.10 die Veröffentlichung einer „Gesamtergebnisrechnung" (*statement of comprehensive income*). Nach IAS 1.81 haben Unternehmen bzgl. der Form dieser Gesamtergebnisrechnung ein Wahlrecht:

- eine einzige Darstellung des Gesamtergebnisses (*single statement of comprehensive income*): Bei dieser Möglichkeit werden zunächst die einzelnen Erträge und Aufwendungen der GuV-Rechnung bis hin zum Jahresergebnis und dann die anderen, d. h. die nicht in der GuV-Rechnung enthaltenen Elemente des Gesamtergebnisses (*other comprehensive income*) aufgeführt. Das Jahresergebnis der GuV-Rechnung ist hier darstellungsmäßig nur ein Zwischenergebnis auf dem Weg zum Gesamtergebnis.

- eine getrennte Darstellung des Gesamtergebnisses, nämlich separat in einer (traditionellen) GuV-Rechnung und einer zweiten Aufstellung, die das Jahresergebnis enthält und zusätzlich die anderen, d. h. die nicht in der GuV-Rechnung enthaltenen Elemente des Gesamtergebnisses (*other comprehensive income*) aufführt. Im Prinzip kann hier also die ursprüngliche GuV-Rechnung beibehalten werden, und es ist eine neue Aufstellung hinzuzufügen. Da diese getrennte Vorgehensweise der lang bekannten Darstellung der Erfolgslage eines Unternehmens in Deutschland am ehesten entspricht, kann davon ausgegangen werden, dass deutsche Unternehmen die getrennte Darstellung präferieren.

Aufgabe 6.27: Die Gewinn- und Verlustrechnung: Gliederung

Die IFRS enthalten kein verbindliches Modell einer Gewinn- und Verlustrechnung. IAS 1.82 führt lediglich die Informationen auf, die mindestens in einer Gewinn- und Verlustrechnung nach IFRS veröffentlicht werden sollten. Welche sind dies?

Lösung

In einer Gewinn- und Verlustrechnung nach IFRS sind mindestens die folgenden Informationen zu veröffentlichen:

- Erlöse (*revenues*),
- Gewinne und Verluste aus der Ausbuchung von zu fortgeführten Anschaffungskosten bilanzierten finanziellen Vermögenswerten (*gains and losses arising from the derecognition of financial assets measured at amortised cost*),
- Finanzierungsaufwendungen (*finance costs*),
- Gewinn- und Verlustanteile an assoziierten Unternehmen und *joint ventures*, die nach der *equity*-Methode bilanziert werden (*share of profit or loss of associates and joint ventures accounted for using the equity method*),
- Gewinne und Verluste aus der Umklassifizierung von finanziellen Vermögenswerten (*any gain or loss arising from a difference between the previous carrying amount and its fair value at the reclassification date (as defined in IFRS 9)*),
- Steueraufwendungen (*tax expenses*),
- Betrag, der enthält: (i) das Nachsteuerergebnis aus eingestellten betrieblichen Tätigkeiten und (ii) das Nachsteuerergebnis aus der Bewertung zum Fair Value abzüglich der bei der Veräußerung anfallenden Kosten oder aus der Veräußerung der Vermö-

genswerte oder der Gruppe(n) von Vermögenswerten, die die eingestellte Tätigkeit ausmachen (*a single amount comprising the total of (i) the post-tax profit or loss of discontinued operations and (ii) the post-tax gain or loss recognised on the measurement to fair value less costs to sell or on the disposal of the assets or disposal group(s) constituting the discontinued operation*),

- Ergebnis (*profit or loss*).

Aufgabe 6.28: Die Kapitalflussrechnung

Geben Sie einen Überblick über die Ableitungs- und Darstellungsmethoden der Kapitalflussrechnung!

Lösung (siehe nächste Seite)

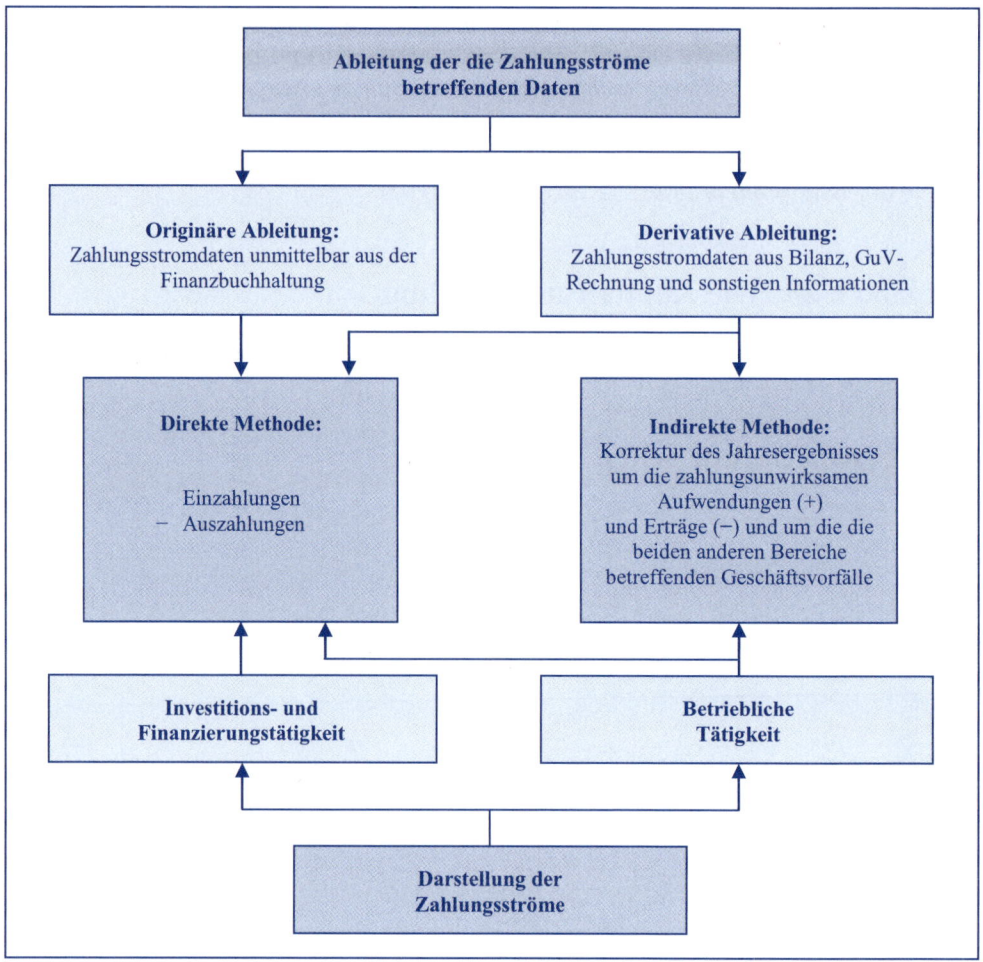

Abb. 49: Die Ableitungs- und Darstellungsmethoden der Kapitalflussrechnung[103]

---

[103] Modifiziert entnommen aus PFUHL, JÖRG M. (Konzernkapitalflussrechnung 1994), S. 50.

6.4 Der Konzernabschluss nach IFRS

Aufgabe 6.29: Zwecksetzung und Bestandteile eines Konzern-abschlusses nach IFRS

Diskutieren Sie die Zwecksetzung und die Bestandteile eines Konzernabschlusses nach IFRS!

Lösung

Der IFRS-Konzernabschluss (*consolidated financial statements*) dient als Instrument zur Bereitstellung von Informationen über die Vermögens-, Finanz- und Ertragslage des Konzerns (*group*) sowie deren Veränderungen (F.12). Zweck dieser Informationsbereitstellung ist es, den Adressaten des IFRS-Konzernabschlusses bei ihren wirtschaftlichen Entscheidungen nützlich zu sein (F.12). Zur Erfüllung dieser Zielsetzung orientiert sich ein IFRS-Konzernabschluss in erster Linie an den Informationsbedürfnissen der Investoren, deren Interessen sich nach Auffassung des IASB in den meisten Fällen mit den Informationsbedürfnissen aller anderen Adressatengruppen decken (F.10).

Ein IFRS-Konzernabschluss wird auf Basis konsolidierter Daten erstellt. Er gilt als eigenständiger Abschluss der wirtschaftlichen Einheit „Konzern". Geschäftsvorfälle zwischen den rechtlich zwar selbstständigen, wirtschaftlich aber miteinander verbundenen Konzernunternehmen werden deshalb in einen IFRS-Konzernabschluss nicht aufgenommen. In ihm werden nur solche Geschäftsvorfälle erfasst, die die Konzernunternehmen mit außenstehenden Dritten getätigt haben. Unter Zugrundelegung der Fiktion der rechtlichen Einheit des Konzerns lässt sich ein IFRS-Konzernabschluss auch als ein hypothetisches Gebilde kennzeichnen, in dem alle Konzernunternehmen so dargestellt werden, als ob es sich bei ihnen um ein rechtlich einheitliches Unternehmen handelt.

Ein IFRS-Konzernabschluss dient ausschließlich der vorstehend aufgezeigten Informationsfunktion. Eine Steuerbemessungs- oder Ausschüttungsbemessungsfunktion besitzt ein IFRS-Konzernabschluss nach deutschem Recht zur Zeit nicht.

Der Konzernabschluss nach IFRS besteht gemäß IAS 1.10 aus einer Konzernbilanz, einer Konzern-GuV, einer Darstellung über die Konzerneigenkapitalveränderungen, einer Konzernkapitalflussrechnung sowie einem Konzernanhang. Im Konzernanhang sind gemäß IAS 1.10 die maßgeblichen Bilanzierungs- und Bewertungsmethoden zusammenzufassen und sonstige erläuternde Angaben aufzuführen. Unternehmen, deren Wertpapiere öffentlich gehandelt werden und die einen Einzel- und Konzernabschluss erstellen, müssen darüber hinaus gemäß IFRS 8 eine Berichterstattung über Geschäftssegmente (*operating segments*) auf Basis konsolidierter Daten erstellen. Ein inländisches Unternehmen muss zudem den IFRS-Konzernabschluss um einen Konzernlagebericht entsprechend den Regelungen des § 315 HGB ergänzen.

Aufgabe 6.30: Verfahrensschritte zur Erstellung eines Konzernabschlusses nach IFRS

Zeigen Sie die vier Verfahrensschritte auf, die im Rahmen der Erstellung eines IFRS-Konzernabschlusses zu durchlaufen sind!

Lösung

Im ersten Verfahrensschritt ist zu überprüfen, ob ein Unternehmen als Mutterunternehmen an der Spitze einer nach wirtschaftlichen Merkmalen bestimmten Unternehmensgruppe steht, so dass sich für dieses Unternehmen die Verpflichtung zur Erstellung eines IFRS-Konzernabschlusses bzw. IFRS-Teil-Konzernabschlusses ergibt.

Im zweiten Verfahrensschritt sind diejenigen rechtlich selbstständigen Unternehmen festzulegen, die in den Konsolidierungskreis des Mutterunternehmens einzubeziehen sind.

Im Rahmen des dritten Verfahrensschrittes erfolgt die Vereinheitlichung der in den IFRS-Konzernabschluss einzubeziehenden Einzelabschlüsse. Dies beinhaltet die Vereinheitlichung des Abschlussstichtags sowie der Bilanzierungs- und Bewertungsmethoden. Letzteres umfasst sowohl die Umstellung von einem HGB-Abschluss oder von einem nach anderen nationalen Regeln erstellten Abschluss auf IFRS als auch die Vereinheitlichung innerhalb der IFRS (z. B. Abschreibungsmethoden, Vorratsbewertung). Darüber hinaus wird gegebenenfalls eine Währungsumrechnung durchgeführt.

Innerhalb des vierten Verfahrensschrittes werden im Anschluss an eine Horizontaladdition der in den IFRS-Konzernabschluss einbezogenen vereinheitlichten Einzelabschlüsse (Erstellung eines Summenabschlusses) die eigentlichen Konsolidierungsmaßnahmen durchgeführt. Aufgrund der Fiktion der rechtlichen Einheit „Konzern" werden in diesem Verfahrensschritt aus den einbezogenen vereinheitlichten Einzelabschlüssen sämtliche bilanziellen Auswirkungen, die sich aus konzerninternen Geschäftsvorfällen ergeben, eliminiert. Die jeweils angewandte Konsolidierungsmethode hängt dabei von der Art der Beziehung zwischen Mutter- und Beteiligungsunternehmen ab. Tochterunternehmen, also Unternehmen, die von der Mutter beherrscht werden, sind mittels der Vollkonsolidierung in den IFRS-Konzernabschluss einzubeziehen. *Joint ventures* als gemeinschaftlich geführte Unternehmen sind dagegen entweder mittels der Quotenkonsolidierung oder mittels der Equity-Methode im IFRS-Konzernabschluss zu erfassen; die Einbeziehung der assoziierten Unternehmen, also derjenigen Unternehmen, die von der Mutter maßgeblich beeinflusst werden, erfolgt zwingend unter Anwendung der Equity-Methode.

Bei der Voll- und Quotenkonsolidierung werden Beteiligungen an Konzernunternehmen im Rahmen der Kapitalkonsolidierung mit dem Eigenkapital dieser Unternehmen verrechnet. Darüber hinaus sind die zwischen den einzelnen Konzernunternehmen bestehenden Forderungen und Verbindlichkeiten im Zuge der Schuldenkonsolidierung zu eliminieren. Auch sämtliche zwischen Konzernunternehmen verursachten Aufwendungen und Erträge sind mittels der Aufwands- und Ertragskonsolidierung zu beseitigen. Die Durchführung einer Zwischenergebniseliminierung ermöglicht zudem die Entfernung der zwischen den Konzernunternehmen entstandenen Gewinne und Verluste. Gewinne und Verluste im Rahmen der wirtschaftlichen Einheit des Konzerns werden erst dann als realisiert angesehen, wenn sie im

Rahmen eines Geschäftsvorfalls mit einem außenstehenden Dritten angefallen sind. Die Equity-Methode unterscheidet sich allerdings – mit Ausnahme der Zwischenergebniselimi-nierung – von dieser Vorgehensweise.

Nach der Einbeziehung und Konsolidierung aller Konzernunternehmen entsprechend der jeweils anzuwendenden Methode und der Zusammenstellung der gewonnenen Daten gemäß IFRS zeigt der IFRS-Konzernabschluss die Vermögens-, Finanz- und Ertragslage des Kon-zerns sowie deren Veränderungen.

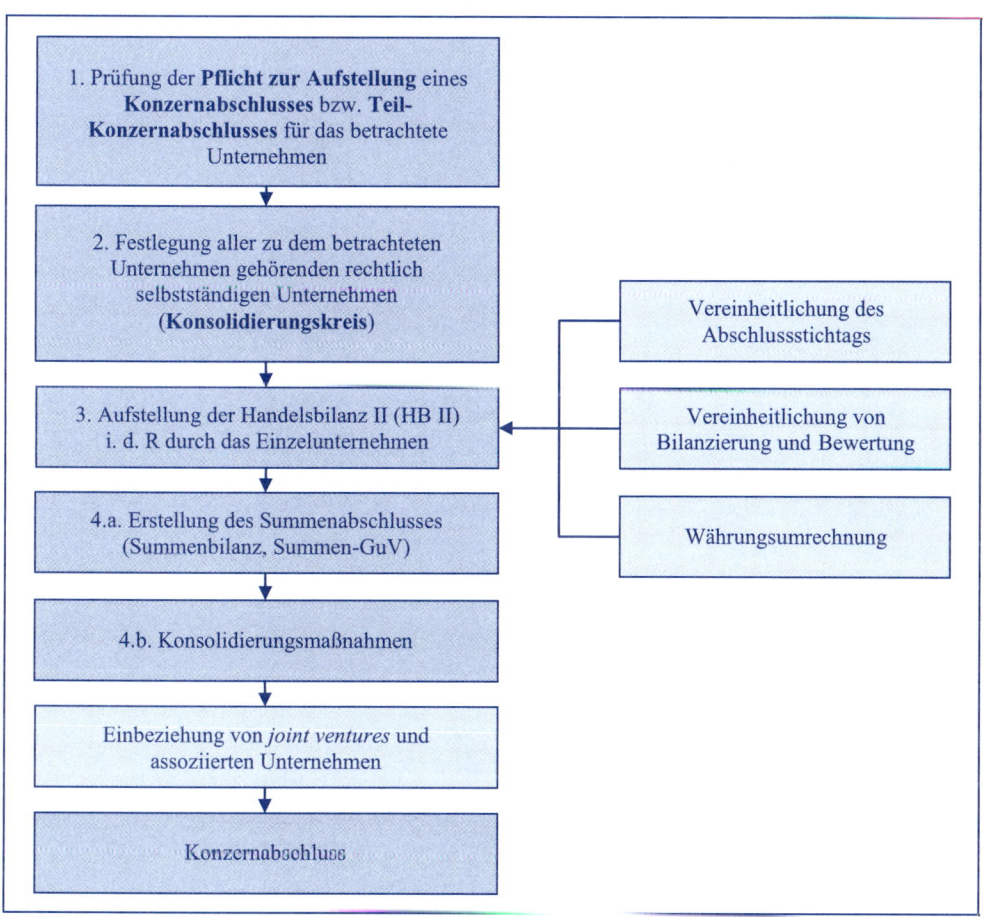

Abb. 50: Verfahrensschritte zur Konzernabschlusserstellung[104]

---

[104] Vgl. hierzu auch die Abbildungen bei DALTGE, JÖRG; KIRSCH, HANS-JÜRGEN; THIELE, STEFAN (Konzernbilan-zen 2011), S. 131; HAYN, SVEN; GRÜNE, MICHAEL (Konzernabschluss 2006), S. 17; HEUSER, PAUL J.; THEILE, CARSTEN (IFRS-Handbuch 2009), S. 575 f.; PELLENS, BERNHARD; FÜLBIER, ROLF U.; GASSEN, JOACHIM; SELLHORN, THORSTEN (Internationale Rechnungslegung 2011), S. 729.

Literaturverzeichnis

ADLER, HANS; DÜRING, WALTHER; SCHMALTZ, KURT (§ 250 HGB 1998): Kommentierung des § 250 HGB – Rechnungsabgrenzungsposten, in: Rechnungslegung und Prüfung der Unternehmen – Kommentar zum HGB, AktG, GmbHG, PublG nach den Vorschriften des Bilanzrichtlinien-Gesetzes, Teilband 6, 6. Aufl., Stuttgart 1998.

BAETGE, JÖRG; KIRSCH, HANS-JÜRGEN; THIELE, STEFAN (Übungsbuch Bilanzen 2010): Übungsbuch Bilanzen und Bilanzanalyse – Aufgaben und Fallstudien mit Lösungen, 4. Aufl., Düsseldorf 2010.

BAETGE, JÖRG; KIRSCH, HANS-JÜRGEN; THIELE, STEFAN (Übungsbuch Konzernbilanzen 2010): Übungsbuch Konzernbilanzen – Aufgaben und Fallstudien mit Lösungen, 4. Aufl., Düsseldorf 2010.

BAETGE, JÖRG; KIRSCH, HANS-JÜRGEN; THIELE, STEFAN (Konzernbilanzen 2011): Konzernbilanzen, 9. Aufl., Düsseldorf 2011.

BERTRAM, KLAUS (Rechnungsabgrenzungsposten 2010): Kommentierung des § 250 HGB – Rechnungsabgrenzungsposten, in: Haufe HGB Bilanz Kommentar, hrsg. von KLAUS BERTRAM u. a., 2. Aufl., Freiburg i. Br. 2010, S. 413–422.

BIEG, HARTMUT; HOSSFELD, CHRISTOPHER; KUßMAUL, HEINZ; WASCHBUSCH, GERD (Rechnungslegung 2009): Handbuch der Rechnungslegung nach IFRS – Grundlagen und praktische Anwendung, 2. Aufl., Düsseldorf 2009.

BIEG, HARTMUT; KUßMAUL, HEINZ (Rechnungswesen 2009): Externes Rechnungswesen, 5. Aufl., München 2009.

BIEG, HARTMUT; KUßMAUL, HEINZ; PETERSEN, KARL; WASCHBUSCH, GERD; ZWIRNER, CHRISTIAN (Bilanzrechtsmodernisierungsgesetz 2009): Bilanzrechtsmodernisierungsgesetz – Bilanzierung, Berichterstattung und Prüfung nach dem BilMoG – mit Praxistipps und Beispielen, München 2009.

BIEG, HARTMUT; KUßMAUL, HEINZ; WASCHBUSCH, GERD (Rechnungswesen 2012): Externes Rechnungswesen, 6. Aufl., München 2012.

BIEG, HARTMUT; SOPP, GUIDO (Gesetzesentwurf 2008): Der Gesetzesentwurf eines Bilanzrechtsmodernisierungsgesetzes (BilMoG), Teil II, in: Der Steuerberater 2008, S. 205–212.

BIEG, HARTMUT; WASCHBUSCH, GERD (Buchführungspflichten 2011): Buchführungspflichten, in: Beck'sches Handbuch der Rechnungslegung – HGB und IFRS, hrsg. von HANS-JOACHIM BÖCKING, EDGAR CASTAN, GERD HEYMANN, NORBERT PFITZER und EBERHARD SCHEFFLER, Bd. I, 37. Ergänzungslieferung, München 2011, A 100, S. 1–26.

COENENBERG, ADOLF G.; HALLER, AXEL; SCHULTZE, WOLFGANG (Jahresabschluss 2009): Jahresabschluss und Jahresabschlussanalyse – Betriebswirtschaftliche, handelsrechtliche, steuerrechtliche und internationale Grundsätze – HGB, IFRS, US-GAAP, 21. Aufl., Stuttgart 2009.

COENENBERG, ADOLF G.; HALLER, AXEL; SCHULTZE, WOLFGANG (Aufgaben 2009): Jahresabschluss und Jahresabschlussanalyse – Aufgaben und Lösungen, 13. Aufl., Stuttgart 2009.

COENENBERG, ADOLF G.; SCHULTZE, WOLFGANG; BIBERACHER, JOHANNES (Grundlagen 1999): Grundlagen des Jahresabschlusses – Begleitheft zum Lehrbuch „Jahresabschluss und Jahresabschlussanalyse" von Adolf G. Coenenberg, Lerneinheit B/RWE 101, Stuttgart 1999.

COENENBERG, ADOLF G.; SCHULTZE, WOLFGANG; BIBERACHER, JOHANNES (Aktiva 1999): Bilanzierung, Ausweis und Bewertung der Aktiva – Begleitheft zum Lehrbuch „Jahresabschluss und Jahresabschlussanalyse" von Adolf G. Coenenberg, Lerneinheit B/RWE 102, Stuttgart 1999.

COENENBERG, ADOLF G.; SCHULTZE, WOLFGANG; BIBERACHER, JOHANNES (Passiva 1999): Bilanzierung, Ausweis und Bewertung der Passiva – Begleitheft zum Lehrbuch „Jahresabschluss und Jahresabschlussanalyse" von Adolf G. Coenenberg, Lerneinheit B/RWE 103, Stuttgart 1999.

COENENBERG, ADOLF G.; SCHULTZE, WOLFGANG; BIBERACHER, JOHANNES (Erfolgsrechnung 1999): Erfolgsrechnung, Anhang, Lagebericht und Jahresabschlussanalyse – Begleitheft zum Lehrbuch „Jahresabschluss und Jahresabschlussanalyse" von Adolf G. Coenenberg, Lerneinheit B/RWE 104, Stuttgart 1999.

COENENBERG, ADOLF G.; SCHULTZE, WOLFGANG; BIBERACHER, JOHANNES (Grundlagen 2000): Grundlagen des Konzernabschlusses – Begleitheft zum Lehrbuch „Jahresabschluss und Jahresabschlussanalyse" von Adolf G. Coenenberg, Lerneinheit B/RWE 105, Stuttgart 2000.

COENENBERG, ADOLF G.; SCHULTZE, WOLFGANG; BIBERACHER, JOHANNES (Konsolidierungsmaßnahmen 2000): Konsolidierungsmaßnahmen im Rahmen des Konzernabschlusses – Begleitheft zum Lehrbuch „Jahresabschluss und Jahresabschlussanalyse" von Adolf G. Coenenberg, Lerneinheit B/RWE 106, Stuttgart 2000.

DUSEMOND, MICHAEL; KESSLER, HARALD (Rechnungslegung 2001): Rechnungslegung kompakt – Einzel- und Konzernabschluss nach HGB mit Erläuterung abweichender Rechnungslegungspraktiken nach IAS und US-GAAP, 2. Aufl., München/Wien 2001.

ELLROTT, HELMUT; KRÄMER, ANDREAS (Rechnungsabgrenzungsposten 2012): Kommentierung des § 250 HGB – Rechnungsabgrenzungsposten, in: Beck'scher Bilanz-Kommentar – Handels- und Steuerbilanz, hrsg. von HELMUT ELLROTT u. a., 8. Aufl., München 2012, S. 362–373.

EU-KOMMISSION (Implementation 2008): Implementation of the IAS Regulation (1606/2002) in the EU and EEA (Date 25/02/08), abrufbar unter http://ec.europa.eu/internal_market/accounting/docs/ias/ias-use-of-options_en.pdf (Stand: 06.03.2012).

FÜLBIER, UWE; SELCHERT, FRIEDRICH WILHELM; KUSCHEL, PATRICK (Bewertungsgrundsätze 2011): Kommentierung des § 252 HGB – Allgemeine Bewertungsgrundsätze, in: Handbuch der Rechnungslegung – Einzelabschluss – Kommentar zur Bilanzierung und Prüfung, hrsg. von KARLHEINZ KÜTING, NORBERT PFITZER und CLAUS-PETER WEBER, Bd. 2, 5. Aufl., Stuttgart 2002 ff. (Stand: Dezember 2011), S. 1–69.

HAYN, SVEN; GRÜNE, MICHAEL (Konzernabschluss 2006): Konzernabschluss nach IFRS – Konsolidierung und Bilanzierung, München 2006.

HEUSER, PAUL J.; THEILE, CARSTEN (IFRS-Handbuch 2009): IFRS-Handbuch – Einzel- und Konzernabschluss, 4. Aufl., Köln 2009.

HILKE, WOLFGANG (Bilanzpolitik 2002): Bilanzpolitik – Jahresabschluss nach Handels- und Steuerrecht, 6. Aufl., Wiesbaden 2002.

IASB (IFRS 9 2011): IASB proposes adjustment to effective date of IFRS 9, abrufbar unter http://www.ifrs.org/NR/rdonlyres/43CDCE75-510D-4E90-A46E-72B292C39131/0/P R_Effective_dateAug2011.pdf (Stand: 06.03.2012).

KAHLE, HOLGER (Jahresabschluss 2004): Der handelsrechtliche Jahresabschluss – Begleitheft zum Lehrbuch „Externes Rechnungswesen" von Hartmut Bieg und Heinz Kußmaul, Lerneinheit B/ERW 102, Stuttgart 2004.

KOZIKOWSKI, MICHAEL; ROSCHER, KLAUS; ANDREJEWSKI, KAI C. (Zugangs- und Folgebewertung 2012): Kommentierung des § 253 Abs. 3 Satz 1 und Satz 2 HGB – Zugangs- und Folgebewertung, in: Beck'scher Bilanz-Kommentar – Handels- und Steuerbilanz, hrsg. von HELMUT ELLROTT u. a., 8. Aufl., München 2012, S. 450–465.

KUßMAUL, HEINZ (Rechnungswesen 2000): Externes Rechnungswesen, in: Übungsbuch zur Betriebswirtschaftslehre, hrsg. von HANS CORSTEN und MICHAEL REIß, München/Wien 2000, S. 55–61 und S. 209–231.

KUßMAUL, HEINZ (Existenzgründer 2011): Betriebswirtschaftslehre für Existenzgründer – Grundlagen mit Fallbeispielen und Fragen der Existenzgründungspraxis, 7. Aufl., München 2011.

KUßMAUL, HEINZ; GRÄBE, SEBASTIAN (Maßgeblichkeitsgrundsatz 2010): Der Maßgeblichkeitsgrundsatz vor dem Hintergrund des BilMoG, in: Der Steuerberater 2010, S. 106–115.

KUßMAUL, HEINZ; GRÄBE, SEBASTIAN (Hintergrund 2010): Der Maßgeblichkeitsgrundsatz vor dem Hintergrund des BMF-Schreibens vom 12.3.2010, in: Der Steuerberater 2010, S. 264–268.

KÜTING, KARLHEINZ; WEBER, CLAUS-PETER (Bilanzanalyse 2012): Die Bilanzanalyse – Beurteilung von Abschlüssen nach HGB und IFRS, 10. Aufl., Stuttgart 2012.

MEYER, CLAUS (Bilanzierung 2011): Bilanzierung nach Handels- und Steuerrecht unter Einschluss der Konzernrechnungslegung und der internationalen Rechnungslegung – Darstellung, Kontrollfragen, Aufgaben, Lösungen, 22. Aufl., Herne 2011.

MOXTER, ADOLF (Bilanzlehre 1984): Bilanzlehre, Bd. I: Einführung in die Bilanztheorie, 3. Aufl., Wiesbaden 1984.

PELLENS, BERNHARD; FÜLBIER, ROLF U.; GASSEN, JOACHIM; SELLHORN, THORSTEN (Internationale Rechnungslegung 2011): Internationale Rechnungslegung – IFRS 1 bis 9, IAS 1 bis 41 – IFRIC-Interpretationen, Standardentwürfe – Mit Beispielen, Aufgaben und Fallstudie, 8. Aufl., Stuttgart 2011.

PFUHL, JÖRG M. (Konzernkapitalflussrechnung 1994): Konzernkapitalflussrechnung – Entwicklung eines zahlungsstromorientierten Steuerungs- und Publizitätsinstruments unter Berücksichtigung der aktuellen internationalen Entwicklungen, Stuttgart 1994.

SCHULZE-OSTHOFF, HERMANN-J.; SCHULZ-DANSO, MARTIN (Übrige Schulden 2009): § 14. Übrige Schulden, in: Beck'sches IFRS-Handbuch – Kommentierung der IFRS/IAS, hrsg. von WERNER BOHL, JOACHIM RIESE und JÖRG SCHLÜTER, 3. Aufl., München 2009, S. 543–580.

SCHEFFLER, WOLFRAM (Steuerbilanz 2010): Besteuerung von Unternehmen II – Steuerbilanz, 6. Aufl., Heidelberg u. a. 2010.

WASCHBUSCH, GERD (Ziele 1993): Die Ziele der handelsrechtlichen Jahresabschlusspolitik, in: Wirtschaftswissenschaftliches Studium 1993, S. 235–239.

WASCHBUSCH, GERD (Grundlagen 2004): Grundlagen der Bilanzlehre, Bilanzarten und Bilanzziele – Begleitheft zum Lehrbuch „Externes Rechnungswesen" von Hartmut Bieg und Heinz Kußmaul, Lerneinheit B/ERW 101, Stuttgart 2004.

WASCHBUSCH, GERD (Jahresabschlusspolitik 2004): Jahresabschlusspolitik und Jahresabschlussanalyse – Begleitheft zum Lehrbuch „Externes Rechnungswesen" von Hartmut Bieg und Heinz Kußmaul, Lerneinheit B/ERW 103, Stuttgart 2004.

WASCHBUSCH, GERD (Konsolidierungskreis 2004): Der Konzernabschluss – Grundlagen, Konzernrechnungslegungspflicht und Konsolidierungskreis – Begleitheft zum Lehrbuch „Externes Rechnungswesen" von Hartmut Bieg und Heinz Kußmaul, Lerneinheit B/ERW 104, Stuttgart 2004.

WASCHBUSCH, GERD (Konsolidierungsmethoden 2004): Der Konzernabschluss – Konsolidierungsmethoden – Begleitheft zum Lehrbuch „Externes Rechnungswesen" von Hartmut Bieg und Heinz Kußmaul, Lerneinheit B/ERW 105, Stuttgart 2004.

WASCHBUSCH, GERD (Grundlagen 2007): Grundlagen der Bilanzlehre, Bilanzarten und Bilanzziele – Begleitheft zum Lehrbuch „Externes Rechnungswesen" von Hartmut Bieg und Heinz Kußmaul, Lerneinheit B/ERP 101, Stuttgart 2007.

WASCHBUSCH, GERD (Jahresabschluss 2007): Der handelsrechtliche Jahresabschluss – Begleitheft zum Lehrbuch „Externes Rechnungswesen" von Hartmut Bieg und Heinz Kußmaul, Lerneinheit B/ERP 102, Stuttgart 2007.

WASCHBUSCH, GERD (Jahresabschlusspolitik 2007): Jahresabschlusspolitik und Jahresabschlussanalyse – Begleitheft zum Lehrbuch „Externes Rechnungswesen" von Hartmut Bieg und Heinz Kußmaul, Lerneinheit B/ERP 103, Stuttgart 2007.

WASCHBUSCH, GERD (Konzernabschluss 2007): Der handelsrechtliche Konzernabschluss – Begleitheft zum Lehrbuch „Externes Rechnungswesen" von Hartmut Bieg und Heinz Kußmaul, Lerneinheit B/ERP 104, Stuttgart 2007.

WÖHE, GÜNTER; DÖRING, ULRICH (Betriebswirtschaftslehre 2010): Einführung in die Allgemeine Betriebswirtschaftslehre, 24. Aufl., München 2010.

WÖHE, GÜNTER; KAISER, HANS; DÖRING, ULRICH (Übungsbuch 2010): Übungsbuch zur Einführung in die Allgemeine Betriebswirtschaftslehre, 13. Aufl., München 2010.

Stichwortverzeichnis